자동화시스템 진단과 보전

이진갑·김기주 공저

문운당

머리말

자동화, 메카트로닉스는 기계, 전기·전자와 정보 기술 등의 요소 기술이 복합된 융합 기술이다. 요소 기술의 적절한 조합을 통하여 고부가 가치를 창출하는 시스템 기술로 자동화는 모든 분야에서 기계, 전기·전자 기술자에게 필수적인 것으로 되었다. 자동화 기술의 발전은 생산설비, 자동차, 조선산업, 플랜트 설비에 이르기까지 각종 산업 분야에 활용되어 생산성을 향상시키고 경쟁력을 강화하고 있다.

자동화 시스템, 기계 설비 등의 효율적인 운영과 활용을 위해 설비 상태의 상세한 파악과 분석이 중요하다. 현장에 보급된 설비에 고장발생 시 설비 운용능력, 조치 능력의 부족으로 사고발생시 일사불란하게 진행되지 못함에 따른 장애 복구시간 장기 소요, 설비의 성능 저하 및 정지로 이어져 설비가 조기에 폐기되는 경제적, 시간적 손실이 발생되고 있다.

설비 유지보수의 목적은 설비의 유지관리와 사고 미연방지, 신속한 사고 복구, 각종 장해의 배제 등이 있다. 이를 위해 관련 분야의 지식과 트러블 발생 시 해결 능력을 갖춘 기술자 확보가 필수적이다.

이 책은 자동화 시스템을 적용한 설비, 플랜트 설비를 다루는 기계 기술자 및 현장 기술자를 대상으로 집필한 것이다. 설비 보전에 관한 전문적 지식을 가지고, 생산 설비 등을 최적인 상태로 효율적으로 유지하기 위한 일상 점검 및 정기 점검을 통한 설비 진단을 하고 고장부위를 정비하거나 유지, 보수, 관리 및 운용 등의 직무를 수행하는 데 필요한 교재이다.

이 책은 크게 다섯 부분으로 구분된다.

1장에서는 설비 관리, 진단, 보전과 장비의 신뢰성에 대해 설명하였다.

2장에서는 자동화 시스템을 구성하는 주요 요소로 유압 · 공압 시스템, 전동기 및 제어 시스템에 대해 설명하였다.

3장에서는 자동화 시스템 안전, 시운전 지침 및 대표적인 문제해결 방법에 대해 설명하였다.

4장에서는 자동화시스템의 유지 보수로 유압 · 공압 시스템 및 전기 시스템을 대상으로 사례 중심으로 설명하였다.

5장에서는 자동화 기계 설비 중 회전 설비를 대상으로 설비 진단, 결함 분석 방법에 대해 설명하였다.

이 책이 대학에서 강의하는 자동화 설비 및 기계, 플랜트설비의 유지·관리 분야의 교재와 기반 시설의 유지, 관리, 진단 분야의 현업에 종사하는 기술자에게 좋은 정비 지침서가 될 것으로 기대한다. 내용 상 부족한 부분이나 추가할 부분은 지속적으로 수정 보완을 하도록 하겠다. 이 책을 출판함에 있어 인용한 문헌의 저자들과 본서가 나올 수 있도록 지원을 아끼지 않으신 문운당 관계자 여러분에게 깊은 감사를 드린다.

2022년 1월

저자 일동

CONTENTS

I 설비 관리 및 진단

II 자동화시스템

III 자동화시스템의 안전과 시운전

CONTENTS

V 자동화 기계설비 진단기술

I 설비 관리 및 진단

1. 설비 관리
2. 설비 진단
3. 설비의 신뢰성

01 설비 관리 및 보전

1.1 설비 관리의 개요

설비는 하나의 생산요소로서 특정한 목적을 위해 필요한 장치 등을 구비하여 개별적인 기능을 갖는 물리적 개체를 의미한다. 제품을 생산하기 위한 생산 설비, 철강 설비, 플랜트 설비, 토목 및 건축 설비, 환경 설비, 반도체 설비 등이 설비에 포함된다.

새로 제작한 설비는 초기 설계시 예기하지 못하였던 사항들 또는 아직 사용 조건에 적응해 보지 못한 설비 내적 원인으로 작은 고장과 문제점 들이 발생할 수 있고 어느 정도 기간이 경과하여 소위 질이 나면 아무런 고장이나 문제없이 설계시에 목표로 했던 기능과 공전 능력을 유지하면서 작동이 되어 어느 정도 안정된 상태를 유지할 수 있다. 하지만 그 기간이 경과하면 고장률이 급격히 증가하고 능력이 저하하여 급기야는 폐각을 해야 하는 시점에 이르게 된다. 이와 같은 현상은 그림 I-1에 표시되어 있으며, 인간의 일생과 유사하게 나타난다.

우리 인간이 태어나서 생을 마감할 때까지 건강 유지를 위해 다양한 처방을 하는 것처럼, 설비도 제작 시점에서부터 폐기할 때까지의 전 사용 과정에서 초기의 기능, 정밀도와 생산성을 유지할 수 있도록 다양한 방법으로 설비의 상태를 확인하고 관리하여야 한다. 이상 징후가 있거나 고장이 있는 부분은 수리하거나 교환을 함으로써 점검과 보수 작업을 하는 일련의 과정을 설비 관리라고 한다.

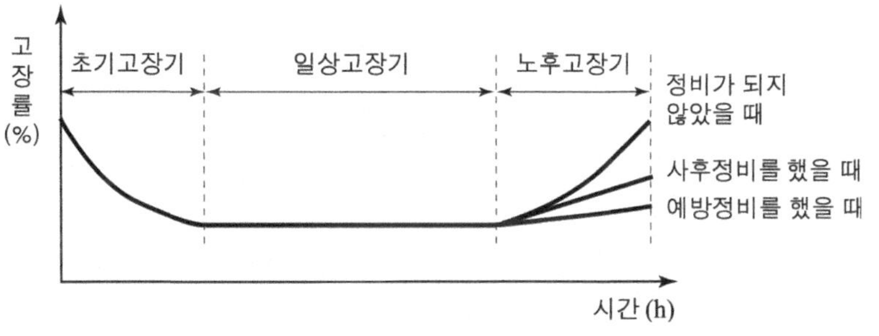

그림 Ⅰ-1. 설비의 전형적인 고장률 곡선

설비의 라이프 사이클(life cycle)은 설비 투자 계획(조사, 연구), 건설(설계, 제작, 설치), 조업(운전, 보전 폐기)의 3과정으로 나눌 수 있다. 설비 관리는 기업이 사용하는 설비를 설치 전의 기획·조사·설계 단계에서부터 제작·설치·운전 단계를 거쳐 최종적 폐기에 이르기까지 설비의 기능을 가장 효과적으로 활용하고, 효율적으로 관리하는 일체의 활동이다.

설비 관리라 하면 종래에는 단순히 기계의 관리와 지그·공구 관리 등의 개별적 검토에 한정해서 생각하는 경향이 있었으나 최근에는 이와 같이 개별적이고 단편적인 사고에서 벗어나 시스템으로써 보다 종합적으로 파악하지 않으면 설비 관리에 관한 진정한 문제의 파악과 해결이 곤란하게 되었다. 설비 관리는 생산 공장에 있어서 설비의 조사, 연구에서 시작하여 계획, 활용, 유지에 관한 기술에 대하여 조직되고 질서 있는 체계를 부여하며, 이 기술에 대응하는 관리 기술까지를 포함한 모든 것을 총칭하는 것으로 해석할 수 있다.

설비 관리를 통해 설비 고장의 최소화, 설비 휴지 시간의 단축 및 정비비의 절감을 달성하여 기업의 생산성을 향상시킬 수 있다. 최근의 설비는 대형화, 고속화, 정밀화, 자동화 등으로 전개됨에 따라 생산성 향상을 위해 설비 시스템을 체계적이면서도 조직적으로 관리하는 것이 대단히 중요하다.

1.2 설비 보전

설비의 라이프 사이클(life cycle)에 따라 설비 관리를 크게 나누면 그림 I-2와 같다.

설비 관리는 조사 및 설계를 통해 설비를 제작하는 과정인 건설 단계(project engineering)와 설치 후 운전, 폐기하는 과정인 보전 단계(maintenance engineering)로 구분된다. 협의의 설비 보전은 운전 이후의 과정을 의미한다.

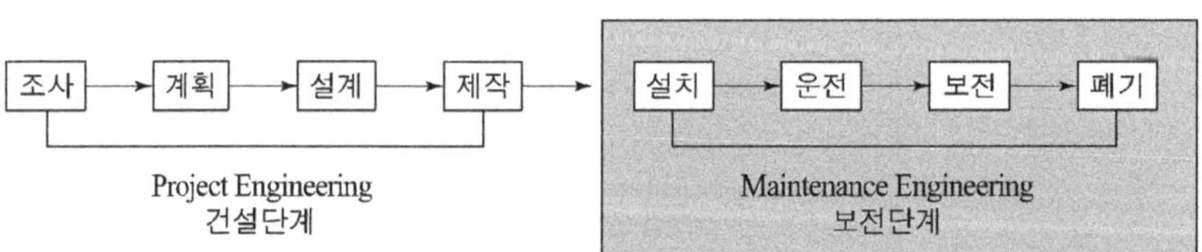

그림 I-2. 설비의 라이프 사이클

[1] 설비 보전의 분류

설비 보전은 설비의 유지 활동과 개선 활동으로 구분된다. 유지 활동으로는 사고나 효율 저하를 사전에 막는 예방 보전(PM : preventive maintenance), 고장 정지 또는 유해한 성능 저하를 가져온 이후에 수리하는 사후 보전(BM : breakdown maintenance)이 있으며, 개선 활동으로는 설비의 소규모 개량, 부품 개선 등을 하는 개량 보전(CM : corrective maintenance), 설비를 새로 계획, 설계하는 단계에서 보전 정보나 새로운 기술을 도입하여 보전 비용이나 열화 손실을 줄이는 활동인 보전 예방(MP : maintenance prevention)이 있다.

이 중에서 예방 보전(PM)은 사용 시간을 근거로 보전을 실시하는 정기 보전(TBM : time based maintenance) 또는 시간기준 예방 보전과 설비 진단 기술에 의해 설비의 상태를 관측하여 그 관측에 따른 보전을 실시하는 예지 보전(CBM : condition based maintenance) 또는 상태기준 예방 보전으로 구성된다. 그리고 사후 보전(BM)은 경제성을 고려하여 계획적인 전략으로서 '고장날 때까지 사용하여 보전한다'라고 하는 계획 사후 보전(PBM : planned breakdown maintenance)방식과 '예상외의 고장을 긴급 교체 또는 복구' 하는 긴급 사후 보전(EBM : emergency breakdown maintenance)으로 분류할 수 있다. 이와 같이 설비에 대한 보전은 '사후 보전 → 예방 보전 → 개량 보전 → 보전 예방 → 종합적 생산 보전'의 순서로 발전되어 왔으며, 표 I-1에 요약하였다.

긴급 사후 보전(EBM)을 제외한 세 가지의 보전 방식은 어느 것이 좋고 어느 것이 나쁘다고 말할 수 없으며, 설비의 열화 특성과 예방 보전의 비용, 돌발 고장에 의한 생산 손실, 환경, 안전 문제 등의 크기에 의해 선택하여야 한다.

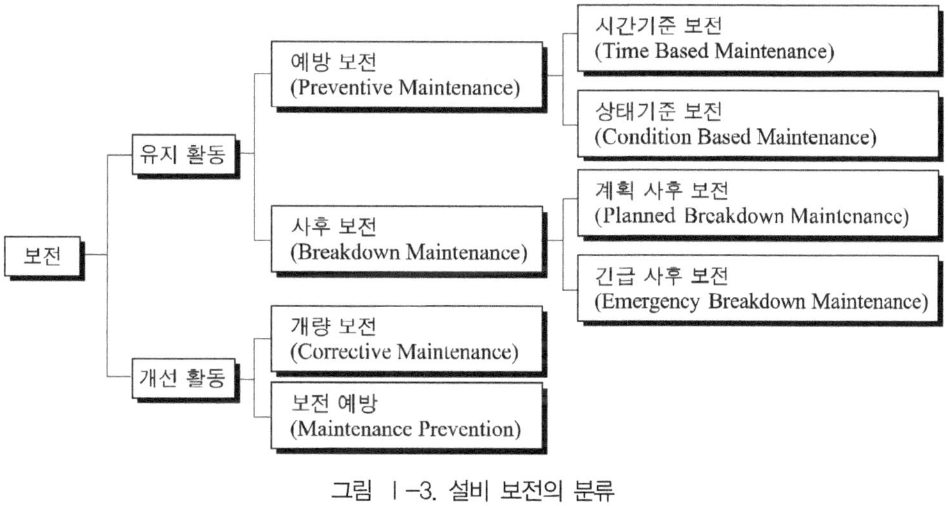

그림 Ⅰ-3. 설비 보전의 분류

표 Ⅰ-1. 설비 관리의 발전 과정

보전 종류	내용
사후 보전 (BM)	고장, 정지 또는 유해한 성능저하를 가져온 후에 수리를 행하는 것(돌발 고장이 많고 설비 가동률 저하)
▼	
예방 보전 (PM)	고장, 정지 또는 유해한 성능 저하를 가져온 상태를 발견하기 위한 설비의 주기적 검사로 초기 단계에서 이런 상태를 제거 또는 복구시키기 위한 보전
▼	
개량 보전 (CM)	설비자체의 체질 개선(예방 보전으로 고장이 없고 보전하기 쉬운 설비로 개량)
▼	
보전 예방 (MP)	신 설비의 PM 설계(고장이 없고 보전이 필요하지 않은 설비를 설계, 제작 또는 구입)
▼	
종합적 생산 보전 (TPM)	설비 효율을 최고로 하는 종합적 효율을 목표로 설비의 라이프 사이클을 대상으로 한 PM의 종합 시스템을 확립하고 설비 계획, 사용, 보전 부문 등 전 부문에 걸쳐 전원 참가하여 동기 부여 관리, 즉 그룹별 자주 관리 활동에 의해 PM을 추진하는 것

[2] 예방 보전의 종류와 개념

예방 보전은 고장 발생 이전에 미리 점검하여 고장의 제로(zero)화를 구현하는 방법이다. 기존의 사후 정비 개념에서 일상 점검에 의해 고장의 징후가 확인되면 미리 수리 또는 교환하여 장비 가동률과 공정 능력 저하를 예방하는 개념이다.

설비가 복잡·자동화되고, 설비 상태를 측정하고 모니터링 할 수 있는 수많은 장비가 개발되면서 설비 관리부서도 기존의 주기적 수리/교체 정비보다는 예방 보전 영역이 점차 확대되고 있는 추세이다. 예방 보전의 장점으로는 설비의 정확한 상태 확인을 통해 적기의 보전 작업을 할 수 있을 뿐만 아니라 작업 범위도 명확하여 보전 비용을 최소화할 수 있다.

최근에는 예방 보전 작업 관리를 위한 설비 관리시스템도 많이 개발되었고, 온도, 압력, 전류와 전압, 진동, 열화상 카메라, 오염도 측정 등 작으면서도 성능이 좋은 장비들이 계속 출시되고 있다. 그래서 보전 부서에서 예방 보전을 활성화시키고, 예방 보전의 신뢰성을 높이고자 예방 보전과 관련된 툴을 도입하여 운영하거나 도입을 검토하고 있다. 예방 보전은 종합적 생산 보전(TPM : total productive maintenance)이라는 개념으로서 접근이 필요하다. 예방 보전은 일정한 기간이 경과하면 설비의 상태와 상관없이 설비를 정지하여 수리하는 정기 보전(TBM : time based maintenance)과 설비의 상태를 진단하여 상태에 따라 보전을 행하는 예지 보전(CBM : condition based maintenance)으로 구분한다.

(1) 정기 보전(TBM)

이 정비 방법은 과거의 경험이나 통계적인 데이터를 기준으로 정해진 일정 주기로 보전을 실시하는 시간기준 예방 보전이다. 예방 보전이라는 관점에서는 장점을 가지고 있지만 부품의 교체 주기를 정하여 놓고 그 기간이 도래하면 부품의 상태에 무관하게 무조건 교환을 하게 됨으로써 필요 이상의 정비비가 상승하는 단점을 가지고 있다. 이 정비 방법을 활용하기 위해서는 설비별 부품별 점검 주기를 결정하여 캘린더 형의 종합 표에 의하여 항상 해당일이 언제인지를 알려줄 수 있게 하거나 자동적으로 나타내어져서 정비원이 점검일을 잊고 넘기는 일이 없도록 시스템을 구성하여야 한다.

(2) 예지 보전(CBM)

이 정비 방법은 설비의 상태를 기준으로 보전 여부를 정하는 상태기준 예방 보전이다. 시간 기준 정비와 함께 예방 정비라는 관점에서 많이 선택되어 활용되는 것으로 시간 기준 정비에 비하여 필요 이상의 정비 비용이 증가되지 않으며, 여러 가지 형태로서 정확히 해당 부품의 현재 상태를 실시간으로 나타내주는 장점을 가지고 있다. 하지만 이 정비 방법을 도입하기 위해서는 소음, 진동, 온도 등을 체크할 수 있는 검출 기기, 즉 온도계, 진동계, 센서류 등과 특수 점검 장비와 이 방법을 운영하기 위한 토털 정비시스템을 구축하여야 하기 때문에 초기 투자가 많다는 단점을 가지고 있다.

위의 두 가지 중 어느 방법을 도입한다 하더라도 예비품의 적정선을 잘 설정해야 기회비용을 줄일 수 있다는 점에도 유의하여야 한다.

[3] 종합적 설비 보전

제품의 생산성을 높이고 품질을 향상시키기 위해 1980년대 초에 국내에 종합적 생산 보전(TPM : total productive maintenance)이 도입되었다. 종합적 생산 보전(TPM)이란 생산 효율을 극한까지 높이기 위한 전사적 생산 혁신 활동이다. 생산 보전을 기초로 하여, 전원 참가의 설비 관리로 한 것이다. 제창 당시에는 생산 부문 중심의 활동이었지만, 현재는 전사적으로 전개하도록 되어 있다. 안전 재해 제로, 설비의 고장률 제로, 제품의 불량률 제로 등 효율을 저해하는 모든 로스 및 낭비를 철저하게 배제하여 생산 효율을 극한까지 높이는 것이다.

생산 설비 시스템을 갖춘 현장에서 전사적 생산 보전을 도입하는 이유는 생산 설비의 가동률을 높여서 생산성을 향상시키고 제품의 질을 높이고 생산원가 절감으로 경쟁력을 강화하는데 목적이 있다.

설비 관리 계획을 수립하여 가동 중의 모든 설비는 설비 관리 규정에 준하여 부문(요소)별로 정기 보전을 할 것인지 예지 보전을 할 것인지를 구분하여 다음과 같은 내용을 설정해야 한다.

① 설비 관리 기준의 확정
② 점검 및 교환 주기의 확정
   (주로 Maker에서 추천하는 자료와 과거로부터 수집된 정비 데이터)
③ 부품명세서(spare parts list) 작성 : 예비품 준비 대상 품목 명세서
④ 적정 예비품 수준(stock level)의 결정

예방 및 예지정비를 위해 위와 같은 기초적 사항을 제도적으로 구축하여 예기치 못한 고장 또는 설비상의 이상징후가 발생하면 즉시 수리와 교환을 위한 대응이 가능하도록 제도적 사전 준비가 필요하다.

1.3 설비 관리 계획

[1] 설비 관리 기준

설비의 유지, 보수 관리에 있어서는 각 작업장에 맞춰서 독자적 작업체계에 맞는 기준을 설정하여 사용하는 경우가 많으나 경험에 의해 작업 내용에 맞춰 만든 관리 기준이 제일 합리적인 것이라고 말할 수 있다.

다음의 보수 관리항목은 어느 한 분야의 일부이며, 단지 참고용으로 예시한 것이고, 일반적인 관리기준으로서 항목, 주기 및 방법과 목적에 기초한 것을 보기 쉽게 만들어 이용할 수 있게 한 것이다.

점검 개소와 항목	점검주기	점검방법과 점검목적
펌프 이상 음	1회/일	– 귀로 들어서 평소의 음과 비교한다. – Strainer 막힘, 공기의 유입 또는 혼입 – 이상 마모의 발견 – 기름의 적정 온도

[2] 점검계획 및 점검주기

설비관리의 기초적 준비사항으로서 일상점검, 정기점검을 계획적으로 실행하기 위해서는 다음과 같은 점검표준, 점검기준 및 점검결과 평가서등이 준비되어 있어야 한다.

(1) 점검계획표(예시)

유압 유닛(unit)의 일부를 예시한다면 다음과 같은 방법으로 계획서를 작성하고 점검을 실행할 수 있다.

점검항목	기 준	방 법	시 기			주 기		
			기동시	운전 중	정지시	일	주	월
유압탱크 (작동유 포함)	외부로 작동유 누유가 없을 것	육안			○	○		
	작동유는 레벨 게이지 범위 내를 유지할 것	육안		○	○		○	
	작동유 온도는 적정한 범위 내를 유지할 것(상온~55℃)	온도계		○		○		
	작동유 오염도는 관리기준 이내를 유지할 것	측정기		○			○	○
펌 프 (전동기 포함)	이상 소음이 없을 것	청각	○	○		○		
	진동이 없을 것	촉각		○			○	
	펌프 본체 표면 온도가 유온 +5℃ 이내일 것	온도계		○				○
전자 절환 밸브	절환시 소음이 없을 것	청각		○		○		
	전기인가 중에 윙윙거리는 소음이 없을 것	청각		○		○		
	솔레노이드 코일에 이상 발열이 없을 것	청각		○			○	

(2) 점검기준 및 체크 리스트(참고용)

<table>
<tr><td colspan="2" rowspan="2">점검 기준서</td><td rowspan="2">장치명</td><td rowspan="2">유압장치</td><td colspan="2">작성 일</td><td colspan="4">년 월 일</td></tr>
<tr><td rowspan="3">결 재</td><td>담당</td><td>계장</td><td>과장</td><td>부장</td><td>이사</td></tr>
<tr><td rowspan="2">부서</td><td rowspan="2"></td><td rowspan="2">설비명</td><td rowspan="2"></td><td rowspan="2"></td><td rowspan="2"></td><td rowspan="2"></td><td rowspan="2"></td><td rowspan="2"></td></tr>
<tr></tr>
</table>

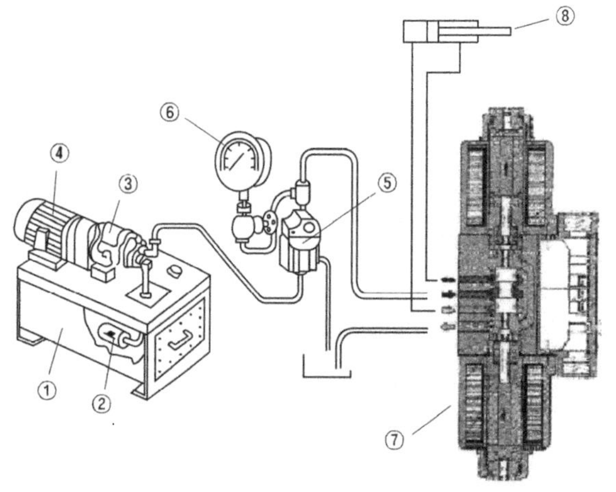

번호	명 칭
8	실린더
7	방향제어밸브
6	압력계
5	압력제어밸브
4	모 터
3	펌 프
2	스트레이너
1	유압탱크

번호	점검 장소	기 준	방법	시 기			소요 시간	주 기		
				기동시	가동중	정지시		일	주	월
1	펌프 (전동기 포함)	이상 소음이 없을 것	청각	○			5 min			
		진동이 없을 것	촉각		○		5 min			
		펌프 본체 표면온도가 유온 +5℃ 이내일 것	온도계			○	1 h 30 min			
2	전자절환 밸브	절환시 소음이 없을 것								
		전기인가 중에 윙윙거리는 소음이 없을 것								
		솔레노이드 코일에 이상 발열이 없을 것								

02 설비 진단

2.1 설비 진단 개요

최근 설비의 대형화, 고속화 및 자동화로 인한 생산성과 품질을 확보하기 위하여 설비 관리의 중요성을 인식하여 많은 기술이 도입되고 있다. 설비 관리를 효율적으로 추진하기 위해서 설비 관리의 기본이 되는 핵심 기계의 상태 관리가 중요하다. 우리나라 중견 기업 이상에서는 설비 보전의 여러 방법 중에서 예방 보전(PM)의 방법을 많이 사용하고 있다. 예방 보전은 설비가 고장이 나기 전에 설비가 어느 정도의 상태인지를 파악하여 설비의 안정성을 확보하는 방식이다. 설비 진단은 예방 보전 방법의 핵심 기술이다. 설비 진단 기술은 1975년경부터 필요성이 대두되어 설비 진단 기기와 진단 기술의 개발이 활발해 지면서 철강 및 석유 화학 업계를 중심으로 도입되었다. 그 이후에 설비 진단에 관한 전문서가 출판되고, 설비 진단 기기가 개발되어 설비 진단 기술의 도입이 적극적으로 실행되었다.

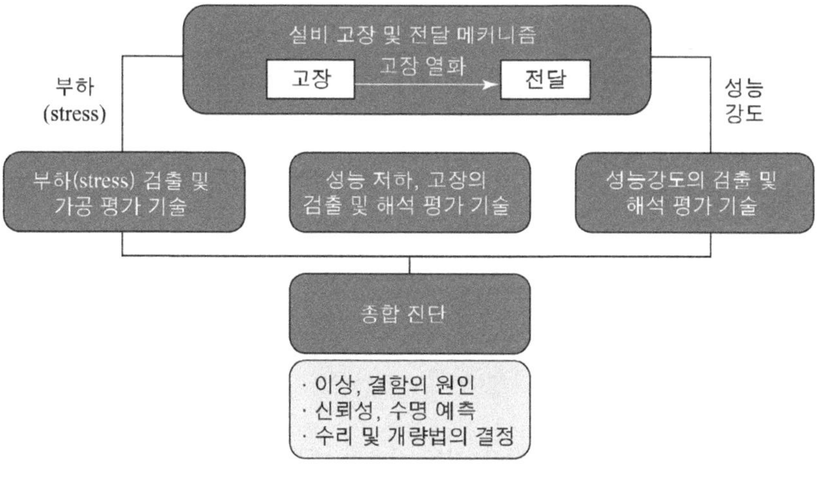

그림 Ⅰ-4. 설비 진단 기술의 개념

설비 진단 기술은 설비에 걸리는 부하, 고장이나 열화, 강도 및 성능 등의 상태를 종합적으로 파악하여 진단 예측하고 이상이 있으면 그 원인을 정확히 파악함으로써 수정 방법을 결정하는 기술이다. 설비 진단 기술은 설비의 상태를 파악하는 측정 기술과 이상의 예지를 위한 해석 평가 기술로 이루어지는데, 이 두 기술을 종합적으로 적용해야 충분한 효과를 발휘할 수 있다.

그림 I-4에 설비 진단의 개념을 나타내었다.

설비 진단은 간이 진단과 정밀 진단 기술로 구분된다. 간이 진단은 설비의 상태에 대한 1차 진단으로 현장 작업원이 사용하는 것이고, 정밀 진단은 간이 진단의 결과를 바탕으로 정밀하게 진단하기 위해 전문가가 실시하는 것을 의미한다. 간이 진단에서 설비 진단은 점검 기술과 감시(monitoring) 기술로 나누어진다. 점검 기술은 점검 계획, 설비 경향 관리를 통하여 검사 결과 이상이 없으면 다시 계획서부터 관리까지 계속 사이클이 진행되나, 이상이 있다고 판단되면 정밀 진단을 행한다. 감시 기술은 감시 장치에 의해 24시간 설비 상태를 상시 감시하는 설비 진단 기술로 설비에 센서를 붙여 각 센서에서 측정된 신호를 비교·감시하여 이상이 있으면 정밀 진단을 행한다.

설비 진단을 도입하는 목적은 1980년대까지는 고장의 미연 방지가 주 목적이었으나, 1990년부터 예방 보전화, 보전 업무의 효율화, 보전원의 에너지 절약 등과 같이 실질적으로 수익이 발생하는 것을 목적으로 변하고 있다.

설비 진단 기술을 도입하면 다음과 같은 효과를 예상할 수 있다.

① 장비 보수비는 기술 도입 3년 이후에 50% 이상 절약이 가능하다.

② 경향 관리를 실행함으로써 설비의 수명 예측이 가능하다.

③ 설비의 열화 부위, 열화 내용 및 정도를 알 수 있기 때문에 오버홀이 불필요해진다.

④ 중요 설비, 부위를 상시 감시함으로써 돌발적인 중대 고장을 사전에 방지하는 것이 가능하다.

⑤ 측정 데이터를 정량화할 수 있어 임의의 점검자라도 판단이 가능하다.

2.2 설비 진단 기법

설비의 상태를 정확하게 진단하고 예측하는 기법 중 현재 널리 사용되고 있는 기술은 다음과 같다.

[1] 진동 진단 기술

설비에 이상이 발생되면 이상 증상은 진동 신호로 대부분의 정보를 얻을 수 있다. 진동은 설비 운전 중 발생할 수 있는 대부분의 이상 현상에 대해 정량화가 가능한 파라미터로 현재의 진단 기술 중에는 진동법이 가장 폭넓게 이용되고 있다. 진동 분석을 이용한 진단 기술은 다음과 같다.

① 회전 기계의 각종 이상(베어링 결함, 질량 불평형 등) 검출 및 평가

② 송풍기, 압축기, 팬 등의 밸런싱

③ 유압 밸브의 누설 진단 등

이 진동 진단 기술은 본 교재의 5장에서 세부적으로 다루었다.

[2] 오일 분석 진단 기술

금속과 금속이 마찰되는 부위(베어링 등)의 마모에 대한 진행 상황을 윤활유 중에 포함된 마모 입자 등의 이물질 분석을 통해 부품의 현재 상태를 진단하는 기술로 기계 설비의 상태를 가장 정밀하게 예측할 수 있는 진단 기술이다.

여기에 사용되는 진단 기법으로는 자석에 의해 마모 입자를 검출하여 현미경으로 현상을 분석하는 페로그래피법과 채취한 윤활유의 연소시 발생되는 금속 성분의 발광, 흡광 현상을 분석하는 SOAP법이 있다.

[3] 비파괴 진단 기술

대상 물체를 손상시키거나 파괴시키지 않은 상태에서 시험체의 외부 손상과 결함, 내부의 기포나 균열 등을 파악하여 제품의 품질 관리를 위한 진단기술이다.

[4] 응력 진단 기술

설비 구조물의 균열 발생시 균열은 과대한 응력, 반복 응력에 의한 피로 등이 원인이 되는 경우가 많으므로 응력을 측정하여 응력의 분포를 해석하고, 피로에 의한 수명을 해석하는 데 사용된다.

[5] 열 진단 기술

설비가 열에 의해 발생되는 온도 변화 패턴을 가시화하여 분석함으로써 설비의 이상 여부를 진단하는 기술이다.

03 설비의 신뢰성

3.1 신뢰성 및 보전성

설비의 설계, 제작 단계에서 보전 활동이 불필요하거나 적게 한 설비를 만드는 것이 바람직하다. 그러기 위해서는 고장이 나기 어려운, 고장이 나도 수리하기 쉬운 설비가 좋으며, 전자의 성질을 신뢰성(reliability), 후자의 성질을 보전성(maintainability)이라 한다. 신뢰성은 당초 군사적 필요에 따라 연구가 진행되었지만, 민간에 있어서도 설비나 체계가 복잡, 대규모로 됨에 따라 점점 중요시되게 되었다. 신뢰성은 정량적으로는 신뢰도로 측정되고, "체계나 설비가 규정된 조건 아래서, 규정된 시간, 규정된 기능을 수행할 확률"로 표현된다. 보전성은 보전도로 측정되고, "수리 가능한 체계나 설비가 고장난 후 규정된 조건 아래서 수리될 때 규정 시간 내에 수리가 완료될 확률"로 표현된다. 고가의 재료, 견고한 구조 등에 의해서 설비의 신뢰성을 높인다면, 보전은 불필요하게 되겠지만 설비의 건설 가격이 높아져서 설비 관리의 목적에 위배되는 과잉 설계가 되고 만다. 비록 그와 같은 설비가 있다 해도 절대로 고장나지 않는다는 것은 불가능하므로, 보전성을 고려하여 설계하는 것이 필요하다.

[1] 설비의 신뢰성

설비의 신뢰성은 고유의 신뢰성과 사용의 신뢰성으로 구분된다.

표 Ⅰ-2. 설비의 신뢰성

구 분	내 용	비율(%)
고유의 신뢰성	부품 재료의 성질 상태	30
	설계 기술(보전성 설계 포함)	40
	제조 기술(제조 방식, 작업자의 기능 등)	10
사용의 신뢰성	사용 조건, 환경의 적합성 여부	20
	조업 기술(작업 표준, 작업자의 기능 등)	
	보전 기술(보전 방식, 작업자의 기능 등)	

신롸성의 평가 척도는 다음과 같다.

① 고장률(failure)

고장률이란 일정 기간 중에 발생하는 단위 시간당 고장 회수로 1,000시간당의 백분율로 나타낸다.

$$고장률 = \frac{고장\ 횟수}{총\ 가동\ 시간}$$

② 평균 고장 간격(MTBF : mean time between failure)

어떤 신뢰성의 대상물에 대해 전체 고장 수에 대한 전체 사용 시간의 비로 고장률의 역수이다.

$$평균\ 고장\ 간격 = \frac{1}{고장률}$$

③ 평균 고장 시간(MTTF : mean time to failure)

평균 고장 시간은 시스템이나 설비가 사용되어 최초 고장이 발생할 때까지의 평균 시간으로 수리하지 않는 부품에 이용하고, 평균 고장 간격은 수리를 하는 시스템이나 설비에 이용된다.

$$평균\ 고장\ 시간 = \frac{장비의\ 총\ 가동\ 시간}{특정\ 시간으로부터\ 발생한\ 총\ 고장\ 수}$$

신뢰성 향상을 위한 대책은 제품 품질의 변동을 설비 열화와 관련하여 분석하고 설비 개선이나 일상 보전 방식을 표준화하는 MQ 분석(machine quality analysis)과 물리적 정지형 고장으로 인한 성능 저하를 분석하는 것으로 설비 개량이나 일상 보전 방식의 재 검토를 통해 각 작업자의 행동 기준을 표준하하는 MTBF 분석(mean time between failure analysis)에 의해 행해진다.

[2] 설비의 보전성

보전성(maintainability)이란 보전에 대한 용이성을 나타내는 성질로 양적으로 표현할 때 보전도라고 한다. 즉, 규정된 조건에서 보전이 실시될 때 규정 시간 내에 보전이 종료되는 확률이다. 유용성(availability)이란 신뢰도와 보전도를 종합한 평가 척도로서, 어느 특정 순간에 기능을 유지하고 있는 확률이다. 유용성을 최대로 유지하려면 고장률을 줄이거나 고장 시간(수리 시간)을 감소시켜야 한다.

설비 보전에서 효과 측정을 위한 측도로 널리 사용되는 지수는 다음과 같다.

① 설비 가동률 $= \dfrac{\text{정비 가동 시간}}{\text{부하 시간}} \times 100$ .... (유용성)

② 고장 도수율 $= \dfrac{\text{고장 회수}}{\text{부하 시간}} \times 100$ .... (신뢰성)

③ 고장 강도율 $= \dfrac{\text{고장 정지 시간}}{\text{부하 시간}} \times 100$ .... (보전성)

④ 제품 단위당 보전비 $= \dfrac{\text{보전비 총액}}{\text{생산량}} \times 100$ .... (경제성)

3.2 설비의 고장

[1] 설비의 고장률과 열화 패턴

1.1절에서 언급한 바와 같이 기계 장치의 라이프 사이클과 인간의 사망률 곡선은 유사하며 이 곡선을 고장률 곡선(bath tub)이라 부른다.

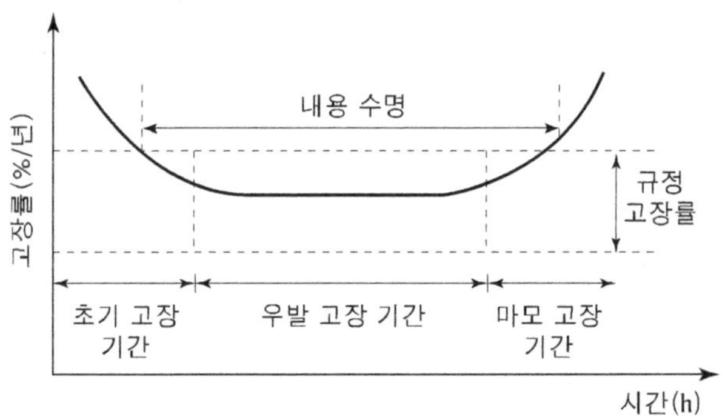

그림 Ⅰ-5. 전형적인 설비의 고장률 곡선

(1) 초기 고장기

시간의 경과와 함께 고장 발생이 감소되는 고장률 감소형으로 결함을 가지고 있는 것은 고장을 일으키며, 비교적 높은 신뢰성을 가진 것만 남는다. 부품의 수명이 짧은 것, 설계 불량, 제작 불량에 의한 약점 등이 이 기간에 나타난다. 이 고장기에는 예방 보전이 필요 없다.

(2) 우발 고장기

예측할 수 없는 고장률 일정형으로 이 고장기를 유효 수명이라고 하며, 설비 조전원의 고장 개소의 감지 능력을 향상시키기 위한 교육 훈련과 고장률을 저하시키기 위해서 개선, 개량이 절대 필요하며 예비품 관리가 중요하다.

(3) 마모 고장기

설비를 구성하고 있는 부품의 마모나 열화에 의하여 고장이 증가하는 고장률 증가형으로 예방 보전의 효과는 마모 고장기에서 가장 높다.

[2] 고장 분석과 대책

(1) 결함

결함(fault)은 설비나 부품이 고장이 발생되어 요구 기능을 수행할 수 없는 상태를 말하며, 여기서 예방 보전이나 다른 계획된 활동 또는 외부 자원 부족으로 인한 경우는 제외한다. 표 1-3에 주요 결함의 종류를 나타내었다.

표 Ⅰ-3. 결함의 종류

결 함	설 명
치명 결함(critical fault)	인체 손상, 물적 손상 또는 받아들일 수 없는 결과를 초래할 것으로 평가되는 결함으로, 이와 상반되는 결함은 비치명 결함(non-critical fault)이다.
중 결함(major fault)	중요하다고 여겨지는 기능에 영향을 주는 결함을 의미하며, 영향을 주지 않는 결함을 경 결함(minor fault)이라고 한다.
취약 결함(weakness fault)	시스템이 규정된 성능 이내의 스트레스에 있더라도 시스템 내의 취약점에 의한 결함
설계 결함(design fault)	시스템의 부적절한 설계에 의한 결함
제조 결함 (manufacturing fault)	제조 과정에서 시스템의 설계 또는 제조 공정과의 불일치에 의한 결함
노화 결함(aging fault) 마모 결함(wear out fault)	시스템의 고유 고장 메커니즘의 결과로 발생 확률이 시간에 따라 증가하는 결함
완전 결함(complete fault)	시스템의 모든 요구 기능을 완전히 수행할 수 없게 하는 결함
부분 결함(partical fault)	시스템의 요구 기능 중 일부 기능을 수행할 수 없게 하는 결함
간헐 결함(intermittent fault)	보전 없이 시스템이 요구 기능을 수행하는 능력을 회복한 후 제한된 기간 동안 지속되는 시스템의 결함
확정 결함(determinate fault)	어떤 작용에 대해 어떤 반응을 하는 시스템에서 모든 작용에 대해 같은 반응을 나타내는 결함
잠재 결함(latent fault)	존재하지만 인식되지 않은 결함

(2) 고장의 유형 및 종류

고장(failure)은 설비나 부품이 규정된 기능을 상실한 것을 말한다. 대표적인 고장의 유형 및 종류를 표 1-4에 표시하였다.

표 Ⅰ-4. 고장의 유형 및 종류

결 함		설 명
고장의 유형	손상(damage)	한 부품이 신품 상태에 비하여 형질 변경의 축척이 관찰되는 경우로 이 부품은 사용가능한 상태이다.
	파손(fracture)	금이나 흠이 시작된 상태로 절단이 한 예이다.
	절단(break)	판소의 일종으로 2개 또는 그 이상의 조각으로 분리되는 현상이다.
	파열(repture)	깨져 갈라진 형태로 특별한 상태의 절단을 의미한다.
	조립 및 설치 결함	설비 등의 운송과정에서 떨어뜨림, 충돌 등에 의한 설비 내외적 변형, 조립 또는 설치시 기준을 무시하거나 무리한 작업 및 설계 오류에 의한 것
고장의 종류	파국적 고장 (catastrophic failure)	시스템의 기능이 완전히 정지되는 고장으로 설비나 구조물이 외부의 강한 충격으로 파손되는 경우
	열화 고장 (degradation failure)	기능형 고장으로 시스템의 성능이 시간에 따라 저하되어 발생되는 고장으로 기계 부품의 마모 현상 등의 고장
	마모 고장 (wear out failure) 노화 고장 (ageing failure)	시스템의 고유 고장 메커니즘 등의 결과로 발생 확률이 시간에 따라 증가하는 고장
	설계 고장 (design failure)	시스템의 부적절한 설계에 의한 고장
	제조 고장 (manufacturing failure)	시스템의 설계와 제조 공정과의 불일치에 의한 고장
	1차 고장(primary failure) 2차 고장(secondary failure)	1차 고장은 다른 시스템의 고장이나 결함에 의해 직접 또는 간접적으로 야기되지 않는 시스템의 고장으로, 이와 상반되는 고장을 2차 고장이라 한다

(3) 고장 분석의 필요성

설비 관리의 궁극적인 목적은 최소의 보전 비용으로 최대의 설비 효율을 얻는 것이므로 이를 위해서는 다음의 세 가지 항목을 목표로 계획, 진행한다.

① 신뢰성의 향상 : 설비의 고장을 없게 한다

② 보전성의 향상 : 고장에 의한 휴지 시간을 단축한다.

③ 경제성의 향상 : 가능한 비용을 절감한다.

(4) 고장 분석의 순서와 방법

고장을 분석하는 방법에는 상황 분석법, 특성 요인 분석법, 행동 개발법, 의사 결정법, 변화 기획법이 있다. 고장 분석의 순서는 다음과 같다.

① 데이터 수집

고장 분석을 하려면 우선 데이터를 수집하여야 한다. 데이터는 보전 일지, 기기 대장(장비 및 기기의 이력 기재), 고장 보고서 등이다. 보전 분석에 필요한 모든 고장에 대해서 언제든지 상세한 데이터를 작성하는 것은 어렵고 노력과 시간이 필요하므로, 먼저 개선할 중점 순서를 정하기 위하여 기계별, 제조 회사별, 개소별, 모드 및 메커니즘 등에 대해 분류를 한다.

이 경우 파레토도(pareto diagram)를 그려서 정리하면 알기 쉽다. 파레토도는 불량, 결점, 고장 등의 발생 건수 또는 손실 금액을 항목별로 나누어 발생 빈도의 순으로 나열하고 누적 합도 표시한 그림이다.

② 기초적인 분석

데이터 수집을 통한 중점 순위에서 개선 대상 설비가 결정되면 기초적인 분석을 행한다. 이 경우 보전 일지, 기기 대장, 고장 보고서 등에 기입되어 있는 데이터, 보전 요원의 정보를 기초로 하여 대상의 기구, 구성 요소에서 생각되는 고장 모드와 고장의 메커니즘을 검토한다.

③ 조사 항목

기초적 분석을 기본으로 채택할 고장 모드, 메커니즘 등 조사 데이터의 항목을 설정한다. 발생 빈도가 많은 것에 대해서는 상세히 기록하고, 2개 이상의 스트레스가 동시에 또는 상호 가해지는 경우도 고려한다. 기타 필요한 항목은 발생 장소, 일시, 담당자명, 처치 내용, 보전 시간과 손실, 처리 공수, 사용 부품명과 수명 등이 있다.

④ 데이터의 축적

조사표에 의해 상세한 데이터를 축적할 때 보전 및 조업 담당자에게 데이터 축적의 목적을 이해, 납득시켜 두어야 한다. 올바른 데이터 기록 작업이 추기되어 현재 작업량보다 증가하지만, 이것을 기본으로 고장 분석이 행해지면 문제점이 개선되는 것에 의해 고장 건수가 감소되며 더욱 편안한 작업이 진행된다는 것을 이해시켜야 한다.

⑤ 고장의 분석

축적된 데이터를 기본으로 고장 분석을 하고 고장의 원인이 되는 모드와 메커니즘을 발견하는 것이지만 파레토도, 특성 요인도, 상관 등 품질관리 수법이 응용된다. 특성

요인도(characteristics diagram, cause and effect diagram)는 품질 특성값이 어떤 요인에 의해 영향을 받고 있는가를 조사하여 이것을 하나의 도형으로 묶어 특성과 원인과의 관계를 나타낸 것이다.

⑥ 대책

고장 분석 결과에서 고장의 빈도가 높은 고장의 메커니즘에 착수해서 이것을 배제, 중단하는 방법을 검토한다. 이 검토의 방향으로 강도 및 재질 변경, 응력 분산, 안전율 향상, 환경 개선, 공구 개선, 작업 방법, 조건의 개선, 예측, 검사 주기, 방법의 개선 등이 있다.

Ⅱ 자동화시스템

1. 자동화시스템 개요
2. 공압시스템
3. 유압시스템
4. 전동기
5. 제어시스템

01 자동화시스템 개요

1.1 자동화시스템의 정의

자동화시스템은 일반적으로 제품을 만드는 실제에 있어서 생산 공정의 자동화, 실시간 계측제어 자동화, 기계 메커니즘의 설계 자동화 등으로 단순하게 자동화를 구분할 수 있고, 넓은 의미의 자동화시스템은 제품의 수주에서 출하까지 일체의 생산 활동을 자동화하는 것을 말한다.

도구나 기계를 사용하는 작업에 대해서 효율적인 방법으로 사람 대신 기계가 하도록 하는 장치로서 자동화의 대상은 간단한 것으로부터 로봇과 같은 여러 가지 부품으로 구성된 복잡한 장치와 제품 등이 포함된다. 자동화가 되는 일은 종래에 가공, 제작 작업뿐만 아니라 형태인 판단 등이 요구되는 시험작업, 검사작업, 조립작업 등 공간내의 움직임이 정확하고 자유자재로 이동하는 작업인 운반, 보관, 조립 등 여러 가지가 있다.

자동화시스템의 목표는 생산성 향상, 부족한 인력자원 보충, 안전성 확보, 인건비 감소를 위하여 구성하고 실제적으로 자동화시스템을 통하여 제품의 품질향상을 통한 불량률 감소 및 품질의 규격화에 있다고 할 수 있다.

1.2 자동화시스템의 역사

자동화의 역사는 실제적으로 점, 선, 면, 입체 자동화로 발전하였다.

첫째로 1955년에 처음으로 간단하게 하나의 포인트에 시간간격을 통하여 지속적으로 움직이는 프레스와 같은 간단한 자동화시스템이 도입되었다. 이때는 실제 설비 근대화의 원년으로 경공업, 식품, 철강 산업에 자동화가 도입되었다.

둘째는 1965년도에 들어오면서 자동화시스템의 개선으로 인하여 일정 공간에서 길이단위로 제품을 이송하는 반송의 자동화가 도입되어 단순하게 이루어지는 여러 가지 자동화 공정을 이어주는 역할의 자동화시스템을 구성함으로써 원하는 제품을 생산할 수 있는 자동화가 처음으로 도입되어 중화학공업, 자동차, 가전제품 생산에 도입되었다.

셋째는 1980년에 공간제어의 자동화 시스템이 개발되어 성형가공 자동화, 무인화, 분사 시스템 등 다양화된 자동화가 이루어져서 공장이 분산화 되고 이때에 처음으로 메카트로닉스가 도입된 하이테크의 자동화가 이루어졌다.

넷째는 1986년에 입체의 자동화로서 CIM(통합생산시스템)이 도입되어 정보의 자동화와 네트워크 자동화가 이루어져 서비스 부분에서 자동화가 도입되는 지능화된 자동화시대가 시작되었다.

1.3 자동화시스템의 발전단계

자동화시스템의 발전단계를 정보의 이력 형태와 정보의 처리과정을 중심으로 구분하여 보면 다음과 같은 발전단계로 설계된다.

1단계 : 수작업

↓

2단계 : 기계화

↓

3단계 : 단위 기계의 일부 자동화

- 기계기구, 유공압, 전기기구를 이용한 간이자동화
- 간단한 시퀀스 제어방식을 이용한 각종 기계

↓

4단계 : 단위 기계의 완전 자동화

- 수치제어 방식을 이용한 각종 기계
- NC 공작기계
- 자동조립기, 부품삽입기, 자동납땜기, 자동포장기

↓

5단계 : 생산라인의 자동화

- MC (machinig center)
- FMC (flexible manufacturing cell)
- 조립라인의 자동화
- Robot을 이용한 용접, 조립, material handling
- CAD/CAM 시스템

↓

6단계: 공장 전체의 자동화

- FMS (flexible manufacturing system)
- 자동창고 시스템
- 컴퓨터를 이용한 생산 시스템의 제어

1.4 자동화시스템의 구성요소

일반적인 시스템은 에너지, 물질, 그리고 정보들을 변환한다. 자동화시스템은 이중 에너지와 정보를 대상으로 변환시킨다. 운동시스템 제어로 인한 힘과 토크 혹은 시스템 제어로 인한 전기 흐름에 따라서 에너지 변환이 발생하게 된다.

자동화시스템은 메커니즘, 센서, 제어장치와 액추에이터로 구성된다.

- 일정한 운동이나 이동을 일으키는 기계적 구조(메커니즘)
- 시스템이나 환경에 대한 정보를 수집하는 센서
- 일정한 규칙에 따라서 정보를 분석하고 보정하는 프로세서(제어장치)
- 교정된 값에 따라서 기본 시스템이나 그 환경에 작용하는 힘이나 운동, 전압 또는 다른 양들을 변환시키는 액추에이터

자동화시스템의 일반 구조를 그림 Ⅱ−2에서 보여준다. 센서와 액추에이터가 에너지와 정보 사이의 링크를 구성하는 관계를 볼 수 있다.

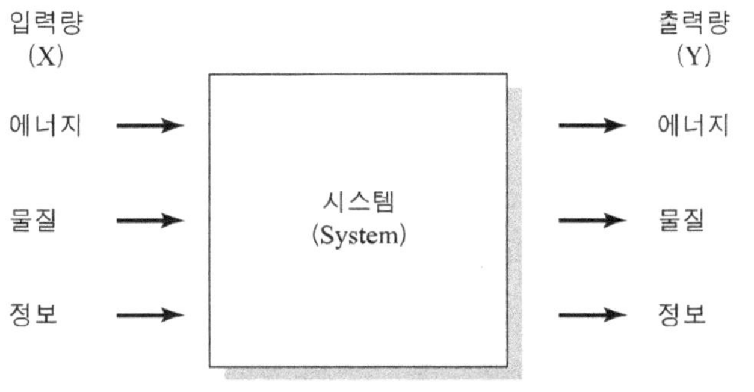

그림 Ⅱ−1. 기술적 시스템의 일반적 구조

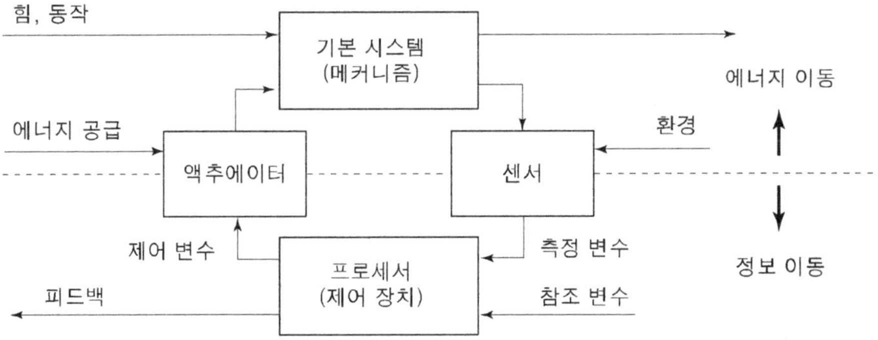

그림 II-2. 자동화시스템의 일반 구조

[1] 메커니즘

메커니즘(mechanism)은 액추에이터의 구동력에 의하여 실제 작업을 위한 동작을 수행하는 부분으로 안내기구, 전동기구, 연결기구와 운동 전달을 위한 다양한 전동요소로 구성되어 있다.

[2] 센서

센서(sensor)는 물리량, 화학량, 소리, 빛, 전파의 세기 등을 전기적 신호로 변환시키며, 사람의 감각 기관에 해당된다. 자동화시스템에서 대표적으로 사용되는 센서는 리밋 스위치, 근접 센서, 광센서, 초음파 센서, 적외선 센서 등이 있다.

[3] 제어 장치

제어 장치(controller)는 센서로부터 정보를 입력 받고, 액추에이터를 동작시키기 위한 제어 신호를 만드는 장치이다. 자동화시스템에 사용되는 대표적인 제어 장치는 계전기를 사용하는 시퀀스 제어 장치, PLC, 마이크로컴퓨터, 산업용 컴퓨터 등이 있다.

[4] 액추에이터

액추에이터(actuator)는 제어 장치로부터 받은 제어 신호에 따라 기계와 기구를 구동시키기 위해 동력을 발생시키는 장치이다. 동력발생의 에너지로는 공압, 유압, 전기에너지 등이 있다. 공압 액추에이터, 유압 액추에이터 및 전기 액추에이터(전동기)로 분류된다.

02 공압시스템

2.1 공압시스템의 개요

[1] 공압시스템이란?

공압이란 압축기 등에 의한 기계적 에너지를 이용하여 공기의 체적을 변화시키거나 이동시키면서 유체에너지가 발생된다. 이때 발생된 유체에너지를 압력제어, 유량제어, 방향제어 등의 기본적인 제어를 행하여 유체에너지를 직접 이용하거나 실린더, 전동기 등의 액추에이터를 통해 기계적 에너지로 바꾸어 목적에 맞게 사용하도록 하는 학문 혹은 기술을 말한다.

이러한 압축 공기는 인간이 이용하기 시작한 가장 오래된 에너지 중의 하나로서 공압시스템은 뉴매틱스(pneumatics)라고 하며, 호흡, 바람 또는 철학에서는 정신을 의미하는 그리스어 뉴마(pneuma)라는 말에서 유래되었다.

[2] 공압시스템의 발전방향

과거에는 신뢰성의 확보가 최우선인 견고한 제품생산이었다면, 현재는 소비자의 응용 분야에 맞는 최적의 제품과 다양한 제품을 생산하는 것이다.

① 소형 경량화 : 고압밸브의 치수와 기호에 관한 규정인 ISO-5599 규정이 제정될 당시인 1980년대 초만 해도 1/8인치 급의 밸브가 제일 작은 밸브였으나 현재는 이보다 훨씬 작은 크기의 밸브가 많이 개발되었고, 설치 공간을 줄이기 위해 밸브를 집적하여 설치하는 밸브 터미널(valve terminal)의 사용이 일반화되었다.

② 설치와 보수 유지의 편리성 : 생산 자동화가 고도로 진행되면서 산업체에서 높은 신뢰성과 보수 유지의 편리성을 요구하게 되었고, 이를 만족시키기 위하여 공압 솔레노이드 밸브의 전자화가 급속하게 추진되었다.

솔레노이드 밸브의 전자화란 현재의 전기식 배선 대신 전자적 요소와 프로그램을 이용하여 2선 혹은 3선의 일체화된 케이블로 집적화된 밸브 터미널과 연결하는 것으로 이는 유지보수에도 하드웨어적인 유지보수보다 소프트웨어적인 유지보수가 가능하다.

③ 기능의 다양화 : 전자화된 액추에이터의 출현은 사용자들에게 선택의 폭을 넓혀줄 수 있는 한 가지 요소가 되었다.

[3] 공압시스템의 기능적인 특징

실제 산업 현장에서 우리가 사용할 수 있는 작업용 매체는 공압, 유압, 그리고 전동기가 있다. 어떤 작업용 매체를 이용하여 작업을 할 것인가를 결정하는 데는 여러 가지 작업 매체의 장점과 단점을 비교 분석하는 것이 좋은 방법이 된다.

(1) 이용 가능성

압축 공기는 장소에 구애받지 않고 쉽게 만드는 것이 가능하며, 압축 공기는 저장 탱크를 이용하여 쉽게 많은 양을 저장할 수 있다. 그리고 에너지를 큰 배관 손실 없이 운반할 수 있어 1 km까지의 먼 거리에도 에너지를 공급하는 것이 가능하고, 복귀 라인이 필요하지 않아 배관이 간단(배기)하다.

(2) 상용성

공압기기는 부수적인 장치가 필요 없고 빠르고 쉽게 조립 및 설치가 가능하며 폭발 위험이 있는 곳, 온도 변화가 심한 곳, 습한 곳에 설치되어도 주변 환경과 외부의 간섭을 받지 않고 안정적으로 작동한다. 그리고 시스템의 확장이 용이하고 재활용이 가능하다.

(3) 취급성

외부 소음과 자업 환경에 둔감하므로 거의 모든 산업 분야에 응용할 수 있고, 작동의 신뢰성이 높으며, 내구 수명이 길다. 그리고 구조와 작동 원리가 간단하여 사용하기 편리하고 유지보수가 용이하며, 힘과 속도를 작업 현장에서 쉽게 조절할 수 있다.

(4) 안전성

과부하에 대해 안전하여 별도의 안전장치가 불필요하고, 광산이나 화학 플랜트와 같이 폭발의 위험이 있는 곳에서도 사용 가능하다. 그리고 직물, 종이, 고무, 목재 산업 등과 같이 화재의 위험성이 높은 곳에서도 별도의 보호 조치 없이 사용이 가능하며, 공압에너지 자체가 인체에 해가 없어 특별한 안전장치 없이 사용 가능하다.

(5) 준비성

압축 공기를 생산하는 단계가 복잡하고, 습기를 가능한 한 많이 제거하여야 하며, 이를 제거하는 데 많은 비용이 든다.

(6) 압축성

공기는 압축성이 있기 때문에 에너지를 쉽게 저장할 수 있는 장점이 있지만, 압축성 때문에 균일한 실린더의 속도를 얻는 것이 힘들다. 그리고 저속에서는 속도가 아주 불안한 스틱－슬립(stick-slip) 현상이 일어날 수 있다.

[4] 공압시스템의 물리적 특징

(1) 대기(atmosphere)와 공기(air)

지구 중력에 의하여 지구 주위를 둘러싸고 있는 기체를 말하며, 이 기체는 거의 같은 높이의 기층으로 되어 있어 대기권(大氣圈) 또는 기권(氣圈)이라고 한다. 대기권을 구성하고 있는 기체를 총괄하여 대기라고도 하며 기체의 농도는 지상에서 멀어질수록 열어지고, 지상에서 9600 km 상공까지 퍼져 있다. 지구 둘레에 대기보다는 작은 테두리를 치고 16 km 반경 안에서 존재하는 것을 공기라고 한다.

(2) 대기압(atmosphere pressure)

지구를 둘러싸고 있는 대기가 그것과 접촉하고 있는 면에 대해 작용하는 단위면적당의 힘으로 지구의 인력을 받고 있는 공기의 중량은 1 cm^2 당 1.033 kgf이다. 즉, 지표면에서 작용하는 대기의 압력은 1.033 kgf/cm^2이고 이를 대기압이라고 한다. 그리고 대기압은 대기의 운동에 의해 시시각각으로 변한다. 지상 기압은 장소와 시각에 따라 변하지만, 평균값은 높이 76 cm의 수은주(水銀柱)가 밑면에 미치는 압력과 같다. 이 압력의 크기는 높이 약 10 m의 물기둥이 밑면에 미치는 압력과 같아서 우리는 10 m 깊이 정도의 물속에 사는 셈이다. 지구상의 존재하는 어떤 물질로 대기 압력을 받는다.

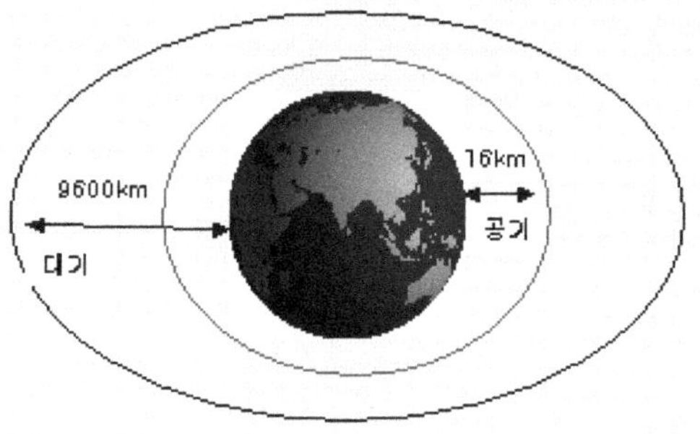

그림 II-3. 대기와 공기

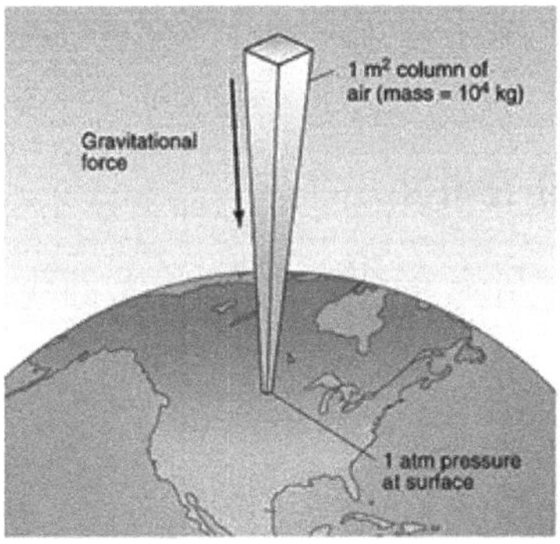

그림 II-4. 대기압

대기압의 크기는 여러 가지 형태의 단위로 표현할 수 있다.

1 atm = 1.0332 kgf/cm^2 = 1.01325 bar = 760 mmHg = 10.332 mAq

(3) 게이지 압력(gauge pressure)

기계적인 시스템이 작동을 할 때에 내부에서 발생하는 압력의 변화로서 게이지에 나타나는 압력을 말한다. 진공 압력은 시스템 내부를 대기압보다 낮게 진공을 할 경우에 게이지에 나타나는 압력이다.

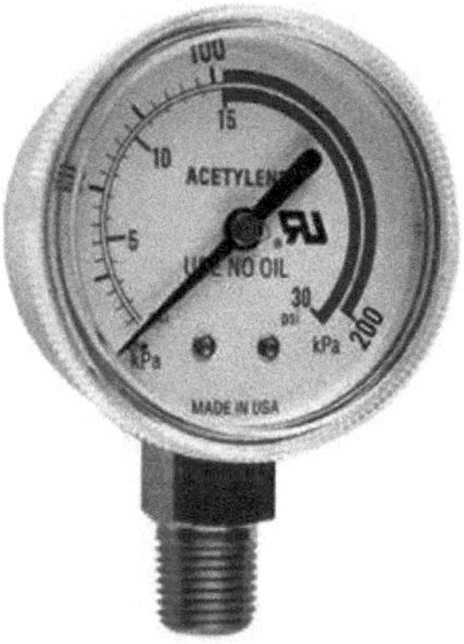

그림 II-5. 압력측정을 위한 게이지

(4) 절대 압력(absolute pressure)

절대 압력 = 대기압 + 게이지 압력 = 대기압 - 진공 압력

기계시스템의 압력은 대기압의 영향을 받은 상태에서 게이지 압력이 발생하므로 항상 절대 압력을 시스템의 압력으로 한다.

(5) 파스칼의 원리(pascal's theory)

공·유압시스템은 유체의 정역학의 원리에 의하여 작동하는 시스템이다. 즉, 시스템 내부가 동일 유체일 때에 동일 수평면에서의 압력은 같다는 원리로서 그림 Ⅱ-6과 같이 작은 힘으로도 자동차와 같은 큰 물체를 들어올릴 수 있는 장점이 있다.

파스칼의 원리를 이용하여 유압 브레이크 시스템을 구성하면 그림 Ⅱ-7과 같이 구성할 수 있다. 즉, 발로 페달에 힘을 가할 경우에 시스템 내부는 동일 유체로 충만되어 있기 때문에 동일한 압력이 작동함을 보여주고 있다.

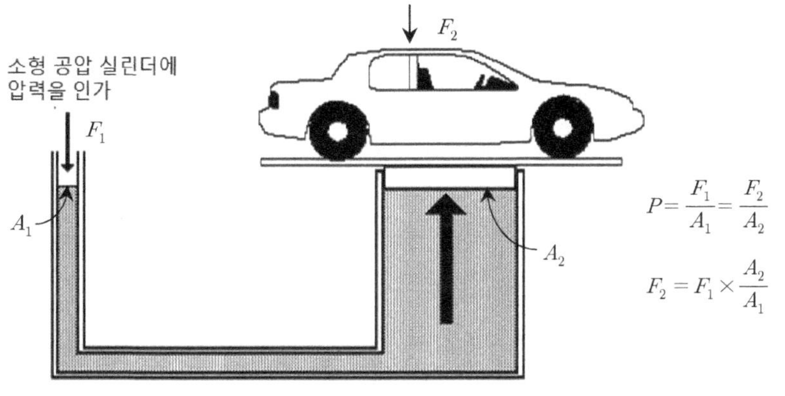

그림 Ⅱ-6. 파스칼의 원리 개념도

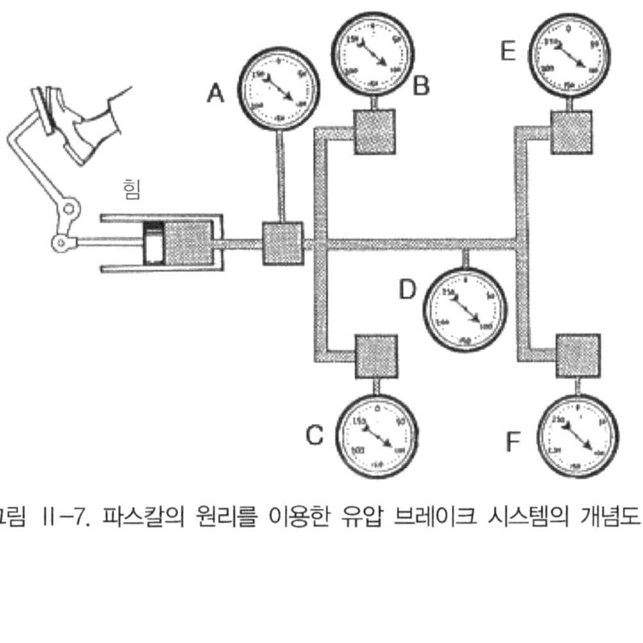

그림 Ⅱ-7. 파스칼의 원리를 이용한 유압 브레이크 시스템의 개념도

[5] 공압시스템의 장점과 단점

(1) 공압시스템의 장점

- 넉넉한 양 : 어디서든지 사용할 수 있는 무한대의 공기
- 운송 : 파이프라인을 통하여 손실없이 먼 거리 운송 가능
- 저장 : 한 충전기내에 저장 및 배기 가능
- 온도 : 온도 변화에 민감하고 극한 조건에서도 사용 가능
- 안전 : 연소나 폭발 위험 없음
- 청정 : 오일을 포함하지 않으면 어떤 환경위험도 일으키지 않음
- 구조 : 활용 요소의 구조가 간단, 저가
- 속도 : 빠른 활동 매체, 높은 피스톤 속도, 짧은 구동 시간
- 과부하 보호 : 정지 상태까지도 작동하는 요소

(2) 공압시스템의 단점

- 공기 조건 : 오염된 입자와 응축으로 공압 요소의 마모발생, 고가비용
- 압축 : 압축공기로 지속적이고 일정한 피스톤 속도 유지 어려움
- 힘 : 6～7 bar의 압력에서 경제성, 20~30 kN이 한계
- 배출 공기 : 높은 소음, 소음기와 흡음재가 필요

(3) 적용 분야

- 클램핑, 재료이송, 조립공정
- 금속공정, 기계가공 및 그 외의 공정
- 플라스틱 재료 공정, 측정 및 시험, 건설, 운송

2.2 공압시스템의 구성 요소

[1] 공압시스템의 구성

공압시스템은 크게 제어신호를 생성하는 제어부와 동력에너지를 생성하여 작동기에 공급하는 동력부로 나누어 구성되어 있다.

공압시스템의 전체 구성은 압축기를 이용하여 압축공기로 만들어 압력에너지를 생성하고, 배관 라인을 통하여 각종 제어밸브와 그 부속기기들을 거쳐 제어하여 실제 기계적인 에너지를

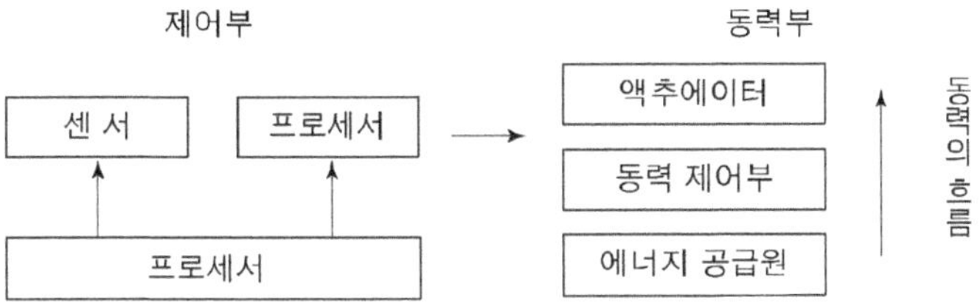

그림 Ⅱ-8. 공압시스템에서 에너지 전달

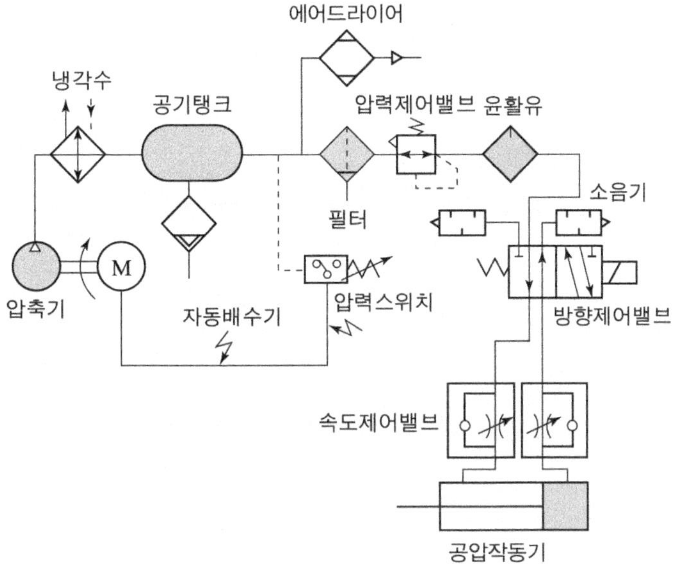

그림 Ⅱ-9. 공압시스템의 구성도

만들어 내는 공압 작동기에 의해 기계적인 일을 수행하는 일련의 기계요소, 결합체를 말한다.

[2] 공압원의 구성요소

(1) 공기압축기

공압시스템에서는 압축공기를 에너지원으로 이용하는데 압축공기를 생성하기 위해서는 압축기나 송풍기가 필요하다. 보통 송풍기는 1 kgf/cm^2 미만의 공압을 생성하고, 압축기는 1 kgf/cm^2 이상의 압력을 생성하는데 보통 산업 현장에서 사용하는 공압시스템의 압력은 5~7 kgf/cm^2 정도이므로 공기 압축기를 사용해야 한다. 압축공기의 생성은 그림 Ⅱ-11과 같이 매우 복잡한 과정으로 구성되는데 실제 공기에 압력을 부가하면 열이 발생하고 이것을 냉각시키기 위한 냉각기(cooler)가 필요하며, 이 과정에서 열에 의해 습기가 발생하면 다시 습기를 제거하기 위하여 건조기(dryer)를 설치하는 과정으로 이루어진다.

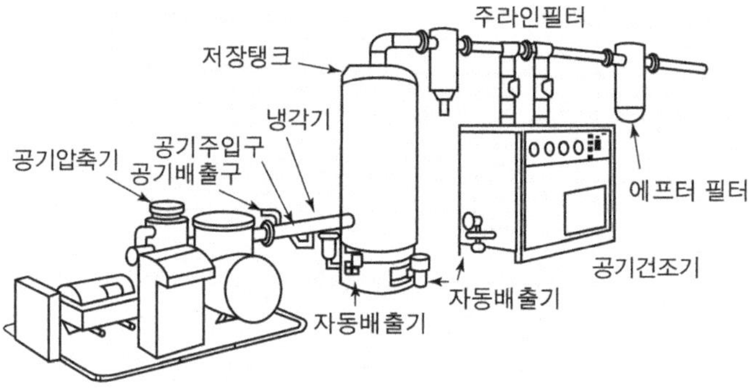

그림 II-10. 압축공기의 생산과정도

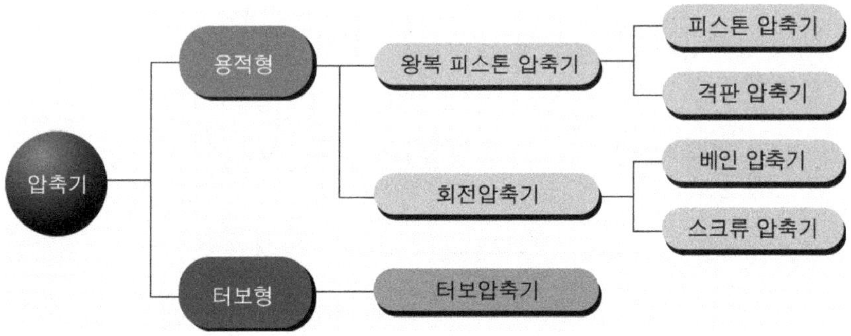

그림 II-11. 압축기의 구분

공기압축기는 그림 Ⅱ-12와 같이 용적형과 터보형으로 나누어지며 용적형은 다시 왕복 피스톤 압축기와 회전압축기로 나눈다.

왕복 피스톤 압축기는 피스톤 압축기와 격판 압축기로 나누어진다.

① 피스톤식 압축기 : 피스톤식 압축기는 비교적 구조가 간단하고, 보수 유지가 간단하며 사용압력이 1 kgf/cm^2 정도의 낮은 압력부터 수십 kgf/cm^2의 아주 높은 압력까지 모두 사용이 가능하다. 그리고 간헐적으로 사용할 때에 상대적으로 고장 발생률이 적다. 그러나 다른 압축기에 비하여 소음이 크게 발생하는 단점이 있다. 피스톤식 압축기 중에 2단 피스톤 압축기는 고압으로 압축하기 위해서 사용되는 압축기로 1단 압축기에서 4 kgf/cm^2의 압력까지 압축하고 2단 압축기에서 15 kgf/cm^2의 압력까지 압축하여 고압을 얻는다.

② 격판 압축기 : 공기가 왕복 운동을 하는 부분과 직접 접촉하지 않기 때문에 공기에 기름이 섞이지 않게 되어 있는 구조로서 깨끗한 공기를 얻을 수 있는 장점이 있다. 청정이 요구되는 식료품, 제약, 화학 산업에 많이 이용되지만, 용량이 작은 것이 단점이다.

(2) 건조기

공기를 압축하면 열이 발생하는데 냉각을 시킴으로써 압축 공기 속에 수분이 생성된다. 이것을 건조시키기 위해 건조기가 필요하다. 실제 공압시스템에서 사용되는 건조기는 냉동식, 흡수식, 흡착식으로 나누어진다.

① 냉동식 공기 건조기 : 공기 압축기로부터 토출된 고온다습의 압축공기가 들어오면 공기와의 예열 열교환기(heat exchanger)로 1차 냉각된 후 냉매를 사용하는 본열 교환기를 통과하여 노점온도까지 냉각된다. 그 후 분리기(separator)에서 유수 분리되어 분리된 수분은 드레인 트랩을 통하여 배출되며 제습된 압축공기는 다시 예열 교환기를 거쳐 생산라인에 공급된다.

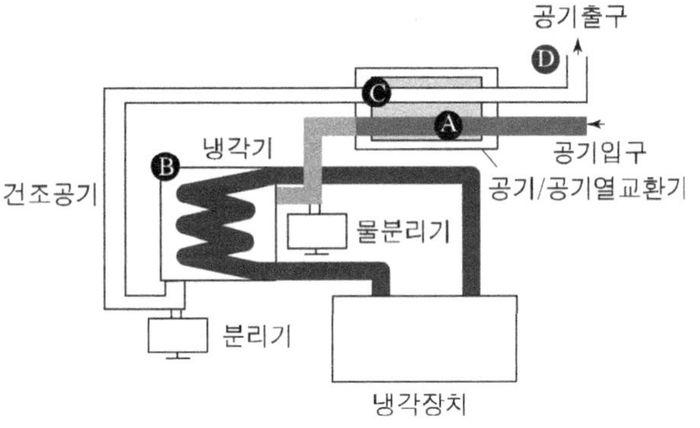

그림 II-12. 냉동식 공기 건조기의 구성도

② 흡착식 공기 건조기 : 습기에 대하여 강력한 친화력을 갖는 실리카겔 활성 알루미나 등의 고체 흡착 건조제를 2개의 타워 속에 가득 채워 습기와 미립자를 제거하여 초건조공기를 토출하며 건조제를 재생시키는 방식으로 최대 -70도 정도까지의 저 노점

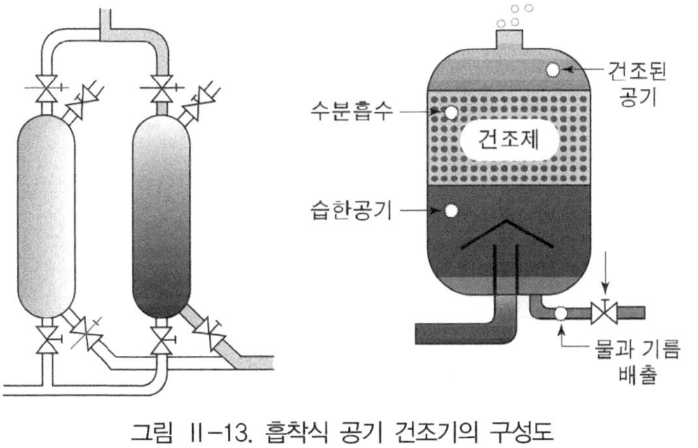

그림 II-13. 흡착식 공기 건조기의 구성도

을 얻는다.

③ 흡수식 공기 건조기 : 흡수식 건조는 화학적인 방법으로 천일염을 공기 중에 놓아두면 소금에 포함된 불순물인 염화마그네슘과 염화칼슘이 공기 중의 수분과 반응하여 녹아내리게 되고 이와 같은 현상을 조해성이라 하며 흡수식 건조는 이 원리를 응용한 것이다.

(3) 배관

배관은 유량, 배관의 길이, 허용 가능한 압력강화, 압력에 의하여 그 크기를 선정해야 한다. 그리고 배관은 압축 공기가 흐르는 방향으로 1~2%의 경사가 되도록 설치한다.

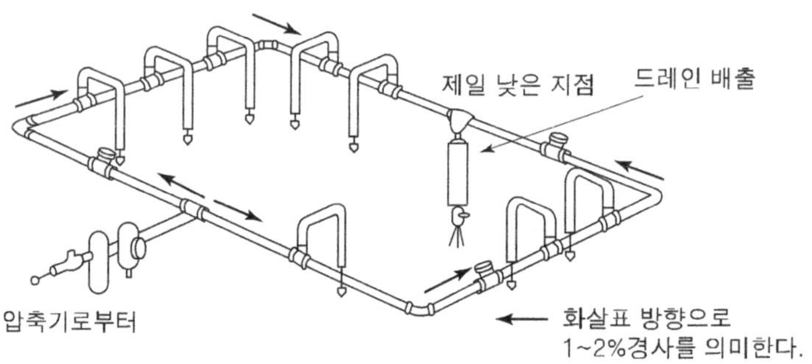

그림 II-14. 공압의 배관구성도

(4) 서비스유닛

공기정화기기인 서비스유닛(service unit)은 생성된 압축공기를 최종적으로 사용하기 위해서는 필터를 이용하여 윤활유, 먼지, 배관의 녹 및 수분 등의 찌꺼기들을 제거, 원하는 압력으로 조절, 필요한 경우에 윤활을 하여 공압시스템에 공기 공급을 준비해주는 장치이다.

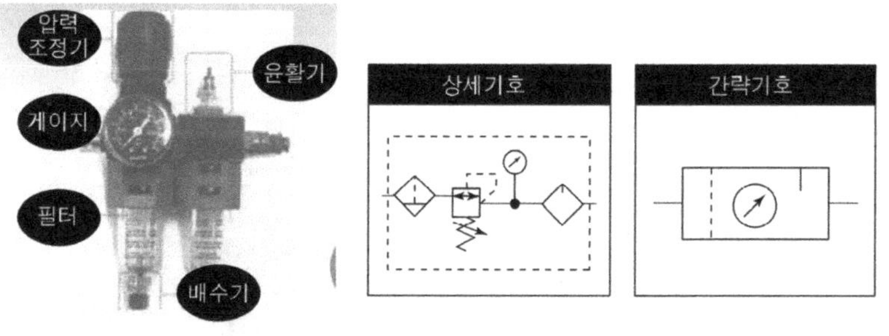

그림 II-15. 공압 서비스유닛의 구성도

2.3 공압제어밸브(pneumatic control valve)

[1] 방향제어밸브(directional control valve)

방향제어밸브는 공압 방향을 제어하는 밸브로서 전체적인 구성은 흐름 방향이 두 가지 이상이며, 포트가 2개 이상인 밸브이다. 즉, 공기흐름의 방향을 변환시켜 액추에이터의 구동을 제어하는 밸브를 방향제어밸브라고 한다.

(1) 방향제어밸브의 조작방법에 따른 분류

방향제어 밸브를 조작하는 방법에는 인력조작방법, 파일럿(순수공압) 제어방법, 기계력 조작방법, 전자력 조작방식으로 나눌 수 있다.

① 인력조작밸브

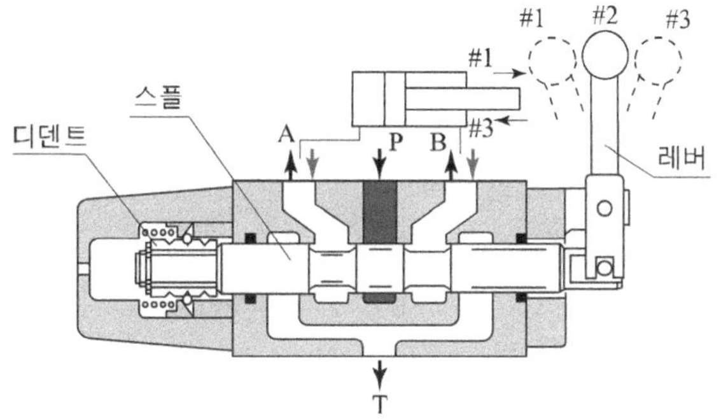

그림 II-16. 인력조작밸브의 단면도

② 파일럿 조작밸브

그림 II-17. 파일럿 조작식 방향제어밸브의 외관도

③ 기계력 조작밸브

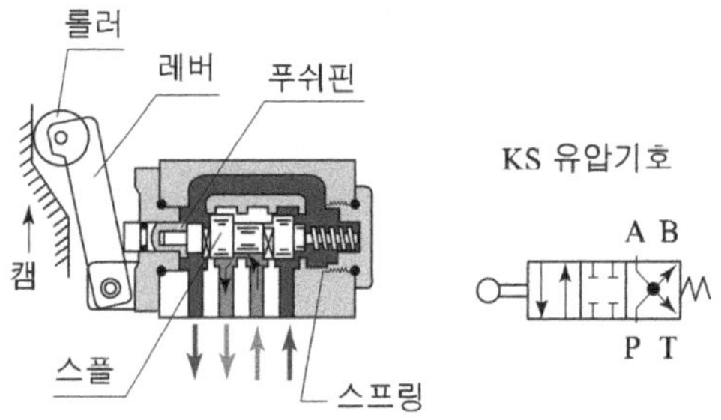

그림 II-18. 기계력 조작밸브의 외관도 및 단면도

④ 전자력 조작밸브

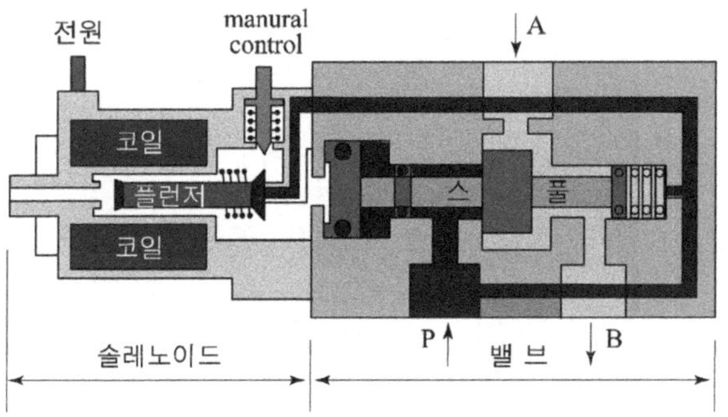

그림 II-19. 솔레노이드 전자조작의 단면도

표 II-1. 방향제어밸브의 조작방법에 따른 분류

조작의 분류			기 호
조작방식	전자조작	직 동 형	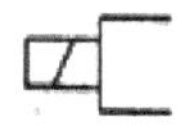
		파 일 럿 형	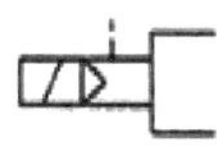
	공기압 조작 방식		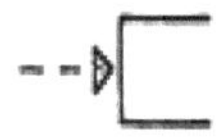
	인력조작	누 름 버 튼	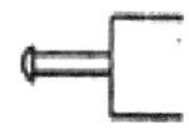
		페 달	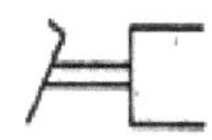
		레 버	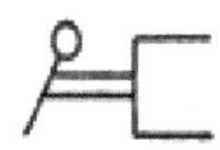
	기계조작	플 런 저	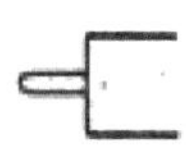
		롤 러	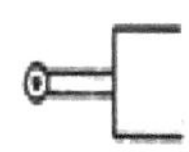
복귀유지방식	스프링 리턴		
	자기위치 유지		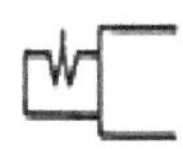

(2) 방향제어밸브의 포트와 제어위치 수에 의한 분류

방향제어밸브에서 포트의 수는 제어위치의 수를 나타내며, 밸브의 포트에는 공기통로의 접속구와 조작 신호용 파일럿 포트가 있으나, 밸브의 포트 수는 공기의 주 관로와 밸브를 접속하는 공기통로의 접속구 수만 의미한다. 그리고 제어위치의 수는 공기흐름의 상태를 결정하는 것으로 밸브의 본체를 변환할 수 있는 위치의 수를 말한다.

표 Ⅱ-2. 방향제어밸브의 포트 수와 제어위치 수에 따른 분류

종류		KS 기호	접속구의 기능
포트의 수	제어위치의 수		
2포트	2위치	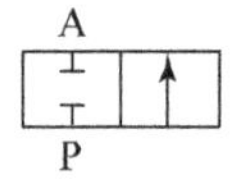	압축공기 입구 P, 압축공기 출구 A 등 2개의 포트
3포트	2위치	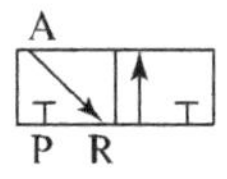	압축공기 입구 P, 압축공기 출구 A, 배기구 R 등 3개의 포트
	3위치 (올포트 블록)	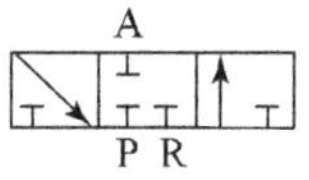	
4포트	2위치	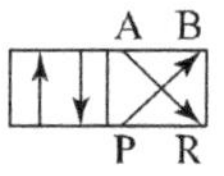	압축공기 입구 P, 압축공기 출구 A, 압축공기 출구 B, 배기구 R 등 4개의 포트
	3위치 (올포트 블록)	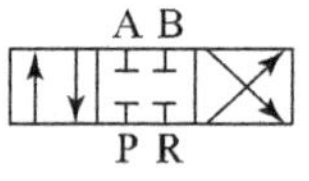	
	3위치 (ABR 접속)	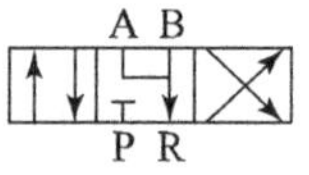	
	3위치 (PAB 접속)	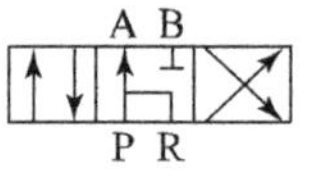	
5포트	2위치	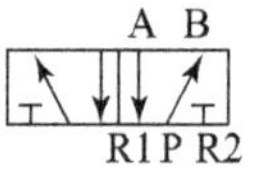	압축공기 입구 P, 압축공기 출구 A, 압축공기 출구 B, 배기구 R1, R2 등 5개의 포트
	3위치 (올포트 블록)	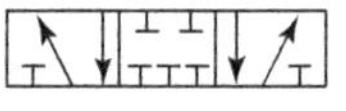	

(3) 방향제어밸브의 중립위치에 따른 분류

방향제어밸브의 중립위치는 압력에너지를 지속적으로 유지하는 클로즈 타입과 항상 대기압으로 유지되는 오픈 센터형으로 나눈다. 그리고 중립위치의 여러 타입은 표 Ⅱ-3과 같다.

표 Ⅱ-3. 방향제어밸브의 중립위치에 따른 분류

스플형식	KS 기호	스풀관계도 (중립위치)	스플형식	KS 기호	스풀관계도 (중립위치)
			60 PT 접속		
2 클로즈 센터			7 교축 오픈센터		
3 오픈 센터			8 2방향		
4 ABT 접속			9 PAB 접속		
40 교축 ABT 접속			10 BT 접속		
5 PAT 접속			11 PA 접속		
6 PT 접속			12 AT 접속		

(4) 방향전환밸브의 정상상태에서 흐름의 형식

방향전환밸브에 조작력이나 제어신호를 가하지 않는 상태를 정상상태 또는 초기상태라고 말하며, 정상상태에서 밸브가 열려있는 상태를 열림형(normally open)이라 하고, 정상상태에서 닫혀있는 밸브는 닫힘형(normally closed)이라 한다.

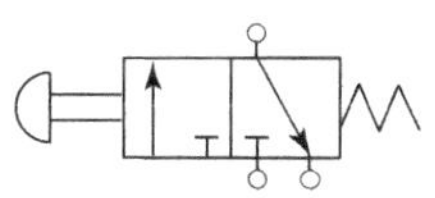
3/2 way Normal Open type

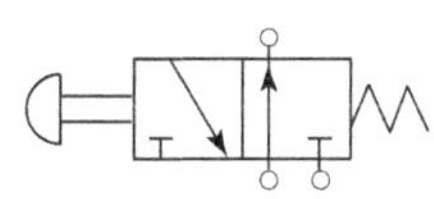
3/2 way Normal Closed type

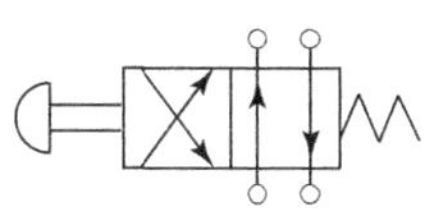
4/2 way Normal Open type

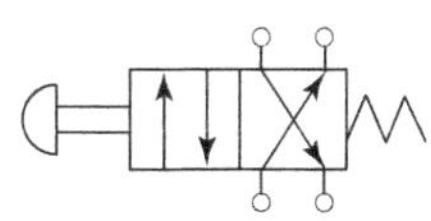
4/2 way Normal Closed type

그림 Ⅱ-20. 방향전환밸브의 정상상태 흐름의 형식에 따른 분류

(5) 2압 밸브(two-pressure valve, and valve)

그림 Ⅱ-22와 같이 2압 밸브는 AND 요소로서 연동 제어(interlocking control), 안전 제어, 검사 기능 또는 논리 작동(logic operation)에 사용된다.

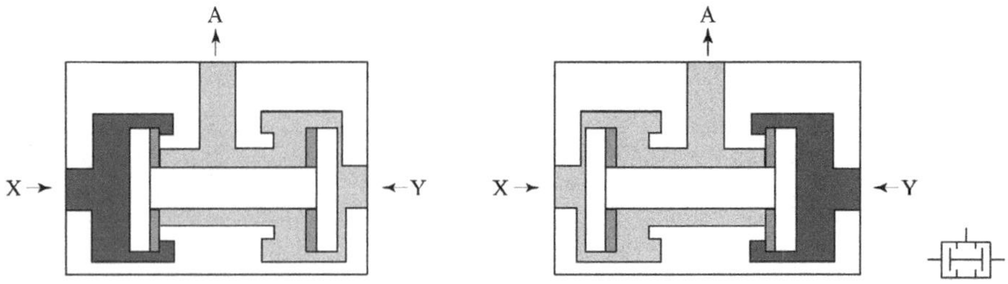

그림 II-21. 2압 밸브의 단면도 및 기호도

(6) 셔틀밸브(or valve)

그림 Ⅱ-23과 같이 셔틀밸브는 양 제어(double control)밸브 또는 양 체크밸브(double check valve)라고 한다. 이 밸브는 또한 서로 다른 위치에 있는 신호밸브(signal valve)로부터 나오는 신호를 분류하고, 제2의 신호밸브로 공기가 빠져나가는 것을 방지해 주기 때문에 OR요소라고도 불린다.

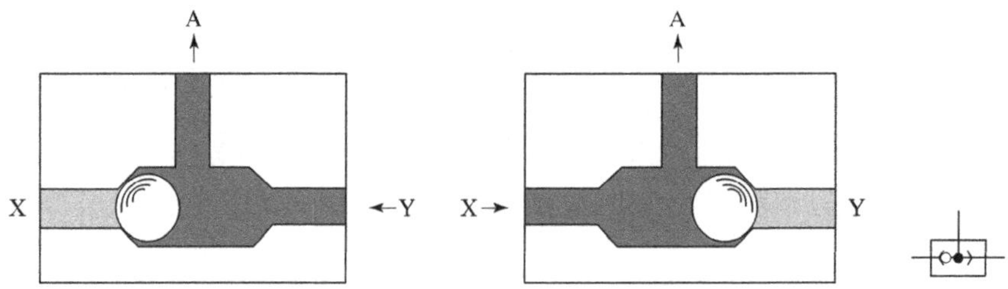

그림 II-22. 셔틀밸브의 단면도 및 기호도

(7) 체크밸브(check valve)

체크밸브는 한쪽 방향으로는 유량의 흐름을 완전히 차단시키며, 그 반대 방향으로는 가능한 한 적은 압력 손실로 흐르게 한다. 차단시키는 방법에는 원추(cone), 볼(ball), 판(plate) 또는 격판(diaphragm)이 사용된다.

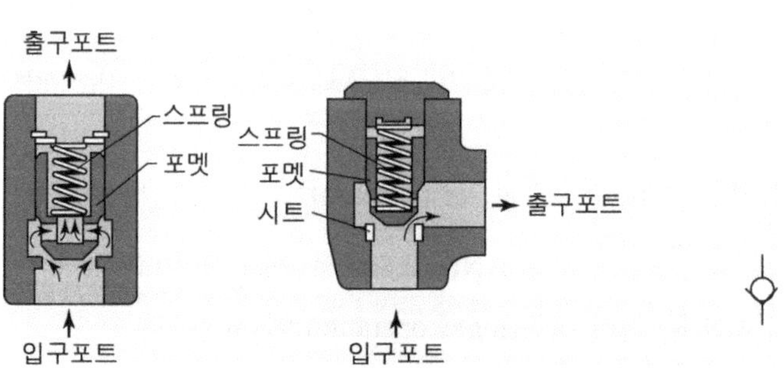

그림 II-23. 직동형 체크밸브의 단면도 및 기호도

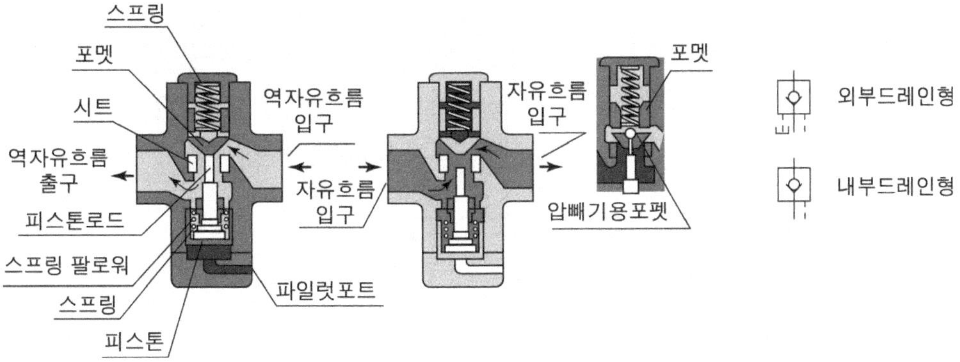

그림 II-24. 파일럿 작동형 체크밸브의 단면도 및 기호도

(8) 급속배기밸브(quick-exhaust valve)

급속배기밸브는 실린더의 피스톤 속도를 증가시키는 데에 사용된다. 이 밸브는 특히 단동 실린더에 귀환 행정 시간을 감소시켜줄 수 있다

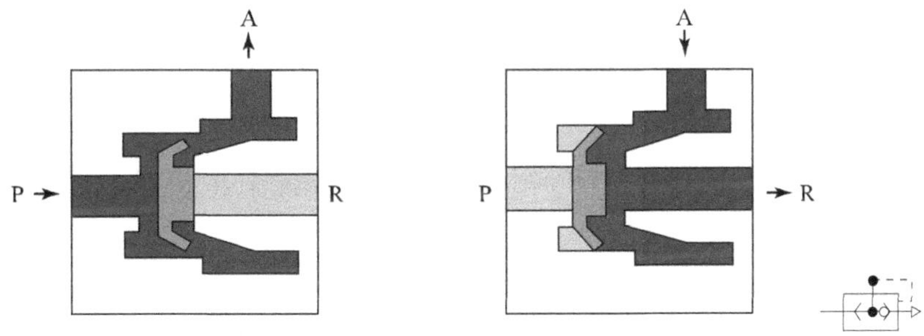

그림 II-25. 급속배기밸브의 단면도 및 기호도

[2] 압력제어밸브(pressure control valve)

압력제어밸브는 시스템 압력을 결정하는 릴리프밸브와 분기압력을 형성하는 감압밸브, 순차적으로 제어하는 순차밸브로 나누어 구성되고 다음과 같다.

(1) 릴리프밸브(relief valve)

릴리프밸브는 주로 안전밸브로 사용되며, 시스템 내의 압력이 최대 허용압력을 초과하는 것을 방지해 주는 밸브이다. 만약 밸브 입구의 압력이 설정된 최대 허용압력에 도달하면 밸브의 출구가 열려서 공기는 배기 중으로 빠져나간다.

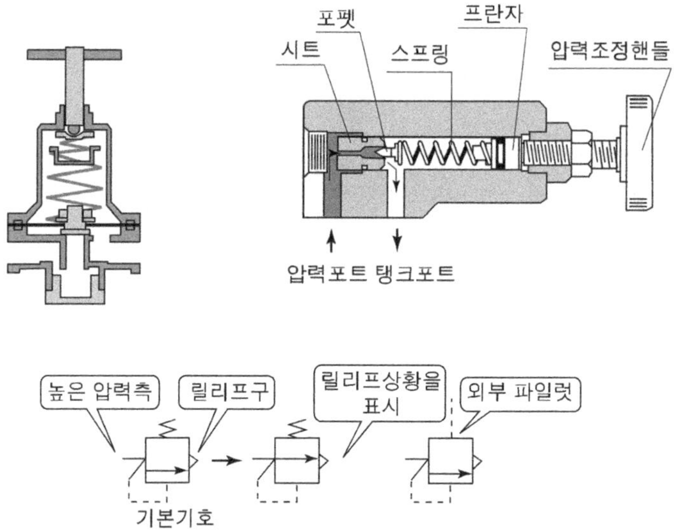

(a) 직동형 (b) 외부 파일럿형

그림 II-26. 릴리프밸브의 단면도와 기호도

(2) 감압밸브(reducing valve)

감압밸브는 공기압 원으로부터 보내진 압축공기의 압력을 설정값으로 감압해서 내보냄과 동시에 유량의 변동에 대한 압력의 변동을 최저로 억제하여 안정된 압력의 공기를 공급하는 밸브이다.

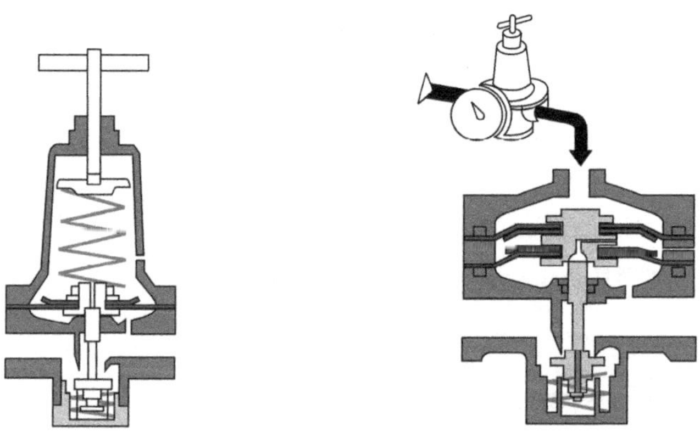

(a) 직동형 감압밸브 (b) 파일럿 작동형 감압밸브

그림 II-27. 감압밸브의 단면도

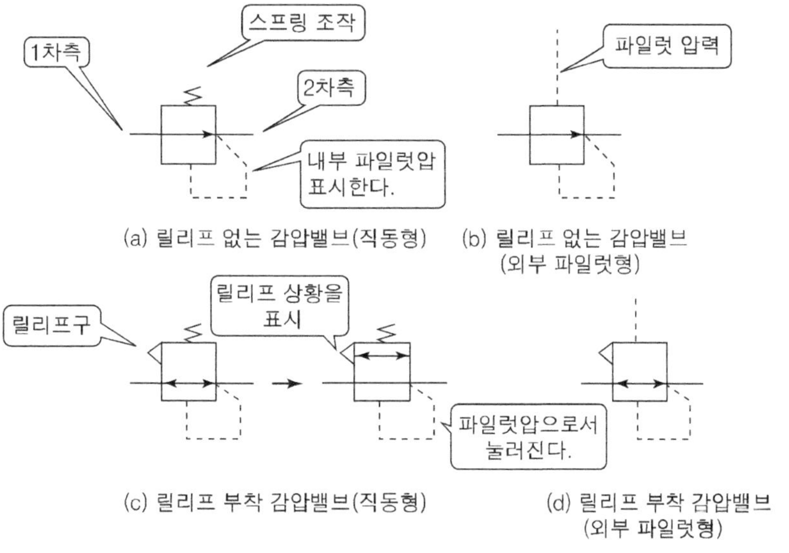

그림 II-28. 감압밸브의 기호도

(3) 시퀀스밸브(sequence valve)

시퀀스밸브는 특정압력에서 공기의 흐름방향을 바꾸기 위해 사용하는 밸브로서 작동기의 순차제어에 이용된다.

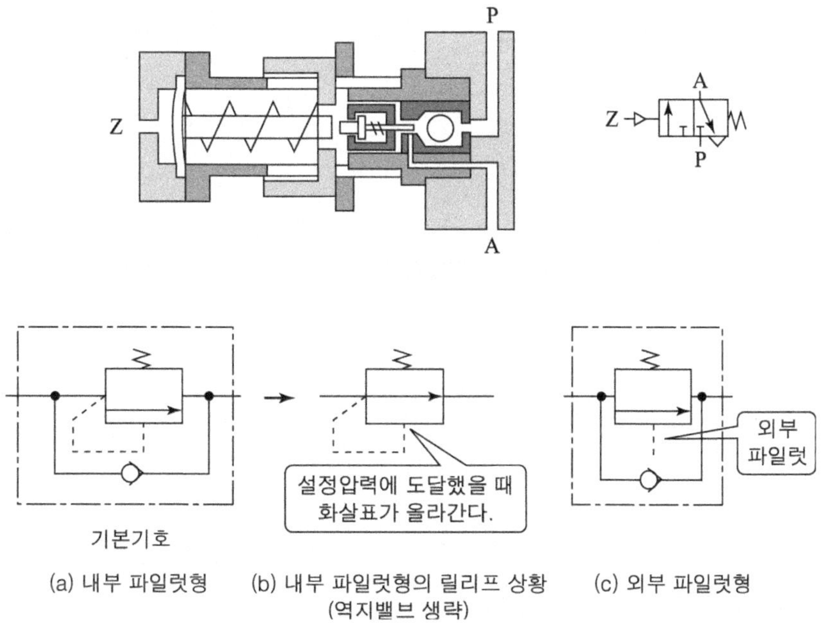

그림 II-29. 시퀀스밸브의 기호도

[3] 유량제어밸브(flow control valve)

유량제어밸브는 압축기와 릴리프밸브, 유량제어밸브를 사용하여 작동기의 속도를 제어하는데, 유량을 조정해 주는 밸브를 유량제어밸브라 한다. 그리고 제어방법에는 고정교착(fixed throttle) 방법과 가변 교착(variable throttle) 방법에 의한 것이 있으며, 압력이나 온도에 따라 유량이 변화하므로 이것을 보상해 주는 밸브도 있다.

(1) 교축(스로틀)밸브

유로의 단면적을 교축하여 유량을 제어하는 밸브이다.

교축밸브에 체크밸브를 붙여 작동기의 속도를 제어하기 위한 밸브를 스로틀 체크밸브, 속도 조절 밸브, 일방향 유량조절 밸브라고 한다.

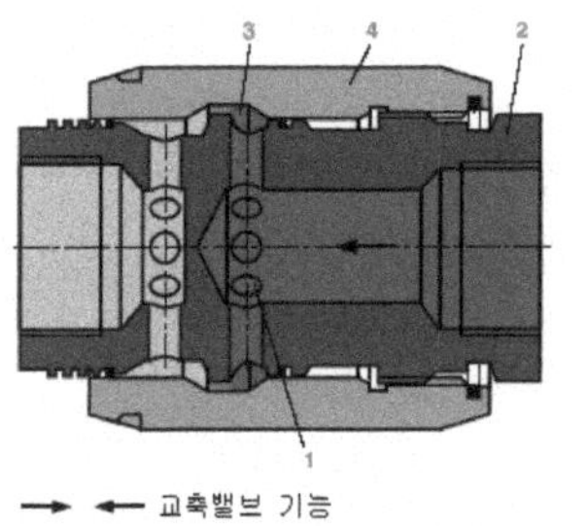

그림 Ⅱ-30. 파이프 설치형 스로틀밸브

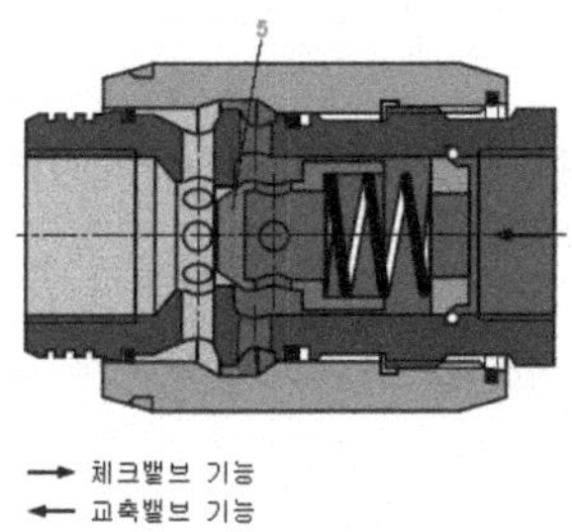

그림 Ⅱ-31. 파이프에 설치된 스로틀 체크밸브

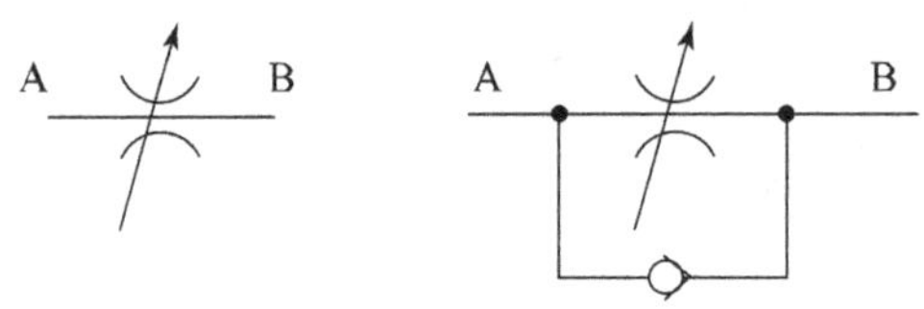

그림 Ⅱ-32. 왼쪽 : 스로틀밸브, 오른쪽 : 스로틀 체크밸브

(2) 감속밸브

진행궤도에 따라 유압적으로 작동되는 부하의 부드러운 감속 또는 가속을 위해 기계적 조작(롤러레버, 플랜저, 롤러타펫)을 갖는 스로틀밸브가 사용된다.

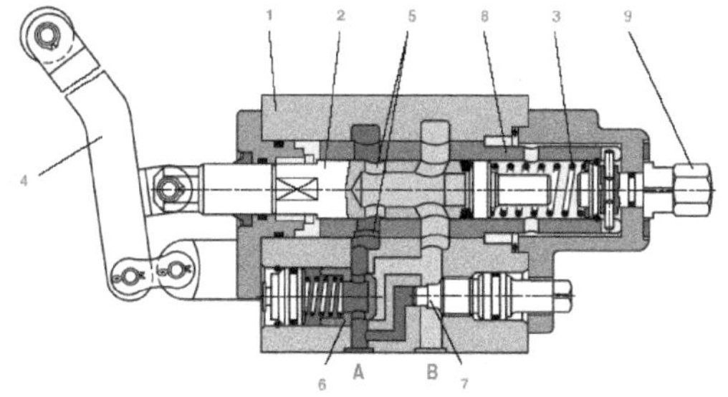

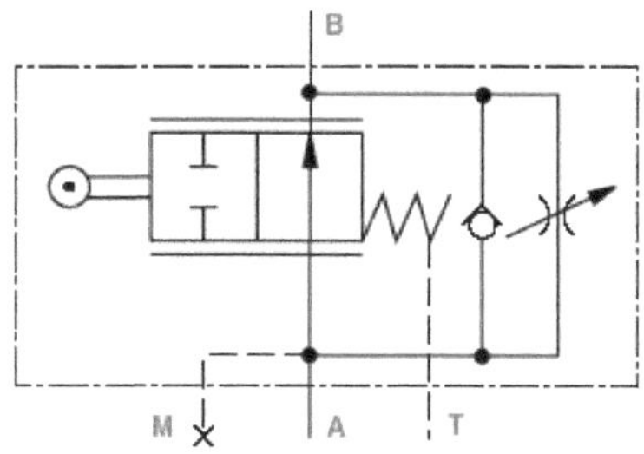

그림 II-33. 롤러레버 작동을 갖는 감속밸브　　그림 II-34. 감속밸브의 기호

2.4 공압작동기(pneumatic actuator)

공압시스템 중에서 최종적으로 외부에 힘을 발생시켜 일을 하는 부분으로 유체에너지를 기계적 에너지로 변환시켜주는 것이다. 공기의 압력 에너지를 이용하여 기계적인 일을 하는 장치로서 공압실린더, 공압모터 및 공압요동형모터로 구별된다.

[1] 공압실린더(pneumatic cylinder)

공기를 압축하여 압력 에너지를 만들어 내는 기기장치로서 그 구조는 다음과 같이 구성되어 있다.

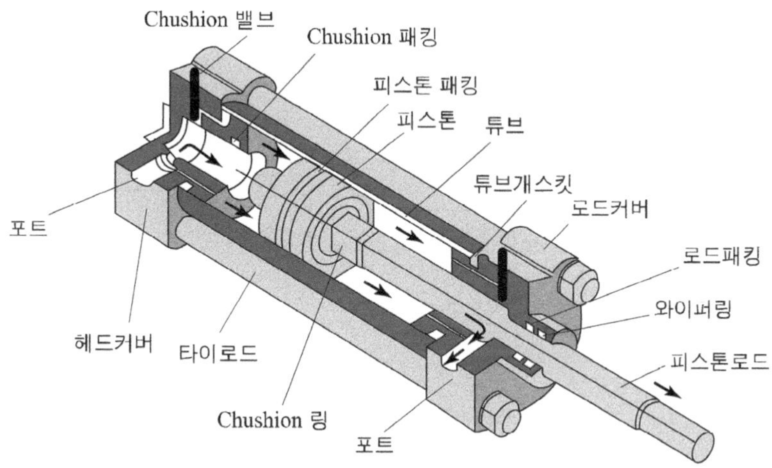

그림 II-35. 실린더의 단면도

복동실린더는 2개의 포트가 있다. 헤드커버 쪽의 포트로 압축공기가 유입되면 공기가 유입된 반대 방향으로 피스톤이 움직이고 로드커버쪽 포트로 공기가 배출된다. 다시 로드커버쪽 포트로 공기가 유입되면 피스톤은 헤드커버쪽으로 이동하고 공기는 헤드커버쪽 포트로 배출된다.

[주의사항]

- 단동실린더는 한쪽 방향으로 속도, 힘의 조절이 가능하나 복동실린더는 양쪽 방향으로 모두 가능하다.
- 단동실린더의 경우 한쪽의 힘이 제거될 경우 원래의 위치로 돌아오나 복동실린더의 경우 힘이 제거되어도 원래의 위치로 돌아오지 않는다.
- 원 위치로 돌아오기 위해서는 반대쪽에 압력을 가해주어야 한다.

(1) 양 로드실린더

일반적인 복동실린더는 피스톤의 한쪽에만 로드가 달려있어서, 실린더의 양쪽에 동일한 공기압이 작용할 때 그 공기압이 작용하는 단면적의 차이 때문에 양쪽에 작용하는 힘이 다르다. 양 로드형 실린더는 공기압이 작용하는 양쪽의 단면적을 동일하게 만들어 작용하는 힘을 같게 만든 것이다.

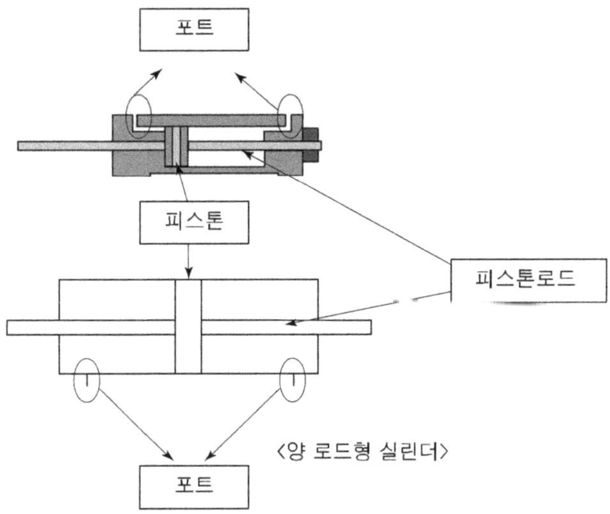

그림 II-36. 양 로드실린더의 구조와 기호도

양 로드형 실린더의 경우 피스톤의 양쪽에 로드가 달려있어 전진운동 및 후진운동을 할 때 공기압이 작용하는 단면적이 동일하므로 양쪽 방향의 운동에서 동일한 힘이 작용하여 원활하게 왕복운동이 이루어진다. 작업 테이블을 이동시키고자 할 때나 프린팅 작업과 같이 정확한 수평운동이 필요할 때는 링크시스템과 결합하여 사용할 수 있다.

(2) 로드리스 실린더

피스톤 로드가 없는 실린더로 일반 실린더와 같이 양쪽의 압력차에 의해서 움직인다. 공간상 설치장소를 대폭 감소시킬 수 있고, 행정거리가 4.5 m 이상이 되는 공정도 가능하다. 보통의 복동실린더를 중간위치에 정지시키기 위해서는 특수한 밸브를 사용하는데, 로드리스 실린더는 실린더 튜브 안의 캐리지(carriage) 양쪽 면적이 같으므로 양쪽에 동일한 압력을 가하면 중간위치에 실린더를 쉽고 정확하게 정지시킬 수 있다.

① 슬릿식 로드리스 실린더(slit rod-less cylinder)
실린더 튜브에 슬릿(홈)을 만들어서 피스톤에 기계적으로 직결된 금속 마운트가 튜브 위를 직선 왕복운동 한다. 종래의 실린더와 같은 감각으로 사용할 수 있지만, 공기가 다소 누설되는 결점이 있다.

② 마그넷식 로드리스 실린더(magnetic rod-less cylinder)
실린더 배럴(barrel) 내부와 외부에 자석이 있어서 자석커플링으로 결속된 둥근 모양의 몸체가 실린더 배럴을 따라 이동할 수 있다. 슬릿식에 비하여 공기의 누설은 없지만 실린더의 속도에 제한이 있고, 부하에 견디는 힘도 작은 편이다. 자석 커플링은 전기장의 영향을 전혀 받지 않는다.

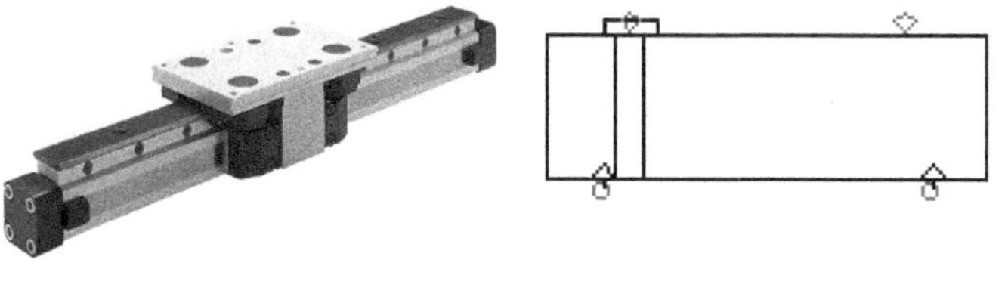

그림 II-37. 로드리스 실린더의 기호도

(3) 다이어프램 실린더

다이어프램의 양쪽에서 공기압을 걸어서 복동형으로 구동하는 것도 있지만, 그림 Ⅱ-43에서 보듯이 스프링의 힘으로 한쪽을 복귀시키는 형태를 일반적으로 많이 사용한다. 포트에 유입되어 다이어프램에 작용하는 유체의 압력이 스프링이 미는 힘보다 클 때 다이어프램에 연결되어 있는 피스톤로드가 밀려나간다.

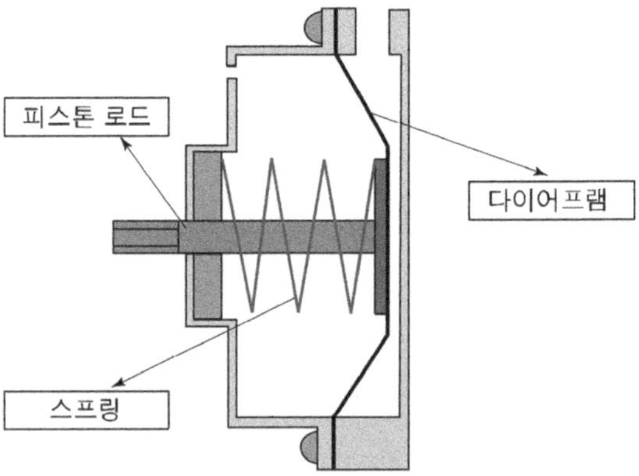

그림 II-38. 다이어프램 실린더의 구조도

(4) 스위치 붙이 실린더

일반 실린더의 작동원리와 같이 양쪽의 압차에 의해 구동되며, 실린더 구동으로 설치되어 있는 마그네틱 스위치를 작동시킨다. 별도의 스위치를 시스템에 부착하는 것보다 상대적으로 저가이며, 시스템 설치에 필요한 공간도 절약할 수 있다. 실린더의 전·후진 위치를 검출하기 위한 기능이 필요한 공정에 사용한다.

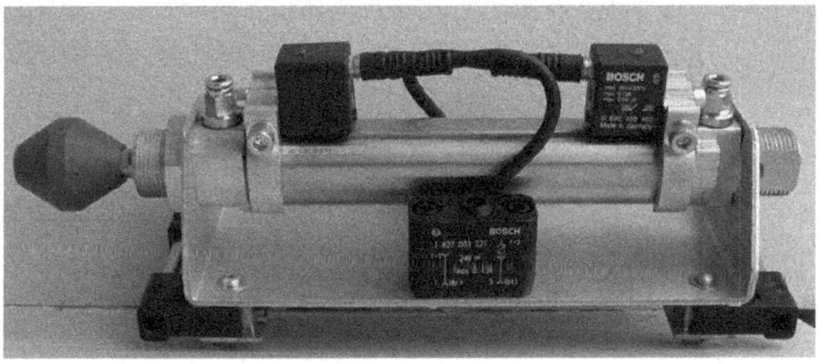

그림 II-39. 스위치 붙이 실린더의 외형도

(5) 탠덤실린더(tandem cylinder)

2개의 복동실린더가 서로 나란히 연결된 복수의 피스톤을 갖는 공압 실린더를 탠덤실린더라 한다. 2개의 피스톤에 압축공기가 공급되기 때문에 피스톤 로드가 낼 수 있는 출력은 2배가 된다. 탠덤실린더는 공압실린더가 사용압력이 낮아 출력이 작기 때문에 실린더의 지름은 한정되고 큰 힘을 필요로 하는 곳에 사용된다. 생산현장에서 공급하는 공기압이 일정할 경우, 더 큰 힘을 얻고 싶다면 피스톤 지름을 늘린다. 그러나 피스톤의 지름이 커지면 다른 설치물과의 배치에 문제가 생길 수 있으므로 이러한 경우 탠덤실린더를 사용한다.

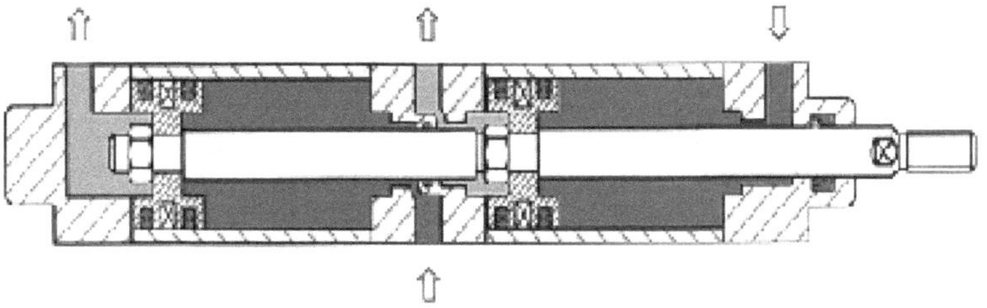

그림 II-40. 탠덤실린더의 내부 구조도

(6) 다위치 제어실린더(multi-position cylinder)

그림 Ⅱ-45와 같은 2개의 복동실린더를 조합한 다위치 제어실린더로서 이 실린더는 2개의 실린더가 동일 축 선상으로 연결되어 있고 각각의 공기 공급 장치를 통해 각각의 실린더가 움직인다. 그러므로 서로 행정거리가 다른 2개의 실린더로 4개의 제어 위치를 확보할 수 있다.

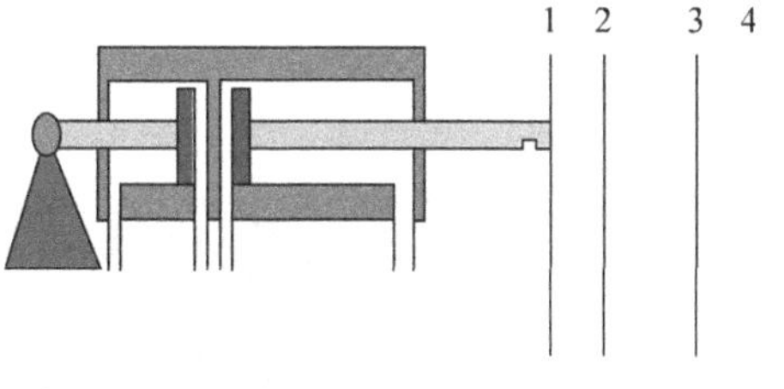

그림 II-41. 다위치 실린더의 내부 구조도

(7) 케이블 실린더(cable cylinder)

양쪽의 피스톤에 케이블(또는 로프)이 부착되어 있는 복동실린더의 일종이다. 일반 실린더의 작동원리와 같이 양쪽의 압차에 의해 구동된다. 실린더가 구동되면서 연결되어 있는 케이블을 당겨서 작동된다. 이 실린더는 케이블에 장력을 발생시키며, 문을 여닫는 장치와 같이 총 길이가 작은 실린더로 큰 행정거리를 필요로 할 때 사용된다.

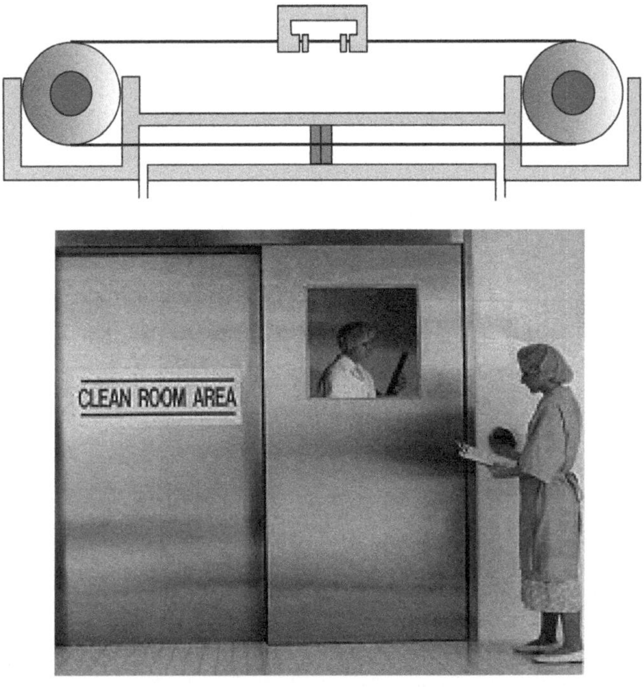

그림 II-42. 케이블 실린더의 구조 및 응용 예

(8) 에어핸드

실린더와 캠 등의 기구를 조합한 것이다. 일반 실린더의 구동과 동일하며, 캠을 이용하여 왕복운동을 회전으로 전환하여 움직인다. 일반적으로 실린더가 할 수 있는 기능으로 대상물을 집거나 고정할 수 있다. 손과 같이 대상물을 집거나 고정할 때 이용한다.

그림 II-43. 에어핸드의 구조도

표 Ⅱ-4. 공압 요소 기호

종류	기기명	기호	종류	기기명	기호
실린더	단동실린더	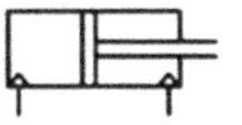	펌프 · 모터	공기압모터	
	단동실린더 (스프링 붙이)			공기압모터 (2방향 유동)	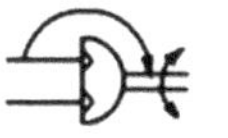
	복동실린더 (편로드)	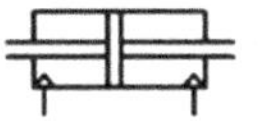		요동형 액추에이터	
	텔레스코프형 실린더			단동 솔레노이드	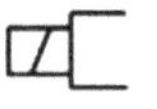
동력원	유 압	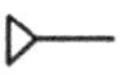	조작방식	복동 솔레노이드	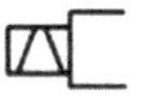
	공기압			공기압 파일럿	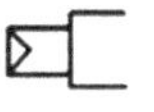
	전동기	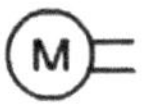		스프링형 조작	
	원동기	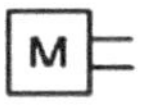		누름버튼형 조작	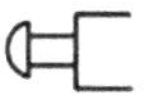

[2] 공압모터(pneumatic motor)

공압모터는 오래 전부터 광산, 화학공장, 선박 등 폭발성 가스가 존재하는 곳에 전동기 대신에 사용되어 왔지만 발전을 거듭하여 최근에는 저속 고 토크 모터, 가변속 모터 등의 출현으로 방폭이 요구되는 장치 이외에 부품장착, 장탈장치, 교반기, 컨베이어, 호이스트 등 일반산업 기계에도 널리 사용되고 있다. 그리고 공압모터는 구조적으로 용적형과 속도형으로 구분되며, 용적형은 압축공기의 압력에너지를 이용한 것으로 일반 산업용으로 주로 사용된다.

(1) 베인형 모터

베인형 모터는 구조가 간단하고 무게가 가벼우며 대부분의 공압모터는 이 방식으로 만들어진다. 작동원리는 베인압축기의 반대로 케이싱 안쪽으로 베어링이 있고, 그 안에 편심로터가 있으며 이 로터에 가공되어 있는 슬롯에 3~10개의 베인이 삽입되어 있다. 베인이 회전하게 되면 원심력에 의하여 케이싱 내벽 쪽으로 힘이 작용되어 각 공간 밀폐시킨다.

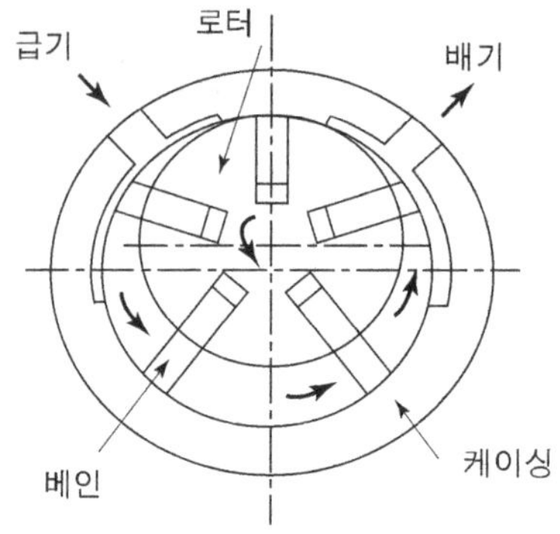

그림 Ⅱ-44. 베인형 공압모터의 내부 구조

또한 모터가 회전하기 전에도 적은 양의 공기만으로 베인이 내벽에 밀착되므로 실링효과가 있으며, 슬롯에 스프링을 넣어 밀봉 효과를 높인 것도 있다. 일반적으로 출력은 0.075~7.5 kW 정도이며 무부하 상태의 회전수는 3,000~5,000 rpm이다. 최대 출력은 감속기를 붙이지 않는 경우는 무부하 상태의 50% 정도의 회전수이다. 그러므로 베인형 모터는 고속회전이고 토크가 작으므로 500 rpm 이하의 저속으로 사용할 때는 감속기를 붙여 저속, 고 토크로 베인형 공압모터를 사용하여야 한다.

(2) 피스톤모터

압축공기를 피스톤 단면에 작용시켜 그 힘을 사판이나 캠, 크랭크축 등에 전달하여 전동기축을 회전시키는 구조로 되어 있으며 다시 반경류(radial) 피스톤 모터와 축류(axial) 피스톤 모터로 구분된다. 반경류 피스톤 모터의 크랭크샤프트는 왕복운동을 하는 피스톤과 커넥팅 로드에 의해 구동된다. 운전을 원활하게 하기 위해서는 3~6개의 피스톤이 필요하며 출력은 공기의 압력과 피스톤의 개수, 피스톤의 면적, 행정 거리와 속도에 좌우된다. 축류 피스톤 모터의 작동원리는 반경류 피스톤의 작동원리와 비슷하다.

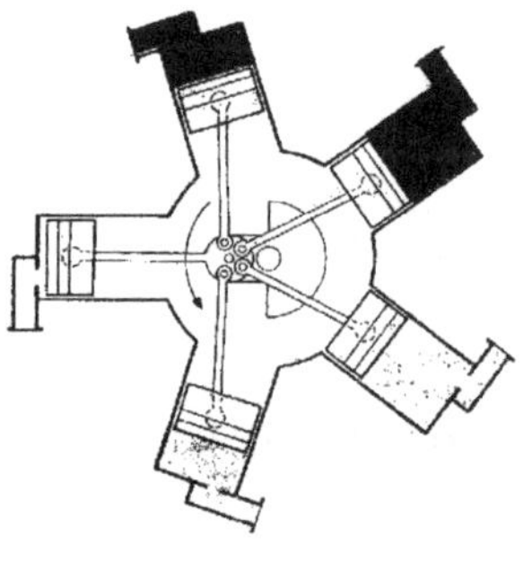

그림 Ⅱ-45. 반경류 모터

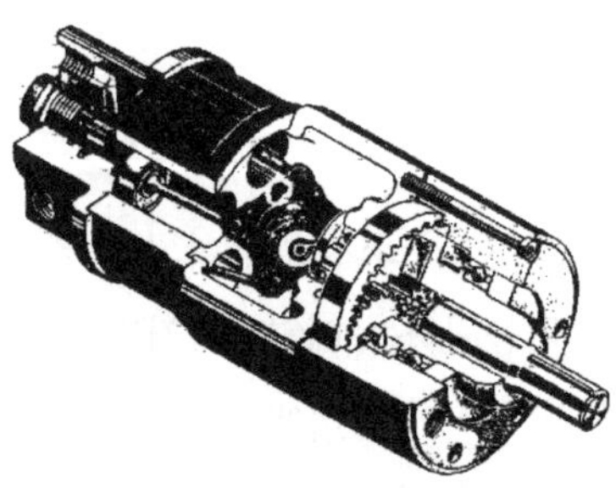

그림 Ⅱ-46. 축류 모터

5개의 축 방향으로 나열된 피스톤에서 나오는 힘은 회전사판에 의해 회전운동으로 바뀐다. 압축공기는 2개의 피스톤에 동시에 공급되며 토크의 균형에 의하여 조용한 운전을 하게 된다. 이러한 피스톤 모터는 시계방향이나 반시계방향의 회전이 가능하고 일반적으로 중·대용량으로 저속회전이 필요한 곳에 사용된다. 최고 회전속도는 무부하 상태에서 3,000 rpm 정도이며 출력은 1.5～2.6 kW 정도로 시동토크를 크게 할 수 있다.

(3) 기어모터(gear motor)

기어모터는 2개의 맞물린 기어에 압축공기를 공급하여 토크를 얻는 방식이다. 1개의 기어는 전동기의 축에 고정되며 소형에서도 10,000 rpm 정도의 고속회전과 대단히 높은 출력을 얻을 수 있다. 역회전도 가능하고 직선 혹은 사선형 기어도 사용된다.

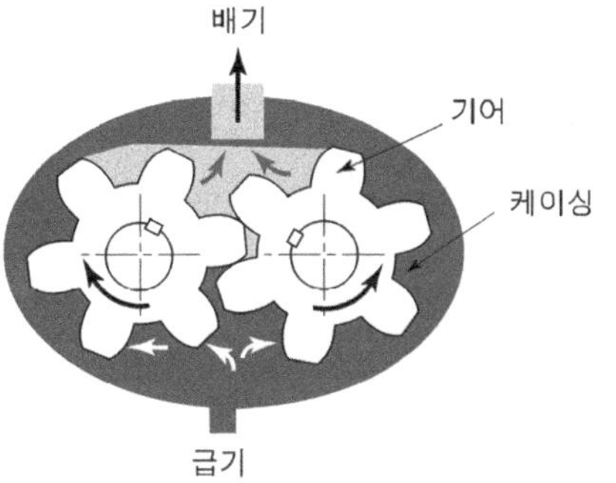

그림 II-47. 기어형 공압모터

(4) 터빈형 모터

터빈형 공압모터는 그림 Ⅱ-53에 나타낸 바와 같이 압축 공기를 날개 차에 불어넣어 속도와 압력에너지를 회전운동으로 변환시켜 회전력을 주는 구조이다. 일반적으로 낮은 출력과 고속이 요구되는 연삭용 등에 사용되며 2,000～5,000 rpm 정도의 회전수가 얻어진다.

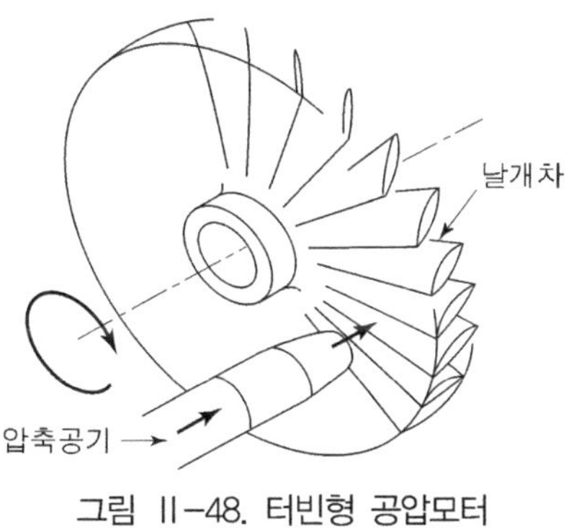

그림 II-48. 터빈형 공압모터

[3] 요동형 액추에이터

요동형 액추에이터는 출력측의 회전각도가 제한되어 있는 공압모터와 같으며 압축공기의 에너지를 회전운동에너지로 변환하여 일정각도 사이를 왕복회전 시키는 것으로서 볼 밸브의 자동 개폐, 자동문의 개폐, 산업용 로봇의 구동 및 컨베이어의 방향 변환 등 각종 장치에 이용된다. 요동형 액추에이터의 원리는 압축공기의 팽창에너지를 이용하여 기계적인 왕복회전운동을 변환시키는 것이다. 그 구조로서는 베인형 공압모터와 같은 구조인 베인형과 공압실린더 피스톤의 직선운동을 기계적인 나사나 기어 등을 이용하여 회전운동으로 변환시켜 토크를 얻는 피스톤형으로 크게 나누어진다.

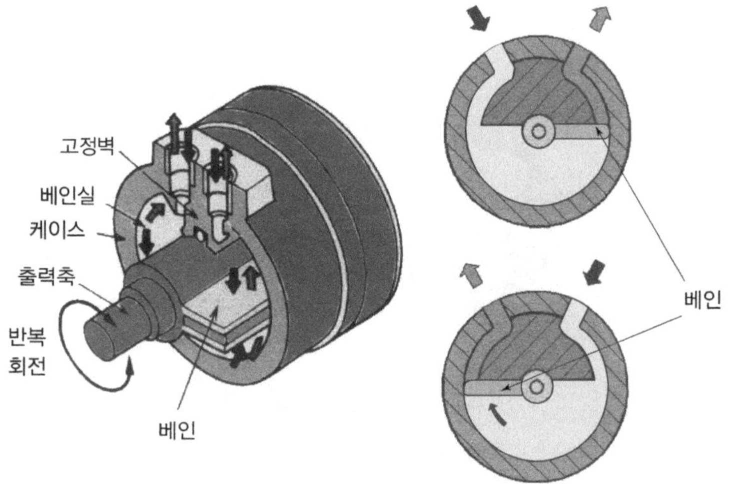

그림 II-49. 베인형 요동전동기의 외형도와 단면도

그림 II-50. 피니언형 요동 액추에이터의 외형도

03

유압시스템

3.1 유압시스템의 개요

[1] 유압의 역사(hydraulic history)

노동에 의하여 행해지는 모든 일들을 손쉽고 편하게 기계를 이용하려는 사고가 발달되면서 동력전달을 위한 수단으로 유압을 이용하려는 인간의 노력은 물을 장거리 이동과 높은 곳으로 이동할 수 있게 하였다. 이러한 연구는 여러 사람들에 의해서 수행되었고, 실패와 성공을 거듭하면서 서서히 발전되어 왔다. 인간에게 최초로 알려진 유압장치(hydraulic system)는 약 45 kl/cm^3 압력 하에 약 400 km 되는 배관을 통하여 분당 17 ℓ (Liter)의 유량을 수송하는 이중펌프였으며, 현재 일상생활에도 사용되고 있는 것이지만 인간이 설계하지도 못하고 제작하지도 못한다. 고대인들은 자신의 노동이나 가축을 이용하여 일하는 것 밖에 몰랐으나 과학이 발전함에 따라 자연의 에너지원을 동력으로 사용할 수 있게 되었다. 동력을 유효하게 전달하고 경제적으로 활용하기 위한 유체동력기술은 1653년에 파스칼의 법칙(pascal's law)이 발견되면서 개발이 시작되었다. 1650년 이전에는 물을 동력전달의 매체로 사용하였는데 기원전 2세기경에 '알렉산드리아'에 사는 한 이발사의 아들 시테스버스(Ctesibus)가 최초로 물을 양수하기 위한 2기통 용적형(positive displacement) 펌프를 발명하였다. 사실은 그 이전에 이집트인들은 시체에 방부제를 주입하기 위하여 피스톤식 주사기를 사용했는데 이것이 일종의 용적형 펌프이다.

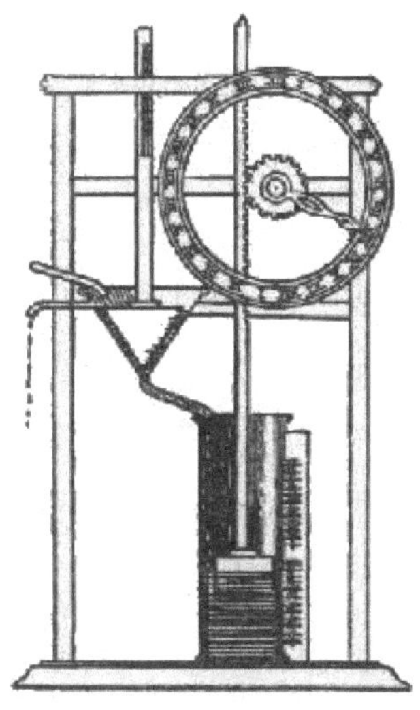
그림 II-51. 수압을 이용한 시계

1759년에 Bramah가 유체의 압력에너지를 기계적 일로 바꾼 수압기를 만들었고, 1845년에 W.Armstrong은 수압 크레인(hydraulic crane)과 축압기(accumulator) 등의 실용성을 세상에 발표하였다. 1850년경 영국에서 산업혁명이 일어날 무렵에 영국에 유체동력회사가 생겼다. 이 회사에서는 7000마력

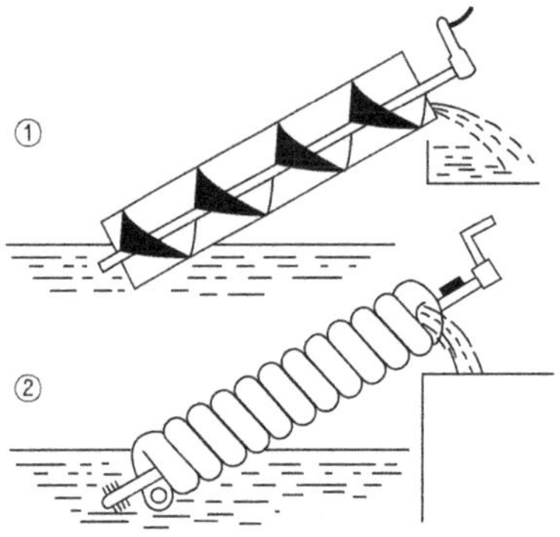

(a) 나사펌프

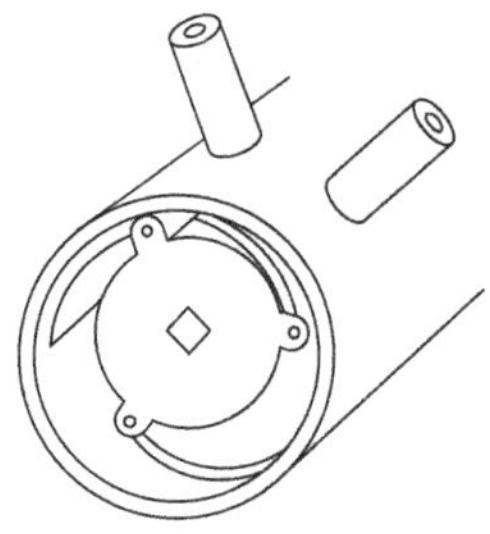

(b) 로터리 펌프

그림 II-52. 수압을 이용한 펌프제작 원리

상당의 펌프시설을 갖추고 유압동력을 각 사용자에게 공급해 주었다. 공급선은 약 120 km 정도이며, 이 동력을 이용해서 기계를 동작시키고 있는 예로는 콜리세움(coliseum) 극장의 회전무대, Tower Bridge의 개폐, 영국기계학회 건물 정문의 개폐 등이 있다.

1900년대에 와서는 전기가 동력화 됨으로써 유체동력의 이용이 쇠퇴하였다. 전력은 상당한 거리의 동력전달에 있어서 유체동력보다 우수하지만 장거리 수송이 필요 없는 단일체내의 동력전달에 있어서는 유체동력의 출력 대 용량의 비가 전력보다 우수하다. 유체동력(유압동력)이 전기 동력보다 여러 가지 이점이 있기 때문에 1900년 후반기에 유압동력의 이용이 증가되기 시작하여 평삭기, Turret 선반 등의 공작기계에 사용되었다.

[2] 유압의 응용분야

유압시스템을 이용한 자동화가 발전되면서 인간의 노동력이 아닌 기계적인 일을 이용하려는 인간의 노력은 계속되었고, 이로 인하여 현재는 산업 현장의 여러 분야에서 유압시스템의 사용이 증가하고 있다. 유압시스템의 응용분야는 산업현장의 전 분야라고 하여도 믿을 만큼 현재는 폭넓게 사용되고 있다. 이 책에서는 이러한 응용사례들을 분석하여 보고, 성능이 더 우수한 시스템의 구성에 대하여 생각해 볼 것이다. 먼저 유압시스템이 사용되는 예를 분야별로 나누어 분석하면 다음과 같다.

① 자동차 분야 : 완충기(shock absorber), 유압 제동기(hydraulic brake), 동력 핸들장치(power steering)

② 공작기계 분야 : 선반, 드릴링, 밀링, 프레스, 연마기 등

③ 항공기 분야 : 조종익을 조작하는 유압장치와 이착륙용 차륜(landing gear)

④ 건설기계 분야 : 만능굴삭기(power shovel), 불도저(bulldozer), 쇼벨 로우더(shovel loader) 등
⑤ 하역운반기계 분야 : 포크리프트(folk lift), 덤프트럭(dump truck), 이동식 크레인(mobile crane) 등
⑥ 선박 분야 : 어망을 감아올리는 네트 롤러(net roller), 조향장치(steering system), 윈치(winch) 등
⑦ 화공기계 분야 : 플라스틱 사출기, 공정제어시스템 등
⑧ 병기 분야 : 미사일 발사대, 미사일 유압조종장치, 군용기의 각종유압장치, 전차의 포 조정장치 등
⑨ 기타 : 유압잭(hydraulic jack), 로봇 구동장치, 만능재료 시험기, 모방 선반(tracing lathe) 등

이러한 유압시스템은 다른 기계장치에 비하여 여러 가지 장점이 있으므로 산업 현장의 여러 분야에서 사용되며 유압을 이용한 기계장치는 우리 주변에서 많이 볼 수 있다. 그 예로서 자동차에서 완충기(shock absorber)나 유압 제동기(hydraulic brake), 동력 핸들장치(power steering)에 사용되며, 또 공작기계 분야에서는 선반, 드릴링, 밀링, 프레스, 연마기 등에 사용된다. 그리고 첨단 산업인 항공기 분야에서도 조종익을 조작하는 유압장치와 이륙과 착륙용 차륜(landing gear)에 사용된다. 이 밖에 병기 분야에서는 미사일 발사대, 미사일 유압조종장치, 군용기의 각종 유압장치, 전차의 포 조정장치 등에 많이 사용된다. 그 이외에도 건설기계 분야, 하역운반기계 분야, 선박 분야, 화공기계 분야 등에 유압시스템이 많이 사용된다. 유압시스템에서는 주로 작동유체인 유압유의 압력에너지를 다루기 때문에, 보통 유체의 흐름은 유체의 관성력 대 점성력의 비인 레이놀드(Reynolds)수가 낮은 범위로 한정되는 경우가 많다. 그리고 회로 내의 흐름은 시간에 따라 변화하는 비점성 흐름인 경우가 있으므로 관로나 유압시스템의 흐름은 비정상유로 생각하지 않으면 안된다.

이 책에서는 유압시스템의 정의에 대한 올바른 이해와 시스템을 구성할 수 있도록 유압시스템들을 잘 적용할 수 있는 기초적인 학문과 기술을 제공한다. 유압시스템의 다양성으로 볼 때 이 분야에 종사하는 기술자는 기계공학 전반에 걸친 지식이 필요하지만, 특히 유체공학의 일부와 기계공학 및 자동제어의 일부에 대한 지식을 갖추지 않으면 안된다. 그러므로 앞으로의 전개과정은 실제 시스템의 구성에 필요한 모든 유압구성요소에 대한 전반적인 이해와 가장 필요한 실제현장에서 쓰이는 유압시스템의 구성에 대한 분석을 함으로써 여러분의 이해를 도울까 한다.

[3] 유압시스템의 장점과 단점

유압을 이용한 장치는 각종 기계에 넓게 쓰이며 생산의 합리화 및 설비의 근대화에 기여하고 있다. 예를 들면 포크리프트 트럭(forklift truck)의 포크 상하운동장치, 자동차의 유압브레이크(hydraulic brake), 항공기의 바퀴의 Landing Gear 구동장치, 선박의 조타장치, 공작기계의 테이블 이송장치, 화학공업의 원격제어장치 등 많은 곳에 사용되고 있다. 이러한 기계장치의 유압화로 인하여 산업현장에 발생하는 장단점을 살펴보면 다음과 같다.

(1) 유압시스템의 장점

① 작동기(actuator)의 운동은 직선운동과 회전운동이 가능하고 소형의 장치에서도 큰 출력이 가능하다.
② 작동기의 속도를 무단 변속할 수 있다.
③ 일정속도 또는 가변속도로 작동기가 연속운동 및 간헐운동을 할 수 있다.
④ 작동기의 운동방향, 속도를 원격조작으로 변화시킬 수 있다.
⑤ 작동기 왕복운동의 속도제어와 위치결정을 할 수 있고, 왕복운동의 방향전환은 원활하다.
⑥ 각종 운동을 연속적으로 행하거나 동기로 행하는 것이 가능하다.
⑦ 모든 속도에서 일정마력의 출력을 내고, 출력 토크를 자동적으로 제어할 수 있다.
⑧ 여러 가지 동작을 자유로이 수동 또는 자동으로 조작할 수 있다.
⑨ 과부하에 대한 안전장치를 간단하게 조합할 수 있다.
⑩ 에너지의 보충이 가능하다.
⑪ 대량의 에너지 전달이 다른 방식에 비하여 쉽다.
⑫ 전기적 신호로 제어할 수 있으므로 자동제어가 용이하다.
⑬ 왕복운동으로 인한 진동을 비교적 용이하게 감속시킬 수 있다.

(2) 유압시스템의 단점

① 유온의 변화에 따라 점도가 변화하고 실린더 속도가 변동하거나 출력 효율이 변화한다.
② 전기회로에 비하여 유압회로를 구성하는 작업은 쉽지 않다.
③ 유압유의 유속에 제한이 있고, 따라서 작동기(actuator)의 속도에 한도가 있다.
④ 시스템의 접합부분에서 누유가 생기기 쉽다.

⑤ 유중에 공기가 포함되어 있으면 유압장치는 작동불량이 된다. 또한 유중에 먼지가 혼입하여 있으면 고장이 발생하기 쉽다.

이와 같은 유압시스템의 단점은 시스템 설계와 조작 및 사용할 때에 세심한 주의를 기울임으로써 해결할 수 있으며, 유압을 공부는 사람으로서 가장 중요한 문제는 장점보다는 유압시스템에 발생되는 단점을 어떻게 보완할 것인가 하는 것이다. 유압장치에 연구를 집중하여 보완하는 일이 가능하며, 용도에 따라서는 다른 기계적인 기구 및 전기제어 등을 병용하여 더욱 우수한 제어법으로 하는 일이 가능하므로 유압시스템은 극히 편리한 것으로 되었다.

작동유체의 관점에서 보면, 작동유체는 옛날부터 기름이 아닌 물이나 공기를 사용하여 왔으나 현재는 기름을 사용하므로 이들을 비교하여 보면 다음과 같은 차이점이 있다. 물의 장점은 손쉽게 구할 수 있고, 많은 누설이 생기더라도 수해문제와 화제문제에 있어서 대수롭지 않은 장점이 있어 프레스 등에 사용되어 왔다. 그러나 단점은 배관과 기기들이 녹슬기 쉽고 윤활성이 없기 때문에 접촉면에서 큰 마찰저항이 생기게 된다. 이런 관점에서 살펴보면 기름은 녹슬지 않고 윤활성도 있어서 물에 비하여 더 좋은 작동유체라 할 수 있다.

공기는 압축성이 크기 때문에 보통 탄성체로 되며, 공기의 양을 변화시키는 것이 곤란한 점, 고압이 되면 폭발할 때 체적의 증가로 위험하게 되어 보통 10 bar 정도에서 사용한다. 따라서 유압기기의 부피가 크다는 단점이 있다. 장점은 취급이 간단하고, 대기 중에 누설이 되더라도 인간에게 해를 주지 않으므로 유압시스템과 같이 탱크로 동작유체를 귀환하지 않고 바로 밖으로 방출한다. 이러한 장점들이 있기 때문에 자동화의 수단으로 각종 운전조작 혹은 보조적인 기구로서 많이 사용된다.

[4] 유압원(power units)

(1) 유압원의 원리

유압원(power unit)은 유압시스템이 작동할 때의 압력에너지를 형성하는 에너지원이다. 유압원의 구성요소는 유압펌프, 유압탱크 내에서 흡입시에 필터할 수 있는 스트레이너, 출구 측의 필터, 유압펌프에 기계적인 에너지를 공급하는 전동기, 그리고 각각의 유압요소를 연결하는 커플링, 압력계, 각종의 제어밸브, 배관류 작동유, 전장품 등으로 구성되어 있다. 유압시스템의 구성요소에서 가장 중요한 에너지 생성원인 유압원에 대하여 각각의 구조에 대한 상세한 내용을 전개하여 볼 것이다.

그림 II-53. 유압원의 외관도

(2) 유압원의 구성요소

① 유압탱크(hydraulic tank)

유압탱크의 역할은 필요한 기름을 저장해 두는 것 외에도 여러모로 충분히 탱크의 역할을 해야 한다. 그리고 탱크의 크기는 보통 펌프 토출량의 2~4배의 기름의 양을 보관할 수 있는 사이즈가 필요하다. 유압탱크는 기계의 일부를 이용하여 만들어지는 것도 있지만, 일반적으로는 보수가 용이하도록 기계 본체에서 분할하여 만든다. 유압탱크는 주로 철판으로 만들어지고, 내면에는 열전도를 방해하지 않도록 방청 도료를 도포한다. 탱크 커버는 커버의 역할 외에 전동기와 펌프의 취부대를 겸한 것이 있다. 보통은 탱크 커버의 위에 별도의 취부대가 있고, 그 위에 전동기와 펌프가 취부된다.

② 유압탱크의 용량

유압탱크가 너무 작으면 유온이 상승하고 회로에서 발생한 기포가 탱크 내의 흡입관에 흡입되기까지 없어지지 않는다. 이 때문에 탱크 내의 유온은 펌프의 용량, 사용 압력에 따른 열 발생의 상황, 기포 발생의 상황 등에 따라서 결정된다. 이 용량은 작동사이클에 유면을 적절히 보수하고 유중의 이물, 공기를 분할하고, 또한 발생열을 방산시킬 수 있는 크기이며 회로 내의 유가 전부 탱크로 돌아와도 넘치지 않을 정도가 되지 않으면 안된다. 이상적인 탱크의 크기는 그 장치가 필요로 하는 매분 펌프 토출량의 2～10배이지만, 보통은 3～6배 정도이다.

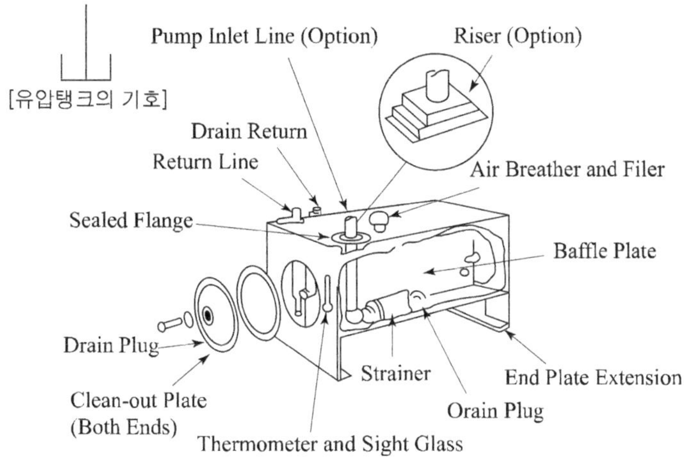

그림 II-54. 유압탱크의 내부구조도 및 요소 설명

③ 유압탱크 제작상의 주의사항

- 유압탱크 내에는 먼지, 냉각제, 그리고 절삭제 등이 들어가지 않도록 유출구에는 유압유를 여과하기 위한 여과기를 붙이고, 사용하지 않을 때에는 커버를 붙여 놓는다. 공기압에는 공기 청정기를 붙여놓고, 유압계의 최대 부하시에도 유압탱크 내의 공기는 대기압을 보지하도록 한다. 보통은 펌프 용량의 2배의 공기량을 통과시키는 공기 청정기를 사용하면 좋다.
- 유압탱크는 주물로 만들었든 철판으로 만들었든 전체적으로 조립한 후에 경유를 사용하여 유누설 시험을 행하고, 유압탱크 내면은 방청과 수분의 종결을 막기 위해 열전도율이 좋은 내유성의 도료를 칠한다. 또한 유의 오손을 판별하기 쉽게 하기 위해 도장색은 백색 계통의 것이 좋다.
- 유압탱크 내의 유의 순환 경로는 될 수 있는 한 길게 하여 기포의 방출과 유의 냉각에 도움이 되도록 한다. 또한 먼지를 침전시키기 위해 탱크내부에 격판을 설치하여 탱크내부를 분할하여 구분한다.
- 유압탱크 내의 펌프 흡입구에는 운반하기 쉬운 스트레이너를 취부하여 먼지의 흡입을 방지한다. 그 용량은 펌프 토출량의 2배 이상의 유를 통과시키는 능력의 것을 사용한다. 스트레이너가 눈 막힘 상태로 되었을 때 탱크로 취출하여 청소하기 위해 분해 조립이 용이하도록 큰 출입구를 만들어 놓아야 한다.
- 유면계는 펌프 운전 중에도 유면의 최고와 최저의 위치가 알려지도록 마크(mark)가 붙은 것을 사용한다.
- 펌프의 흡입관, 탱크의 리턴관의 끝은 공동현상 및 기포를 일으키지 않도록 운전

중의 유면을 최저 위치 이하로 한다. 또한 리턴관에서 나온 유의 흐름은 탱크측벽에 연하여 흐르도록 리턴관의 선단부를 비스듬히 끊어 절구를 벽면측으로 향하여 놓는다.

- 유압탱크 내에 남은 수분 및 이물을 제거하기 위해 탱크 저부에 적당한 구배를 붙여서 그 최저부에 드레인 뽑기를 설치한다. 또한, 드레인 뽑기를 할 때에 기름받이 그릇을 끼워 놓을 수 있도록 탱크의 최저부는 저면에서 150 mm 정도 떨어지게 한다.
- 유압탱크 내를 소제할 때에 손이 들어가도록, 될 수 있는 한 큰 측판을 설치하여 취외를 용이하게 하여 놓는다. 탱크 내를 소제하기 쉽게 하기 위해 탱크의 위치를 접근하기 쉬운 위치에 정하고, 또한 탱크를 이동할 수 있도록 하면 좋다.
- 전동기의 취부면은 충분히 강성이 있고, 작동 부하 및 온도 변화로 인해 전동기와 펌프를 연결하는 커플링의 편심을 될 수 있는 한 작게 하도록 힘쓴다. 펌프와 전동기를 공통의 대위에 취부하면 그 열 발생량이 다르기 때문에 양축의 편심을 피할 수 없다. 이것을 피하기 위해 특수한 플랜지를 끼워 전동기를 접합하여 놓고, 전동기의 가부를 취부대에 고정하면 좋다.

④ 유압여과기(hydraulic filter)

유압시스템의 고장원인에서 가장 많은 경우가 먼지와 이물질에 의한 경우이다. 그러므로 유중의 먼지 및 이물을 없애고 청정한 유압유를 만들기 위해 회로의 도중에 오일 필터, 스트레이너, 마그넷 플러그 등의 여과기를 사용하고 있다. 스트레이너는 펌프의 흡입측에 고정되어 여과 작용을 하는 것으로, 펌프의 고장원인인 큰 이물(0.1 mm 정도)이 통과되지 않도록 한다. 스트레이너 눈의 거칠기는 일반으로 100~150 Mesh 정도를 사용한다. 눈의 거칠기는 가늘수록 좋지만, 너무 가늘면 흡입저항이 증가하여 펌프의 캐비네이션을 일으키는 원인이 된다. 여과된 먼지에 의해서 스트레이너의 일부가 눈막힘되어 여과능력이 감소하여도 캐비네이션을 일으키므로 펌프 흡입량에 대하여 충분히 여유가 있는 것, 대개는 펌프용량의 2배 이상 용량의 스트레이너를 사용한다.

스트레이너를 취부하는 위치는 저부에서 조금 떨어진 곳을 고르고, 침전하고 있는 이물을 흡입하지 않도록 한다. 스트레이너 취부부의 유니언도 반드시 유중에 잠기게 하여 공기의 흡입을 막는다. 스트레이너의 취부법은 단체로 혹은 수개를 연결하여 사용한다. 대형의 스트레이너를 1개 쓰는 것보다도 스트레이너를 연결하여 쓰는 쪽이 장소를 점령하지 않으므로 편리하다. 또한 이것을 외부로 취출하여 용이하게 점검할 수 있는 위치에 두도록 주의해야 한다. 펌프가 소음을 내게 되면 우선 스트레이너를 점검하고, 여과부의 Element에 이물이 막혀 있으면 와이어 브러시 및 압축 공기로 제거한다.

고장 없이 작동하는 유압시스템을 위하여 시스템의 설계와 작동 중에 사전에 요구되는 사항이 필히 고려되어야 한다.

- 시스템과 시스템에 사용될 부품을 위한 임무의 정의를 분명히 하여 시스템 설계 단계에서 실수가 없도록 사양이 작성되어야 함
- 어떤 부품들을 사용할 것인가와 그들의 질적 등급에 대한 결정
- 부품의 오염과 주변 환경의 오염, 유압시스템으로 이물질의 침입 가능성에 대한 민감도 고려
- 실제 사용기간의 결정
- 시스템의 사용비율과 시스템 하루 중 사용기간

유압시스템의 무고장을 위해 고려해야할 요소 중의 하나는 작동유와 탱크를 통하여 들어오는 주변 공기의 필터링이다. 필터에 의해 제거되어야 할 오염은 탱크 캡과 실을 통해 유압시스템의 바로 주변으로부터 온다. 이런 형태의 오염은 외부적 오염 또는 시스템 외부로부터 들어오는 오염이라고 알려져 있다. 이물질 침입의 예상률은 단지 주위 오염과 시스템과 부품들의 형태에 따른다. 펌프와 피스톤, 밸브 등과 같은 유압시스템 내에서 동작부품들은 입자(마모)를 생성시킨다. 이런 형태의 오염은 내부적 이물질 생성이라고 알려져 있다. 특별히 시스템이 조립될 때 시스템으로 들어오는 고체입자로 인한 위험이 존재한다. 이 경우에 개개의 부품들은 손상 받거나 작동 중에 파손된다. 유압시스템 내에서 일어나는 수많은 오동작은 심하게 오염된 작동유 때문이다. 새 작동유가 유압시스템 내에 채워졌을 때, 이것은 가끔 허용할 수 없을 정도로 높게 오염된 경우가 있다.

3.2 유압 회로 구성(hydraulic circuit composition)

[1] 유압시스템의 구성

일반적으로 유압(hydraulic)은 산업현장에 널리 사용되는 중요한 학문이다. 자동제어를 이용한 유압제어로서 전체적인 메커니즘(mechanism)과 일렉트로닉스(electronics)를 결합하여 메카트로닉스를 구성하는데도 유압장치를 메커니즘으로 많이 사용한다. 이 장에서는 이러한 유압을 이용한 자동화의 기본단계인 기본회로 로직을 분석하는데 초점을 맞추기로 한다. 누구나 유압

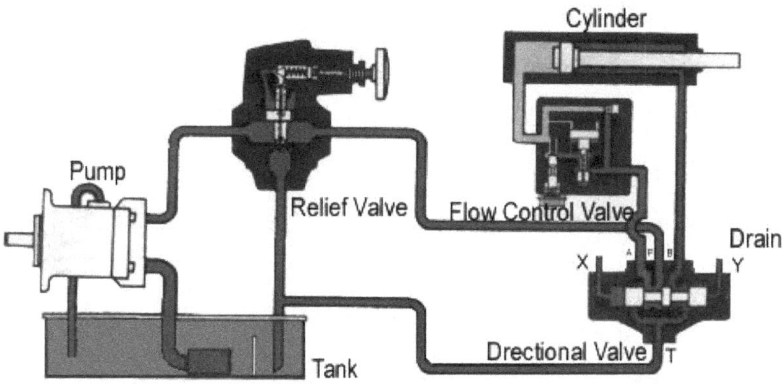

그림 II-55. 유압시스템의 구성도

을 어렵다고 생각하는데 기본적인 회로구성을 숙지하게 되면 어느 독자도 자신감을 가지고 응용된 회로구성, 즉 실무에 적용되는 회로를 구성하려고 시도하게 될 것이다. 항상 무엇을 새롭게 시작한다는 것은 두렵고 신비스러운 일이다. 앞에서 배운 지식으로 기본회로 구성에 접근한다면 누구나 기본회로 정도는 쉽게 구성할 수 있다.

그림 Ⅱ-60은 유압시스템의 전체 개념을 알 수 있도록 하는 단면도형으로 유압시스템 설계시에 꼭 포함되는 유압기기들이다. 우선 유압의 기본적인 회로를 분석하는 절차는 기능상의 분류 방식인 압력을 제어하는 경우와 유량을 제어하는 경우, 그리고 방향을 제어하는 경우로 나누어 분석하기로 한다. 그리고 기본회로 구성을 공부하고 난 후에 응용분야로서 독자가 쉽게 시도해 볼 수 있는 현장에 있는 유압플랜트를 분석하였다. 현장에서 사용하고 있는 여러 가지의 유압플랜트를 쉽게 풀어서 작업을 하였으므로 독자들에게 도움이 되리라 생각한다.

[2] 압력제어회로(pressure control circuit)

조합회로를 구성하는 주 밸브인 안전밸브(relief valve)의 내부구조와 작동원리를 이해하고, 유압원(power unit)을 형성하는 과정에서 시스템의 안전을 위하여 사용되는 안전밸브의 기능을 회로를 통하여 숙지하며, 실무에 적용하는 능력을 배양한다.

(1) 시스템 압력제어용 릴리프밸브의 구성 회로도

조합회로 구성의 가장 기본적인 회로인 릴리프밸브를 이용하여 시스템의 세팅입력을 제어하는 회로로서 모든 회로 구성시에 필수적으로 사용되는 회로인 유압원(power unit)을 구성할 때 사용된다.

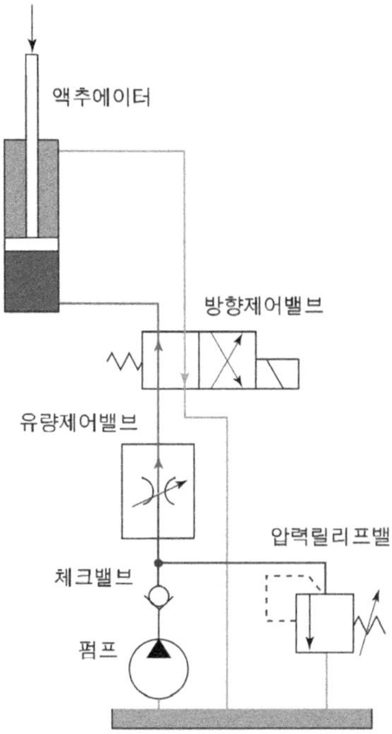

그림 II-56. 시스템 압력 제어용 릴리프밸브의 구성 회로도

(2) 릴리프밸브를 이용한 실린더의 전/후진시의 구동압력 변화

실린더의 입구측과 출구측에 각각 릴리프밸브를 장착하여 전진시와 후진시에 구동압력 차이를 만들어 시스템의 효율을 높이는데 목적을 둔다.

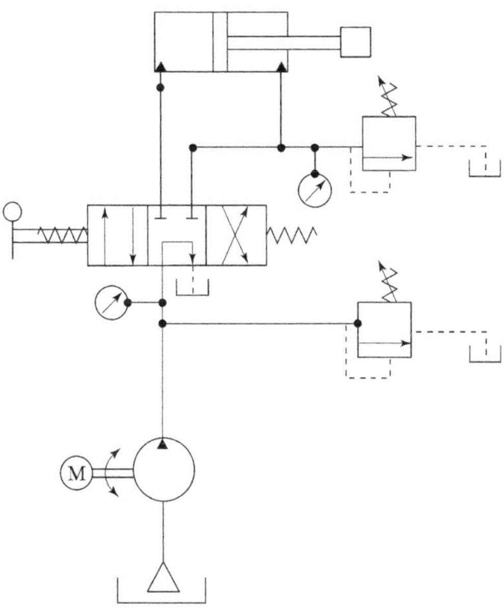

그림 II-57. 릴리프밸브를 이용한 실린더의 전/후진시의 구동압력 회로도

(3) 감압밸브(reducing valve)를 이용한 분기압력제어

유압시스템에서 2개 이상의 작동기를 사용할 때에 구동압력에 차이를 두고자 할 경우에는 감압밸브를 이용하여 회로를 구성하면 가능하다. 그러므로 이번 장에서는 감압밸브의 내부구조와 작동원리에 대하여 이해하고, 이것을 이용한 분기회로를 작성하여 주회로와 분기회로간의 구동압력의 차이를 체크한다. 유압시스템의 회로 내에 감압밸브(pressure reducing valve)를 사용하여 시스템 내부에서 저압의 압력을 요구할 경우 사용된다. 즉, 주회로의 압력이 너무 높거나 부하에 의하여 압력이 변화할 때 1차측의 압력보다 낮은 2차 압력을 일정한 설정압력으로 유지시켜 주는 회로이다. 감압밸브를 사용하여 저압을 요구하는 실린더에 유압을 공급해주는 회로도로서 실린더 1에 공급되는 압력은 릴리프밸브에 의하여 결정되고 실린더 2에 공급되는 압력은 감압밸브에 의하여 결정된다.

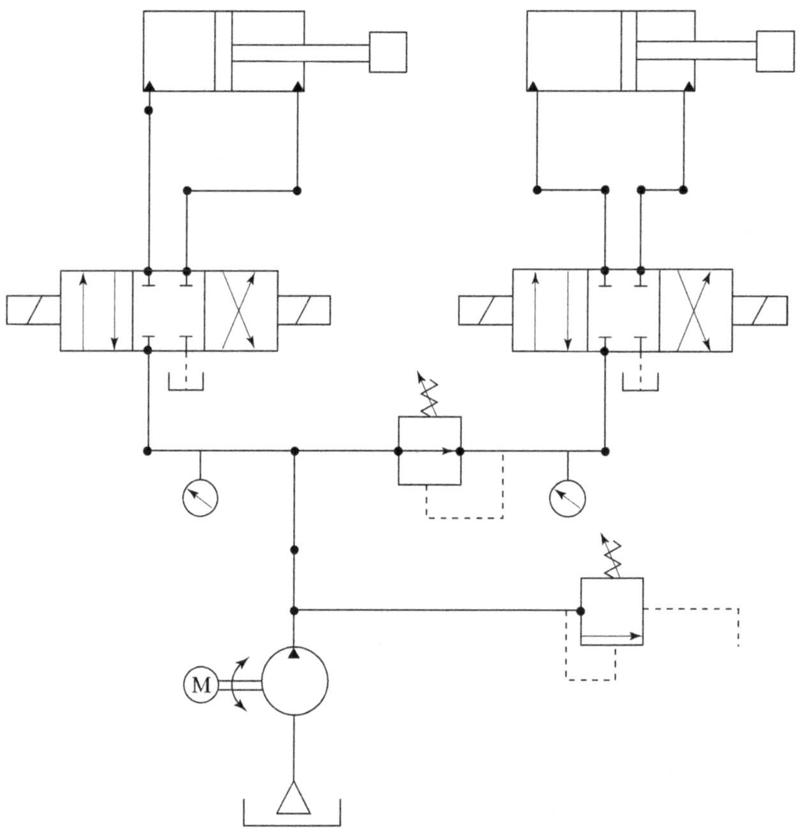

그림 II-58. 감압밸브를 이용한 분기압력 회로도

(4) 시퀀스밸브를 이용한 순차제어

시퀀스 제어는 전기적인 신호에 의한 제어가 유압시스템 설계에서 주로 이루어진다. 그러나 구동압력을 이용하여 실린더의 전진과 후진을 순차적으로 작동하게 하는 경우도 있다. 이 절에서는 이러한 기능을 하는 시퀀스밸브의 구조와 작동원리를 이해하고, 회로도를 구성하여 2개의 실린더가 순차적으로 작동함을 확인하고, 회로내의 압력을 체크한다. 유압시스템 내의 유압작동기가 2개 이상이면서 동시작동이 아닌 순차적인 작동을 하는 경우 작동기의 작업순서에 따라 작동기를 제어하기 위하여 사용되는 회로이다. 즉, 동일한 유압원을 이용하여 여러 개의 작동기의 조작을 미리 정해준 순서대로 작동시켜서 시스템의 자동화를 이루는 회로이다. 다음 회로도는 체크밸브가 달린 2개의 시퀀스밸브를 사용하여 2개의 실린더를 순차적으로 작동시키는 회로이다. 이 회로에서 유압실린더의 작동은 ① →②의 순으로 실린더가 전진하고 ③→④의 순으로 후퇴한다.

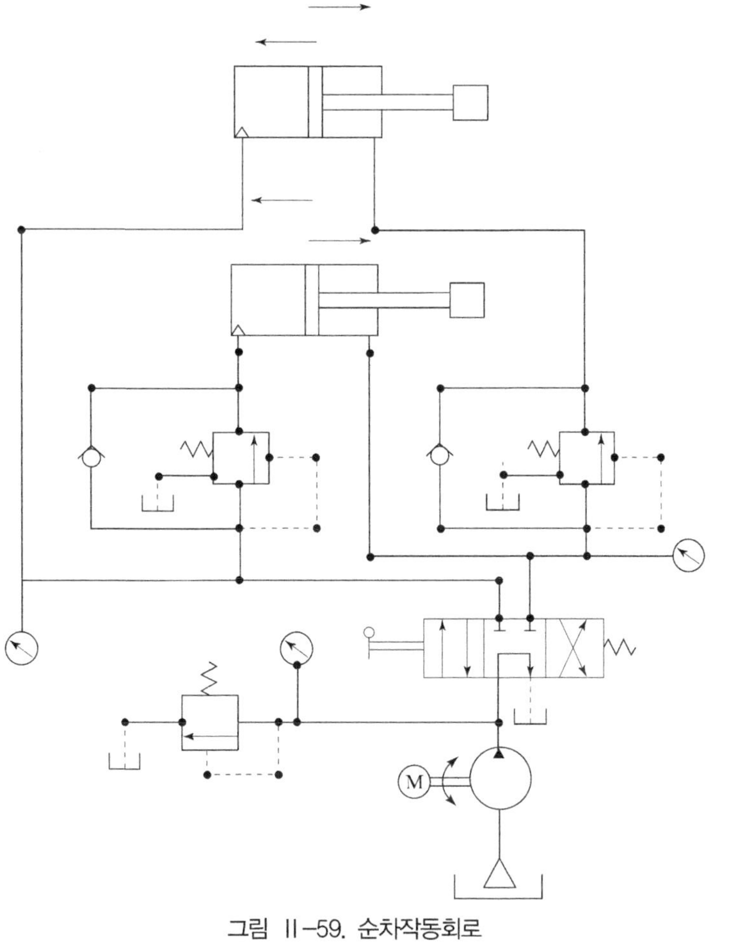

그림 II-59. 순차작동회로

(5) 카운터 밸런스밸브(counter balance valve)를 이용한 배압회로 구성

유압회로를 구성할 때 자중에 의한 자유낙하를 방지하는 방법으로 카운터 밸런스밸브를 사용한다. 그러므로 카운터 밸런스밸브의 구조와 작동원리를 이해하여 회로도를 구성하고, 카운터 밸런스밸브가 있을 때와 없을 때의 실린더에 압력을 체크하여 그 차이를 고찰한다. 유압실린더에 작용하는 부하가 갑자기 제거되었을 때 그 자중이나 관성력에 의하여 램의 속도가 급격하게 변화하는 것을 방지하기 위하여 2차 측에 카운터 밸런스밸브를 부착하여 압력을 고정시킴으로써 갑작스런 속도변화를 막아주는 역할을 하는 회로이다.

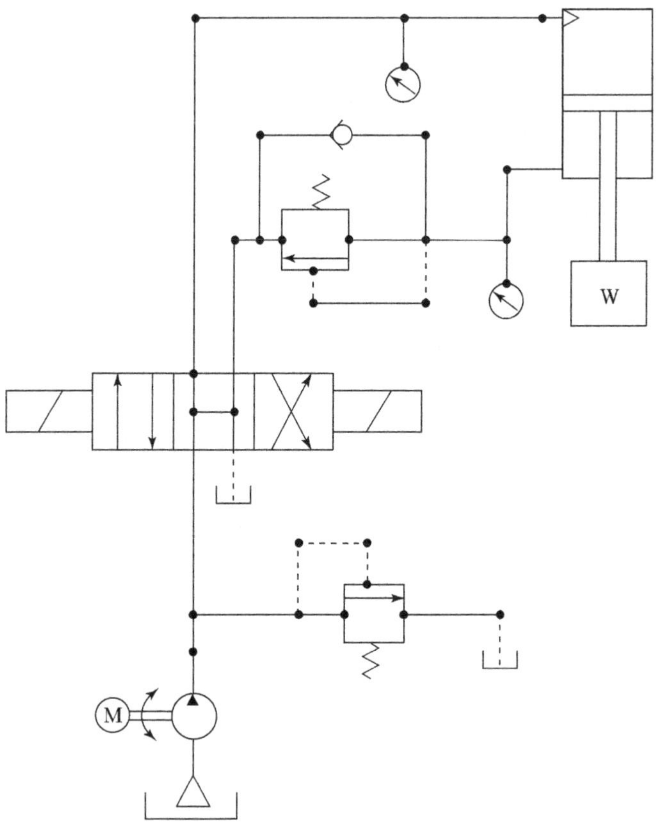

그림 II-60. 카운터 밸런스회로

[3] 유량제어회로(flow control circuit)

(1) 미터인 회로(meter-in circuit)

유량조정밸브를 유압실린더와 방향제어밸브 사이에 설치하여 실린더 피스톤의 속도를 제어하는 회로로서 피스톤의 이동방향과 부하의 작용방향이 서로 반대되는 경우에 사용한

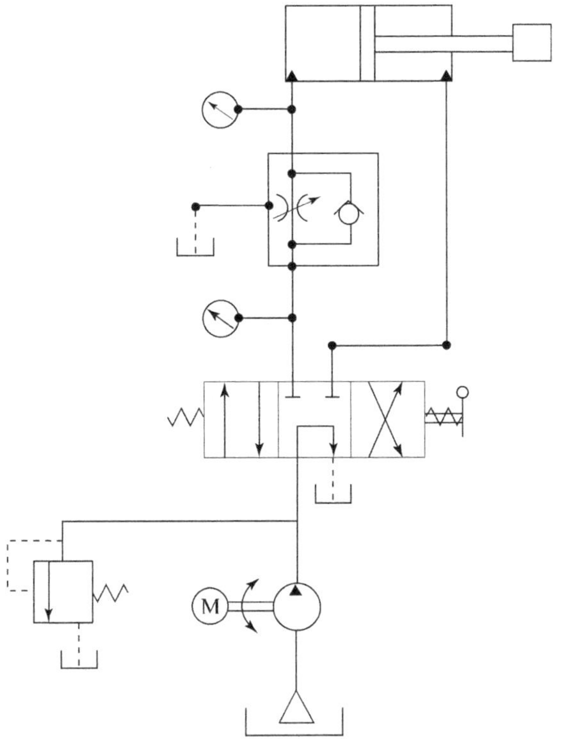

그림 II-61. 미터 인 회로

다. 이 회로의 특징은 유압펌프로부터 항상 유압 액추에이터에서 요구되는 유량 이상을 송출하여야 하고, 이때 유량의 나머지는 릴리프밸브를 통하여 오일탱크로 귀환시킨다. 그러므로 동력 손실을 줄이기 위해서는 릴리프밸브의 설정압력을 실린더의 요구압력보다 유량밸브의 교축저항만큼 크게 설정한다. 그리고 미터인 회로는 동작 중 부하가 정부하일 때만 사용한다.

(2) 미터아웃 회로(meter-out circuit)

유량제어밸브를 유압유의 귀환측인 유압실린더와 유압탱크 사이에 설치하여 실린더로부터 유출되어 귀환하는 유량을 제어하는 회로로서 실린더는 항상 배압을 받게 된다. 이 회로는 항상 실린더에 배합이 작용하고 있으므로 유압실린더 내의 피스톤이 역부하를 받는 회로에서 사용하여 갑작스런 후진을 막는 역할을 한다.

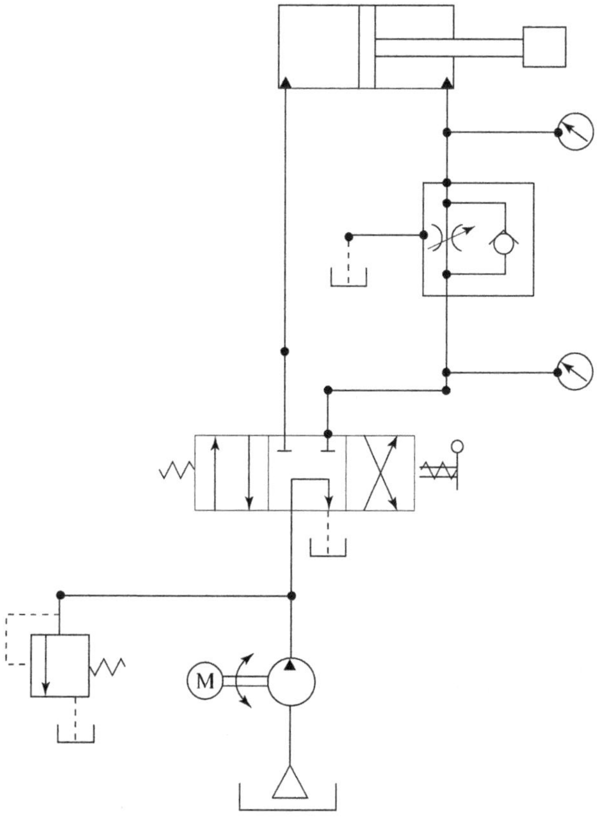

그림 II-62. 미터아웃 회로

[4] 속도제어회로

실린더와 병렬로 유량조정밸브를 설치하여 펌프의 송출량의 일부를 기름탱크로 귀환(bypass)시키고 나머지 유량을 실린더로 유입시켜 유량을 제어함과 동시에 실린더의 속도를 제어한다. 즉, 펌프에서 송출되는 일정유량 중에서 탱크로 일부를 유출시키고 나머지를 실린더에 보냄으로써 유량을 조정하는 것이다. 이 회로는 피스톤의 이동방향과 부하의 작용방향이 서로 반대인 경우에 사용이 적합하나 부하변동이 크면 정확한 속도제어는 곤란하다. 블리드 오프 회로의 특징은 여분의 기름이 릴리프밸브로 통하지 않고 유량조정밸브를 통하여 흐르므로 동력손실이 다른 회로보다 적고 효율이 높다. 그러나 펌프의 송출압력이 실린더의 부하압력과 같으므로 실린더의 부하변동이 크면 송출량이 변동된다. 따라서 실린더의 부하변동이 심한 경우에는 정확한 유량제어가 곤란해진다.

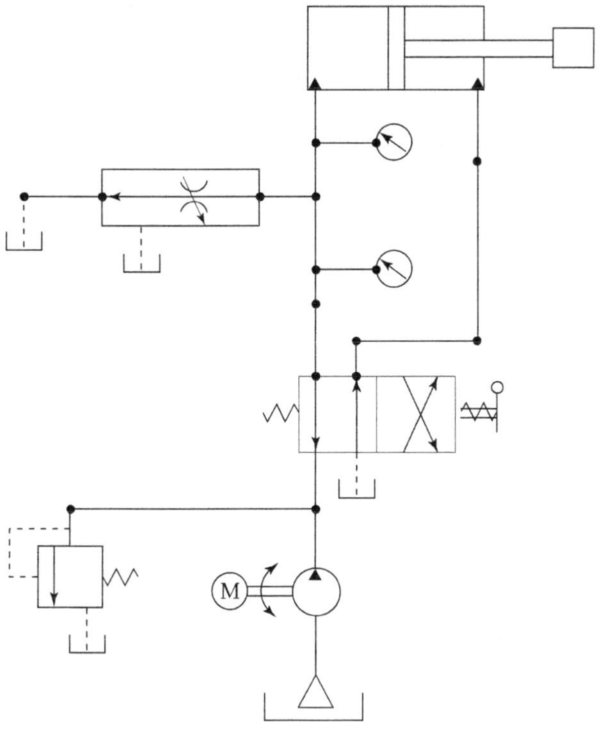

그림 II-63. 블리드 오프 회로

04 전동기

4.1 전동기의 개요

전동기는 기기가 어떤 일을 할 때 그 기기의 구동원이 되는 것이다. 전원을 넣으면 전기 작용에서 발생하는 회전력을 축(shaft)으로 꺼내어 다른 기계에 벨트 또는 기어를 통해 힘을 전달시키는 작용을 하며, 회전축과 직결시켜 어떤 구체적인 작용을 하는 것으로 한마디로 전기에너지를 기계에너지(회전에너지)로 변환하는 장치이며 대부분의 기기의 심장과 같은 중요한 역할을 한다. 그리고 전동기의 종류는 전원에 따른 분류와 용도에 따른 분류로 나누어 구분할 수 있다.

[1] 전동기의 구분

전원에 따른 분류는 직류와 교류전원으로 나누어 분류할 수 있다. 그리고 교류전동기는 동기와 비동기로 나누어 직류전동기는 브러시가 있는 것과 없는 것으로 나눌 수 있다.

용도에 따른 분류는 전동기를 이용하여 어떤 일을 하느냐에 따라 다르고 실제적으로 컨베이어, 크레인 등과 같이 전동기의 회전에너지를 이용하여 실제 유용한 일을 수행하는 것으로 나눌 수 있다.

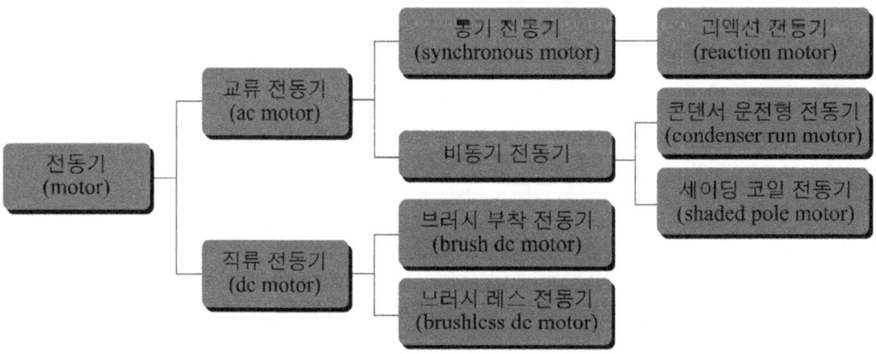

그림 II-64. 전동기의 전원에 의한 분류

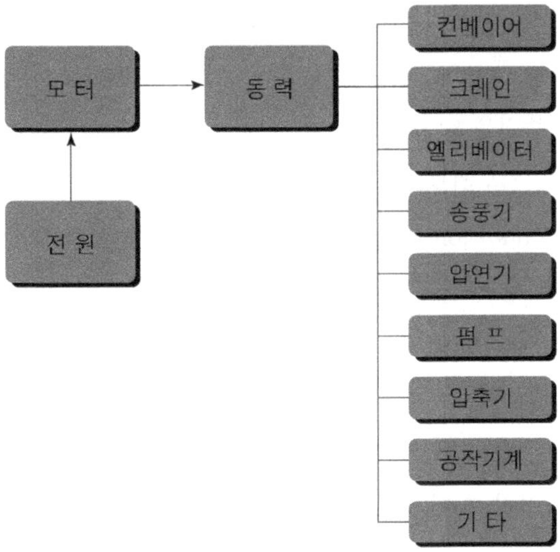

그림 II-65. 전동기의 용도에 의한 분류

[2] 전동기의 규격

(1) 전동기의 토크

전동기의 토크는 회전체를 돌리기 위한 회전력으로서 회전체의 지름이 1 cm인 외주의 한 점에서 직각 방향으로 1 kg의 힘을 가한 경우의 회전력을 1 kg·cm으로 정의한다. 그리고 그 단위는 g·cm 또는 kg·cm를 사용하며 미국의 경우 N·m, In·oz로 사용한다. 토크 T(kg·cm)는 출력 P(kw)와 회전수 N(rpm)으로 다음과 같다.

$$T = 9{,}740\,\frac{P}{N}\ [\mathrm{kg\cdot cm}]$$

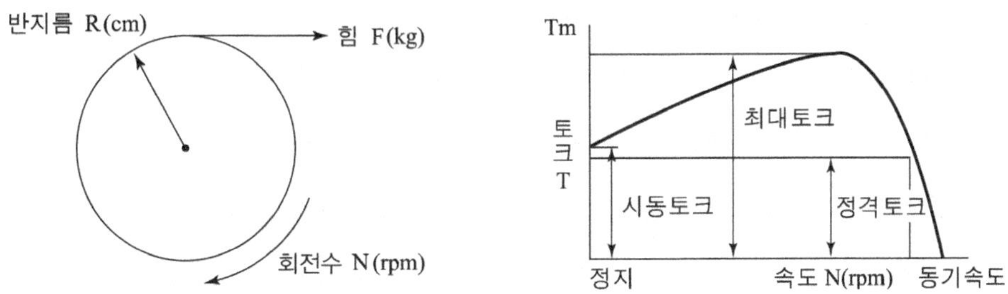

그림 II-66. 전동기 토크의 작동 원리

① 시동토크(starting torque) : 전동기가 기동할 때 발생되는 회전력으로 회전자 구속회전력(locked rotor torque)이라고 하고 기동토크라고도 한다. 이 회전력보다 큰 힘을

전동기에 가하면 전동기는 회전되지 않는다.

② 정격토크(rated torque) : 전동기의 정격 속도시의 토크로, 이때 전동기에는 정격 전압을 가해 정격 출력을 연속적으로 낼 때의 토크라고 하며 정상운전시에는 이 토크 이하에서 사용하고 전부하토크라고 한다.

③ 최대토크(maximum torque) : 전동기가 낼 수 있는 회전력의 최대값으로 정동 회전력이라고도 하며 운전 중에 최대 토크 이상의 부하가 걸리면 전동기는 정지된다.

④ 정마찰토크 : 전자 브레이크, 클러치 브레이크 등이 정지해 있는 상태에서 부하를 유지할 때의 토크이다.

⑤ 허용토크 : 전동기를 운전할 때 사용 가능한 최대 토크를 말하며 전동기의 정격 토크, 온도 상승, 조립된 기어 헤드 강도에 따라 한정된다.

(2) 전동기의 회전수

① 동기 회전수 : 전원 주파수와 전동기의 극수로 결정되는 회전수이다.

$$N_S = 120\, f/P\ [\mathrm{rpm}]$$

여기서, Ns : 동기 회전수 [rpm], f : 전원 주파수 [Hz], P : 전동기의 극, 120 : 정수, rpm : 1분당 회전수(revolution per minute)

예) 전원 주파수가 50 Hz에서 전동기가 2극인 경우에 $Ns = 120 \times 50/2 = 3000\,[\mathrm{rpm}]$이 된다.

② 무부하 회전수 : 전동기 출력축에 무부하로 전동기를 회전시켰을 때의 회전수이며 인덕션 전동기나 리버시블 전동기에서는 동기속도보다 약 20~60 rpm 정도 낮게 회전한다.

③ 정격 회전수 : 전동기에 정격 부하를 걸고 정격 출력을 낼 때의 회전수이며, 최적인 회전수로 동기 전동기의 경우에는 동기 회전수가 정격 회전수이다.

④ 슬립(SLIP) : 회전수를 다른 방법으로 표현하는 것이며 다음 식으로 표시한다.

$$S = (N_S - N)\,/\,N_S \ \text{또는}\ N = N_S \times (1 - S)$$

여기서, N_S : 동기 회전수 [rpm], N : 임의 부하시 회전수 [rpm], S : 슬립

예) 4극 60 Hz의 인덕션 전동기로 슬립 $S = 0.1$ 로 운전시킨다면 부하 시 회전수는 $N = (120 \times 60/4)(1 - 0.1) = 1800(1 - 0.1) = 1620\,[\mathrm{rpm}]$이 된다.

(3) 정격

전동기에 정해진 사용조건에 적합하도록 설계되어 있는 것으로 그 사용조건에 맞았을 때의 사용한도를 정격이라고 하며 출력에 대한 사용한도 및 전압, 전류, 회전수, 주파수 등을 지정한다. 그것은 정격 출력, 정격 전압, 정격 전류, 정격 회전수, 정격 주파수라 칭하며 정격에는 연속 정격, 단시간 정격, 반복 정격 등이 있다.

① 연속 정격 : 지정된 조건에서 계속하여 사용할 때 규정된 온도 상승과 제반 조건을 초과하지 않고 연속으로 사용 가능한 것이 연속 정격이다.

② 단시간 정격 : 지정된 조건으로 규정된 시간동안 운전할 때에 규정된 온도 상승 등 제반 조건을 초과하지 않고 사용하는 것을 단시간 정격이라고 하며, 5분, 10분, 15분, 30분, 1시간, 2시간의 여섯가지를 표준으로 한다.

③ 반복 정격 : 지정된 조건에서 일정한 부하로 운전과 정지를 주기적으로 반복하여 사용할 때에 규정된 온도 상승 등 기타의 제반 조건을 초과하지 않는 정격이다.

(4) 전동기의 출력

① 전동기가 단위 시간에 할 수 있는 일을 나타내며 회전수와 힘(토크)을 곱한 값으로 결정되고, 이 정격 출력 값을 전동기에 표시한다.

$\text{출력} = 1.027 \times 10^{-5} \times T \times N\,[\mathrm{W}]$

여기서, 1.027 : 정수, T : 토크 [g·cm], N : 회전수 [rpm]이다.

출력 단위는 와트 [W]와 마력 [HP]으로 표시하며 1마력 [HP]은 746 W이다.

② 정격 출력 : 지정된 전압, 주파수의 조건에서 연속적으로 발생되는 출력으로, 지정된 전압과 주파수를 정격 전압, 정격 주파수라 하고 이 정격 출력을 일반적으로 출력이라 한다.

[3] 전동기의 장점과 단점

(1) 전동기의 장점

① 현대 공업은 전기에너지가 필수적임

② 공압과 유압장치의 작동에 필수적임

③ 매우 청정한 에너지

④ 유지관리가 쉬운 장치

⑤ 고효율

⑥ 좋은 위치 정밀도, 작은 마찰
⑦ 유압이나 공압보다 에너지 이동비 저렴
⑧ 규정 준수와 휴즈로 높은 안전도
⑨ 제어가 쉽다

(2) 전동기의 단점

① 적은 양이라도 저장이 어려움(배터리, 축전기)
② 질량에 비하여 저출력 밀도
③ 고속제어와 평상 설비가 고가
④ 장거리 수송에 손실이 높음
⑤ 스파크에 의한 화재 위험
⑥ 별도의 냉각장치 필요
⑦ 때로 퓨즈장치가 고가

(3) 전동기의 적용분야

① 교통 구동장치(AC 전기기관차, 선박운행, 멀티시스템 기관 등)
② 섬유공업 구동장치
③ 발전설비 구동장치(원자력 포함)
④ 기계 수송시스템의 구동장치
⑤ 기계구동의 프로세스와 조작
⑥ 펌프 구동, 호이스트 장치 구동
⑦ 압연기 구동
⑧ 기계 구동(역방향구동 가능)
⑨ 완구류 구동

4.2 전동기의 종류 및 특징

[1] 직류전동기(DC Motor)

직류전동기의 구조는 그림 Ⅱ-72에 표시되어 있다. 직류 모터는 구조상 계자(magnet), 전기자(armature)와 정류자(commutator)로 구분된다.

계자는 강한 자계를 만드는 부분으로 연구자석을 사용한 것이 있으나, 대부분 연철에 권선(코일)을 부착한 전자석을 이용한다.

전기자는 회전력을 발생시키는 부분으로 외부로부터 전류를 공급받아 회전자석을 만든다. 정류자는 전기자 코일에 흐르는 전류의 방향을 계자와의 관계에 따라 바꾸는 부분으로 전기가 코일에 흐르는 전류를 정류하는 장치이다. 이 정류자는 브러시를 통하여 공급된 전류의 극성을 일치시켜 전기자가 어느 위치에 있어도 일정한 방향으로 회전하게 하는 것이다.

직류전동기는 큰 기동 토크, 입력 전압의 변화에 대한 선형적인 회전특성, 입력 전류에 대한 토크의 직선성, 효율, 저가격 등의 제어용 모터로서 우수한 특성을 가지고 있다. 반면, 정류자나 브러시가 있으므로 보수가 필요하며, 소음과 마모의 문제도 있다. 최근 인버터의 출현으로 유도 모터로 간단히 가변속을 할 수 있게 되어 대체 가능한 용도가 늘어나고 있기 때문에 일반 동력으로 직류전동기를 사용하는 기회는 감소되고 있다.

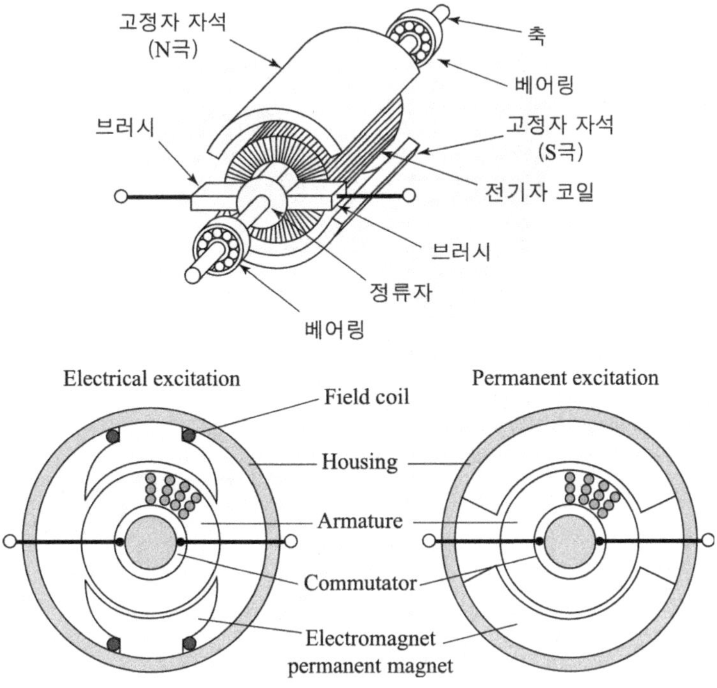

그림 II-67. 직류전동기

[2] 교류전동기(AC Motor)

교류전동기는 우리 주변에서 쉽게 얻을 수 있는 교류 전원을 사용하여 운전하며, 고정자와 회전자로 구성되어 있다. 교류전동기는 구조가 간단하고 고장이 없으며 취급이 용이하기 때문에 현재 사용되고 있는 대부분이 교류전동기이며, 대표적인 것이 유도전동기이다. 교류전동기는 공급 전원에 따라 단상과 삼상으로 나뉘며, 회전자의 형태에 따라 유도전동기와 동기전동기로 구분한다. 단상 유도전동기는 회전자계가 없기 때문에 콘덴서에 의해 위상이 앞선 전류를 보조 권선이 흘러 회전력을 발생시킨다. 삼상 유도전동기는 공장의 전원인 400V, 200V의 삼상 전류를 동력원으로 사용할 수 있고, 저가격이며 튼튼하고 취급이 간단한 이점이 있기 때문에 직류전동기보다 많이 사용된다. 삼상전류는 120도 각으로 옵셋된 3개의 AC전압을 연결하여 얻어진다. 삼상전류는 AC전력과 같은 장점을 갖고 있으며 원하는 대로 변환된다.

삼상 유도전동기의 회전방향은 3개의 리드선의 2개를 교환하면 반대로 바뀐다. 삼상 유도전동기의 특성은 다음과 같다.

① 전동기를 회전시키는 회전장을 형성

② 3개 도체에 부하를 분산. 도체 교차는 축소 가능

③ 3개 도체 간의 전압은 3*400VAC

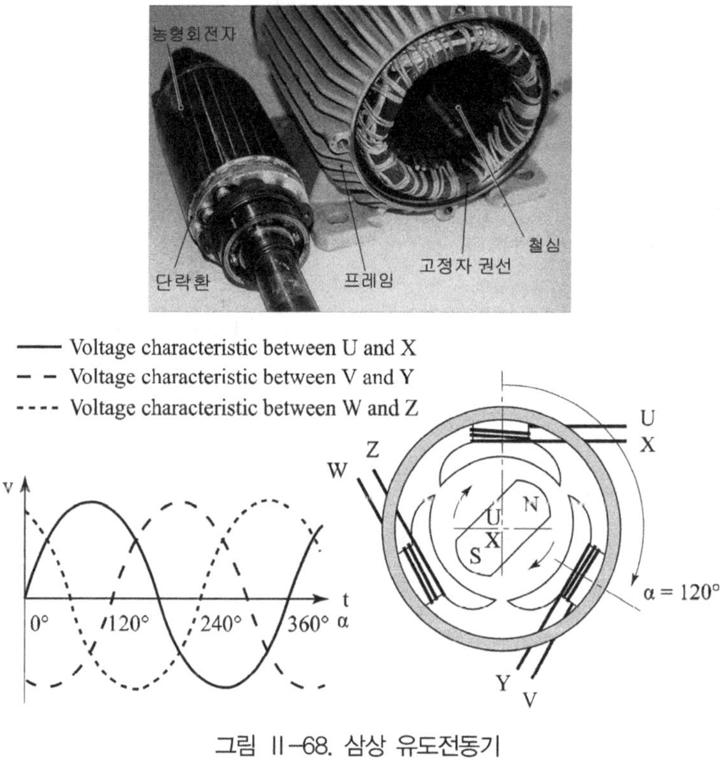

그림 II-68. 삼상 유도전동기

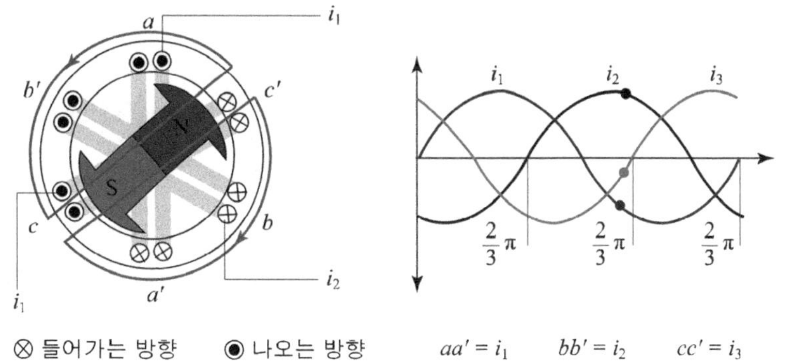

그림 II-69. 삼상 동기 전동기

동기전동기는 고정자 권선에 의한 회전 자계와 회전자가 같은 속도로 회전하는 전동기이다. 180° 간격으로 고정자 권선을 배치하고 영구자석을 회전자로 하여 단상전원을 공급받아 회전력을 얻는 방식으로 고정자 권선에 전류를 흘려 회전 자기장을 얻는다. 회전자의 극성과 반대의 자극을 가까이 가져다 놓고 고정자의 회전 자기장을 회전시키면 회전자는 이동하는 자석의 흡입력으로 같은 속도로 회전한다.

[3] BLDC 전동기

(1) BLDC 전동기의 구조

BLDC 전동기는 영구 자석으로 된 회전자와 권선으로 되어있는 고정자로 이루어져 있다. 영구 자석 회전자와 전류가 인가된 권선으로부터 생성되는 자기장 사이의 관계에 의해 전기에너지는 회전자를 회전시킴으로써 기계적인 에너지로 변환된다.

BLDC(brushless DC) 전동기는 영구자석형 동기전동기로서 그 이름에서 알 수 있는 바와 같이 DC 전동기에서 브러시 구조를 없애고 정류를 전자적으로 수행하는 전동기이다. 즉, 영구자석의 위치를 홀 센서, 엔코더, 리졸버 등의 전자적 센서로 검출하고 검출된 신호로 전기각을 판단하여 코일에 전류를 흘려서 토크를 발생시키는 것이다. 센서의 정보로 전류를 바꿔 주므로 센서의 위치가 중요하다.

전동기의 위치를 피드백 받아서 역기전력과 동상의 전류가 흐르도록 제어하고, 전류의 크기는 토크지령에 의해 결정된다.

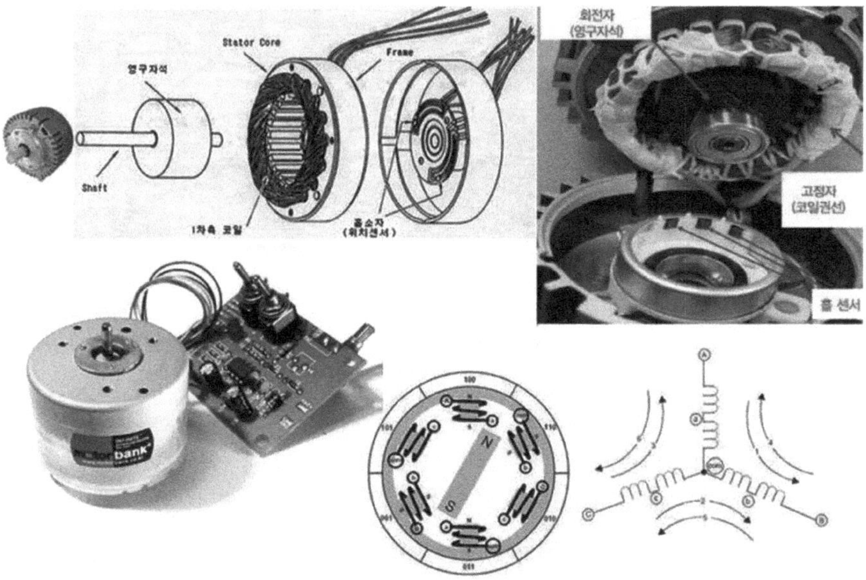

그림 Ⅱ-70. BLDC 전동기의 구조도

(2) 위치검출기(encoder, resolver)

① 홀소자(hall element) : 리드선이 4개이며 자속밀도에 비례하는 전압을 출력한다.

② 홀 IC(hall IC) : 리드선이 3개이며 히스테리시스를 무시하면 High, Low가 출력된다.

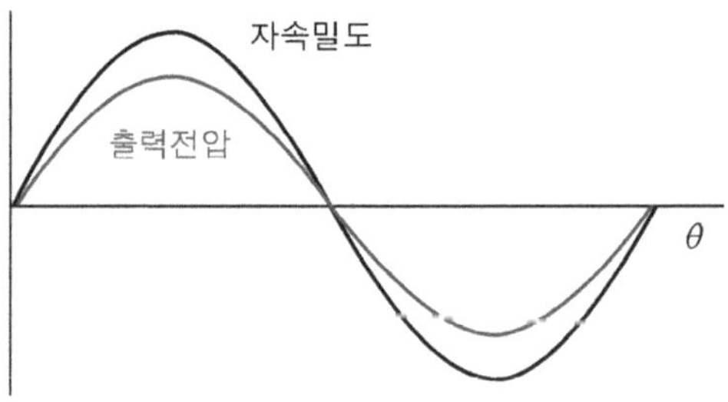

(a) 홀소자의 파형곡선

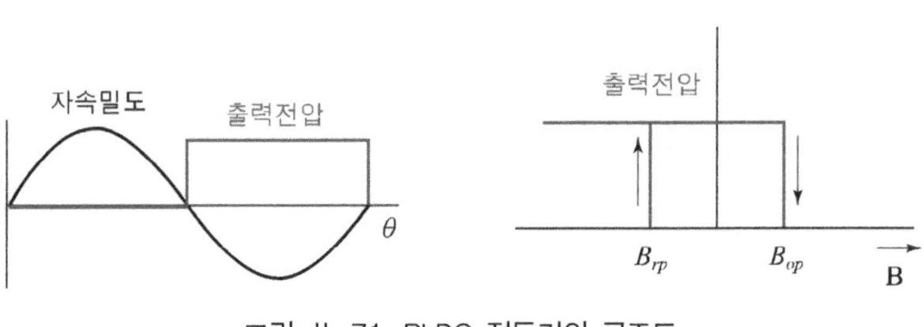

그림 Ⅱ-71. BLDC 전동기의 구조도

③ 엔코더(encoder) : 회전각도, 위치이동량과 같은 아날로그 값을 디지털 값과 같이 취급할 수 있도록 코드화 전기신호로 출력하는 변환기이다. 증분형 엔코더와 절대형 엔코더로 구분한다. 증분형 엔코더는 발광부에서 발생한 빛이 회전 및 고정 원판을 통과하여 수광부에 도달하면 수광부는 이 빛을 그때마다 펄스신호로 출력하여 회전각과 회전속도를 감지한다. 절대형 엔코더는 회전원판의 0° 지점에서 360° 사이를 일정한 비율로 분할하고, 분할된 각도마다 디지털코드를 출력하여 회전축의 회전각도에 대한 절대위치를 알 수 있다.

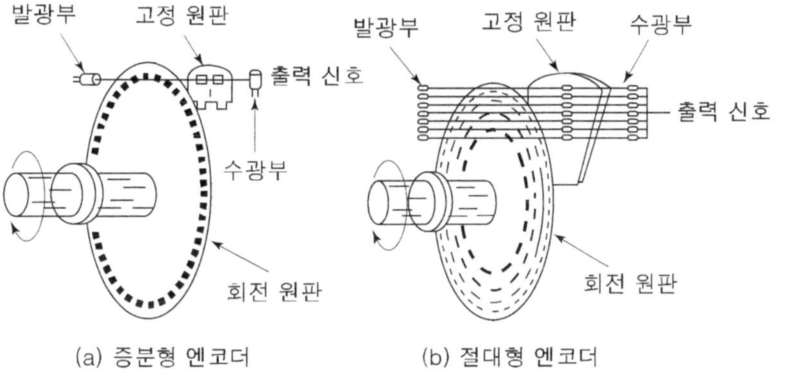

그림 II-72. 엔코더의 종류와 구조

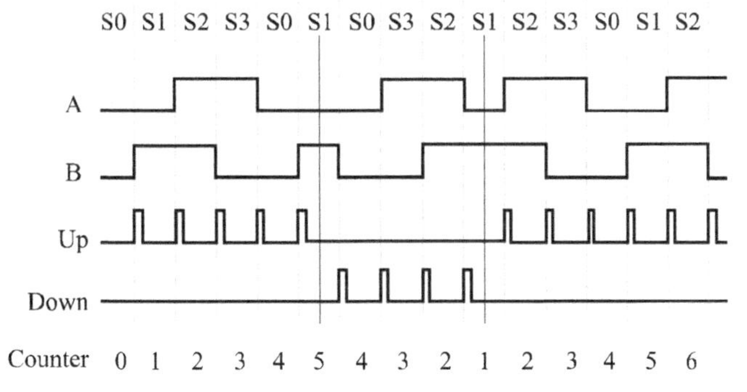

그림 II-73. 엔코더의 출력파형

④ 리졸버(resolver) : 리졸버의 구성 원리는 변압기와 거의 동일하다. 여자측 권선을 교류전압으로 여자하면 출력측 권선에 교류의 전압이 유기된다. 출력 전압은 회전각도에 따라 변화하므로 전압을 읽으면 각도를 알 수 있다.

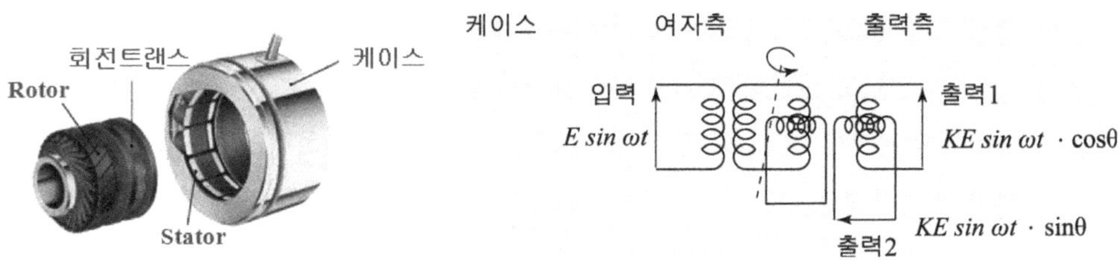

그림 II-74. 리졸버의 외형과 구조

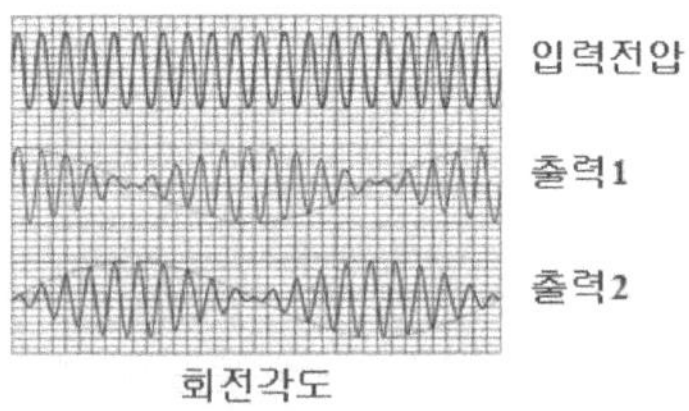

그림 II-75. 리졸버의 출력파형

(3) 구동원리

BLDC 전동기 구동원리는 홀센서, 위치센서로 회전자의 위치를 검출하여 항상 부하각이 90도가 되도록 전류를 인가한다. 토크의 크기는 전류의 크기, 즉 코일에 의한 자극의 세기로 제어한다.

BLDC 전동기제어는 전류제어(토크제어), 속도제어, 위치제어가 동시에 구성되는 제어구조로, 전류제어는 3상전류를 검출하여 토크분과 자속분 전류의 상으로 변환하여 전류를 제어한 후 3상으로 변환하여 전압지령을 내보낸다.

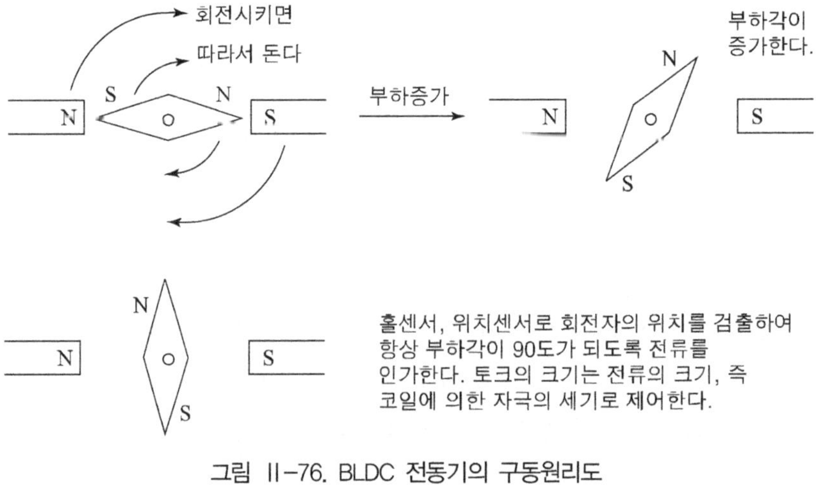

그림 II-76. BLDC 전동기의 구동원리도

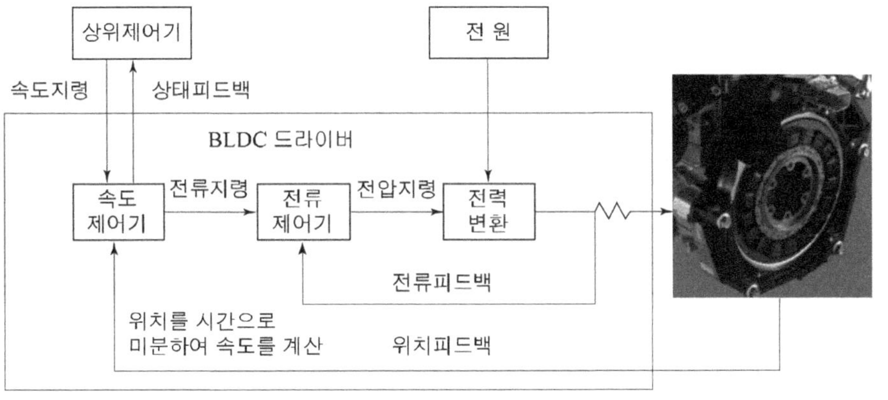

그림 II-77. BLDC 전동기의 제어 블록도

[4] 서보전동기(Servo Motor)

자동화에 널리 사용되고 있는 전동기는 위치와 속도, 가속도를 정밀하게 제어해야 하는 경우가 빈번하다. 순간적으로 변화하는 위치나 속도 지령에 따라 정확하게 추종을 하는 기능을 가진 전동기가 서보전동기이다. 서보전동기는 경량, 소형, 쉬운 설치, 고효율성, 정확한 제어성, 쉬운 유지보수 등의 장점을 가지고 있어 자동화시스템의 액추에이터로 많이 사용되고 있다.

서보전동기에는 직류(DC)서보전동기와 교류(AC)서보전동기가 있다.

직류 서보전동기는 위치와 속도 센서의 피드백 회로를 포함하고 있으며, 고속응답성, 고정도, 고효율 및 양호한 제어성 때문에 자동화 기기에 널리 사용되고 있다. 그러나 브러시와 정류자를 필요로 하기 때문에 정기적인 보수점검 및 구조가 복잡하여 교류전동기의 개발과 함께 최근에는 응용빈도가 낮다.

교류 서보전동기는 직류 서보전동기에 비해 제어방법이 복잡하다는 점이 있으나, 구조가 간단하고 브러시나 정류자의 소모성 기구부가 없으며, 고속회전과 큰 토크의 전달이 가능하고, 소형 경량화가 가능한 장점이 있다. 교류 서보전동기는 동기전동기(SM)형, 유도전동기(IM)형

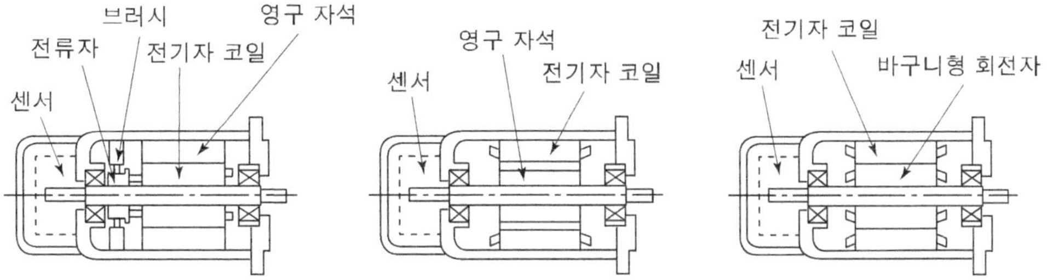

(a) 직류서보전동기 (b) 동기형 교류서보전동기 (c) 유도형 교류서보전동기

그림 II-78. 서보전동기의 구조

이 있다. 일반적으로 동기전동기가 많이 사용되고 있는데, 영구자석을 회전자로 사용한 브러시리스형이다.

Ⅱ-5. 서보전동기 종류 및 장단점

종류	DC 서보모터	SM형 AC 서보 모터	IM형 AC 서보 모터
장점	• 정전시의 제동 가능 • 컨트롤러의 구성이 간단 • 소용량에서는 저 코스트 • 높은 파워 레이트	• 메인터넌스 프리 • 내환경성이 뛰어남 • 고속·큰 토크 가능 • 정전시의 제동 가능 • 소형·경량 • 높은 파워 레이트	• 메인터넌스 프리 • 내환경성이 뛰어남 • 고속·큰 토크 가능 • 대용량에서 효율이 좋음 • 구조가 간단
단점	• 정류자 주위의 보수가 필요 • 고속·큰 토크로서의 사용이 안된다. • 마모 분말이 생긴다.	• 자동기동 기능이 없음 • 모터와 컨트롤러가 1대1의 대응이 필요 • 컨트롤러가 약간 복잡	• 소용량에서는 효율이 나쁨 • 온도에 대해서 특성이 변함 • 정전시의 제동이 안됨 • 컨트롤러가 약간 복잡

[5] 스테핑 전동기(Stepping Motor)

스테핑 전동기(펄스 모터)는 외부로부터 하나의 펄스가 주어졌을 때, 어떤 각도만큼 움직이는 모터이다. 일반적으로 기계의 이동량을 정밀하게 제어하는 경우에는 서보 전동기나 스테핑 전동기가 많이 사용되고 있으며, 특히 스테핑 전동기는 디지털적으로 제어하는 것이 가능하기 때문에 마이컴에 사용하기 적합한 모터이다. 스테핑 전동기가 서보 전동기와 다른 점은 모터축 위치를 검출하기 위한 피드백 시스템이 없이도 정해진 각도를 회전하고 상당히 높은 정확도로 정지할 수 있다는 점이다. 스테핑 전동기는 서보모터에 비해 값이 싸고 정확한 각도의 제어가 용이하기 때문에 자동화에 많이 활용되고 있다.

그림 Ⅱ-84는 스테핑 전동기의 동작원리를 나타낸다.

신호펄스가 구동회로를 통하여 전력펄스를 만들어 스테핑 전동기에 공급하고 있는 모습이다. 추력축의 회전각은 전력펄스가 입력될 때마다 일정한 각도로 변화된다.

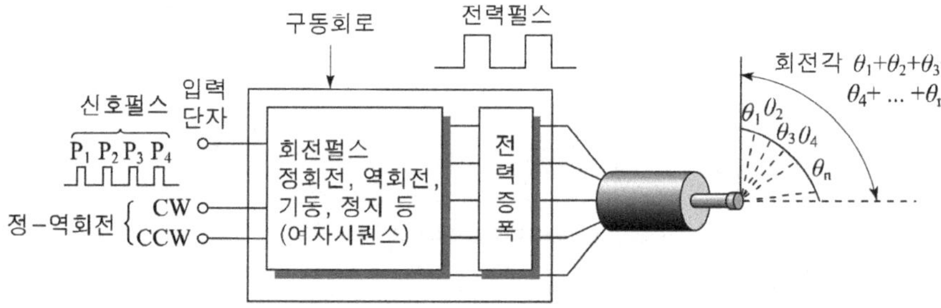

그림 Ⅱ-79. 스테핑 전동기

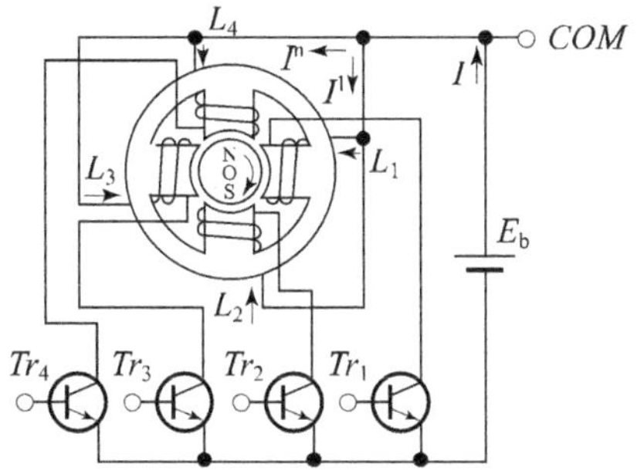

스텝수	여자코일	Tr_1	Tr_2	Tr_3	Tr_4	회전각도
1	L_1	ON				90°
2	L_2		ON			180°
3	L_3			ON		270°
4	L_4				ON	360°
5	L_1	ON				450°

그림 II-80. 스테핑 전동기의 동작원리

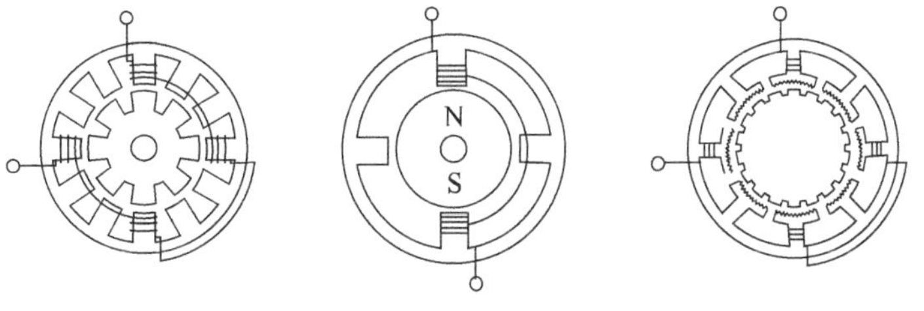

종류 / 항목	PM형	HR형	VR형
step angle	7.5° ~15°	1.8° ~3.6°	1.8° ~15°
torque	소	대	중~대
settiling time	소~중	소	대
cost	저렴	고가	고가

그림 II-81. 스테핑 전동기의 종류와 특징

스테핑 전동기는 구조상 가변 리덕턴스형(VR : Variable Reluctance type), 영구자석형(PM: Permenent type), 혼합형(HB : Hybrid type)으로 구분된다.

스테핑 전동기의 특징은 다음과 같다.

① 전동기의 총 회전각은 입력펄스수의 인가 수에 비례하고, 모터의 속도는 1초 동안의 입력 펄스 수에 비례한다.

② 펄스신호의 주파수에 따른 회전수가 얻어지므로 광범위하고 정확한 속도 제어를 쉽게 할 수 있다.

③ 기동, 정지, 정/역회전, 변속이 용이하고 응답도 빠르다.

④ 전동기의 구조가 간단하고 튼튼하며 보수도 거의 필요 없다.

⑤ 진동과 공진현상이 발생하기 쉽고, 부하에 약하며, 초고속 운전이 곤란한 단점이 있다.

4.3 전동기의 제어

[1] 전동기의 제어목표

전동기는 토크, 속도, 위치 등의 물리량을 제어하기 위하여 적절한 토크를 발생시켜 속도를 제어하고, 속도를 조절하여 위치를 제어한다. 전동기 제어에서 제어변수는 토크, 전류, 전압, 주파수(교류전동기)로 나눌 수 있다.

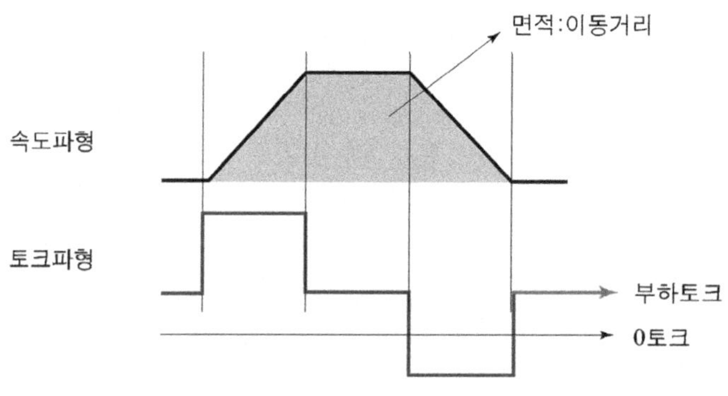

그림 II-82. 전동기의 제어파형 곡선

[2] 전동기의 전압특성 곡선

① 부하 TL1에서의 가변속 제어

- 부하 TL1에 대해 전압 V1이 인가되면 V1의 토크-속도 곡선과 부하곡선 TL1이 교차하는 p1에서 동작하고 속도는 w1로 운전된다.
- 전압 V2, V3로 증가시키면 각각 V2과 V3의 토크-속도 곡선과 부하곡선이 교차하는 p2, p3에서 동작하고 속도는 w3, w4로 가속된다.

② 부하 변화에 대한 정속 운전

- 부하 TL1에 대해 전압 V2이 인가되면 V2의 토크-속도 곡선과 부하곡선 TL1이 교차

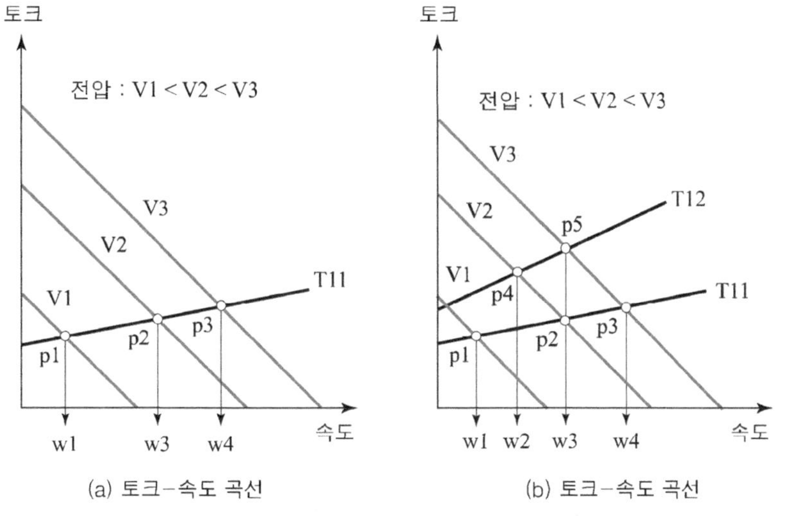

그림 II-83. DC 전동기의 전압특성 곡선

하는 p2에서 동작하고 속도는 w3로 운전된다.

- 위의 운전 중 부하가 TL2로 변하면 V2의 토크-속도 곡선과 부하곡선 TL2이 교차하는 p4에서 동작하고 속도는 w2로 감속된다.
- 전압을 V3로 상승시키면 V3의 토크-속도곡선과 부하곡선 TL2이 교차하는 p5에서 동작하고 원래 속도인 w3로 복귀되어 정속운전을 유지할 수 있다. 전기자 전압을 제어하여 속도 가변이 가능하다.

[3] 전동기와 발전기의 관계

① 전동기 구간

- 정회전 운전
- 역기전력(E)이 입력전압(V)보다 작은 범위에서 운전

② 발전기 구간

- 역기전력(E)이 입력전압(V)보다 큰 범위에서 운전
- 전동기 에너지가 입력 측으로 회생
- (−) 전류가 흐르고 부 토크가 발생

③ 제동기 구간

- 역회전 운전, 역기전력이 (−)
- 제동 토크 발생

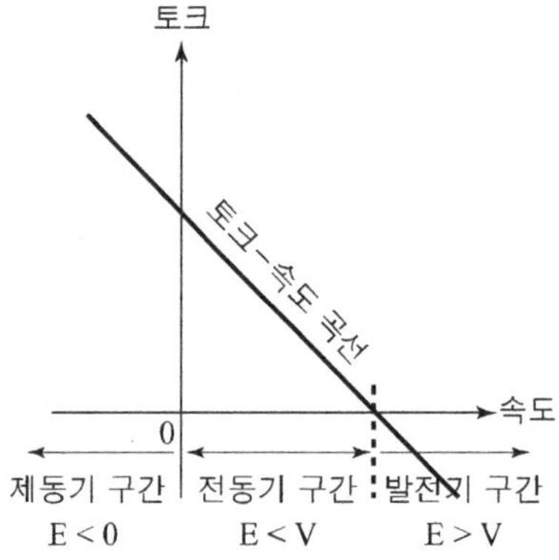

그림 II-84. 전동기와 발전기의 특성곡선

[4] 직류전동기의 세 가지 기본 구동 회로

직류전동기의 구동 제어는 전동기의 ON-OFF 제어 및 가변속 제어로 구분된다. 전동기의 ON-OFF 제어는 전동기의 기본적인 제어로 기동 정지에 대해서만 제어한다. 직류전동기는 이미터 구동, 컬렉터 구동, H 브리지 구동제어 방식으로 기동 및 정지를 시킬 수 있다. 이미터 구동과 컬렉터 구동은 단방향 제어, H 브리지 회로는 양방향 구동이다.

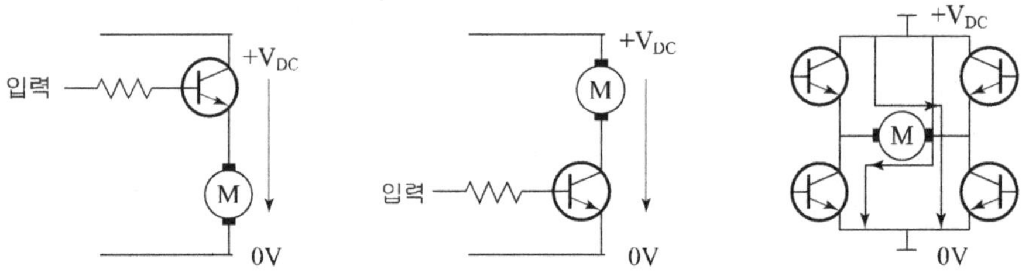

그림 II-90. 직류전동기 제어의 기본회로

(1) 구동제어 방식

① on/off(기동/정지 구동) 제어 : 트렌지스터(Tr)의 전압변동(Vce)이 낮도록 구동한다.

② 리니어 구동 : 입력 전압을 조절하여 전압 변동이 변함에 따라 전동기의 전기자 전압 및 전류를 제어한다. 트렌지스터의 전력 소비가 크다.

③ PWM 구동 : 트렌지스터을 포화 영역에서 구동, 입력 신호의 Pulse폭에 의해 전기자 전압을 제어한다. 구동 회로의 고효율로 현재 PWM 구동이 일반적이다.

(2) H 브리지 제어 회로의 동작

전동기 전원의 극성을 바꾸지 않고도 전동기의 회전 방향을 바꿀 수 있는 제어 회로이다.

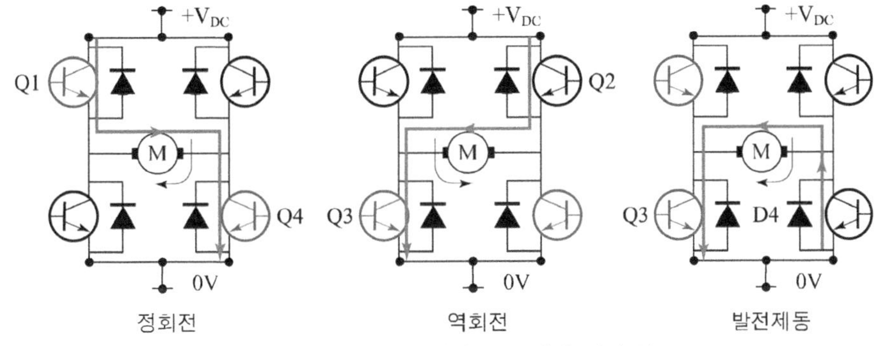

그림 II-86. 직류전동기의 H 브리지 제어 회로

① 정회전 : Q1과 Q4의 트랜지스터만 동시에 on으로 하면 청색선과 같이 전류가 흐르고, 전동기는 정회전 한다.

② 역회전 : Q2와 Q3만 on으로 하면 적색선과 같이 전류가 흐르고, 전동기는 역회전 하게 된다.

③ 발전 제동 : Freewheeling Diode D2과 Q3를 통해 발전에너지의 흐름을 형성하고 내부저항을 통해 열로 발산하며 브레이크를 거는 동작으로 된다.

(3) 역기전력의 처리

① 트랜지스터가 on으로 되어 전동기가 회전하고 있는 동안에는 전동기의 코일에 에너지가 축적되어 있다.

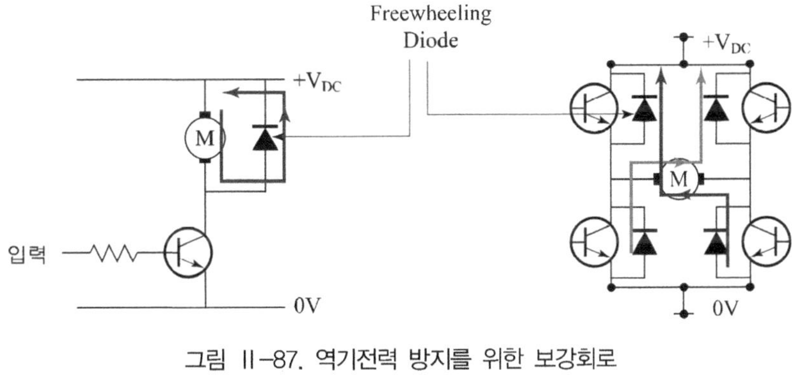

그림 II-87. 역기전력 방지를 위한 보강회로

② 트랜지스터가 off로 되면 그 에너지를 방출하려고 하기 때문에, 전동기 코일의 양단에 플러스, 마이너스의 역방향의 기전력이 발생한다.
③ 이 전압은 매우 크기 때문에 그대로는 트랜지스터가 파괴되는 경우도 있다.
④ 해결책 : 그림 Ⅱ-87과 같이 프리휠링 다이오드(freewheeling diode)를 이용한다.

(4) PWM 제어

펄스폭 변조(PWM : pulse width modulation) 방식은 전동기의 구동전원을 일정 주기로 on-off하는 펄스 형상으로 하고, 그 펄스의 듀티(duty)비(전원의 on-off 시간의 비율)를 바꿈으로써 실효전원을 증감하는 방식이다.

① 전동기에 인가되는 DC 전압의 on-off 시간의 비(duty비)를 제어하여 전기자 전압의 평균 전압을 조절한다.
② off시에 전력 손실이 없다.
③ on시에 트랜지스터는 완전 포화 트랜지스터의 전력손실이 거의 없다.

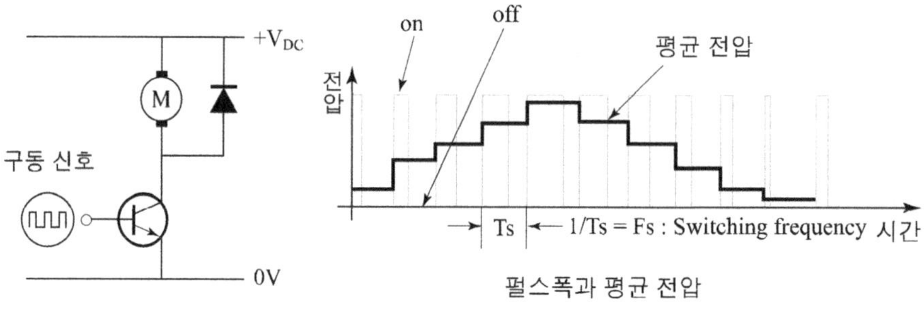

그림 Ⅱ-88. PWM제어 구성도

05 제어시스템

5.1 제어시스템의 개요

'제어'는 어떤 목적에 적합하도록 설계·제작된 대상 혹은 시스템에 필요로 하는 판단능력과 기억능력을 갖추어 적절한 동작을 지시함으로써 작동요소로 하여금 물리적 힘과 운동을 하게 하여 원하는 목적을 이루도록 조작을 가하는 것이다.

제어는 사용되는 매체, 즉 제어에너지에 따라 기계, 공압, 유압, 전기, 전자적인 제어가 가능하다. 예를 들면, 공압이나 유압시스템의 제어도 순수한 압축공기나 오일을 사용하여 제어가 가능하고 일반적인 전자 솔레노이드 밸브를 사용하여 개루프 제어를 할 수 있다. 그러나 공작기계와 같이 정밀한 제어가 요구되는 곳에는 비례제어밸브나 서보밸브를 사용하여 폐루프 제어를 수행할 수 있다.

자동화시스템의 제어 역할을 할 수 있는 장치를 크게 나누면 유공압 회로, 계전기 회로, 디지털 회로 등의 배관·배선에 의존하는 배선 논리 제어시스템(hardwired logic control system)과 마이크로 제어기, PLC 등 프로그램에 의존하는 프로그램 논리 제어시스템(programmable logic control system)으로 구분된다.

이 장에서는 이러한 제어시스템에 대해 특성과 원리에 대해 개괄적으로 살펴보도록 한다.

5.2 제어시스템의 종류

[1] 개루프 제어시스템(open-loop control system)

자동제어시스템 중에서 입력신호에 의해 시스템을 원하는 상태로 동작시키는 것으로서 개루프 제어는 시퀀스 제어(sequential control)와 같이 1개의 동작이 끝나면 그 결과에 따라서 다음 동작이 개시되는 식으로 순차동작을 일으켜 목적을 달성하는 방식의 것이며, 가공공정의 자동화 등 공정자동화의 주체를 이루는 것이다.

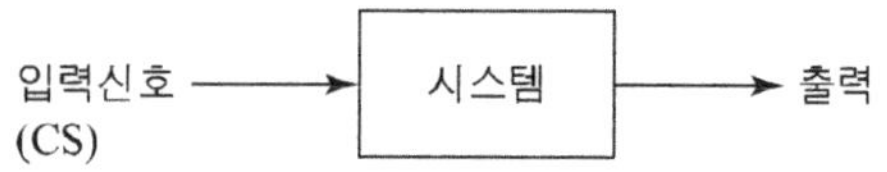

그림 Ⅱ-89. 개루프 제어시스템의 제어 블록도

[2] 폐루프 제어시스템(closed-loop control system)

자동제어 시스템 중에서 입력신호와 계속된 출력신호를 비교하여 그것들을 일치시키도록 정정동작을 행하는 제어로서 폐루프 제어는 제어의 질의 개선에 효과가 있는 방식이며, 제어결과를 입력측으로 되돌려(feedback) 결과를 소요목적에 합치하도록 한 것이다. 제어의 대부분의 이론은 거의 전부가 폐루프에 관한 것이며, 좁은 뜻의 자동제어는 이 방식이다.

일반적으로 시퀀스 제어는 개방계로 시스템 작동기의 움직임을 실시간으로 체크하여 제어하지 않고 최종적인 움직임의 끝을 보고서 시퀀스 제어를 수행한다. 그러나 폐쇄계(closed-loop system)는 작동기의 움직임을 실시간으로 체크하고 기준입력과 비교하여 제어기 설계에 따라 제어입력을 발생하여 시스템을 제어하는 로직으로 이것을 피드백 제어시스템이라 한다.

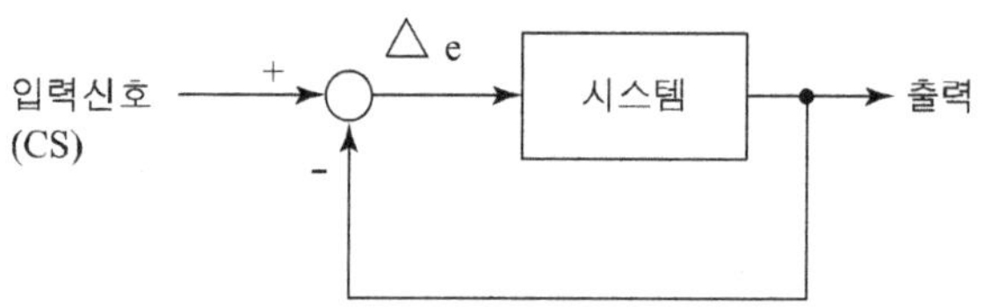

그림 Ⅱ-90. 폐루프 제어시스템의 제어 블록도

[3] 배선 논리 제어시스템

배선 논리 제어시스템은 계전기 등과 같이 기계적 접점을 가진 계전기 시퀀스 제어시스템과 기계적 접점이 없는 반도체에 의한 무접점 시퀀스 제어시스템 등으로 나눈다.

계전기 시퀀스 제어 방식은 기계적인 접점에 의하여 논리를 구현하는 방식으로 개폐 부하 용량이 크고 과부하에 잘 견디며 전기적인 잡음과 온도 특성이 양호하다. 반면에 소비 전력이 비교적 크고 접점의 소모가 있으므로 수명에 한계가 있고 동작 속도가 늦은 단점이 있다.

무접점 시퀀스 제어 방식은 트랜지스터 등의 반도체를 이용하여 구성하는 것으로, 동작 속도가 빠르고 수명이 길며 진동 및 충격에 의하여 오작동할 염려가 적고 장치의 소형화가 가능하다. 전기적 잡음, 충격 전압, 온도 변화 등에 약하고 동작 상태를 쉽게 확인할 수 없으며 신뢰성이 상대적으로 떨어질 수 있고, 별도의 직류 전원이 필요한 단점도 있다.

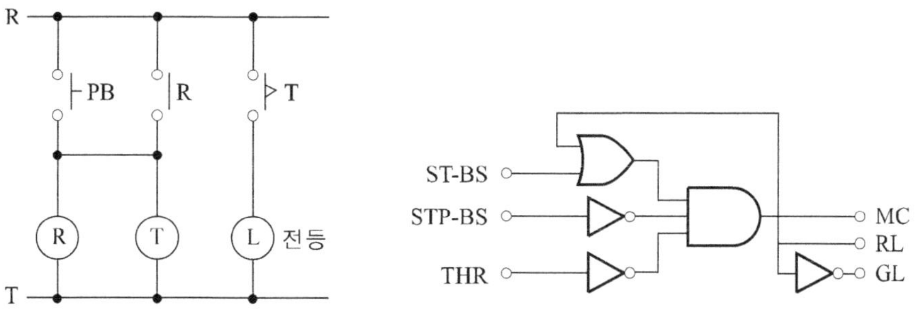

(a) 계전기 시퀀스 제어 회로 (b) 무접점 시퀀스 제어 회로

그림 II-91. 배선 논리 제어시스템

[4] 프로그램 논리 제어시스템

PLC(programmable logic controller)는 내부 프로그램에 의한 제어 방식을 채택한 제어시스템으로, 계전기 시퀀스 제어와 무접점 시퀀스 제어 방식 중에서 무접점 시퀀스 제어 방식에 가까운 특징을 가지고 있다. 배선 논리 방식에 비하여 복잡한 시퀀스 제어일수록 하드웨어 추가 없이 프로그램에 의하여 수월하게 구성할 수 있으며, 시퀀스 제어 회로의 변경에도 간단히 프로그램만 수정하여 제어가 가능하다. 따라서 복잡하고 다양화 되어 가는 전자기계 기술의 요구를 능동적으로 처리할 수 있는 제어 방식이다.

PLC는 계전기 제어 방식에서 이루어지는 배선 작업을 프로그램을 사용하여 간단히 처리할 수 있고, 반도체 소자를 이용한 무접점 회로이므로 신뢰성이 높으며, 유지 보수가 간편한 장점을 가지고 있으나, 생산 회사마다 각기 다른 프로그램 언어를 사용하여 호환성이 떨어지고, 제어 규모가 작은 경우 릴레이 제어 방식보다 많은 비용이 소요되는 단점이 있다.

PLC는 제어의 난이도가 높고 다양한 응용을 할 수 있는 자동화 설비에 주로 사용된다. 설비의 자동화와 고능률화의 요구에 따라 PLC의 적용 범위는 확대되고 있다. 특히 공장 자동화와 FMS(flexible manufacturing system)에 따른 PLC의 요구는 과거 중규모 이상의 릴레이 제어반 대체 효과에서 현재 고기능화, 고속화의 추세로 소규모 공작 기계에서 대규모 시스템 설비에 이르기까지 적용되고 있다.

PLC에서 사용하는 PLC 프로그래밍 언어는 함수 블록 선도(STL : statement list program, function block diagram), 래더 선도(LDR : ladder diagram)와 순차 함수 도표(SFC : sequential funcion chart)가 있다.

함수 블록 선도는 재사용 가능한 소프트웨어 요소인 기능 블록으로 신호와 데이터의 흐름을 표현한 PLC 프로그래밍용 그래픽 언어이다. 명령어 리스트는 어셈블리 언어 형태의 PLC 프로그래밍 언어이며, 초기 PLC들이 이 언어를 많이 채택하였다. 래더 선도는 계전기 시퀀스 제어

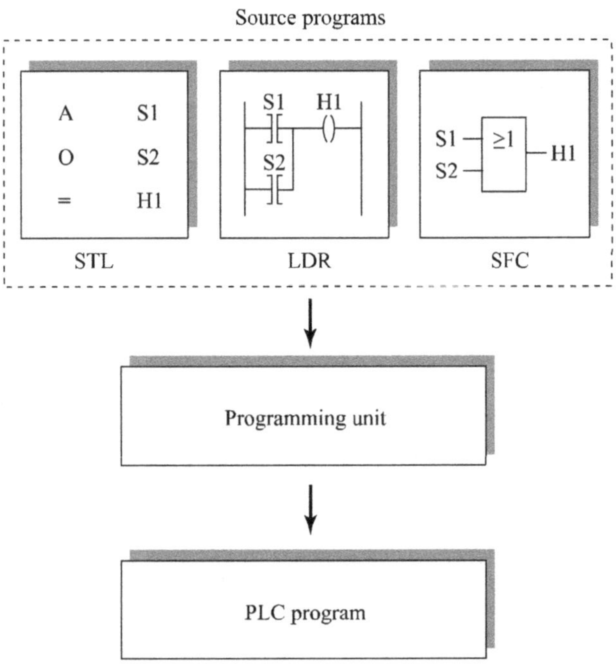

그림 II-92. PLC 프로그래밍 방법

회로의 표현 방식을 모방하여 만들었으며, 가장 많이 사용되는 PLC 프로그래밍용 그래픽 언어이다. 순차 함수 도표는 공정의 순차적인 동작을 구조적으로 표시한 객체 지향 PLC 프로그래밍 언어이다. 시간 구동 혹은 사건 구동으로 제어시퀀스를 정의하도록 되어 있다.

5.3 제어와 신호전달

[1] 신호전달요소

신호전달요소는 제어에 필요한 신호를 발생시키는 장치이다. 전달요소는 수동적, 기계적으로 혹은 압력을 이용하여 가동된다.

표 II-6. 신호전달요소의 비교

	전 기	공 압	유 압
키로 동작하고, 스프링으로 리셋. 중립위치는 A(2)와 T(3)간의 연결. 중립위치에서 출력은 압력이 가해지지 않거나 3, 4간에 전기적 연속성이 없음	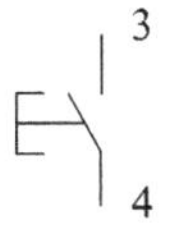	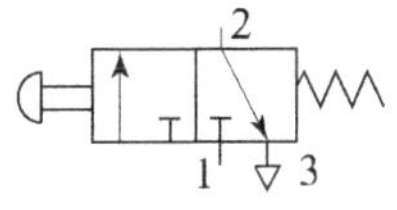	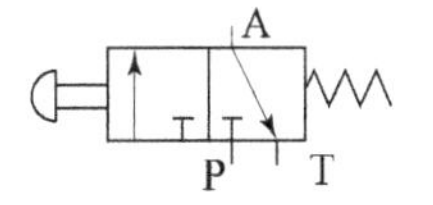
래치(latch) 스위치로 동작. 중립위치는 A(2)와 T(3)간의 연결. 중립위치에서 출력은 압력이 가해지지 않거나 3, 4간에 전기적 연속성이 없음	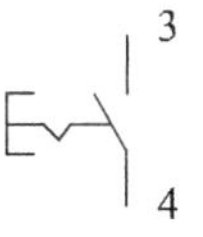	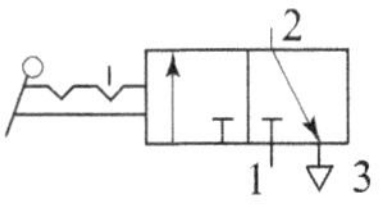	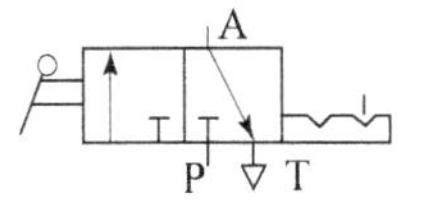
기압으로 동작하고 스프링으로 리셋. 중립위치는 A(2)와 T(3)간의 연결. 중립위치에서 출력은 압력이 가해지지 않거나 3, 4간에 전기적 연속성이 없음	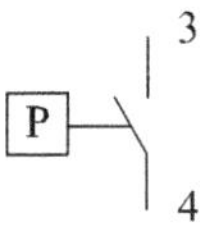	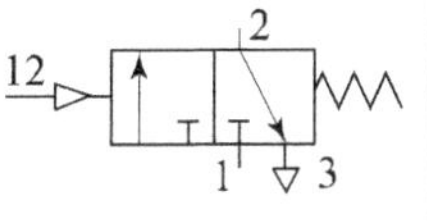	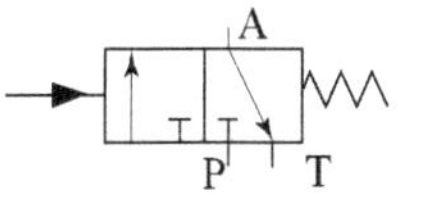

[2] 제어요소

제어요소는 제어시스템의 전기흐름에 영향을 주는 유압, 공압 혹은 전기장치의 부분들이다.

(1) 명령을 차단하는 제어요소

유공압에서 체크밸브는 명령차단용 제어요소로서 사용된다. 체크밸브는 흐름의 반대 방향에서 적절히 흐름을 저지한다. 체크밸브의 전기적 상응 부분은 다이오드이다. 다이오드는 전류가 한 방향으로만 흐르게 한다. 전류흐름의 반대방향에서 매우 강한 저항으로 작동된다.

(2) 유량에 영향을 주는 제어요소

유공압에서 유량 제어밸브는 유량에 영향을 주는데 사용하며, 스로틀밸브가 대표적이다. 그 외에 대량의 유동은 제어펌프를 사용하여 조정한다. 공압에서는 한 가지의 밸브만 사용되는데 이것은 종종 체크밸브와 결합되어 사용되는 스로틀밸브이다.

유공압에서 유량 제어밸브와 같은 목적을 이루는 것이 전기기술에서 저항이다. 저항은 고정저항(판 또는 선형 저항)과 가변저항(가감조정저항, 비조정저항, 반도체저항)으로 분류된다.

(3) 압력과 전압에 영향을 주는 제어요소

유공압에서 밸브는 압력(구동 요소의 힘)을 조절하는 목적을 가진다. 압력 제어밸브는 큰 유동(압축공기나 오일)의 압력과 압축공기나 오일유동의 실제 조정압력에 영향을 주는 임무를 갖는다. 유압과는 달리 공압에서는 몇 가지의 압력 제어밸브만 사용된다. 유압에서 압력 제어밸브가 하는 역할은 압력제한 및 강화, 일정한 오일압력의 유지, 컨트롤 유닛의 연결 혹은 차단 등이다.

전기기술에서는 전압조정기가 전압을 조정하는데 사용된다. 이런 부품들의 전통적 예가 반도체 저항 소자들이다. 과전압 보호용, 방전 억제, 소형 DC 모터의 소음 억제 등에 사용된다.

표 II-7. 명령 차단용 제어요소

	전 기	공 압	유 압
지정	Diode	Non-return valve	Non-return valve
심볼(I)	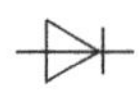	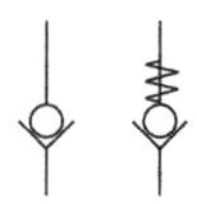	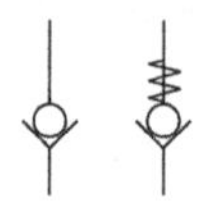
디자인	- semiconductor layer with p-type and n-type doping	- ball - plug - diaphragm	- ball - plug - poppet - cartridge
심볼(II)	 LED	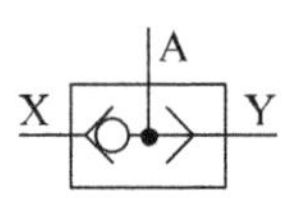 dual-pressure valve (OR logic)	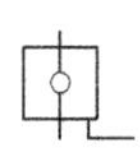 delockable non-return valve
		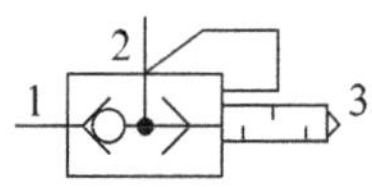 quick exhaust valve	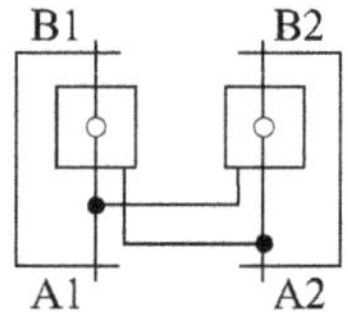 mutually delockable non-return valves

표 II-8. 유량에 영향을 주는 제어요소

	전 기	공 압	유 압
스로틀, 레지스터 조절 불가		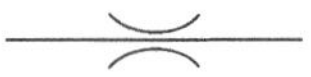	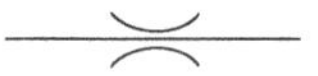
스로틀, 레지스터 조절 가능	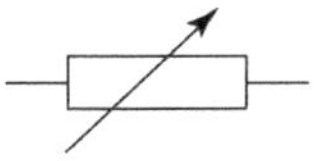	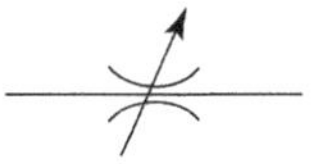	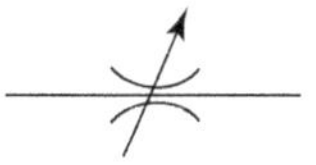
특수 디자인		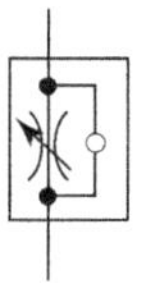 Throttle check valve	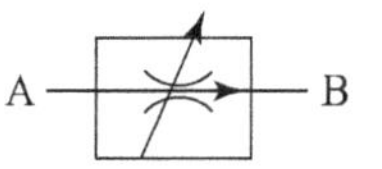 Flow control valve, adjustable

표 II-9. 압력, 전압을 조절하는 요소

	전 기	공 압	유 압
압력 제어밸브 조절 불가		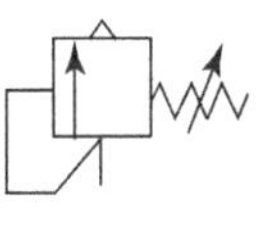	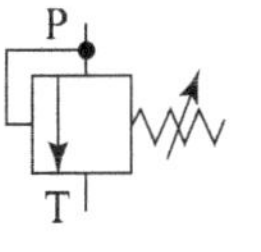
감압 밸브 조절 가능 직접 제어 가능한 전압조절기	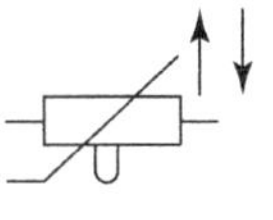	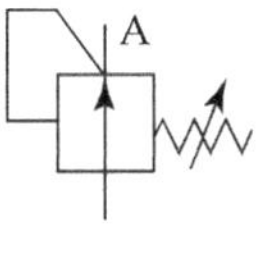	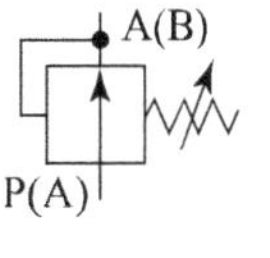

III 자동화시스템의 안전과 시운전

작업장에서의 안전에 대한 교육과 훈련이 법적으로 규정되어 있다. 시운전은 현재 운영 중인 시스템의 기능을 새로운 환경 변화에 적응되도록 변경시키거나, 고장 등을 수리하여 정상적으로 가동될 수 있도록 하는 일련의 작업을 의미한다. 이 장에서는 공압, 유압, 전기제어시스템에 대한 안전과 시운전시 문제 해결 방법에 대해 설명한다.

01 자동화시스템의 안전

1.1 안전 개요

[1] 개요

자동화시스템의 기술이 복합화, 첨단화됨에 따라 작업자, 관리자, 유지 보수 기술자, 관련 전문가는 심각한 사고가 발생할 때 보다 더 세밀한 제어와 안전에 대한 요구가 더욱 증가하고 있어, 안전 요구사항에 대하여 잘 알고 있어야 한다. 안전 요구사항을 숙지하기 위해서는 안전과 관련되어 사용되고 있는 각종 용어에 대해 알고 있어야 하며, 용어의 정의를 표 Ⅲ-1에 정리하였다.

기계나 자동화 설비에서 발생하는 사고를 사전에 예방하기 위해 각 국에서는 안전 기준을 법으로 정하고 있다. 각 국의 안전 기준은 기계 관련에서는 ISO 규격, 전기 관련에서는 IEC 규격을 기반으로 한다.

표 Ⅲ-1. 안전과 관련된 용어의 정의

용어		정의
안전	safe	감내할 수 있는 위험도
위험도	risk	발생 가능한 상해의 심각성과 발생 가능성의 조합, 상해 발생 확률과 상해 심각도의 정도
상해	harm	신체상의 손상 및 건강상의 손실
위험원	harzard	잠재적인 상해의 요인
결함	fault	요구되는 기능의 수행 불능 상태를 말하며, 예방 정비 또는 그밖의 계획된 행동이나 외부 자원 부족으로 인한 수행 불능 상태는 제외
고장	failure	요구 기능을 수행하는 능력의 종결, 고장이 발생하면 제품은 결함(fault)상태로, 고장은 사건이며 상태를 나타내는 결함과 구별된다.

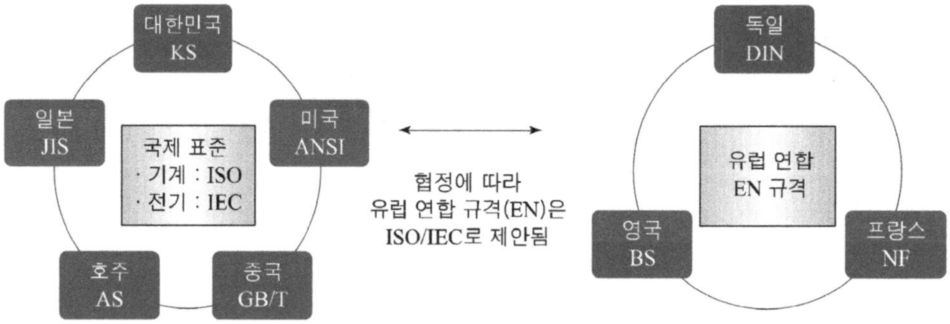

그림 Ⅲ-1. 안전 관련 국제 규격

안전에 관한 국제 규격은 다음 3단계의 시스템 규격으로 나뉜다.

① 기본 안전 규격(A규격) : 기계 안전(ISO 12100, EN 292)과 위험 평가(ISO 14121, EN 1050)에 대한 기본 개념과 일반 설계 원칙을 정의한다.

② 그룹 안전 규격(B규격) : 안전 측면 관련한 B1규격과 안전 관련 장치의 B2규격으로 구분된다.

③ 개별 제품 규격(C규격) : 개별 기계 장치에 적용하는 안전 규격이다.

C규격은 A와 B규격보다 우선한다. 규격간의 차이점이 발생하면 C규격에 명시된 데이터가 적용된다. 하나의 기계가 A, B와 C규격을 만족하지 않으면 유럽의 CE 마크를 받을 수 없다.

표 Ⅲ-2. KS 안전 규격

구 분	KS 규격		국제 규격
기본적인 안전 개념 및 원칙	KS B ISO 12100-1	기본 개념, 설계를 위한 일반 원칙 (제1부 : 기본 용어, 방법론)	ISO/CD 12100-1
	KS B ISO 12100-2	기본 개념, 설계를 위한 일반 원칙 (제2부 : 기술 원칙, 사양)	ISO/CD 12100-2
	KS B ISO 14121	위험성 분석 원칙	ISO 14121
기계 계의 공통 요소, 안전거리 및 안전 구성 요소	KS B ISO 13849-1	제어시스템 안전 관련	ISO 13849-1
	KS B ISO 13851	기계 안전 – 양수 제어 장치 – 기능적 측면과 설계 관리	ISO 13851
	KS B ISO 13850	비상 정지 – 설계 원칙	ISO 13850
	KS B ISO 13854	인체 부위가 눌리는 것을 회피하기 위한 최소의 틈	ISO 13854
전기적 안전	KS C IEC 61496-/2	광 전자식 안전 장치 설계 기준	ISO 61496-1/2
	KS C IEC 61310-1/2/3	표시, 마킹 및 작동	ISO61310-1/2/3
	KS C IEC 60204-1	전기 안전 장치(제1부 : 일반 요구 사항)	ISO 60204-1

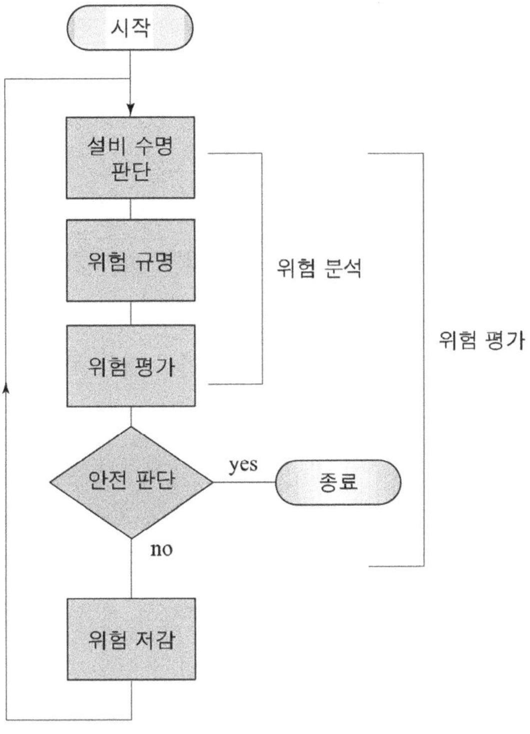

그림 Ⅲ-2. 설비의 안전 평가

우리나라에서는 KS규격을 국제 규격에 맞추기 위해 ISO/IEC 규격에 기인한 요구사항을 반영하여 추진되고 있다(예 : ISO 90000→KS A 9000). KS 안전 규격은 표 Ⅲ-2에 표시되어 있다.

기계의 안전에서는 기본적인 안전과 건강 요구사항에 부합하는 것이 절대적인 명제이다. 이런 요구사항들은 기술적, 경제적 요구사항뿐만 아니라 제조 기술 상황 등을 고려하여 적용되어야 한다. 그림 Ⅲ-2는 기계, 자동화 설비의 안전에 대한 평가 순서이다.

[2] 안전과 신뢰성

안전은 인간과 환경에 대한 위험한 사고의 결과를 회피하거나 줄이기 위하여 취해지는 조치이다. 기계나 플랜트 설비가 인간과 환경에 대하여 위험성이 적다면 안전한 것으로 간주한다. 안전은 위험과 잠재적 위험에 대한 보호책으로 이해할 수 있다. 기술적인 방법으로 모든 잠재적인 위험을 측정하고 평가하는 것은 불가능하나 계속되는 실수를 억제시키는 효과를 주는데 사용될 수 있다. 요소나 조립품의 안전과 신뢰성은 관계가 있으나 신뢰성 있는 기능 자체가 안전의 필수사항은 아니다.

신뢰성은 적용 조건 하에서 명시된 시간동안 혹은 그 후에도 신뢰 조건에 부합하는 능력을 가진 요소의 성질이며 기능을 수행하는 능력을 뜻한다. 신뢰성 특성에는 주기적 분포성을 나타내는 기능값으로 파손 주기, 누적 파손 주기, 조건적 파손 주기, 조건적 누적 파손 주기 등이 포함된다. 수리되지 않은 유닛에 대한 신뢰성 변수에 포함되는 것으로는 고장률, 수명 분포, 고장 가능성, 생존 가능성, 고장 가능성 밀도 등이 있다. 수리될 유닛의 경우, 신뢰성 변수는 첫 파손까지 평균 가동 시간, 파손과 파손 사이의 평균 시간, 파손 간의 평균 가동 시간, 평균 정지 시간, 순간적인 안정 상태의 적용성, 유지 보수성 등이다.

복합시스템과 설비플랜트의 신뢰성에 대한 분석적인 시험의 목적은 신뢰성을 증가시켜 안정성을 증가시키기 위한 것이다. 복합시스템의 평가는 사용 가능성, 생존 가능성 그리고 이용률(적용 시간율)의 3개의 양에 기초를 둔다.

시스템의 안전과 신뢰성에 대한 평가를 위해 주요 법규, 지침, 기술 표준 등이 만들어지는데, 안전 기술에 대한 법규와 지침들은 비전문가에게는 이해하기 어렵고 매우 다양하다. 공업 발전 속도가 빠르기 때문에 안전 기술에 대한 새로운 요구들이 제기되고, 과거 몇 년 동안 법규와 규정들이 적용되는 기간이 전보다 짧아지고 있다. 이미 적용된 법과 규정들에 따라서 감시하고 규제하기로 결정한다면 이런 과정을 바꾸는 것이 가능하다. 그러나 효과적인 시험과 감시는 시간과 돈이 들고 플랜트 가동과 투자에 큰 부담을 준다.

[3] 안전 기술

유닛 혹은 설비의 안전은 인간, 환경 및 재산에 대한 위험을 초래시키지 않는다. 사고 방지를 위한 안전 수준의 결정과 평가 분석은 기술적 안전 상황 하에서 수행된다. 기본적으로 안전 기술로 구축되는 것은 안전 기술의 다양한 분야, 다양한 상호 안전시스템 유형과 안전을 구현하는 형태, 개별 요소 및 복합 요소를 구현하는 기술적 해법을 찾는 원칙이다.

(1) 안전 기술의 분야

안전 기술의 분야는 요소, 시스템 및 작업으로 구분된다. 요소는 요소 안전(설계 데이터, 재료, 제조, 제어 등), 시스템은 설비와 시스템의 기능적인 안전(계획, 선정, 가동, 유지 보수, 검사), 작업은 작업 중의 안전과 건강(사고 방지 규정, 법규, 지침 등)이 포함된다.

(2) 안전 수행 형태

안전 수행은 요소와 시스템의 직접 안전, 간접 안전, 경보 안전 기술로 구분된다.

① 직접 안전 기술은 시스템의 요소 혹은 조립품에 직접 적용된다. 이 경우 안전장치는 개발 혹은 기술 단계에서 직접 적용된다. 따라서, 그 요소는 추가적인 안전장치가 없어도 작업 중 안전 및 건강이 보장된다. 유압시스템에서 과도한 압력으로부터 시스템을 보호하기 위해 안전밸브로 압력 릴리프밸브를 사용하는 것이 직접 안전 기술의 예이다.

② 간접 안전 기술은 위험 사고로부터 요소와 시스템을 보호하거나 위험의 확산을 제한하는 데에 사용된다. 이런 목적으로 특수한 안전장치나 보호시스템이 사용된다. 유압시스템에서 비상시 유압실린더에 유체를 방출하기 위한 유압축압기, 오일수거장치 등이 이 기술의 예이다.

③ 경보 안전 기술은 안전 안내, 정보 시트, 관리 규정 등으로 제한된다. 위험을 제거하기 위한 어떤 수단을 제공하는 것이 아니라 단순히 경고만 하는 것이므로 안전 기술의 최소 효과가 있는 형태이다.

(3) 기술적 안전 해법의 원칙

부품, 조립품과 설비의 기술적 안전 기술은 안전 과제에 대한 과제 분리 원칙, 안전 수칙 이행 원칙, 제한적 오작동 원칙, 대체의 원칙, 대체 구분의 원칙의 다섯 가지 가능한 해법 중의 하나를 적용한다.

① 과제 분리 원칙은 과제의 전문화를 위해 요소에 의해 수행되는 여러 기능이 원하는 기능을 할 수 있는 특수 요소를 지정한다(예 : 부식을 줄이기 위하여 압력 용기의 내벽을 특수 요소인 오스테나이트로 덧입힘).

② 안전 수칙 이행 원칙은 조립체 뿐만 아니라 모든 요소를 개별적으로 고장 없이 가능한 가동 조건하에서 예상되는 수명으로 동작한다(예 : 안전 계수의 적용).

③ 제한적 오작동 원칙은 조립체 또는 요소를 적용하는 과정에서 그 기능의 정지 또는 오작동이 허용되나, 오작동이 심각한 결과를 초래해서는 안된다.

④ 대체의 원칙은 안전을 보장하기 위하여 기본적인 요소들 혹은 시스템 요소들에 추가하여 2차 요소들의 직렬 혹은 병렬로 설치하는 다중 배치 방법이 포함된다. 이런 추가 요소나 시스템 요소들은 전체 기능 혹은 최소한의 제한된 기능을 수행한다(예 : 2개의 펌프는 병렬로 연결되나, 메인 펌프 오작동시 대체 펌프 연결이 가능하도록 한 번에 하나의 펌프만 작동).

⑤ 대체 다양성의 원칙은 원칙의 대체와 같은 규칙이다. 그러나 부품이나 시스템 요소의

기능은 같지만 대체의 가동 원리는 다르다(예 : 냉각시스템에서 사고를 방지하기 위해 비상시 첫 번째 비상 냉각펌프는 전기로 구동되고, 이에 대체되는 다른 하나는 비상 디젤엔진으로 작동한다).

[4] 안전 기능

안전 기능은 기계의 안전에 관련된 제어시스템에 의하여 수행되는 기능이다.

(1) 정지 기능

정지 기능은 기계, 제품, 공정에 위험을 방지하고, 재작동을 쉽게 하기 위해 작동 절차에 따라 중립 위치에서 기계가 멈추도록 설계되어 있는 것이다. 어떤 기계나 즉시 누구에 의해서나 정지될 수 있어야 한다. 이것은 비상 정지 기능으로 이루어진다. 그 목적은 당장이라도 일어날 수 있거나 위험 상황으로부터 발생되는 위험을 피하기 위한 것이다. 안전-중단 기능은 보호 장치가 가동된 후에 최소한 짧은 시간 안에 기계가 안전 상태로 들어가게 하는 것이다. 비상 정지 장치는 필요시 쉽게 어디에서나 접근이 가능해야 하고 기계적으로 작동해야 한다. 이미 작동된 모든 비상 정지 장치가 리셋되지 않으면 기계가 재가동되지 않도록 한다.

(2) 리셋(reset)

리셋은 기계나 플랜트가 재가동하기 전에 어떤 안전 기능을 복구시키는 것으로 다음과 같은 기능을 가져야 한다.

① 제어시스템의 안전 장치 내의 분리형 수동 장치를 통해 이루어진다.
② 모든 안전 기능과 보호 장치의 동작을 확인해야 한다.
③ 동작이 초기화되거나 자체적으로 위험한 상태로 되지 않아야 한다.
④ 신중한 작동이어야 한다.
⑤ 제어시스템은 별도의 시동 명령을 받도록 해야 한다.
⑥ 위험 판단에서 필요하다면 off 위치에서 작동기를 풀어주어야 한다.
⑦ 위험지역 밖에 위치해야 한다.

(3) 시동과 재시동, 응답 시간

보호 장치가 재시동 신호를 보내거나 위험하지 않은 조건이 된다면 어떤 시동도 가능하다. 원거리 제어 기계도 마찬가지이다. 설계자나 공급자는 제어시스템 안전 부품의 위험 판단을 나타내는 응답시간을 명기해야 한다.

(4) 안전 관련 변수

안전 관련 변수(위치, 속도, 온도, 압력 등)가 설정된 한계와 차이가 있을 때 제어시스템은 기계와 플랜트 구동 장치의 안전 기능들을 특별히 관찰하여 적합한 판단을 해야 한다. 안전 관련 입출력 신호들은 디지털 2채널 신호로 주변 장치를 거쳐 감시시스템으로부터 전달되거나 도착한다. 이 신호들은 안전 기능을 갖춘 개개의 감시채널에 적용된다. 일반적인 설계는 비상 정지와 안전 정지를 목적으로 2채널 안전 스위칭 장치와 안전 접촉기 조립형을 포함한다.

(5) 안전 정지

안전 정지는 구동부로 전원 공급을 차단한다. 따라서 구동부는 토크를 발생하지 못하고 위험한 동작을 할 수 없다. 가동 원인에 대한 정지의 경우 생산 공정 도중에 구동시스템을 정지시킬 필요가 있다.

(6) 안전 속도 감소 및 안전 중단

제어 설계는 안전을 위해 구동부가 설정 속도를 초과하는 것을 막는다. 구동부의 전자 제어 장치는 외부의 의도하지 않은 간섭에 의해 속도 제한이 변경되지 않도록 설계되어야 한다. 안전 중단은 장치가 위험 상황에 부합하는 방법으로 정지하는 것이다. 구동을 연기시키는 전기적, 전자적 장치가 안전 방안에 포함되어야 한다.

[5] 위험도 분석 및 안전 평가

위험도(risk)는 상해 발생 확률과 상해 심각성의 정도를 의미한다. ISO 12100에 위험도를 평가하고 감소시키기 위한 체계적인 절차가 소개되어 있다. 위험도 평가는 위험도의 분석, 예측 및 판정의 단계를 거치며, 위험도 감소를 위해서는 설계자와 사용자 측면에서 위험도 감소 달성을 목적으로 하는 보호 대책이 요구된다.

기계 요소 및 설비에 대한 안전, 위험도 분석 및 평가는 ISO 12100과 다음 유럽의 기준에 의한다.

표 Ⅲ-3. 중요 안전 표준

표 준	적 용
DIN EN 292-1/2	기본 개념, 설계일반 원칙
EN 775(ISO 10218)	산업용 로봇-안전
EN 954-1	제어시스템의 안전 부품
DIN EN 1050	위험도 평가
DIN EN 60204-1	기계 전기 장치
ISO 11161	통합 세조 시스템의 안전
DIN VDE 0801	안전시스템의 컴퓨터 원칙

· DIN EN 292 : 기계의 안전-기본 개념, 설계 일반 원칙

· DIN EN 414 : 기계의 안전-안전 표준의 표시와 설명

· DIN EN 954-1 : 기계의 안전-제어시스템의 안전 관련 부품

· DIN EN 1050: 기계의 안전-위험도 평가

중요한 안전 및 위험도 표준은 표 Ⅲ-3과 같다.

위험도 감소를 위해서는 보호 대책, 보호 장치를 사용하지 않고 설계변경 등을 통한 설계상의 대책, 안전장치를 활용하여 작업자를 보호하기 위한 대책이 있다. 위험도 감소를 위한 절차는 ISO 12100 : 2010, KS B ISO 12100-1 : 2003에 명기되어 있다.

기계 안전에 대한 다음 단계는 서로 다른 사용 수명과 작동 모드에서 나타날 수 있는 위험 상황에 대한 위험 평가에 의해서 이루어진다. 기계의 작동 안전은 이 기계로부터 발생하는 위험한 동작의 양에 의하여 결정된다. 인도 장치나 보호 장치는 자동 운전 중에 위험 지역으로의 접근을 막지만, 때때로 보호 장치의 보호 효과를 기대할 수 없더라도 작업은 수행되어야 할 때가 있다. 이 경우 작업자를 충분히 보호할 수 있도록 대체 안전 수단이 있어야 한다. 대부분의 경우, 이러한 안전 장치들이 전기 구동 장치의 동작에 영향을 주어 위험하지 않게 작업이 되도록 하는데, 이 경우 구동 장치의 작동에 오작동을 발생시키는 한계를 두도록 한다.

DIN EN 954-1은 엄격도(S), 주기(F), 보호(P)를 구별하는 안전에 관련된 제어시스템의 오작동 사고의 위험 평가 시스템을 위험 범주(B 1, 2, 3, 4)로 지정하여 나타내고 있다.

1.2 유압시스템의 안전

EN ISO 4413, DIN EN 982, KS B 6277에는 안전에 관련된 유압플랜트 및 시스템과 요소들의 원리와 설명, 주의점 등이 설명되어 있다. 유압플랜트 및 시스템과 요소들의 설계, 제조 조정 및 시스템의 조립, 설치, 조정, 유지 보수의 사용과 작동에 관한 내용도 포함된다.

[1] 설계와 위험에 따른 평가의 기본 규칙

기계적인 위험을 방지하기 위해서 플랜트에 사용되는 모든 요소는 제조자와 공급자가 정한 조건에 따라서 작동이 되게 설계되어야 하며, 기계적 운동은 사람에게 위험을 발생시키지 않아야 한다. 설치된 모든 요소는 최대 작동 압력을 초과하는 압력에 대하여 보호되어야 하며, 압력 변동이 최소로 제한되도록 플랜트는 설계, 제조 및 조정되어야 한다. 압력 변동은 위험 수준에 이르지 않아야 하며, 압력 손실 혹은 극단적인 압력 강하를 유발하는 경우에는 사람에게 위험하지 않아야 한다. 에너지 공급의 차단시 사용되는 에너지 공급원 형태에 관계없이 시스템의 개폐 스위칭, 에너지 공급의 감소, 오작동 및 복귀는 위험을 초래하지 않아야 한다. 모든 요소들은 접근이 용이하도록 배치되어 안전하게 조정할 수 있고 수리가 가능하도록 설계되고 제조되어야 한다.

[2] 설치 장소, 가동 조건의 요구사항

(1) 설치 장소의 조건

유압시스템을 설계하고 시공할 경우 다음의 조건을 고려하여야 한다.

① 진동, 심한 오염, 높은 습도, 주위 온도, 대기 압력

② 화재 혹은 폭발 위험

③ 적용 가능한 유지 관리 장치

④ 전기적 특성 정보(전압, 주파수, 여유, 동력)

⑤ 전기 설비의 보호 장치

⑥ 보호 장구에 대한 요구

⑦ 환경 관련 법규와 다른 규정치

(2) 설비의 가동 조건

시스템 온도는 불필요한 열의 발생을 최소화하고, 유압유의 온도는 허용 최대 온도를 초과하지 않아야 한다. 조정이나 유지 보수를 용이하게 하기 위하여 관리 규정을 만들거나 착탈이 가능하도록 부품을 설치하여야 한다. 착탈시에는 과도한 유압유의 손실이 발생하지 않고, 가능하면 탱크의 드레인이나 주변의 많은 부품들을 착탈할 필요가 없도록 해야 한다.

[3] 유압 주요 요소에 대한 요구사항

(1) 유압펌프와 유압전동기

유압펌프와 유압전동기는 압력 변수, 토크 변수와 체결 요소, 속도 변수, 연결 포트, 누설 라인, 출구 포트 등의 변수들과 형상은 각각의 유닛의 제조자와 상의를 해야 하고 그 유닛에 해당하는 동작 설명서가 있어야 한다.

(2) 유압실린더

유압실린더 사용시 좌굴 강도, 분리 가능 여부, 피스톤의 정지 위치, 정렬, 체결 나사, 출구 포트, 공기 배출, 피스톤로드 보호 등에 대해 주의가 필요하며, 관련된 정보는 제조사의 제품 안내서에 명기되어 있다.

(3) 유압밸브

유압밸브의 설치시 형식, 고정, 설치 방향, 연결 형태(수직 혹은 수평 연결), 밸브 작동 형식(기계적 혹은 전기적), 전기 작동시 솔레노이드와 비상시 수동 조작, 밸브 마킹과 동작 등에 대해 주의가 필요하다.

(4) 유압유

시스템에 사용하기 위해 유압유는 제조자 상품명뿐만 아니라 그 형태와 성질이 명시되어야 한다. 화재 위험이 있다면 내연성 작동유의 사용을 고려해야 하며, 유압유 사용시 위생, 화재시 질식 혹은 흥분 위험, 폐기 등의 사전 유의사항을 준비해야 한다. 플랜트 가동시 유압유는 오염에 대하여 정상적인 관리와 시험이 되어야 하므로 일정 간격으로 필터점검을 해야 한다.

(5) 배관, 배관부품 및 덕트

배관은 예정된 용도 외의 다른 목적으로 사용되지 않도록 설치되어야 하고, 위험 소지가 있는 부정확한 연결이 되지 않도록 배관하여야 한다. 배관, 배관 부품과 덕트는 외부 물체로부터 자유롭게 설치해야 하고 조립 전에 이것이 확인되어야 한다.

(6) 유압탱크

유압탱크의 주요 기능은 시스템에 공급되는 전체 유량을 보관하는 것이다. 정상 가동 조건에서 유체에서 발생하는 열을 제거할 수 있도록 설계되어야 한다.

(7) 유압 축압기

유압 축압기에는 압력 게이지가 장치되어야 한다. 초과 압력에 대한 안전장치로 안전밸브를 설치해야 하며, 허용 작동 압력보다 10% 이상 증가하면 안전밸브는 자동으로 작동되어야 한다. 축압기로부터 유압펌프로 저장된 오일이 역류하는 것을 방지해야 하므로 역류 방지 장치가 필요하다. 역류 방지 장치는 작동 상태 하에서 개폐가 가능해야 한다. 축의 회전 방향이 열림과 닫힘 표시로 되어 있어야 하며, 축압기는 유체측과 가스측에서 압력 빼기가 가능해야 하므로 압력 릴리프 장치를 부착한다.

[4] 유압시스템의 보호

위험과 손상이 예상될 경우, 예상 작동 압력 혹은 유량의 초과시 조절 불량에 대한 보호 방법이 강구되어야 하며, 보호 장치로 잠금 장치가 마련되어야 한다. 유압식 혹은 전기식으로 제어되는 요소들은 제어에너지 공급에 장애가 발생할 때 사람에게 위험을 초래하지 않도록 설계되어야 하며, 큰 외부 하중을 다룰 때 허용할 수 없는 큰 압력이 발생하지 않도록 해야 한다. 제어시스템은 전체 제어 공정에서 제어되지 않거나 위험한 동작을 하지 않도록 설계해야 한다. 압력 릴리프밸브로 유압시스템을 보호하는 회로를 그림 Ⅲ-3에 나타내었다.

모든 플랜트는 위험으로부터 보호하기 위해 비상 정지 기능이 있어야 한다. 아날로그 신호체계의 서보 밸브 혹은 다른 제어 장치에 의해 가동되는 유닛에서 구동 제어 장치는 작동 요소를 비상시에 설정된 안전 위치로 이동시킬 수 있도록 준비되어야 한다. 이 장치를 해제하거나 리셋하기 전에는 시스템이 재 가동되어서는 안되고, 비상 정지 스위치를 해제하는 것으로 끝나서도 안된다. 전기에너지 중단 사고시 수동 조작 밸브를 그림 III-4에 나타내었다.

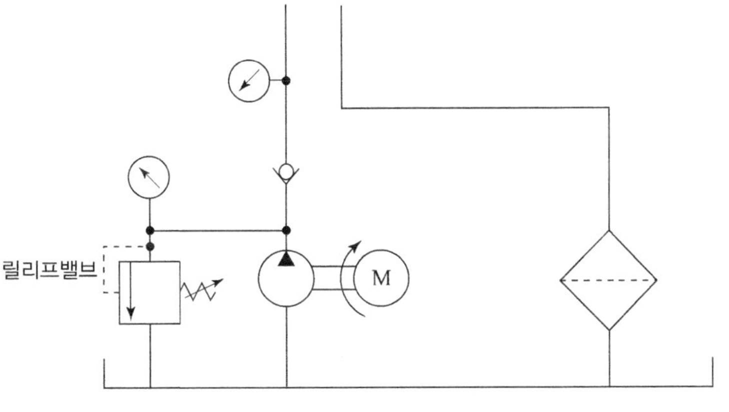

그림 Ⅲ-3. 압력 릴리프밸브에 의한 유압시스템의 보호회로

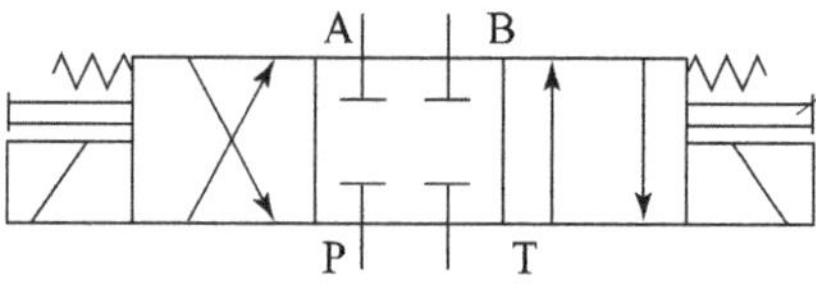

그림 Ⅲ-4. 전기에너지 중단 사고에서 수동 조작 밸브

[5] 안전 수칙

① 알지 못하는 시스템이나 스위치는 동작시키지 않는다.

② 모든 라인이 연결되지 않으면 에너지 공급 스위치를 켜지 않는다.

③ 모든 복귀 라인이나 누설 라인이 탱크로 연결되는지 점검한다.

④ 시동 전에 시스템을 세척하고 필터를 교체한다.

⑤ 초기 명령에서 시스템 압력 릴리프밸브를 완전히 열고, 서서히 시스템 가동 압력으로 올린다.

⑥ 모든 밸브 설정값을 알고 있어야 한다.

⑦ 시스템과 실린더는 확실히 오일 빼기 상태가 되어 있어야 한다.

⑧ 접근하기 쉬운 장소에 비상 정지 스위치를 설치한다.

⑨ 표준 부품만을 사용한다.

⑩ 모든 변경 사항은 회로도에 즉시 기입되어야 한다.

⑪ 정상 압력이 잘 보일 수 있어야 한다.

⑫ 장치들이 최대 작동 압력을 받을 수 있는지 점검한다.

⑬ 흡입라인은 공기가 빠져나가지 않도록 설계해야 한다.

⑭ 펌프로 가는 흡입라인 기름 온도는 60℃ 이하이어야 한다.

⑮ 실린더의 피스톤로드 좌굴이 발생되지 않도록 하고, 측면 힘을 피해야 한다.

⑯ 피스톤로드는 위험이나 오염으로부터 보호한다.

⑰ 유압 축압기 사용시에는 축압기로 가는 유압라인을 안전밸브나 논-리턴 밸브를 사용하여 비우고, 축압기가 비어있지 않으면 유압시스템을 수리하지 않는다. 또한, 축압기는 밸브를 이용하여 시스템과 분리하고, 스로틀밸브를 사용하여 축압기 오일을 외부로 누설시킨다.

1.3 공압시스템의 안전

EN ISO 4414, DIN EN 983에는 안전 관련 공압 플랜트 및 시스템과 부품들에 대한 기본적인 특징을 언급하고 있으며 적절한 주의사항에 대해서 설명하고 있다. 제시된 원칙과 실행 지침서에는 플랜트와 시스템 및 부품들의 설계, 제조와 조정을 포함하고 있으며 조립, 설치, 조정 및 유지 보수뿐만 아니라 사용과 작동에 대한 작업 지침을 담고 있다.

[1] 설계와 위험에 따른 평가의 기본 규칙

① 압축 공기의 배출로 인한 위험 발생이 없어야 한다.

② 사용되는 에너지 공급 형태(예를 들면 전기, 압축 공기 등)에 상관없이 시스템의 개폐 스위칭, 에너지 공급의 감소와 차단 혹은 역류가 위험을 초래하지 않아야 한다. 압력 손실 혹은 극단적인 압력 강하로 인한 위험이 없어야 한다.

③ 요소들은 접근 가능한 배치로 설계하고 배치하여야 하며 플랜트가 안전하게 조정, 가동되어야 한다. 또한 최대 작동 압력이 초과하지 않도록 보장하는 안전 장치가 있어야 한다.

[2] 설치 장소, 가동 조건의 요구사항

설계와 감리시에 시스템의 설치와 안전에 관한 조건들이 고려되어야 한다. 이들 조건은 진동, 심한 오염, 높은 습도, 주변 온도 범위, 화재 혹은 폭발 위험, 유지 보수 설비, 전기 특성 정보(전압, 주파수, 여유, 전력), 전기 설비의 안전도, 보호 장치의 요구사항, 유체 압력과 유량, 공기 공급시스템의 특성, 환경에 관련된 법규와 한계값 등이 포함된다. 이들 주요 변수들은 공압설비에 대한 문서로 제출되어야 한다.

[3] 공압 주요 요소에 대한 요구사항

(1) 에너지 변환 장치

공압실린더, 공압전동기 및 공압 요동 전동기는 구조적 설계에 따른 특성을 갖는다. 이것들은 주로 압력 변수, 토크 변수와 체결 요소, 속도 변수, 연결과 포트 등이 포함된다. 유닛들은 예상되는 모든 내·외부 힘들을 고려하여 설치되어야 한다.

(2) 공압실린더

공압실린더 사용시 좌굴 강도, 분리 가능한 부품, 행정 정지 종점, 배치, 체결 나사, 피스톤로드의 보호 등을 고려한다.

(3) 공압밸브

공압밸브는 밸브 유형과 설치 방법, 고정 방식, 설치 방향, 동적 압력, 밸브 작동 방법(기계적 혹은 전기적), 전기적 작동시 솔레노이드와 비상 수동 조작, 밸브와 작동의 표시 등에 유의한다.

(4) 배관, 배관 부품과 덕트

배관은 사용 목적 이외의 용도로 사용되지 않도록 설치되어야 하며, 위험을 초래할 수 있는 부정확한 연결이 되지 않도록 배관해야 한다. 배관, 배관 부품과 덕트는 외부 물체로부터 자유롭게 설치해야 하고 조립 전에 이것이 확인되어야 한다. 배관과 배관 부품은 조정과 보수, 모듈의 교체 혹은 작업 공정을 위하여 접근하는 것을 방해하지 않도록 설치되어야 한다. 배관 양 끝은 안전하게 체결되어야 하며, 체결 요소들을 배관에 용접하지 말고 무슨 일이 있어도 손상을 주지 않아야 한다. 배관은 다른 장치의 체결용으로 사용할 수 없다. 공압시스템에서 플라스틱 튜브는 기술적인 데이터에 준해서 사용하도록 한다.

(5) 공기탱크

공기탱크는 압력 공압 용기의 규정에 따라야 한다. 압력 공압 용기는 역류 방지 밸브가 있어야 하고, 운송 보호 캡과 온도 상승 차단 안전밸브가 있어야 한다. 압력 공기 용기는 수직으로 설치하고, 감압밸브가 장착되어 있어야 한다. 설치시 가능한 서늘한 장소 및 외부 접근이 용이한 곳으로 하여야 한다.

[4] 공압시스템의 보호

공압시스템을 보호하기 위한 선형적인 입축 공기 발생 시스템은 설비 압력을 안전 한계로 유지시키는 압력 조절 밸브, 압력을 표시하는 압력게이지, 주 라인의 역류 방지 밸브, 설정값으로 유지하는데 필요한 조정 장치를 가지며 그림 Ⅲ-5에 표시되어 있다.

공압시스템 보호를 위한 모든 플랜트는 비상 정지 기능이 있어야 한다. 서보 밸브나 아날로그 신호 체계를 가진 다른 제어 장치로 가동되는 유닛에서, 수동 제어 장치는 비상시 작동 요소를 설정된 안전 위치로 움직이기 위하여 필요하며, 그림 Ⅲ-6에 표시되어 있다. 두 손을 사용하는 양수 제어는 전기적 제어에너지 단락이 발생할 때 수동 조작 요소로 안전 위치(실린더의 전진이나 후진 위치)로 이동시킬 수 있다.

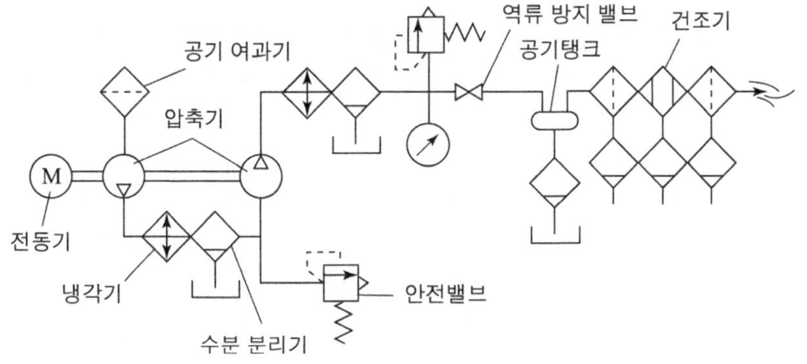

그림 Ⅲ-5. 공압시스템

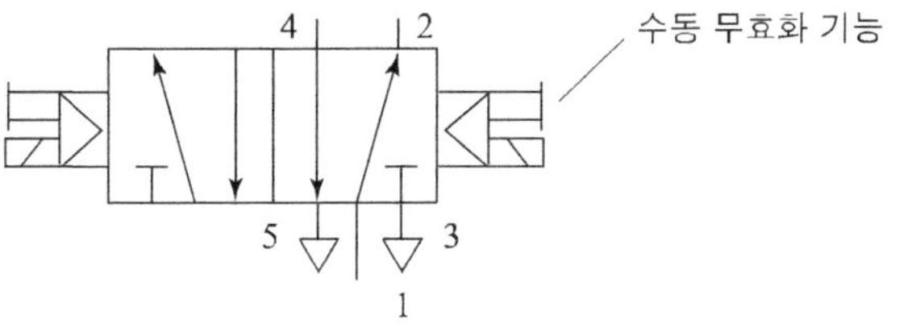

그림 Ⅲ-6. 전기에너지 단락시 수동조작

[5] 공압클램핑 장치의 안전 요구사항

① 공압클램핑 장치의 구동 요소는 실수로 동작하는 것을 방지하도록 설계하여 설치되어야 하며, 다음과 같은 방법이 있다.

- 커버 혹은 안전 볼트가 있는 수동 조작 스위칭 요소
- 제어시스템에 의한 상호 잠금(인터록)

② 클램핑 장치에 의한 손 부상을 막기 위하여 다음과 같은 방법이 있다.

- 클램핑 실린더는 작업 구역 밖에 배치
- 안전하게 클램핑 실린더를 사용하기 위하여 공작물이 접근하기 전에 클램핑 압력을 가하지 않음
- 양손 작업 방법

③ 공압클램핑 장치가 있는 기계는 가동축의 구동, 이송 기구는 클램핑 공정이 끝나지 않으면 작동되지 않도록 조정되어야 한다. 이것은 압력 감지, 압력 작동식 파일럿 밸브로 구현된다. 예를 들면, 압력 발생과 클램핑 공정이 완료됨을 알리는 압력스위치가 있는 공압 회로는 그림 Ⅲ-7과 같다.

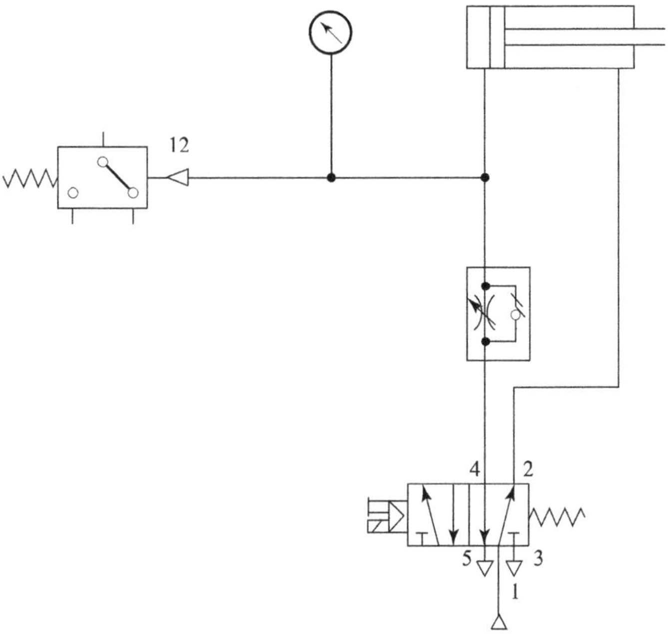

그림 Ⅲ-7. 압력스위치가 있는 공압 회로

④ 클램핑된 소재를 가공시 압축 공기의 고장으로 클램핑 장치를 풀어서는 안된다. 이것은 체크밸브, 압력 감지, 제어시스템에 의한 상호 잠금으로 가능하다.

⑤ 배기되는 공기의 과도한 소음을 방지하기 위한 장치가 있어야 한다. 이것은 소음기(80~85 dB(A))를 사용하거나, 소음기가 있는 중앙부로 배출 공기를 구속함으로써 구현할 수 있다.

1.4 전기시스템의 안전

[1] 제어시스템의 안전 관련 부품

전기 장치의 안전을 위해 안전 기능을 수행하는 제어시스템의 특정 부품에 특별한 주의를 기울여야 한다. 제어시스템 안전 관련 부품은 다음과 같이 분류된다.

- 모든 종류의 기계의 제어시스템에 대한 분류(단순한 기계부터 복잡한 제조 설비까지)
- 특정한 안전 기능을 수행하는 제어시스템의 특정 부품에 관한 분류(양손 제어 장치와 같은 안전 장치, 인터록 장치, 압력 감지 장치와 광전센서와 같은 보호 장치)

(1) 최적의 조건하에서 기계의 정지 기능

정지시의 분류 방법은 다음의 세 가지이다.

① 분류 0 : 액추에이터에 즉각적인 전원을 차단하는 정지

② 분류 1 : 액추에이터가 구동을 정지할 수 있도록 전원을 남겼다가 구동이 멈춘 후 전원을 제거하는 제어 정지

③ 분류 2 : 액추에이터에 구동 전원을 남겨둔 제어 정지

모든 기계는 분류 0의 정지 기능을 필요로 한다(예를 들면 공급 전원을 차단하는 장치). 정지 분류 1 그리고(또는) 정지 분류 2는 안전과 기계 기능을 이유로 필요시 적용된다. 정지 장치가 잠겼거나 걸려있다면 정지 기능 해제를 하여 위험한 상태가 되지 않도록 해야 한다. 제어시스템이나 전원 공급 장치에 문제가 발생할 경우, 안전 제어 명령을 확보하기 위하여 정지 기능은 관련 회로로부터 전원을 확실히 차단해야 한다. 정지 기능은 항상 시동 기능보다 우선해야 한다. 복합 시동 및 정지 제어시스템은 위험한 상태를 초래하지 않는 2차 기능으로만 사용될 수 있다.

(2) 비상 정지

비상 정지는 임박했거나 일어날 위험한 상황을 피하기 위한 것이다. 비상 정지시 다른 모든 기능에 우선하여야 하며, 비상 정지 기능은 분류 0 또는 1의 정지 기능(위험 평가)에 속한다. 비상 정지는 누름 버튼스위치, 레버식 스위치, 페달식 스위치를 사용한다. 액추에이터의 비상 정지는 적색, 주변 바탕은 황색이어야 한다. 연동시스템에서는 제조업체의 기계가 멈출 경우, 연속된 가동이 위험을 초래할 수 있으므로 정지한 기계 상하부의 정지 기능 또한 제공되어야 한다.

(3) 에너지 공급 장애

기계들은 무부하든 부하 작업이든 상관없이 공급 전압에 일시적인 정전, 전압 강하 또는 노이즈에 의해 간섭받지 않도록 설계되어야 한다. 정전이나 전압 강하가 전기장치에 위험한 조건을 초래하면 저전압 보호 장치가 준비되어야 한다.

전기 장치의 위험 조건은 다음과 같다.

① 전력인버터는 가끔 3/1000 sec 이상 전력 공급 장애가 발생할 경우 정류 문제가 생긴다.

② 25%까지 전압이 떨어지면, 접촉자와 릴레이의 접촉력이 종종 접점을 떨어뜨릴 수 없을 정도로 감소한다.

③ 정지 토크가 초과되기 때문에 전동기가 갑자기 정지한다.

저전압 보호에 대한 다음의 요구들이 만족되어야 한다.

① 재시동이 위험 상황을 초래할 수 있을 때 전압 복원으로 인해 기계가 자동으로 재시동하지 않아야 한다.

② 정지 제어 작동이 손상되지 않아야 한다.

③ 운동부의 자동 혹은 수동 조작 정지는 어떤 방해도 받지 않아야 한다.

④ 저전압 보호 장치가 작동하면 가동부 혹은 작업물이 낙하하거나 튀어나가지 않도록 한다.

⑤ 저전압 보호 장치가 작동하여 몇 개의 기계로 구성된 시스템의 한 부분이 영향을 받을 때, 다른 부분의 연동된 가동이 위험한 상황을 초래하지 않도록 설계되어야 한다.

[2] 양손 제어

양손 제어(two hand control)는 액추에이터를 어떤 특정한 위치에 놓음으로써 위험한 공정 중에 작업자가 위험 지역에 접근하는 것을 방지하는 안전장치이다. 양손 제어는 2개의 스위치를 수동으로 조작하며, 조작할 때에만 가동하도록 한 것이다. 양손 제어는 위험 요소가 존재하는 한 기계 작동의 초기화나 작동을 위한 제어를 하기 위하여, 적어도 두 손의 동시 사용을 필요로 하는 작업자를 보호하기 위해 설계된 안전장치이다.

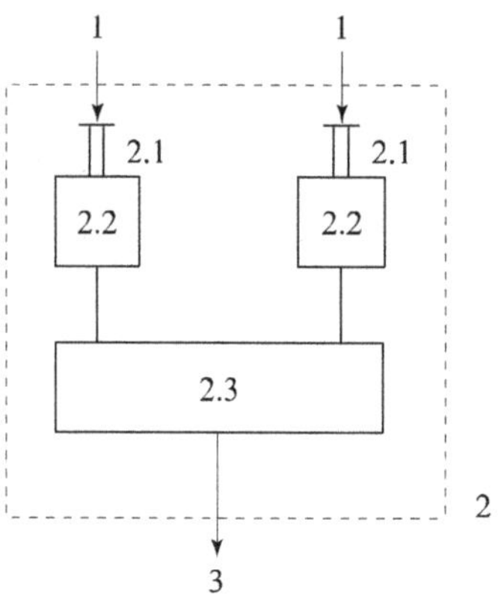

(1) Input signals
(2) Two-hand control
(2.1) Actuator
(2.2) Signal converter
(2.3) Signal processing
(3) Output signal

그림 Ⅲ-8. 양손 제어의 일반적 기능표

[3] 인터록(상호 금지 장치)

인터록(interlock)은 현재 진행 중인 동작과 상태가 끝날 때까지 다른 동작이나 상태로 진행되지 않도록 하는 것이다. 인터록 장치는 안전 유지를 위해 사용되며, 어떠한 회로의 동작상에 우선권을 갖게 하는 것이다. 우선도가 높은 쪽의 회로를 on 시켰을 경우 다른 회로의 b 접점이 열림과 동시에 작동을 할 수 없도록 하는 것이다.

표 Ⅲ-4 기술 원리에 따른 인터록의 분류

기술적인 타입	
기계적	간섭요소를 가진 것 – 전기 : 기계적 작동스위치 – 전기 : 근접형 스위치 – 전기 : 자기형 스위치 – 공압 – 유압 – 혼합형(전기와 공압 혹은 전기와 유압)

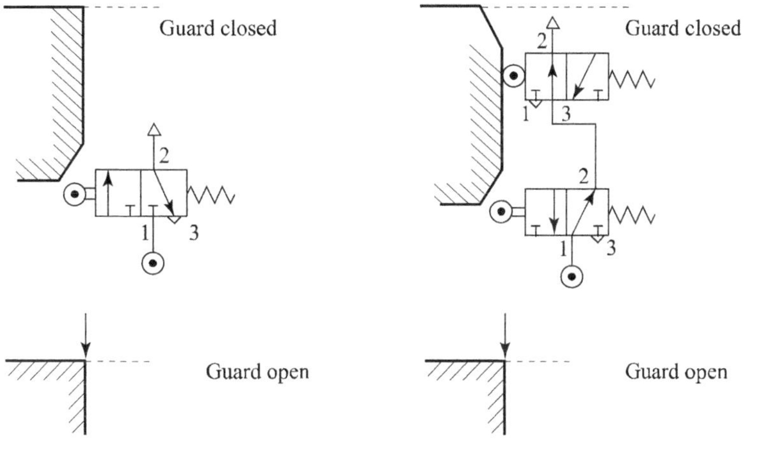

(a) 개별 밸브의 강제 작동식 간섭 요소 (b) 간섭 밸브의 두 요소

그림 Ⅲ-9. 인터록

통상 릴레이나 마그넷 타이머 등으로 구성된다. 인터록을 구현하는 방법으로는 제어시스템부에서의 인터록과 전원 영역에서의 인터록이 있다.

[4] 안전 회로

전기시스템의 안전을 위해 많은 회로들이 사용되며, 작업자의 안전과 기능적 안전을 높이기 위한 대책을 요구한다. 이 회로들은 기존의 전기시스템으로부터 얻은 경험적 데이터를 기초로 개발되었다. 이 경험과 문제 해결 방법이 결국 문제를 해결하는 기본 회로로서 나타나게 되었다.

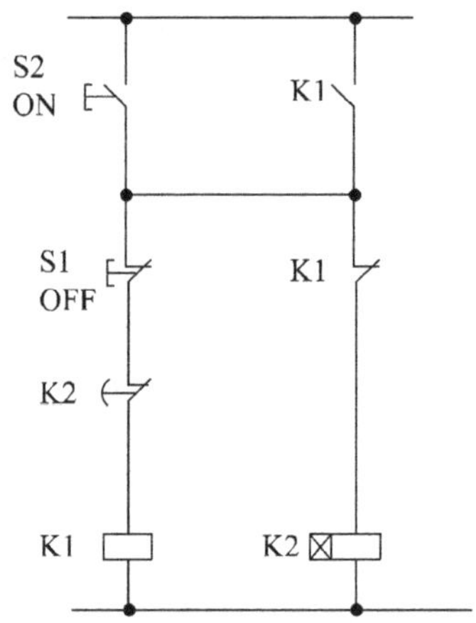

그림 Ⅲ-10. on 버튼의 차단을 위한 안전 회로

(1) 작업자 안전성을 높이는 기본 회로

그림 Ⅲ-9에서 버튼 S2의 on 명령이 릴레이 K1의 자기 유지 기능에 의해 저장되어 있으면 off 버튼 S1이 대부분의 경우 우선권이 있다. off 버튼 S1이 눌릴 때 릴레이 K1을 확실히 소자시키기 위하여, 추가 릴레이 K2가 차단용 on 접점을 모니터하는 타이머 기능으로 개방된다. 이 안전 회로는 타이머 기능을 갖고 있다. 타이머 기능은 안전을 지키는 가장 중요한 기능 중의 하나로 간주된다.

(2) 기능적 안전을 개선하는 기본 회로

기능적 안전은 예비 기능을 갖는 회로 설계를 통해 개선되며, 간단한 예비 회로에서 다중의 스위치 요소들이 사용된다. 예비 회로는 그 회로에 포함된 스위칭 요소들이 똑같이 동작하는지 중첩해서 확인한다. 접점 다중화 회로가 가장 적절한 해법의 하나가 된다.

기능적인 안전에서 더 중요한 것은 이중스위치를 설치함으로써 이루어진다.

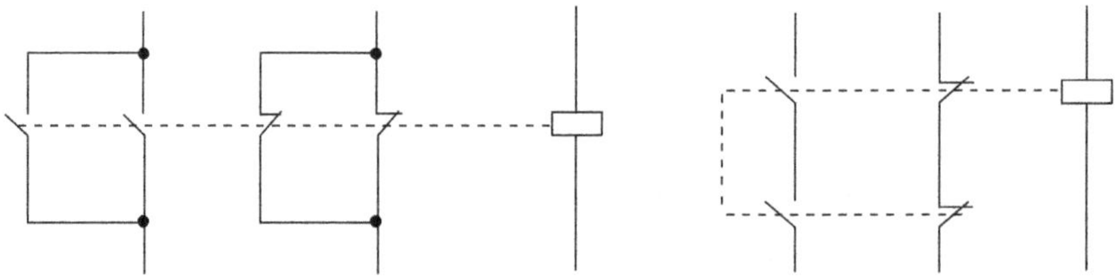

(a) 전류 회로의 안전 차단 (b) 전류 회로의 안전 개방

그림 Ⅲ-11. 접점의 다중화

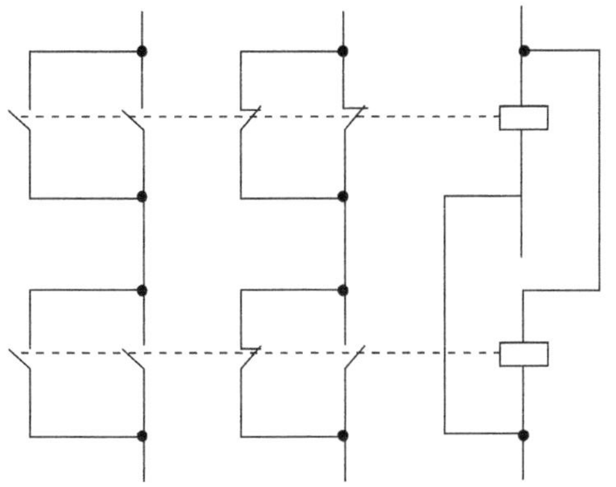

그림 Ⅲ-12. 안전 증대를 위한 릴레이의 이중화

(3) 개방-폐쇄 회로 연결

개방 회로 연결과 폐쇄 회로 연결 사이의 차이를 살펴보기 위하여 전형적인 적용 예를 그림 Ⅲ-13에 설명한다. 비상 호출에서 서로 다른 위치에 있는 여러 개의 버튼 중 하나를 작동할 때, 경고 신호를 내보내야 한다. 이를 위하여 한 스위치가 닫히면 보조릴레이가 작동하며, 몇 개의 회로가 최적의 해결책으로 검토된다.

그림 Ⅲ-13 (a)는 OR 회로이다. 4개의 버튼 S1, S2, S3, S4 가운데 하나가 작동되면, 릴레이 K1의 코일이 여자되고 NO타입 접점 K1이 회로를 닫아 경고 신호가 울린다. 회로가 닫혀 작업이 수행될 때 K1코일에 전류가 흐르므로 이런 타입의 회로는 개방 회로 연결로 간주한다.

그림 Ⅲ-13 (b)는 NOR 회로이다. 이 회로에서는 회로가 유휴 상태라도 매 시간 전류가 흐르므로 폐쇄 회로 연결이라 한다. 회로가 유휴 상태이더라도 릴레이는 항상 여자된 상태이므로 릴레이 K1의 NC접점은 열려 있어서 경적으로 흐르는 전류 회로는 항상 열려 있다. 따라서 버

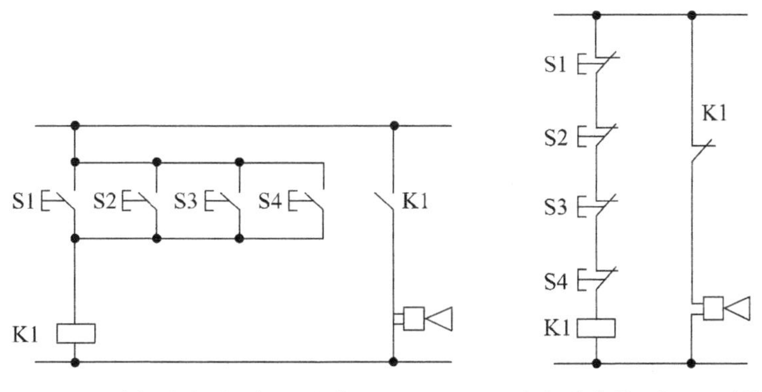

(a) 개방 회로(OR 연결) (b) 폐쇄 회로(NOR 연결)

그림 Ⅲ-13. 개방 회로와 폐쇄 회로

표 Ⅲ-5. 개방 회로와 폐쇄 회로 연결

오 류	회로 형식	
	OR 회로	NOR 회로
도체간 일시 단락	연결 끊김	위험
한 도체의 접지오류	위험	연결 끊김
전원 유실	위험	연결 끊김
장애 라인	위험	연결 끊김
선로저항증가	위험	연결 끊김
스위치 안 열림	연결 끊김	위험
스위치 안 닫힘	위험	연결끊김
연결 원리	개방회로 연결	폐쇄회로 연결

튼 S1, S2, S3, S4 가운데 하나가 눌려서 열리면 릴레이 코일 K1은 단락되어 NC접점 K1이 닫혀서 경적을 울리게 된다.

이제까지 각종 회로를 검토해 본 바와 같이 스위치 기어가 영구적으로 활성화되지 않기 때문에 개방 회로 원리가 더 선호된다는 것을 알 수 있다. 표 Ⅲ-5는 이 원리들의 특성 비교를 보여준다. 실제 경험으로는 선로 장애로 발생한 결함이 전체의 60%~80% 정도라는 것에 유의해야 한다. 단락 회로와 접지 결함이 전체의 10~30%이다. 한 단자가 누설되면 라인은 이미 장애로 들어간다. 표 Ⅲ-5의 결함 조사에 따르면, 다른 형식의 회로 결합은 몇 가지의 스위칭 요소 중 하나라도 확실히 작동하는지를 고려해야 한다.

[5] 전동기의 보호

전동기는 과부하, 회로의 단락, 접지 오류 및 본체와의 단락으로부터 보호되어야 한다. 전동기의 보호를 위해 설계된 장치를 결정할 때, 전동기의 결선, 시동, 정지, 전동기 작동 모드에 따른 전동기의 부하를 고려해야 한다.

전동기 보호를 위해 적용되는 네 가지 형식은 다음과 같다.

① 휴즈의 연결과 바이메탈

휴즈 연결은 단락 회로 보호에 사용되는 반면에 바이메탈은 과전류 보호에 사용된다.

② 전동기 보호 스위치

전동기 보호 스위치는 단일체에서 과전류를 막기 위한 전자기 단락 회로 트리핑과 바이메탈 릴리스 장치의 조합이다. 그러나 휴즈연결은 전동기를 보호하는 대부분의 장치에서 요구된다. 이 휴즈의 역할은 접점의 용착을 막는 것이다. 휴즈연결에서 공칭 전류는 전동기 보호 스위치의 공칭 전류보다 더 크므로 적당한 에너지 배분을 위해 단일 휴즈에 더 많은 전동기 보호 스위치가 연결된다.

③ 휴즈 연결과 온도 센서

휴즈는 단락 회로 보호용이고 바이메탈 탄성 스프링에 장치된 온도 센서는 전동기 결선 내부에 직접 설치된다. 또한 과전류 보호는 바이메탈 릴레이의 사용으로 이루어진다. 온도 센서는 완전한 전동기 보호를 위해 코일 내부의 온도를 검출한다.

④ PTC 서미스터

바이메탈 스프링 작동스위치 대신에 PTC(positive temperature coefficient) 서미스터가 보통 전동기 코일에 내장된다. 연결된 진단 장치가 바이메탈 릴레이의 보조 접점과 같은 스위칭 기능을 제공한다.

비동기 전동기의 전동기 보호를 위해서는 회로가 필요하다. 3상 중 하나가 단락되면 3상 비동기 전동기의 보호는 치명적인 상황에 이른다.

스타 결선 회로에 연결된 전동기의 코일 전류는 정격 전류와 같다. 하나의 상이 단락될 경우, 남아 있는 2개의 상이 기계에 필요한 전체 전동기 토크를 감당해야 하므로 코일의 전류가 상승하여 바이메탈 전동기 보호 릴레이에 장애를 일으킨다.

델타 결선에서 코일 전류는 시스템 전류의 $1/\sqrt{3}$ 배이다. 회로기술에서 이런 결선은 폐쇄시스템을 형성한다. 한 결선에서의 전류 상승은 다른 두 결선에 약한 전류 감소를 가져온다. 부하가 현저히 낮으면 전동기 보호 릴레이는 최악의 경우에 응답하지 않을 수도 있으며, 이러한 경우에는 전동기가 소손된다. 모든 작동 모드에서 전체 전동기 결선에 PTC 서미스터를 사용한 완벽한 전동기 보호만이 전동기를 안전하게 한다.

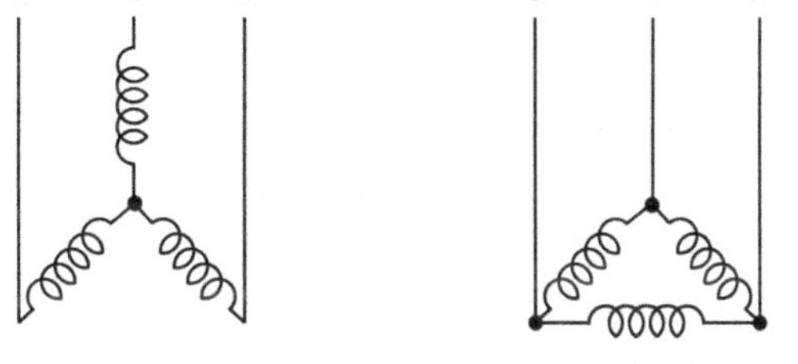

(a) 스타 결선　　(b) 델타 결선

그림 Ⅲ-14. 비동기 전동기의 결선

[6] 제어 회로의 보호

(1) AC 전압 작동 장치의 제어 전압

AC 전압 작동 장치에서 제어 전압은 중립 도체를 가진 3상 전압으로부터 직접 얻는다. 이 경우 중립 도체는 기준점 도체로 사용된다.

모든 장치는 본체의 프레임 혹은 보호 접지(PE : protective earth) 도체에 접지되어야 하며, 한 베이스의 모든 코일은 기준점 도체에 연결되어야 한다(이 경우 중립 도체).

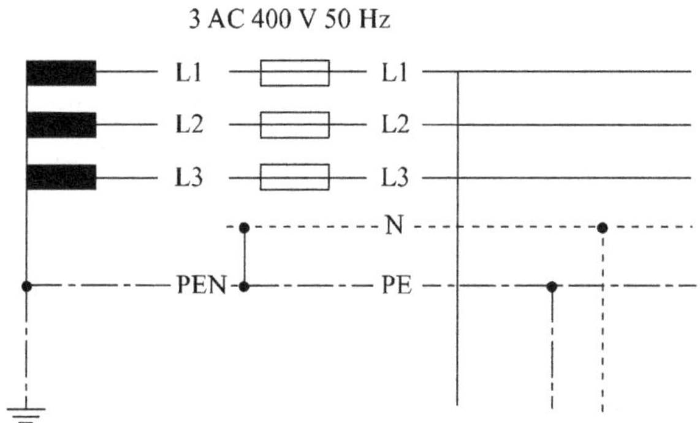

그림 Ⅲ-15. 230V AC 장치에 연결된 3상 전류시스템

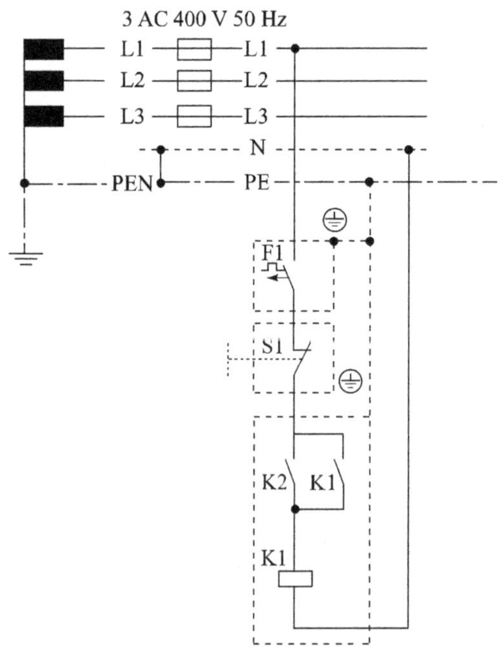

그림 Ⅲ-16. 3상 전류시스템의 접촉기 연결

5개 이상의 코일이 있는 경우 설비를 가동하기 위해 제어 변압기를 사용해야 한다. 이 방법은 세 가지 기본적인 장점이 있다.

① 제어 회로에서 회로 단락시 제어 변압기는 상대적으로 낮은 단락 전류를 공급한다.

② 제어 변압기는 주 시스템으로부터 독립된 장치를 제공한다.

③ 제어 변압기는 전기 절연용으로 사용될 수도 있다.

(2) DC 전압 가동 장치의 제어 전압

솔레노이드 밸브, 브레이크 혹은 클러치 같은 많은 장치들은 제어를 위해 DC 전압을 필요로 한다. 다수의 릴레이와 접촉기들의 제어를 위해 DC 전압을 요구한다. DC 전압 구동형 전원 접촉기들은 특별히 소음이 작고 진동이 없다. 실제로 솔레노이드 밸브와 전원 단자는 보통 더 높은 DC 전압(예를 들면 180V)으로 제어되며 반면에 작은 릴레이는 보통 24V로 작동된다. 일반적으로 그들의 배열은 AC 전압 구동 장치와 같다. 제어 회로에 요구되는 DC 전압은 정류기와 결합된 변압기에 의해 발생한다. 만약 정류기가 예외적으로 AC시스템에 직접 연결되면 솔레노이드를 구동하는 단자는 AC 전류측에 있거나 DC 전류측의 두 점에서 가동되어야 한다(그림 Ⅲ-17 참조).

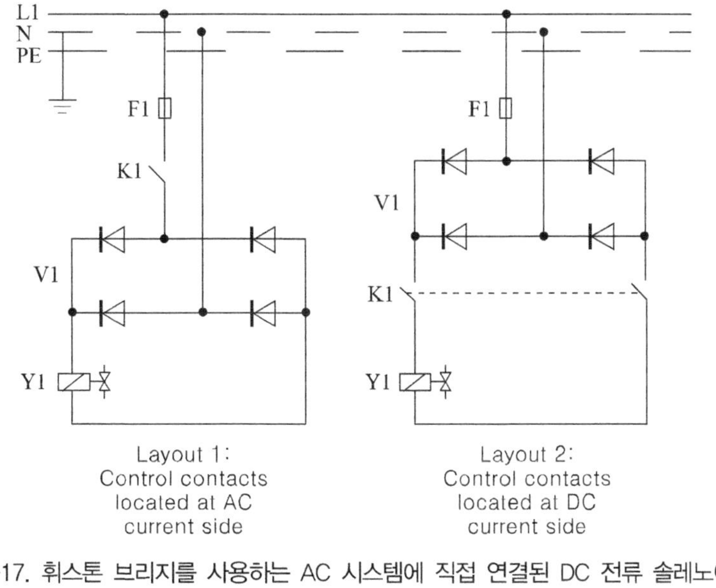

그림 Ⅲ-17. 휘스톤 브리지를 사용하는 AC 시스템에 직접 연결된 DC 전류 솔레노이드 밸브

[7] 저전압 규정

저전압 규정은 이 규정을 따르는 전기 장치 시장에 적용된다. 전기 장치라는 용어는 전기에 의해 작동되도록 설계되거나 전기로 동작되는 모든 제품을 뜻한다. 이는 램프, 스위치 및 그 외의 부품들 같은 전기 부품뿐만 아니라 헤어드라이어, 전기 기계 같은 사용대기 장치들도 포함한다. 저전압 규정의 경우에 이런 제품들의 결정적인 특징은 그들의 정격 전압 혹은 정격 전압 범위이다. 이것은 제조자가 제품 가동에 필요하다고 명시한 전압이다. 이런 정보는 제조자의 데이터로부터 나온다. 규정의 목적에 따라 전기 장치는 교류 50～1000V 사이의 전압 혹은 직류 75～1500V의 전압으로 사용되도록 설계된 모든 장치를 뜻한다. 폭발 환경에서 사용되는 전기 장치, 방사선과 의료목적으로 사용되는 전기 장치, 상품 및 승강기 부품, 전기 계측기, 가정용 플러그와 소켓, 전기 펜스 제어기, 전파 잡음 제거기, 배와 항공기 및 철도용의 특수한 전기 장치와 같은 것들은 회원국들이 참석한 국제회의에서 정해진 안전 규정을 따르도록 되어 있다.

제품이 적어도 저전압 규정에 명시된 전압 한계까지 하나의 공칭 전압 혹은 부분적 공칭 전압 범위에서 사용되도록 하며, 그 규정은 관련 제품에 적용이 가능하다. 제조자 혹은 협회 내에서 제조자의 권한을 가진 대표자, 수입자 혹은 유럽 내부 시장에 제품을 설치할 책임을 가진 사람은 이 규정을 따르고 있다.

[8] EMC 규정

EMC(electromagnetic compatibility) 규정은 전기 설비의 전기자기 방해 방지 규정으로 KS C IEC 60364-4-444에 기술되어 있다. 이 규정은 전자기파 간섭을 일으키는 장치 혹은 전자기파의 영향을 받는 기능에 적용하며 시장에의 설치, 광고와 그런 장치의 운전을 관리한다. 장치란 전기 혹은 전자 부품을 포함하는 설치물 및 장비와 함께 모든 전기 전자적 설비를 의미하며, 전자기파는 어떤 장치의 성능을 저하시키는 현상을 의미한다. 전자기파는 전자기적 노이즈, 원치 않는 신호나 전파되는 매체 자체의 변화일 수 있다. 둔감도는 전자기파가 존재할 때 품질의 저하 없이 수행되는 장치의 능력으로 정의한다. 전자기적 호환성은 그 환경에서 어떤 것에도 과도한 전자기파를 발생시키지 않음으로써 그 전자기적 환경에서 만족스러운 기능을 하는 장치의 능력을 의미한다.

02 자동화시스템의 시운전

2.1 자동화시스템의 시운전 개요

[1] 시운전의 정의

시운전이란 시스템을 본격적으로 운전하기 전에 가동 상태 등을 점검해 보는 것으로, 조립 제품을 기일 내에 생산하기 위해서 작동이 정확한지, 이용하거나 보증할 수 있는지를 점검하고, 작업 중 적합성을 부여하기 위해 계획하는 것이다.

시운전에는 사전에 점검되어 조립된 모듈, 기계 및 복합시스템의 시작과 기능 수정 부분이 될 수 있는 제조자와 사용자의 모든 활동을 포함한다. 여기에서 모듈이란 제어 유닛, 제어 유닛의 모든 부품 및 제어 소프트웨어를 포함한다. 동작과 관련하여 부품의 적정 조건, 조립 적합성 및 타당성에 대해 부품을 점검하는 것은 시운전에 포함되기 보다는 품질 보증과 관련이 있다.

[2] 시운전의 조건

시운전에는 다음 내용이 포함된다.

① 기계와 시스템을 선택하는 과정의 완성

② 납품 기한까지 수행

③ 설계, 작업 일정, 생산과 조립에서 발생한 오류의 정정

④ 회사 내부, 외부 사이의 상충되는 목표에 의해 특성이 결정

시운전에 봉착하게 되는 어려움의 원인은 회사 내부적으로 실수에 의한 작업 중단 시간, 불완전하거나 적용하기 어려운 문서 작성, 회사 부서 간의 불일치로 인한 중단 시간 등이며, 회사 외부적 요인으로는 짧은 납기 기간으로 인한 일정의 압박, 고객의 특수 사양과 특별 요구 등이 포함된다. 시운전을 위해서는 과제에 대해 인증 받은 시운전 인력의 고용, 인력과 가동 장비의 충분한 방향의 검토, 충분한 시운전 처리 시간이 필요하다.

복합시스템의 시운전시 빈번하게 발생되는 현상은 다음과 같다.

① 정확하지 않은 PLC 프로그램

② 각 프로그램 모듈의 부적합한 구조

③ 부정확한 조립이나 조정된 모듈

④ 모듈과 부품의 누락

⑤ 제어 판넬과 전기 절연의 부정확한 배선

⑥ 유압과 공압을 혼돈한 연결

시운전시 효율을 증대하고 위와 같은 실수를 줄이기 위해 합리적인 수단과 방법을 적용해야 한다. 시운전 과정에서 혼란을 피하기 위해서는 시운전 준비 중 조직 프로세서와 시운전을 위한 기술, 관리를 합리화해야 한다.

[3] 시운전을 용이하게 하기 위한 제품의 구성

시운전을 용이하게 하기 위한 제품의 목적은 가능한 최대한의 예비 시험과 시운전을 하기 위한 것이다. 예비 시험과 모듈의 예비 시운전 기준은 예비 조립의 가능성, 모듈로서의 가동성, 인터페이스의 설계 등을 포함한다. 시운전을 위한 예비 시험에는 모듈의 특성 시험(조립, 위치, 온도 변화, 소음 방출)과 모듈의 기능 시험(전동기 운동, 실린더 전진, 브레이크 등)이 있다. 예비 시운전에는 위에서 언급한 예비 시험 이외에 리밋 스위치 설정, 유공압 밸브의 설정, 결함이 있는 부품의 변경, 구동 장치 조정이 포함된다. 시운전 관점에서 제품 구성 효율성의 관점은 제품의 기능적 구조에 근거를 두고 있는지의 여부에 있다.

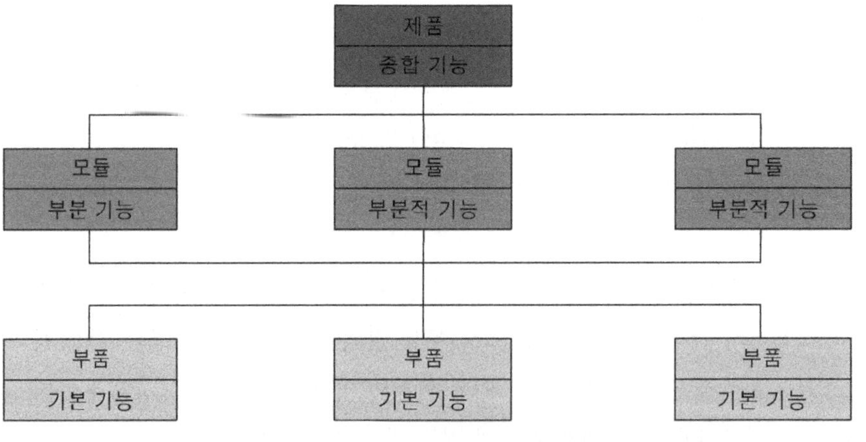

그림 Ⅲ-18 제품의 기능적 구조에 기초를 둔 제품 구조의 예

이것은 사전에 조립된 임의의 모듈은 별개의 독립적인 부분 기능을 수행해야 한다는 것을 의미한다.

플랜트 설비나 공정 기술 같은 제품 분야에서는 기능적이며 사전 조립이 가능한 모듈을 설계하는 것이 실제로 가능하나, 기계류를 제작하는 경우 다목적 부품을 사용하기 때문에 이러한 시도가 실패를 초래하기도 한다. 많은 부품들이 시스템의 전체적인 개념 안에서 몇 가지의 기능을 수행한다. 이것은 정적인 기능을 가진 부품이나 전기, 유공압 부품들에도 적용된다. 실제로 이런 부품들을 움직이는 조립 모듈에 연결하는 것은 어려우므로 예비 시험을 수행하는 방법을 찾는 것이 필요하다.

용이한 시운전을 보장하기 위하여 제품 구조를 재설계할 때, 단계적 접근방법이 적용되기도 하는데, 그 방법은 다음의 네 가지 작업 단계로 구성된다.

(1) 1단계

1단계에서는 모든 시험 및 시운전과 관련된 활동을 모듈 레벨에서 수행하도록 규정한다. 제품의 중요한 기능을 갖는 장치는 모두 목록으로 작성하는 것이 유리하다. 가장 중요한 것은 제품을 설명하는 도면, 부품 목록 같은 문서를 포함시킨 후 시험 및 시운전과 관련하여 해야 할 일들을 기능 유닛에 할당해야 한다. 내부 시운전 일정, 체크 리스트, 시운전 중 장애와 관련된 평가 기록 등의 활동을 지원해야 한다.

(2) 2단계

2단계에서의 시운전 활동이란 시험과 시운전을 해야 하는 조립 공정에서 조립중의 제품이 갖추어야 할 어떤 조건을 지시하는 것이다. 또한, 시험과 시운전 활동은 예비 조립되는 동안 이루어지는 활동으로 정의된다. 장애에 의한 위험, 접근성, 전후 관계 등과 같은 제약 사항에 주의해야 한다.

(3) 3단계

3단계에서는 시험과 시운전을 용이하게 하기 위해 측정 평가를 수행하며, 제품 구조의 재설계가 포함된다. 재설계 목적은 엔지니어링 기간 동안 조립을 용이하게 하는 기능적인 모듈에 요구되는 모든 부품을 결합하는 것이다. 그러나 전기 부품(제어 유닛, 전원 공급 장치 등)이나 다른 모듈로 연결되는 중앙 집중화된 유압 설비에 결합된 유압 부품들은 통합하지 않는 것이 유리하다. 재설계는 안정되고 실수가 없으며 사용이 쉽고 확실하며 안전 규정에 부합되어야 한다.

복합시스템에 있는 모듈의 작동을 점검하기 위하여 시뮬레이터와 시험대 같은 장치의 사용이 필요하다. 이런 도구를 사용하는 것이 제품 구조의 재설계를 위한 또 다른 중요한 대안이다.

(4) 4단계

4단계에서는 측정 평가의 경제적인 효율이 입증되어야 한다. 예비 시험과 시운전의 가장 중요하고 바람직한 결과는 다음과 같다.

① 시운전 시간 단축(장소 및 비용 절약)

② 시운전 동안 장애 발생 주기의 감소

③ 전체 시간의 단축과 납기의 단축

④ 전 단계에서 검출된 오류 정정에 드는 노력의 감소

[4] 요구 분석에 적합한 문서

요구 분석에 적합한 문서를 준비하기 위하여 잠정적인 문제와 이유가 먼저 입증되어야 한다.

표 Ⅲ-6. 기계 공구에 대한 약점 분석 결과

번호	문제 그룹	이 유
1	명령 수행	제조(OEM 공급자 제외) 엔지니어링(전기) 엔지니어링(기계) 조립(전기) 조립(기계) 조립(유압)
2	정보 흐름	OEM 공급자 판매 및 견적 엔지니어링(전기) 엔지니어링(기계) 조립
3	제조 일정과 관리	시간과 능력 일정 자재 일정
4	시운전 일정과 관리	시운전 과정의 일정과 관리 인력 일정 장소 계획 작업 일정

요구 분석에 적절한 문서는 개략도, 플로 차트(flow chart), 기능도(function diagram)가 있으며, 이 문서들은 다음과 같은 특징이 있다.

(1) 개략도

개략도는 부분적 기능을 가진 부품이나 모듈의 도표식 표현이다.

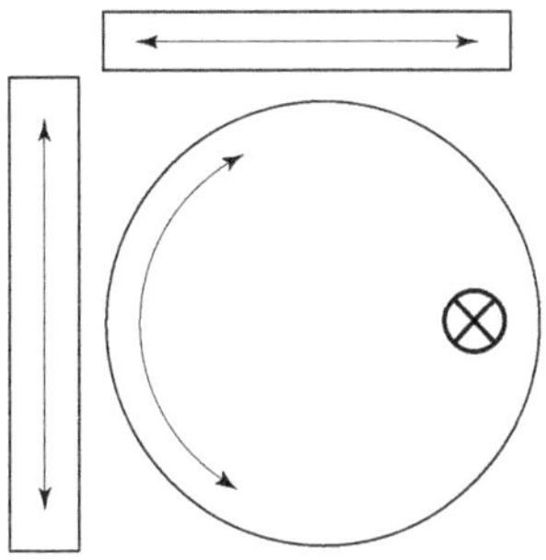

그림 Ⅲ-19 개략도의 예

표 Ⅲ-7. 개략도의 장단점

장 점	단 점
- 제품 기능의 일괄적 관찰 - 제품의 기능 단위 분할 - 제품 전체 기능의 빠른 이해 - 국제 표준 지침에 의한 기호 사용	- 기본 기능에 대한 정보 부족 - 엔지니어링 세부사항 없음 - 해법 개념의 형식 정보 없음

(2) 플로 차트

하나의 차트는 의사 결정의 모든 논리를 포함한 기계 기능 절차를 설명하는 구조 도표이다.

표 Ⅲ-8. 플로 차트의 장단점

장 점	단 점
- 기계공정의 의사결정에 확실한 표현 - 해당 공정 기계요소의 확인 - 제어 프로그램 개발에 좋은 모델 - 공정 구조에 따른 인력을 쉽게 분류	- 매우 간단함 - 문서가 커짐 - 복잡한 구조 표현에 전달성 감소 - 횡적 경로, 회전 연결 범위 등의 정보 없음

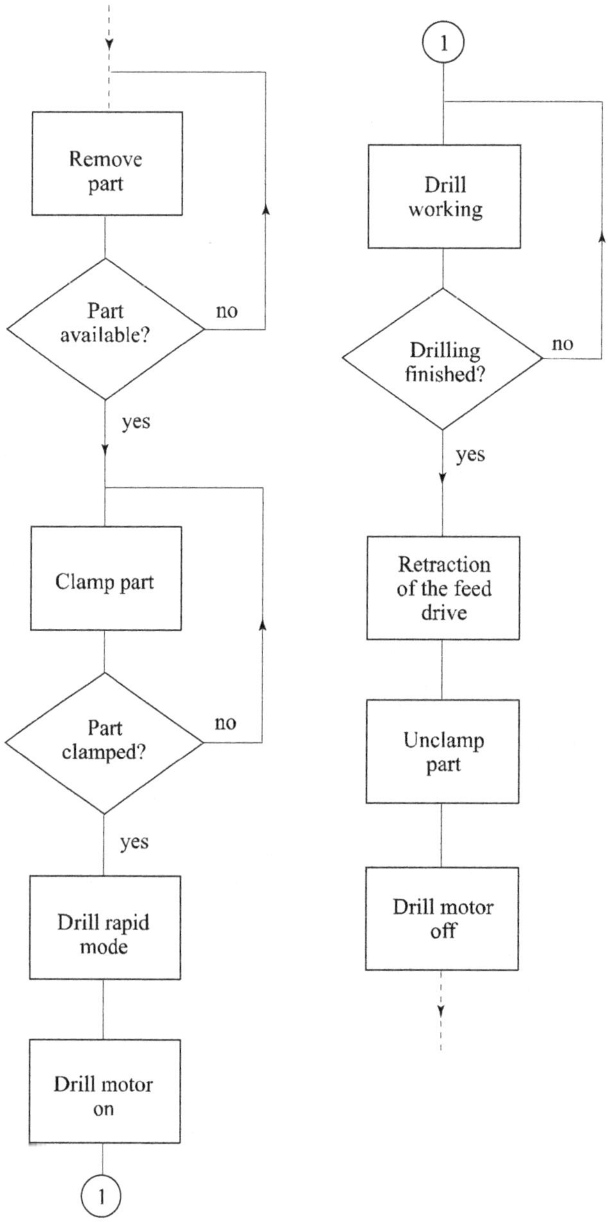

그림 Ⅲ-20. 드릴링 작업 플로 차트의 예

(3) 기능도

기능도는 상태나 상태 변화를 보여주는 작업 기계나 플랜트의 기능 절차를 도식적으로 보여주는 것이다.

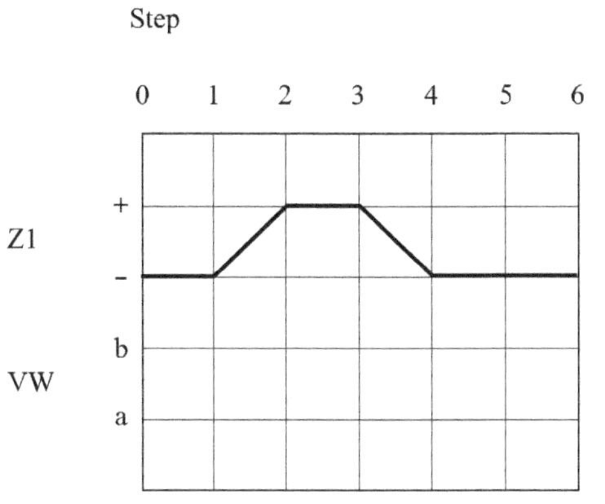

그림 Ⅲ-21. 기능 상태도의 예

표 Ⅲ-9. 기능도의 장단점

장 점	단 점
- 제어 형식과 무관함 - 중요한 문제 분석 도구임 - 절차 기능도 제작에 매우 중요한 기초 - 국제 표준 기호 사용	- 기계 전체를 보기에는 너무 큼 - 사용 부품 특성이 없음 - 너무 간략함

2.2 자동화시스템의 시운전 지침

공압, 유압, 전기시스템의 오류가 없는 동작은 제조자나 공급자가 발행한 설치와 가동 지침서를 기준으로 하는 것이 전제가 되어야 한다. 특히 작업자에게는 완전한 기술 문서가 필수적이고, 의문 사항이 있을 수 있는 하부 시스템에 대한 지침서는 시운전에 필수적이다. 지침서 작성 후에는 시운전에 대한 일반적인 주의사항을 검토해야 하며, 특정한 시스템을 위하여 기술 자료와 특성을 살펴야 한다.

[1] 유압시스템 시운전

(1) 설치와 장착

유압 장치를 설치 혹은 장착하기 전에 전류, 전압 등 기술적 데이터가 연결점에서 일치하는지를 점검해야 한다.

① 설비의 설치와 장착은 제조자가 제공한 정보와 도면에 준한다.

② 모든 파이프와 피팅(fitting)은 제조자의 배관도에 따라 정확히 연결되어야 한다. 파이

프가 응력을 받고 있는지 확인해야 하며, 시스템을 손상시키는 진동이나 허용되지 않는 운동이 없도록 파이프를 고정해야 한다. 이 경우 제조자의 설명을 참고한다.

③ 유연성 튜브의 사용은 특정 규칙에 따라야 한다. 유연성 튜브는 넉넉히 길어야 하고 굴곡 반경이 최소 한계 이하가 되지 않도록 설계되어야 한다. 굽힘, 압착 부분, 긁힘을 피해야 한다.

④ 설치 전에 튜브나 파이프가 깨끗한지 확인하고 미리 청소한다. 용접, 솔레노이드관의 비늘은 제거한다. 물로 씻는 것이 좋다.

⑤ 누설 파이프는 배압을 피하도록 설치해야 한다.

⑥ 노출 실린더부는 필요시 손상되지 않도록 보호해야 한다.

⑦ 튀어나오거나 움직이는 부분은 작업자에게 위험할 수 있으므로 해당 사고 방지 규정에 따라 보호해야 한다.

(2) 시스템 충전

① 시스템이 유압유로 채워지기 전에 오염물과 부스러기 등을 위한 저장조, 필터, 흡입라인의 점검을 해야 한다.

② 시스템을 유압유로 잘 채우기 위하여 밸브의 개폐 여부를 기능에 따라 확인해야 한다.

③ 여과되지 않은 공기가 저장조에 들어가지 않도록 저장조 뚜껑과 공기 필터를 잘 닫아야 한다.

④ 유압시스템은 제조자가 정한 유압유로만 채워져야 한다. 타입, 점도, 그 외 다른 특성들이 제조자가 정한 특성과 일치해야 한다.

⑤ 유압유를 채울 때 모든 저장조가 깨끗한지 확인한다. 저장조의 저장용 유압유는 물 등 오염물이 있는지 점검한다. 시스템에 물이 들어가지 않도록 해야 한다.

⑥ 스로틀 밸브와 유동 제어 밸브는 시스템을 쉽게 채우기 위하여 완전히 개방되도록 한다.

⑦ 유압 저장조는 제조자의 특성에 따라서 채워야 하며, 서비스와 가동 지침은 이 목적으로 준비되어야 한다. 가스가 채워지는 유압 저장조에는 특별한 주의를 한다(사고 방지 규정).

(3) 시운전

① 시운전하기 전에 유압펌프의 송출 방향을 점검해야 한다. 예를 들면, 감압시스템이 있는 펌프에 전원을 몇 번 on, off 하는 방법으로 점검한다.

② 구동 전동기의 시동 전에 흡입라인의 모든 밸브는 작동 위치에 있어야 한다.

③ 유압시스템 압력이 최대가 되기 전 약 1~4시간 정도 무부하 운전을 해야 한다.

④ 안전밸브의 압력은 제조자 사양에 따라 설정되어야 한다. 안전밸브의 잘못된 사용을 피하기 위해 압력 설정 후 봉합되어야 한다.

⑤ 안전밸브뿐만 아니라 스로틀 밸브, 유량 제어 밸브, 압력 제어 밸브들은 세팅 후 봉합하여야 한다.

⑥ 무부하 운전에서 시스템은 압력, 오일 레벨, 펌프 온도, 전기 전동기의 온도, 유압유 온도, 누설 지점 등의 변수들에 대하여 지속적으로 점검을 해야 한다.

⑦ 시운전 후, 설치되어 있는 필터는 수시로 깨끗이 청소하여야 한다. 비례 밸브나 감압 밸브 사용시에는 필터 청소가 매우 중요하다. 그러므로 시운전 전에 미세필터를 설치하는 것을 권장한다.

⑧ 유압펌프가 시동되면 유압시스템은 송출 상태가 되어야 한다.

⑨ 시스템이 압력을 받을 때 압력은 지속적으로 모니터링 되어야 하고 누설이 없는지 점검해야 한다.

⑩ 일단 유압유가 작동 온도에 도달하면 시스템은 다시 송출 상태가 되고, 탱크 안의 유량이 필요한 레벨까지 충분히 채워져 있어야 한다.

⑪ 나사 체결 상태와 커버가 단단히 조여졌는지 점검한다. 누설 보정은 시스템 압력을 제거한 후에 실시한다.

⑫ 작동 상태가 정상 가동 조건에 도달하면, 속도 범위와 전체 기능을 점검하고, 발생하는 모든 결함을 문서에 기록한다. 각 유닛의 최대 허용 온도가 초과되지 않도록 확인해야 한다.

(4) 펌프

① 정확한 기능을 위해 축 방향 피스톤 펌프는 오일 저장 공간이 있어야 한다.

② 펌프는 초기 시운전을 위해 오일이 채워져 있어야 한다.

③ 과도한 온도를 가진 오일로 채우면 안된다(교체시 유의).

(5) 검사

가동 조건에 도달하면 다음 변수들을 감시한다.

① 적절한 기능, 성능, 조건을 위한 유압시스템과 장치

② 가동 온도와 냉각
③ 유압유 레벨(필요시 채움)
④ 시스템 압력
⑤ 안전 커버와 안전 장구들
⑥ 펌프와 전동기가 정숙한 운전을 하는지
⑦ 잘 고정된 장치와 모듈
⑧ 잘 조여진 유압시스템

다음 변수들은 일정한 주기로 점검한다.
① 유압유 상태
② 스크린, 필터, 자석 부품
③ 지시기 성능
④ 배관 상태
⑤ 모든 장치의 원활한 작동
⑥ 유압 축압기의 봉입된 가스 압력

검사 절차는 다음과 같다.
① 시운전 전에 기본 판에서 조정밸브를 풀고 행굼판이 있는 것으로 교체
② 압력라인이 복귀라인에 연결됨(실린더와 전동기라인은 차단)
③ 압력필터에서 필터 요소를 제거
④ 필터와 순환 펌프 유닛을 사용하여 청소(약 50분).
⑤ 청소 후에 압력 필터의 필터 요소를 재설치하고 리턴 필터를 교체함
⑥ 약 30분간 세정
⑦ 조정밸브를 재설치

[2] 공압시스템의 시운전

(1) 설치와 장착

① 유압 유닛의 설치 및 장착과 마찬가지로, 연결할 때 명기된 기술데이터(전압, 전류의 종류)와 제조업체의 자료가 부합하는지 공압시스템을 점검해야 한다.
② 공압 장비와 모듈은 제조자의 지침에 따라서 설치되어야 한다(작동 지침서).

③ 일반적으로 많이 사용되는 플라스틱 튜브인 모든 공압 제어용 파이프는 제조자의 사양에 따라서 설치되어야 한다. 압축 공기 선로에서 압력 변동에 대해 배관을 안정되게 설치하여 나사식과 납땜 또는 용접식 접합부에서 공기의 누설이 없도록 한다. 급격한 굽힘이나 압력을 받는 부분 및 굽히는 부분이 없도록 한다.

④ 외부로 노출된 실린더(피스톤 로드)는 필요하다면 적당한 도구로 밀폐시켜야 한다.

⑤ 작업자에게 위험할 수 있는 돌출되거나 움직이는 부분은 해당 사고 방지 규정에 따라 보호해야 한다.

(2) 윤활기

윤활기는 그 용도 자체의 문제 때문에 공압 제어에서 가능한 그 사용을 피해야 한다. 최근 많은 공압 부품들은 전체 사용 수명이 다할 때까지 영구적인 윤활기가 장착되어서 오일이 없는 압축 공기로 작동된다. 어떤 밸브에서는 오일이 포함되지 않은 여과된 압축 공기의 사용을 요구하기도 한다. 그러나 이미 윤활을 하고 있었던 압축 공기로 작동되는 공압 요소를 무 급유 작동으로 바꾸는 것은 윤활 그리스로 도포되어 있었기 때문에 불가능하다. 분무 윤활은 매우 빠른 속도로 진동하는 운동이나 125 mm 이상의 큰 피스톤 지름을 가진 실린더, 이송 유닛, 회전 인덱싱 테이블, 공압 전동기, 공압 공구의 경우에 필요하다. 실제로 분무 윤활의 적절한 세팅은 항상 어렵다. 압축 공기 1000 리터 당 1~10방울 정도의 윤활량이 참고값이다. 시운전 전문가는 '오일 형식 테스트'를 통하여 적당한 오일량을 측정한다.

가장 멀리 떨어져 있는 실린더 작동밸브의 출구로부터 대략 10 cm만큼 떨어진 거리에 흰색 카드판을 놓는다. 시스템을 작동 상태로 두면 흰색 카드판은 서서히 노란색으로 변한다. 오일방울들이 있으면 과도한 윤활이라는 명백한 증거이다.

윤활기는 동작 장애를 피하도록 정해진 오일 종류로 채워야 한다. 공기 윤활에 좋은 오일의 특성은 잘 변하지 않고 적당한 점도를 가지며 방수와 부식을 보호한다. 오일은 파라핀계 오일로 묽어지지 않도록 한다. 파라핀계 오일은 부식을 촉진시키는 그리스 용매이기 때문이다.

(3) 시운전

새로운 시스템, 확장된 시스템 및 수리된 모든 시스템은 위험할 수 있으며, 실린더의 예기치 못한 운동을 배제할 수 없다. 손상이나 파손을 피하기 위해서는 모든 시스템의 시운전 지침서를 마련하는 것이 좋다.

시운전시 주의해야 할 항목은 다음과 같다

① 전 시스템에 압력이 제거되었는지를 확인한다.

② 원위치에서 모든 작동 요소를 점검한다.

③ 적당한 위치에서 작동 유지력을 점검한다(충격 밸브). 필요하면 각 밸브는 수동 조작이나 목표로 하는 임펄스 신호(방향성 임펄스 신호)에 의하여 전환되어야 한다.

④ 실린더의 피스톤 속도를 제어하는 모든 스로틀 밸브를 닫는다.

⑤ 실린더와 밸브로 유입되는 작동 공기 공급을 서서히 증가시킨다.

- 압력 조절 밸브의 조정은 수동으로 함
- 안전 시동 밸브는 자동으로 함

⑥ 스로틀 밸브를 천천히 연다.

⑦ 작업물 없이 시험을 한다. 전 공정을 예를 들면, 제어밸브를 수동 조작으로 열거나 서서히 동작하는 모드로 하는 것과 같이 하여 개별 단계로 세분한다.

⑧ 모든 스위치 기능, 결합 체결 상태와 리밋밸브 세팅을 점검한다. 안전하게 동작하는가? 스위칭 요소의 과부하가 발생하지 않는가?

⑨ 작업물을 갖고 시험한다.

⑩ 정해진 힘과 속도에 도달하는지 점검한다. 조정하는 동안 실린더의 행정 범위 내에 손을 두지 않도록 한다(작은 실린더에서도 다칠 수 있다). 실린더의 리밋 스위치를 시험할 때는 보조 용구나 공구를 사용한다.

(4) 검사

시스템 가동 중에 다음 변수들을 모니터해야 한다.

① 공압시스템과 그 장치들의 적절한 기능, 성능 및 조건

② 작동 온도

③ 분무 윤활기의 유체 레벨(필요시 보충)

④ 응축수 배출

⑤ 시스템 압력

⑥ 안전커버와 안전장구

⑦ 장치와 모듈의 고정

⑧ 공압시스템 누설

다음 변수들을 정기적으로 점검해야 한다.

① 윤활기의 유체 레벨

② 필터의 상태와 응축수 배출

③ 지시기 기능

④ 배관 상태

⑤ 모든 장치의 최대한 원활한 가동

⑥ 유압 축압기의 봉입 가스압력

[3] 전기기계의 시운전

전기기계를 처음으로 시운전하기 전에 포괄적인 시험이 이루어져야 한다. 이 시험은 요구되는 모든 기술적 데이터가 실제로 기계에 만족되는지를 입증하도록 계획된다. 시험장에서 초기 시험 동안 전기 구동 장치에 처음으로 전류와 전압을 공급하면 구동 장치는 전기적 기계적 강도를 입증해야 한다. 다음 항목을 시험한다.

① 전기기계의 온도 초과(온도 상승)

② 과부하 용량(일시적 과부하, 토크 과부하)

③ 초과 속도 시험의 속도(최대 정상 속도의 1.2배, 2분간)

④ 절연 저항(winding test)

⑤ 질량 관성 모멘트

모든 기술적 장치, 전기 전동기는 일정한 공차를 갖고 있다. 그러나 이러한 공차는 가동 신뢰성과 소비자에 대한 과도한 단점을 주지 않도록 하기 위해 제한된다. 예를 들면, 속도 n, 효율 η, 동력 변수 $\cos\phi$, 정지 회전자 토크 T와 질량 관성 모멘트 I일 때,

① 효율	$\Delta\eta = -0.1(1-\eta)$
② 동력 변수	$\Delta\phi = -(1-\cos\phi)/6$
③ 속도	$\Delta n = \pm 5\% \quad * n$
④ 유도 전동기의 정지 회전자 토크	$-15\% T \le \Delta T \le +25\% T$
⑤ 질량 관성 모멘트	$\Delta I = \pm 10\% * I$

초기 시운전과 시험이 성공적이라면 전동기는 인도되어 사용할 수 있다. 목적한 대로 처음으로 전기 전동기를 사용할 때, 전동기를 가동하기 전에 다음의 시험들이 수행되어야 한다.

(1) 데이터 수집

① 가장 중요한 사용 장비의 정격 데이터가 수집되어야 한다.

② 변압기, 스위치, 전동기 등에서 발생한 모든 시험 기록은 사용 전에 점검해야 한다.

③ 다양한 스위칭 방법을 점검하고 회로도와 비교하며 필요시 수정한다.

전기 전동기는 정상 전류 I_N과 최대 전류 I_{MAX}, 아마추어(회전자) 전압 V_A, 동력 P, 주파수 f, 속도 N, 전기 전동기의 환기와 보호 등에 대해 점검해야 한다. 시운전 전에 모든 표시판은 회로도의 것과 비교하고 필요시에는 보정해야 한다. 표시판은 회로도 상의 이름과 일치해야 한다.

(2) 전원 공급 장치의 시험

① 주 회로와 제어 회로에 대한 공급 네트워크를 시험한다.

② 적절한 퓨즈를 끼운다.

③ 전압을 연결하고 유닛의 전압을 시험한다.

④ 상의 순서를 점검한다.

⑤ 제어 회로의 안전한 트리핑을 점검한다.

⑥ 적절한 지령을 보내서 제어 유닛을 점검한다.

⑦ 배선이 적절한지 전동기의 아마추어 회로를 점검한다.

⑧ 브러시, 브러시 홀더, 단자를 육안으로 조사한다.

⑨ 여자 회로의 배선을 점검한다.

⑩ 플랜트 데이터에 따른 안전 스위치를 설정한다.

(3) 추가 시험

① 모든 정해진 법규와 규정대로 따르는가를 점검

② 설치 점검

③ 정렬과 결합 점검

④ 강제 냉각 방식의 전동기일 경우 냉각 점검

[4] 프로그램식 논리 제어 시운전

배선식 프로그램 제어기(접촉기와 릴레이 제어기)의 기능은 배선이 완성되기 전에는 시험할 수 없다. 에러가 발견되면 시스템을 다시 배선하거나 제어 회로 설계가 수정되어야 한다. 프로

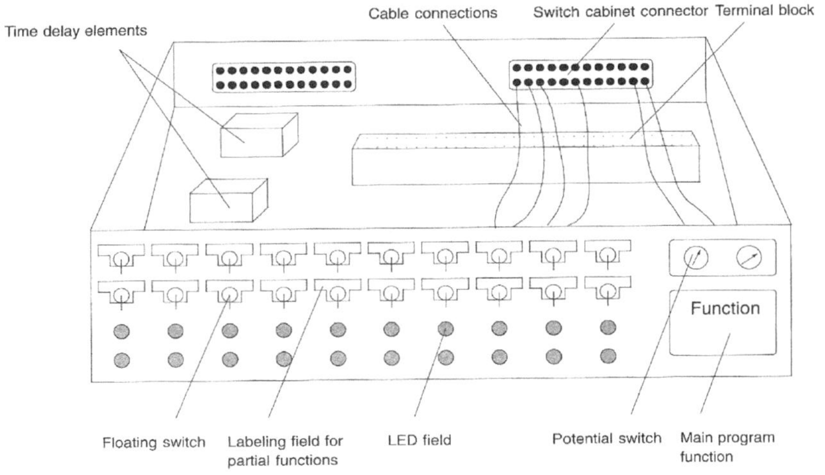

그림 Ⅲ-22. 모의시험기의 일반 구조

그래식 논리 제어에서는 실제의 제어시스템인 제어 소프트웨어를 제어 하드웨어(전기, 공압, 유압시스템)와 분리하여 시험할 수 있다. 이런 목적으로 모의시험기가 개발되었다.

모의시험기로 제어 소프트웨어를 시험하는 것은 매우 효율적이며, 제어 하드웨어와 프로그램 단자에 뿐만 아니라 모의시험 유닛은 전기 입출력을 대신하는 시험방법이 요구된다. 모의시험기의 도움으로 입력 신호는 유동스위치(floating switch)를 사용하여 특별히 설정될 수 있고, 출력 신호는 LED로 모니터링 한다. 시험의 기본 원리는 모의시험기에 정해진 입력 신호를 설정하고 LED로 제어시스템의 응답을 점검하여 복잡한 시스템의 조건을 모의로 시험하는 것이다. 그래서 모든 제어 모듈을 시험할 수 있고 발생되는 오차는 실제 사용 전에 정정할 수 있다. 실제로 시운전이 진행되기 전에 모의시험이 수행되면 시운전 노력이 현저히 줄어들 수 있다.

(1) 전형적인 프로그램 오류

PLC 프로그램을 시험하기 전에, 프로그램에서 전형적인 프로그램 오류를 찾아야 한다. 전형적인 프로그램 오류는 다음과 같다.

① 논리 게이트(logic gate)로 프로그램된 플래그, 출력, 타이밍 요소가 프로그램에 배치되지 않았다.

② 플래그, 출력, 타이밍 요소의 주소는 여러 번 할당된다. 이것은 한 사이클을 수행할 때 정의된 논리 조건에 따라 다중 조건 변경을 가져온다.

프로그램 검사 결과 오류가 없으면 프로그램은 시험을 마칠 수 있다. 프로그램이 PLC로 전송될 때, 프로그램에 대한 설명과 모듈 헤더는 전달되지 않는다. 즉, PLC에서 프로그램 단자로 다운로드된 프로그램은 읽혀지지 않는다. 그러므로 원본 프로그램을 저장, 보관하는 것이 중요하다.

(2) 프로그램 시험

PLC와 프로그램 단자 사이의 연결이 활성화 되어 있는 온라인 모드에서만 사용자 프로그램을 시험할 수 있다. 이를 위해 PLC 프로그램 소프트웨어의 사용자 인터페이스에서 감시모드를 선택해야 한다. 그러면 일련의 PLC 프로그램을 화면상에서 볼 수 있다. 입력 변수들은 모의시험기 상의 on/off 스위치를 사용하여 모의시험이 될 수 있다. 입력은 프로그래밍 단자에 의해 설정될 수 있다.

(3) PLC 연결

PLC에 전압을 걸기 전에 다음을 주의해야 한다.

① 시스템 전압과 PLC 전압은 같은가?

② 전원 공급 장치는 적절히 연결되었는가?

③ 입출력 레벨이 접지된다면 : 보호 도체가 적절히 연결되었는가?

④ 입출력 레벨이 접지되지 않았다면 : 절연 감시기가 연결되었는가?

⑤ +24V와 230V 회로 간에 연결된 도체는 없는가?

2.3 복합시스템의 시운전시 결함

[1] 정의

결함 또는 결점은 고장이나 실패의 원인이 된다.

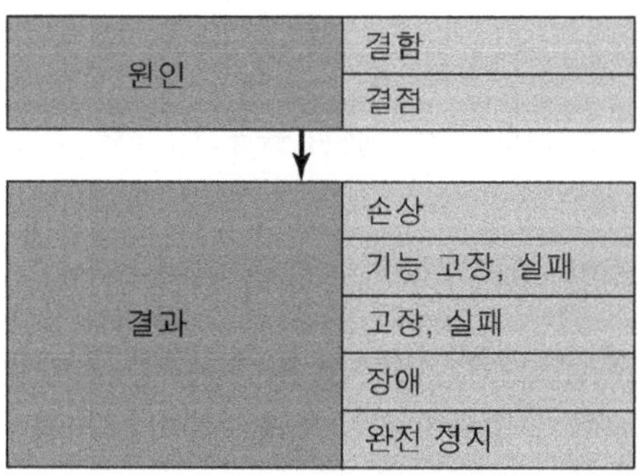

그림 Ⅲ-23. 원인과 결과

표 Ⅲ-10. 정의

용 어	설 명
결 함 (fault)	결함은 고려중인 아이템의 필요 특성에 관한 하나의 요구사항이 있는 조건이다. 고려중인 아이템의 크기는 정의되어 있다.(복합시스템, 복합시스템의 요소 혹은 조립체 등).
기능 (function)	기능은 고려중인 아이템의 활동, 효과, 목적, 과제에 의하여 결정된다.
오작동 (malfunction)	고려중인 아이템의 기능이 계획대로 실행되지 않거나 전혀 실행되지 않으면 오작동이 일어났다고 한다.
장애 (disturbance)	고려중인 아이템의 정해진 과제의 실행에 간섭을 포함하는 것
고장, 실패 (failure)	본래의 원인 때문이거나 허용되는 부하 내에서 실패로 간주된 원인 때문에 고려중인 아이템의 정해진 과제 수행이 전체적으로 실패한 상황을 의미한다. 따라서 결함(fault)은 장애(disturbance) 혹은 고장, 실패(failure)의 원인이 된다.

[2] 손상 등급

손상 등급은 손상 주기에 접근하고 신뢰성 특성 지표를 얻기 위하여 도입되었다. 예를 들어 압축기 시스템의 탱크에서는 다음의 손상 등급으로 정의된다.

① 손상등급 1 : 탱크 폭발(에어 챔버)

② 손상등급 2 : 탱크 균열, 손상 등급 1의 피해를 피하기 위해 즉시 수리가 필요한 결함 포인트

③ 손상등급 3 : 탱크에 작고 국부적인 균열, 즉시 수리를 필요로 하지 않은 결함 포인트

[3] 손상 원인

(1) 시운전 결함

시운전 결함은 두 가지로 분류된다. 첫째는 복합시스템이나 설비 시운전 중 시운전 인력에 의해 발생한 결함이고, 둘째는 시운전 이전에 알려지지 않았던 요소나 장치의 부정확한 설치나 위치 때문에 발생한 기술적인 시운전 결함이다. 그러므로 시운전 인력이 시스템 시운전을 위한 정확한 지침과 문서들을 지참하도록 하는 것이 매우 중요하며 이로 인해 필요 없는 결함이나 지연을 피할 수 있다.

부정확한 위치와 조립으로 발생하는 결함은 보통 시운전과 기능시험 전에는 나타나지 않으므로, 그러한 결함들은 시운전 과정에서 수정되어야 한다. 이런 결함들은 제조나 조립 부서와 같은 다른 부서의 주의 깊은 작업으로 피할 수 있다.

(2) 요소 결함

요소 결함은 요소가 하나 또는 몇 개의 요구 조건을 만족시키지 못하는 곳에서 발생하는 상황이다. 그 요소는 자기 기능을 다 하지 못하며, 대부분의 경우 기능을 다하지 못하는 요소 결함은 엔지니어링, 제작 혹은 가동 때문에 생긴다. 요소 결함의 다른 이유는 적절하지 않은 재료의 선택 혹은 요소의 무리한 사용이다. 그러나 대부분의 경우는 몇 가지 변수들의 동시 발생이나 다양한 원인이 요소나 조립체의 결함을 초래한다.

[4] 문제 해결 방법

성공적인 문제 해결은 결함의 정정이나 수리를 위한 사전 조정을 취하는 것이나, 먼저 부품을 수리할 가치가 있는지의 여부를 결정해야 한다. 예를 들어, 퓨즈와 같은 많은 양의 아이템을 유지 보수하는 비용이 구입비용을 초과한다고 결정되면 그 아이템을 보수하지 않고 교체할 것이다. 많은 결함 부품들에 대해서 폐기는 피할 수 없지만, 그 아이템을 환경적으로 건전한 방법으로 확실히 처리해야 한다.

복합 설비나 시스템은 다른 것이 교체될 동안에 수리되어야 하는 부품이 있게 마련이다. 대부분 부품과 조립 제품은 그러한 큰 설치물에서 수리되기도 한다. 설비나 시스템의 시운전 중에 결함 부품을 찾기는 어렵다는 것을 인정해야 한다. 그러나 결함의 여파로 시운전 결함을 초래할 수 있는 결함 부품을 만들 수도 있다. 보수는 시스템 시운전에 소요되는 시간을 줄이기 위해 시운전 기간 중에 효율적으로 처리되어야 한다. 소비자의 장소에서 제조자에 의해 수행된 시운전이 성공적이지 못하였다면 시스템이 소비자에게 양도되는 것은 있을 수가 없다.

소비자의 지속적인 불만을 피하기 위해서 혹은 시스템의 추가 시험 실시를 피하기 위해서는 다음과 같은 내용을 포함하는 문서가 작성되어야 한다.

① 시험 보고서
② 승인 보고서
③ 정정 승인 보고서

문제 해결과 수리는 다음 단계를 거쳐서 수행되어야 한다.

① 결함 혹은 장애 결정(소비자 의문, 결함 검사)
② 결함의 체계적인 조사 혹은 상세한 표현, 원인 조사, 공구의 도움이나 심사 숙고를 통한 결함의 정의, 공구의 필요성, 결함의 결정
③ 정정 혹은 수리

2.4 하부시스템의 시운전시 결함

시운전 중에 발생한 결함은 엔지니어링, 프로젝트 설계, 제조, 조립에서 초래된 결함들의 결과이다. 이런 형식의 결함에 포함되지 않는 결함들은 시운전 중에 설비가 가동되는 동안 발생하는 결함들이다. 이러한 결함들은 시스템의 신호부에서와 마찬가지로 전원부에도 해당된다.

[1] 전원부의 시운전 결함

전원부 구성은 다음과 같다. 시운전 중 이와 같은 부분에서 결함이 발생할 수 있다.

① 구동부(직선 구동 혹은 회전 구동)

② 에너지 제어 유닛(액추에이터와 제어 밸브)

③ 에너지 공급 유닛(에너지 발전, 에너지 준비, 에너지 저장, 에너지 분배)

(1) 전기 유압 하부 시스템의 결함

1) 구동부

구동부는 유압실린더 같은 직선 운동부와 유압모터 같은 회전 구동부로 구성된다. 일반적으로 다음의 시운전 결함이 발생할 수 있다.

표 Ⅲ-11. 유압시스템 구동부의 일반적 시운전 결함

유압실린더	유압전동기
실린더의 불충분한 정렬, 과도한 변형	스위치 on 상태에서 전동기 시동 불량(최소 시동 유량 부족)
실린더 부적절한 결합	설치 지침과 안내 준수 결함
단말부 완충의 부정확한 설정	출력 요소 조립 불량(커플링, 벨트, 축, 기어)
부정확한 운동 방향	잘못된 회전
튜브와 파이프의 조립 불량(누설)	튜브와 파이프 조립 불량(누설)
실린더의 clock pulse sequence	누설 라인 열결 안됨
실린더 추력 강하	
실린더 내부 공기	
부정확한 실린더 시동 위치	

2) 에너지 제어부

에너지 흐름을 제어하고 조정하는데에는 보통 밸브를 사용하며, 다음과 같이 분류된다.

① 액추에이터(방향 제어 밸브)

② 제어 요소들(체크 밸브, 압력 제어 밸브, 유량 제어 밸브)

방향 제어 밸브에서 시운전 결함은 다음과 같다.

① 부적당한 밸브 조립

② 베이스 플레이트 설치시 가스켓 누락(누설)

③ 나사 결합 설치 불량

④ 유압포트 역 설치

⑤ 전기를 반대로 연결

⑥ 솔레노이드를 부적절하게 연결하거나 반대로 연결

⑦ 솔레노이드에 부정확한 전압

⑧ 가동 중 수동 작업

⑨ 방향 제어 밸브의 부정확한 원 위치

유압 제어 요소의 빈번한 시운전 결함은 표 Ⅲ-12와 같다.

표 Ⅲ-12. 유압 제어 요소의 시운전 결함

체크 밸브	압력 제어 밸브	유량 제어 밸브
밸브의 부정확한 설치	잘못된 설정값 선정	부적당한 세팅
포트의 부정확한 설치	포트의 잘못된 연결	체크 밸브의 부정확한 연결
나사 결합의 부적절한 조립(누설)	나사 결합의 부적당한 조립(누설)	포트의 부정확한 연결
유압 파일럿 체크 밸브: 제어 포트 연결 누락		나사 결합의 부적당한 조립(누설)
체크 밸브의 부정확한 작동 위치		

3) 에너지 공급부

에너지 공급부는 에너지 발생을 위한 장치와 조립, 유압전동기와 보조 기기(전동기가 달린 유압펌프), 에너지 저장용(탱크와 축압기)과 분배 공급 장치(튜브와 파이프)로 구성한다.

표 Ⅲ-13. 유압 구동과 보조 기기의 시운전 결함

모 듈	시운전 중 발생 결함	
펌프/전동기 조립	- 비정상 가동과 펌프 결함 - 펌프/전동기 조립의 정렬 불량 - 부적절한 리드 연결 - 펌프의 느슨한 흡입 라인(공기 흡입)	- 펌프 회전 방향 - 나사 연결부의 조립 불량
압력 릴리프밸브 (안전밸브)	- 부정확한 밸브 세팅 - 스프링 파손 - 나사부 부적절한 조립	- 리드 실 누락 - 리드의 부적절한 연결
필터	- 잔류 오염물로 필터 막힘 - 나사 부 부적절한 조립 - 바이패스 밸브 스프링 파손	- 부적절한 연결 - 필터 카트리지 누락
냉각 혹은 가열	- 서보 스타트 스위치의 부적당한 세팅	
압력게이지	- 부적당한 영점 조절	- 가스켓 부적당

4) 유체 저장조

표 Ⅲ-14. 유체 저축조의 시운전 결함

모 듈	시운전 중 발생 결함	
전기 레벨 표시기	- 부적절한 연결	
축압기	- 누설 - 카버 조임 불량	- 오염 - 부적절한 선택
가스켓	- 부적당한 결합	- 가스켓 파손
공기 필터	- 오염된 오일	- 막힘

5) 유압 축압기

유압 축압기 시운전 중 발생 가능한 결함은 다음과 같다.

① 가스밸브 느슨함

② 안전밸브 세팅

③ 안전밸브의 리드 실 누락

④ 리셋되지 않은 충진 장치의 축

⑤ 질소 누락

⑥ 부정확한 압력, 불충분하게 기울어진 블레이드

6) 튜브와 파이프

표 Ⅲ-15. 튜브와 파이프의 시운전 결함

모 듈	시운전 결함
설치, 배관	– 당겨지지 않은 느슨한 배관　– 튜브의 불편한 설치(굽힘, 변형 등)
나사 결합	– 비뚤어짐　– 누설 오일 비상　– 부적당한 조임
커플링	– 누설 오일 발생　– 느슨함

(2) 전기 공압 하부시스템의 결함

1) 구동부

구동부는 공압실린더 같은 직선 운동부와 공압전동기 같은 회전 구동부로 구성된다. 일반적으로 다음과 같은 시운전 결함이 발생 가능하다.

표 Ⅲ-16. 공압시스템 구동부의 일반적인 시운전 결함

공압실린더	공압전동기
실린더의 부적절한 정렬로 과도 변형	전동기가 시동되지 않음
부적절한 실린더 조임	설치 지침과 안내 준수 결함
피스톤 단말 위치의 완충의 부정확한 세팅	출력 요소 조립 결함(커플링, 벨트구동, 축, 기어)
운동 방향 부정확	회전 방향이 잘못됨
불충분한 윤활	튜브와 파이프의 조립 불량(공기누설)
실린더 추력 저하	가동 압력
누설	소음 감쇠 안됨
부정확한 실린더 시작 지점	불충분한 윤활
튜브와 파이프의 조립 불량	

2) 에너지 제어부

에너지 흐름의 제어와 조정에는 밸브가 사용되며 다음과 같이 분류된다.

① 액추에이터(방향 제어 밸브)

② 제어 요소들(체크 밸브, 압력 제어 밸브, 유량 제어 밸브)

공압 방향 제어 밸브에서 시운전 결함은 다음과 같다.

① 부적절한 밸브조립

② 밸브 연결에서 가스켓 누락

③ 나사 결합 설치 불량(공기 누설)

④ 공압 포트 역 설치

표 Ⅲ-17 공압 제어 요소의 일반적인 시운전 결함

체크 밸브	압력 제어 밸브	유량 제어 밸브
밸브의 부정확한 설치	설정값의 부적당한 세팅	부적당한 세팅
포트의 부정확한 설치	포트의 잘못된 설치	체크 밸브의 부정확한 정렬
나사 결합의 부적절한 조립(누설)	나사 결합의 부적당한 조립(누설)	포트의 부정확한 조립
		나사 결합의 부적당한 조립(누설)

⑤ 전기를 반대로 연결

⑥ 솔레노이드를 부적절하게 연결하거나 반대로 연결

⑦ 솔레노이드에 부정확한 전압 인가

⑧ 가동 중 수동 조작

⑨ 방향 제어 밸브의 부정확한 원위치(2중 파일럿 밸브)

공압 제어 요소의 빈번한 시운전 결함은 표 Ⅲ-17과 같다.

3) 에너지 공급부

에너지 공급부는 에너지 발생을 위한 장치와 조립부, 공압 구동부와 보조 기기(필터와 전조기가 있는 압축기 시스템), 에너지 저장기(공기 챔버와 탱크)와 분배 및 공급기(튜브와 파이프)로 구성된다.

표 Ⅲ-18. 필터와 전조기가 있는 압축기 시스템의 시운전 결함

모 듈	시운전 중 발생 결함
입구 필터	- 오염 - 입구 필터 누락
압축기, 전기 전동기 조립체	- 압축기 오일 누락 - 부족한 오일 - 압축기/전동기 조립 정렬 불량 - 압축기 회전 방향 - 리드의 부적절한 연결 - 튜브와 파이프의 부정확한 조립
냉각기	- 냉각제 누락 - 누설
압력 릴리프밸브(안전밸브)	- 부정확한 밸브 세팅 - 납 봉합 누락
수분과 오일 분리기 부착 필터	- 출구측 밸브 열림 혹은 누설 - 필터 막힘
압력게이지	- 영점 조정 불량 - 가스켓 부착 불량 - 부적당한 측정 범위(접점의 세팅 불량)

4) 공기 리시버

① 안전 장구 설치 불량

② 안전밸브에 리드 실 누락

③ shut-off 밸브 닫힘

④ 응축구 배출구 열림

⑤ 맨홀 열림

5) 건조기

① 냉각 회로 누설 혹은 가동 안됨

② 냉각제 누락(shut-off 밸브 닫힘)

③ 건조제 누락

④ 건조와 냉각제 재생간의 부정확한 동작

6) 튜브와 파이프

표 Ⅲ-19. 튜브와 파이프의 시운전 결함

모 듈	시운전 결함
설치, 배관	- 당겨지지 않은 느슨한 배관 - 튜브의 불편한 설치(굽힘, 변형 등)
나사 결합	- 비뚤어짐 - 공기 누설 - 부적당한 조임
커플링	- 공기 누설 - 느슨함

7) 서비스 유닛

표 Ⅲ-20. 서비스 유닛의 시운전 결함

모 듈	시운전 중 발생 가능한 결함
필터	- 더러운 입자로 오염됨 - 집중된 배출구 열림
압력 강하 밸브와 압력게이지	- 압력 강하 밸브의 부정확한 세팅
윤활기	- 오일 누설(윤활기 세팅 변경)
shut-off 밸브	- 닫혀있음(압력 발생 안됨)

(3) 전기적인 하부 시스템의 결함

1) 구동부

구동부는 선형 구동 장치 같은 직선 운동부와 전동기 같은 회전 구동부로 구성한다. 일반적으로 다음의 시운전 결함이 발생한다.

표 Ⅲ-21. 전기 구동부에서 발생하는 일반적인 시운전 결함

선형 구동장치	전기 전동기
설치 지침에 소홀한 결함	전기 배선 불량(케이블/단자 연결)
부적절한 전기 배선	잘못된 회전
비상 정지 스위치 포함 여부 점검	전동기 시동 안 함(시동전류 부족)
직선 축의 설치 불량, 과부하 발생	비상 정지 스위치 포함 여부 점검
안전 장치 누락	설치 지침에 소홀한 결함
설치와 정렬 불량	출력 요소 조립 불량(커플링, 벨트 구동, 축, 기어)
	안전장치 누락
	설치 및 정렬 불량
	소음 감쇠 안됨
	팬이 동시에 가동 안됨
	외부 냉각 연결 안됨
	불안정하고 갑작스런 전동기 가동
	전동기 시동이 무겁고 속도가 나지 않음

2) 에너지 제어부

다양한 장치들이 에너지 흐름의 제어에 사용되며, 다음과 같이 분류한다.

① 스위치 장치(접촉자, 릴레이)

② 제어 장치와 입력 변압기(제어와 위치스위치)

③ 예고 장치(음성, 광학)

④ 보호 장치(퓨즈, 전동기 보호 릴레이)

⑤ 소자들(저항, 반응기 등)

⑥ 전기적 스위칭 장치의 시운전 결함(접촉자, 릴레이)

- 부정확한 전압
- 부정확한 전류(DC 혹은 AC)
- 부정확한 배선
- 타임릴레이의 부정확한 시간 설정

⑦ 전기 제어 장치와 입력 변압기의 시운전 결함
- 부정확한 스위치 위치
- 부적당한 스위치 배선
- 정상 개방(NO)과 정상 폐쇄(NC)의 접점 반대
- 접점 융착

⑧ 전기 보호 장치의 시운전 결함(퓨즈, 전동기 보호 릴레이 등)
- 끼우기에 부적절한 퓨즈식 연결
- 전동기 보호 릴레이의 부정확한 세팅
- 보호시스템 누락

3) 에너지 공급부

에너지 공급부는 에너지 발생, 에너지 저장, 에너지 분배 혹은 공급을 위한 장치와 조립으로 구성한다.

① 에너지 발생

전기에너지를 발생하는 시스템, 모듈, 장치들은 매우 복잡하고 시운전과 문제 해결에 다른 표준과 규정에 따라야 하기 때문에 여기서는 고려하지 않는다. 이것은 전문가와 특별히 훈련된 사람들이 할 일이다.

② 에너지 저장

다음과 같은 장치들이 에너지 저장용으로 사용된다.
- 배터리
- 예비 발전 세트
- 대형 축전기

이 장치들은 전력 사고시 예비 전원 공급을 담당한다. 시운전에서 이 장치들이 특정 적용 표준과 규정에 따라서 점검되고 시운전되어야 한다.

③ 에너지 분배 및 공급

다음과 같은 시운전 결함이 발생할 수 있다.
- 손상을 입을 수 있는 운동 부품의 활동 구역에 있는 전기 케이블
- 케이블 마운트와 커버뿐만 아니라 납땜 혹은 단자 연결도 느슨해 질 수 있음
- 절연 결함

[2] 신호부에서의 시운전 결함

(1) 센서를 사용할 때 결함

제어시스템 시운전 중에 가능한 결함을 고려할 때, 센서(스위치)는 매우 중요한 역할을 한다. 기계적인 위치 센서, 근접 센서, 압력 센서로 분류된다.

1) 기계적인 위치 센서

기계적인 위치 센서는 접점으로 작동하며 다음과 같은 시운전 결함이 발생할 수 있다.

① 잘못된 위치 센서의 위치 선정

② 부정확한 동작 전압으로 인한 전기 접촉의 융착

③ 케이블이 눌려서 전선 파손

④ 절연 벗겨짐

2) 근접 센서

근접 센서는 비접촉 센서이며 다음과 같은 시운전 결함이 발생할 수 있다.

① 잘못된 위치 센서의 위치 선정

② 절연이 벗겨짐

③ 부정확한 동작 전압으로 인한 전기 접촉 부식 혹은 빠짐

④ 물체와 센서간의 부정확한 작동 거리

⑤ 극이 바뀜

⑥ 더렵혀진 센서(특히 광학 센서와 정전 용량형 센서)

⑦ 공압 센서의 부정확한 작동 압력 혹은 막힌 노즐

⑧ 설계 오류나 기계적인 정지용도 같은 이유로 인한 센서의 기계적 마모

⑨ 실린더 전/후진 등의 센서 위치가 반대로 바뀜

⑩ 케이블이 반대로 바뀜

⑪ 저장의 교란(리드형 접근 스위치)

⑫ 여러 개의 실린더가 설치될 경우 근접 센서의 설치 공간 부족으로 인해 작동이 안됨

3) 압력 센서

압력 센서는 동적인 입력 변환기이다. 압력 센서에서 발생할 수 있는 시운전 결함은 다음과 같다.

① 밀봉 오류
② 나사 조인트의 부적절한 조립
③ 전기 단자가 바뀜(폐쇄 접점/개방 접점)
④ 압력 센서의 부정확한 세팅
⑤ 전선이 눌려서 파손
⑥ 부정확한 압력 범위
⑦ 절연 벗겨짐

(2) 프로그램식 논리 제어기를 사용할 때의 결함

PLC의 시운전 결함은 전선 결함과 소프트웨어 결함을 포함한다.

1) 하드웨어 결함

하드웨어는 물리적으로 눈에 보이는 PLC의 한 부분이다. PLC 하드웨어의 시운전시 발생하는 결함은 다음과 같다.

① 부정확한 입력과 출력 회로
② 입력에서 부정확한 전압 형태
③ 부정확하거나 적용할 수 없는 공급 전압
④ 연결 케이블 누락으로 프로그램 단자에서 PLC로 프로그램 전달이 안됨
⑤ 케이블의 기계적인 파손으로 PLC와 액추에이터 사이의 전선의 손상
⑥ 절연 벗겨짐
⑦ 단자와 단자 박스 결함 혹은 느슨함
⑧ 프레임 연결 누락(파손 가능)
⑨ 출력축에 허용할 수 없는 부하 연결
⑩ 플러그 내장 모듈의 부적절한 고정

2) 소프트웨어 에러

소프트웨어는 메모리 모듈에 저장되어 있는 제어기의 사용자 프로그램을 포함한다. 소프트웨어 시운전에서 다음의 결함들이 발생할 수 있다.

① 프로그램 작성 결함
② 프로그램 입력 결함
③ 프로그램 전달 결함

2.5 문제 해결과 결함 검색 도구

문제 해결과 결함 검색에서는 기계정지시간을 최소화하기 위하여 체계적인 접근을 해야 한다. 결함을 빨리 찾고 정정하는 데에 다음에 설명하는 여러 가지 도구가 사용된다.

[1] 문제 해결 도구

(1) 프로그램 플로 차트

프로그램 플로 차트(flow chart)는 순차 제어시스템에서 문제 해결로 이어지는 실질적인 예가 되는 과정과 공정 단계가 실행되는 순서를 보여주기 때문에 처리 절차를 보여주는 훌륭한 도구이다. 이 프로그램 플로우차트는 기술적인 데이터나 장치의 각 부품들을 보여주지 않으므로 결함의 대략적인 위치를 찾는 문제해결에 사용된다.

다음의 프로그램 플로우차트를 활용하여 결함에 대한 원인을 규명하는 예를 소개한다.

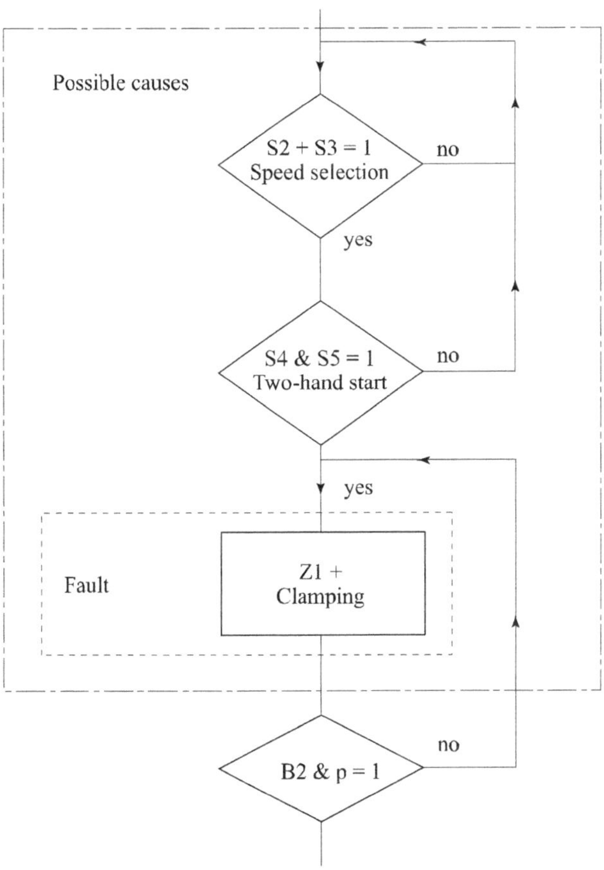

그림 Ⅲ-24. 결함 발생 원인의 예가 있는 프로그램 플로 차트

속도(S2 혹은 S3)가 선택되고 양수 안전 시동회로가 작동되면(S4와 S5), 공압실린더 Z1이 클램핑을 위하여 전진하지 않는다. 이 결함 원인은 프로그램 플로우차트의 도움으로 개략적으로 결정된다.

프로그램 플로 차트로부터 도출될 수 있는 원인은 다음과 같다.

① 속도 선택(S2와 S3)이 아직 수행되지 않은 경우

② 양수 시동(S4와 S5) 결함

(2) 순차 기능도

순차 기능도는 편리하고 간편한 방법인 캐스케이드(cascade) 원리를 따르는 제어 절차를 보여주는 매우 유용한 도구이다. 순차 기능도는 대략적인 구조 및 순차적인 제어시스템의 상세 구조를 보여줄 수 있다(그림 Ⅲ-25).

위에 설명된 결함은 순차 기능도의 도움으로 찾을 수 있다.

순차 기능도로부터 도출될 수 있는 원인은 다음과 같다.

① 속도 선택(S2와 S3)이 아직 수행되지 않은 경우

② 양수 시동(S4와 S5) 결함

③ 솔레노이드 Y1이 작동하지 않거나 설정되지 않음

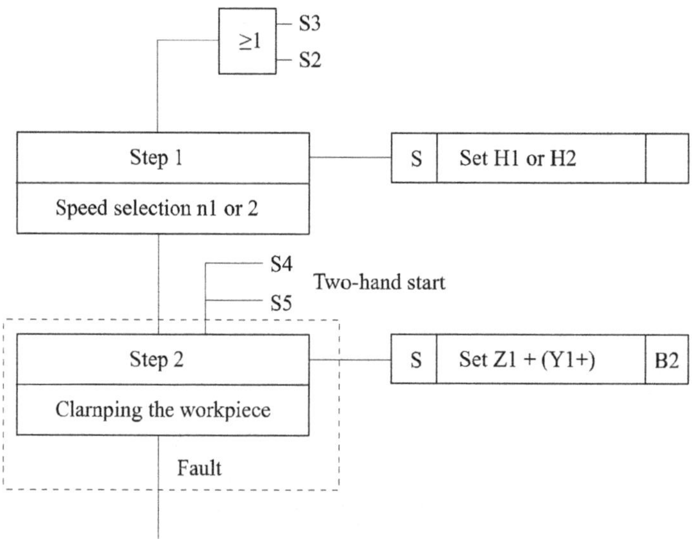

그림 Ⅲ-25. 문제해결을 위한 순차 기능도

(3) 기능도

기능도(function chart)는 각각의 요소와 작동 유닛의 간섭과 기능적 절차를 보여준다. 개요도와 연결되면 매우 강력한 문제 해결 도구를 제공한다.

그림 Ⅲ-26은 문제 해결을 위한 제어시스템의 완전한 기능도의 한 부분을 제시한다.

기능도로부터 도출될 수 있는 결함의 원인들은 다음과 같다.

① 유압 펌프가 켜지지 않음

② 공기 압축기가 켜지지 않음

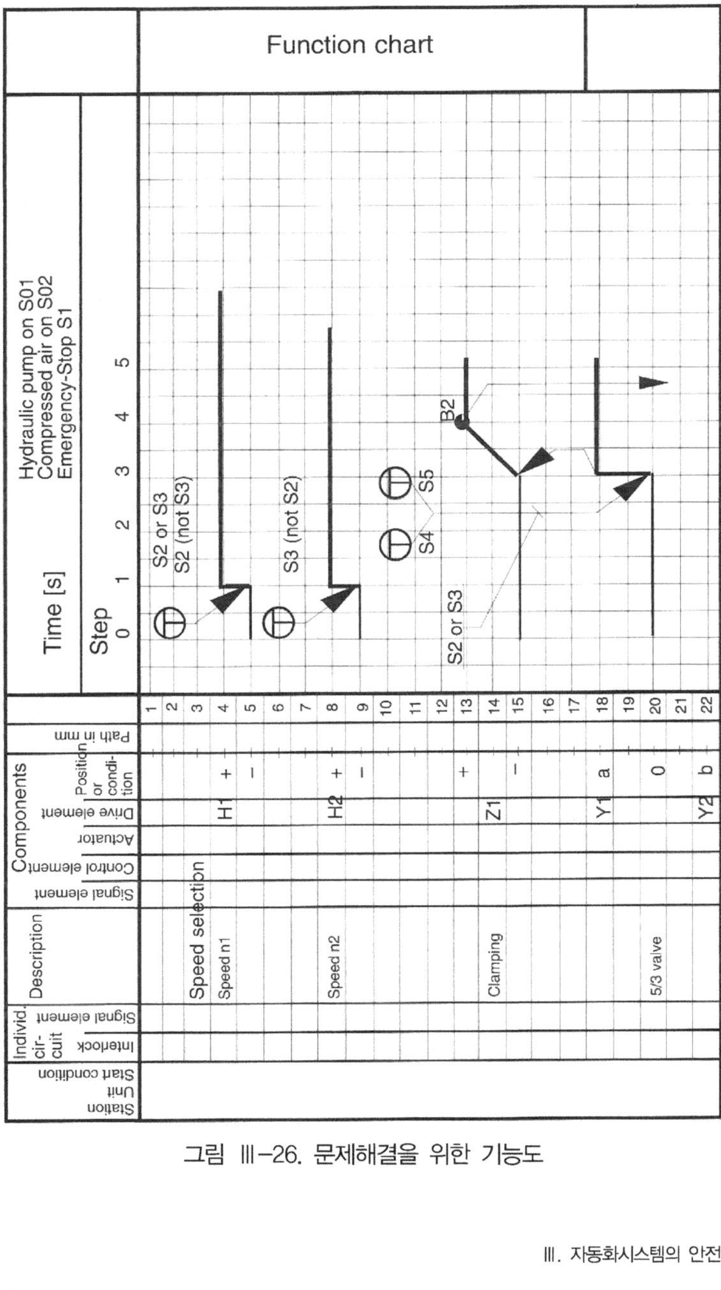

그림 Ⅲ-26. 문제해결을 위한 기능도

③ 전원 공급이 켜지지 않음
④ 비상정지 스위치가 아직 켜 있음
⑤ 속도 선택이 미지정
⑥ 양수 시동 결함
⑦ 솔레노이드 Y1이 켜지지 않음(PLC 출력, PLC 프로그램 등)
⑧ 솔레노이드 Y1이 작동 안됨(아직 수동작동 상태, 배선결함 등)
⑨ 솔레노이드는 작동하고 있으나 방향제어밸브가 동작하지 않음(파일럿 제어 막힘, 피스톤 슬라이드의 동심도가 편향되어 비뚤어져 있음)
⑩ 실린더 Z1에 압축공기가 공급되지 않음(작업라인의 연결이 바뀌었거나 라인의 막힘 등)

(4) 회로도

전기공압, 전기유압, 전기회로도는 장치와 제어연결을 보여준다. 모든 기호는 공압 실린더용 액추에이터로서 5/3밸브와 같은 장치의 특정 부분과 그 기능을 나타내지만 유닛의 구조는 표시하지 않는다(예를 들면, 피스톤 슬라이드 밸브 등). 기능도와 마찬가지로 회로도는 문제해결에 필수적으로 사용된다.
그림 Ⅲ-27과 같은 공압 회로도의 예가 문제해결에 참고가 된다.

클램핑용 실린더 Z1이 전진하지 않을 경우, 공압 회로도로부터 다음과 같은 원인들을 알 수 있다.
① 압축공기 공급라인의 결함
② 서비스 중에 있는 shut-off 밸브가 아직 닫혀 있음
③ 서비스 유닛의 감압밸브가 아직 닫혀 있음
④ 5/3밸브의 솔레노이드 Y1이 활성화 되지 않음
⑤ 수동 조작이 아직 유효
⑥ 파일럿 제어 포트가 막힘
⑦ 솔레노이드 Y1이 활성화 되지 않음
⑧ 솔레노이드가 활성화 되어도 방향제어밸브가 작동하지 않음
⑨ 작업라인 4와 2가 바뀜
⑩ 교축부를 갖는 일방향 유량제어밸브의 설치가 잘못되거나 모두 닫힘
⑪ 실린더 Z1에 압축공기가 공급되지 않음(작업라인이 바뀌거나 라인의 막힘 등)

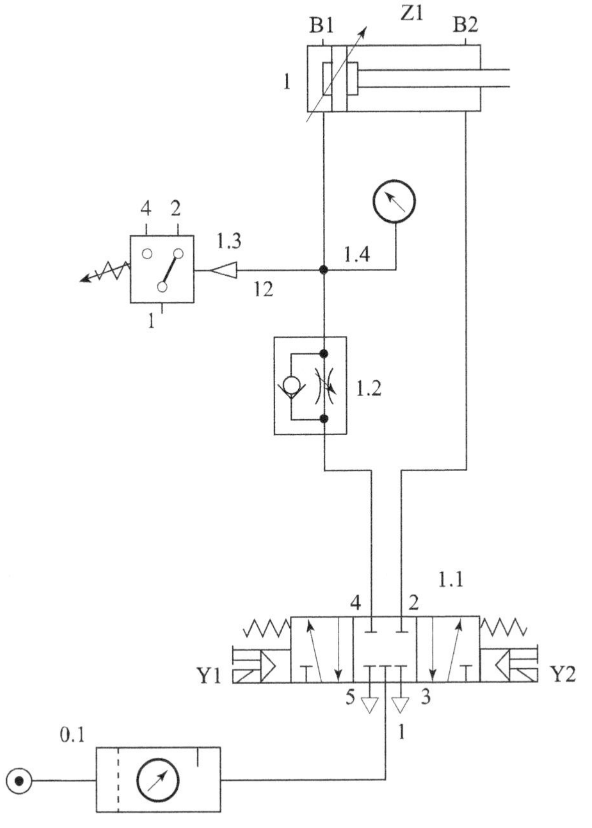

그림 Ⅲ-27. 문제해결을 위한 공압 회로도

[2] 전기회로의 문제해결

PLC가 복합시스템의 모든 제어업무를 담당하는 것이 아니며 아직도 많은 배선제어 방식이 실제로 사용되기 때문에 시운전 중에 발생할 수 있는 제어회로에서의 결함을 참고해야 한다.

일반적으로 제어회로에서의 문제해결은 결함시스템의 검사가 선행되어야 한다. 대부분 경우 가시적인 결함검사로 시작한다.

가시적인 결함 신호는 다음과 같다.

① 터거나 그을린 자국들

② 화연 냄새

③ 열

④ 소음

⑤ 빛의 현상

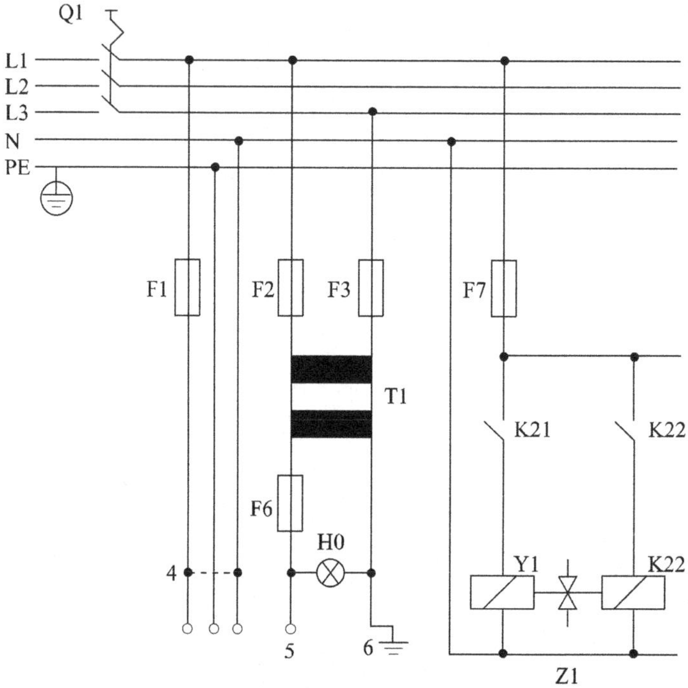

그림 Ⅲ-28. 문제해결을 위한 전기회로도의 예

이 방법으로 결함을 찾는 것이 불가능하다면 이미 입증된 문제해결 절차를 사용해야 한다. 입증된 문제해결 절차는 다음과 같다.

① 동작중인 시스템에서 전압계를 이용한 전압검사
(측정원리 : 정확한 전압적용? Yes-No)

② 정지시스템에서 연속테스터를 이용하여 단락회로 검사
(측정원리 : 회로저항 정상? Yes-No)

③ 특별한 측정을 포함한 기능시험(구동부 : 속도측정, 온도, 기계동력 측정)
위에 설명한 문제해결방법이 성공하지 못하면, 오실로스코프에 전압곡선을 그리고 측정저항을 이용하여 전류곡선을 구한다.

문제해결은 전기회로도(그림 Ⅲ-28), 입력부, 순차 케스케이드 및 명령부를 포함해야 한다. 결함의 원인이 될 수 있는 전류경로가 특히 중요하다.

클램핑용 실린더 Z1이 전진하지 않는 원인들은 다음과 같다.

① 전원공급 없음

② 스위치 Q1이 닫히지 않음

③ L1 혹은 N의 단자 느슨함
④ L1 혹은 N으로의 연결라인 파손
⑤ 퓨즈 F7 결함
⑥ 솔레노이드 Y1의 전선파손
⑦ 솔레노이드 Y1의 결함
⑧ 릴레이 K21의 NO 타입 접점이 닫히지 않음

[3] PLC의 문제해결

실제로 PLC의 문제해결은 특별히 훈련된 전문가들에게 맡겨진다. 결함은 플러그인 모듈(I/O 모듈, CPU)을 교체함으로써 수정된다. 그러나 편리한 진단시스템들이 이미 PLC의 문제해결을 위하여 제공되고 있다.

진단시스템은 5단계의 구조를 가진다.

① PLC 작동기능의 LED 디스플레이
② 강화된 기능표시, 검사명령 입력, 간단한 진단 유닛을 이용하는 결함표시
③ 간편한 표시, 검사처리, 대화메뉴에서 고장진단기술
④ 비상전화와 예고시스템을 사용하여 공중전화 네트워크의 음성라인을 통한 결함과 장애의 원거리 전달
⑤ 원격 진단

PLC 내부의 고장진단은 이 장에서는 상세하게 다루지는 않는다. 시운전을 위해 제어되는 항목의 고장진단을 위해 PLC에서 제공되는 진단기능들이 유용하게 사용된다.

모의시험기와 PLC를 이용할 때 혹은 감시모드에서, 프로그램 오류리스트를 통해 프로그램 오류를 볼 수 있다. 프로그램 오류가 없다고 입증되면 복합 제어시스템의 하드웨어에 고장이 있는 것이다.

다음과 같은 사항들이 영향을 받는다.

① PLC 하드웨어
② 전기유압 하부시스템
③ 전기공압 하부시스템
④ 전기적인 하부시스템
⑤ 센서

하드웨어에 결함이 없는 것이 확실하면 소프트웨어를 먼저 시험해야 한다. 이 목적을 위해 프로그램 할당 리스트를 점검하여 결함이 있는 부품을 찾는다. 모든 입출력과 플래그가 프로그램 안의 것과 부합되면 단자박스 점검을 시작해야 한다.

모든 입력과 출력이 적절한 단자에 배선되었는가?

단자의 지정에 실수는 없는가?

이 변수들 모두가 정확하면, 시스템을 on-line으로 시험해야 한다.

유압, 공압, 전기 하부시스템을 시운전하지 않고, 수동으로 입력을 설정하는 것은 제어시스템에서 제어에러가 어디에서 발생하는지 검색하는데 도움이 된다. 활성화된 입력, 플래그, 출력들은 감시모드에서 표시라인에 색의 변화로 표시된다.

다음의 절차에 따른다.

① 프로그램을 부팅한다. 저장된 프로그램이 있는 서브 디렉토리를 찾는다. 그리고 원하는 프로그램을 선택하고 불러온다.

② 감시모드로 전환한다.

③ PLC는 RUN 모드에 있어야 한다.

④ 프로그램 테스트와 디버그를 위한 모든 준비가 되었으므로, 프로그램을 테스트할 수 있다.

첫 번째 네트워크를 불러와 점검한다. 적절한 키를 작동하여 한 네트워크에서 다음 네트워크를 검색할 수 있다. 어느 포인트가 제어 루틴작업에 적당한지, 어디서 에러가 발생되는지를 점검하기 위하여 수동으로 입력을 설정한다.

[4] 문제해결에 측정기술 사용

고장진단을 위하여 측정장비를 사용하는 것이 유용하다.

(1) 유압시스템

1) 압력게이지

압력게이지는 문제해결을 위한 적절한 도구이다. 설치된 곳마다 일정한 압력이 나타나는지를 확인하는 것이 쉬우며 구동요소가 기능을 수행할 만한 압력이 되는지 확인하기가 용이하다. 차압을 측정하기 위하여 차동 압력게이지를 사용해야 한다.

유압시스템에서 문제해결을 위하여 압력게이지를 사용하는 것은 공압시스템에서 사용하는 것보다 실제로 더 어렵다. 공압에서와 같이 쉽게 제거할 수 없는 고정배관으로 시스템을 설치하기 때문이다. 그러므로 유압시스템에서 압력게이지를 이용하여 문제해결을 쉽게하기 위해서 설계자는 중요한 곳에 측정포트를 준비해야 한다.

2) 압력스위치

압력스위치는 유압으로 작동되는 스위치이다. 어떤 설정 압력에 도달하면 전기접점이 열리거나 닫힌다. 공압 압력스위치같이 유압 압력스위치는 단지 간접적인 문제해결에 사용될 수 있다. 압력이 떨어지거나 상승할 때, 압력의 변동에 의하여 발생되는 연속적인 외란과 같은 제어효과를 나타낸다. 압력 스위치, 기능도, 회로도 등과 같은 다른 방법들을 사용하여 결함을 찾아 수정한다.

3) 레벨표시기와 온도계

레벨표시기는 액체 저장조의 최대 및 최소 오일 높이를 보여준다. 온도계는 오일의 온도를 측정하는데 사용한다. 오일 온도가 너무 높으면 신호가 제어시스템으로 출력되어 제어시스템이 동작한다. 레벨표시기와 마찬가지로 온도계는 진정한 의미의 문제해결 도구는 아니지만 결함을 예방할 수는 있다. '부족한 오일레벨' 혹은 '과도한 오일 온도'라는 신호가 출력되면, 결함을 수정할 어떤 조치를 취하는 것이 절대적으로 필요하다. 그러나 가장 좋은 방법은 오일레벨과 온도를 정기적으로 점검하는 것이다.

(2) 공압시스템

1) 압력게이지

압력게이지는 압력을 표시하는 가장 중요한 장치 중 하나로 공기압력을 측정하는데 사용되며, 문제해결에 유용하게 사용된다. 설치되는 곳마다 압력이 발생하는지의 여부를 쉽게 알 수 있고 구동요소가 기능을 수행할 만한 압력이 되는지 확인하기가 용이하다. 공압 제어시스템은 종종 유연성이 있는 튜브로 연결되기 때문에 문제해결을 목적으로 특정장소에 압력게이지를 설치하는 것은 쉬운 일이다.

2) 압력스위치

압력스위치의 목적은 공압신호를 전기신호로 변환하는 것이다. 그래서 공압신호는 제어시스템에 의해 처리될 수 있다. 제어 목적으로 압력을 내리거나 증가시켜서 일련의 제어에서 가시적인 효과를 내기 때문에 압력스위치는 문제해결에 사용된다.

직접적인 문제해결에 대해서는 압력게이지만큼 적절하지는 않다.

(3) 전기시스템

전기시스템의 대부분의 결함은 눈으로 찾을 수는 없고 시험장비나 측정장비의 도움으로 가능하다.

1) 전압시험기

전압시험기는 양극 혹은 단일 극을 갖는다. 양극 전압시험기는 LED가 달려있고 대략 6 ~400V의 DC와 AC 전압을 측정한다. LED의 숫자에 따라 전압 수치측정이 가능하다. 단극 전압시험기는 밝아지는 램프가 있다. 약 지면에 대해 100 ~250V 사이의 전압을 표시한다. 양극 전압시험기보다는 시험옵션 기능이 적다.

2) 도체 테스터

도체 테스터는 전기가 연속으로 흐르는가를 확인하는데 사용한다. 시험되는 회로는 0.1과 100 Ohm 사이의 낮은 저항에 의해 특성이 결정된다. 따라서 이 테스터 장치는 낮은 저항값을 지시한다. 많은 측정 유닛은 전기적인 변수들을 측정할 수 있다. 측정은 전기적 변수들의 크기가 셀 수 있는 단위들로 얼마나 되는가를 결정하는 것이다.

3) 다기능 테스터

다기능 테스터는 보통 전압, 전류, 저항 값을 측정한다. 다른 기구들 역시 정전용량, 소음레벨, 온도를 측정한다. 다기능 테스터의 척도는 0.1과 500V 사이의 DC와 AC 전압을 읽을 수 있어야 한다. DC와 AC 전류에서 측정범위는 0.1A(혹은 그 이하)에서 약 10A까지이다. 저항의 경우 1 Ohm 혹은 더 낮은 것부터 약 1 MOhm까지 읽을 수 있어야 한다. 다기능 테스터는 필요로 하는 시험전압이 500V 정도로 너무 높기 때문에 어떤 절연저항도 측정할 수 없다.

4) 오실로스코프

오실로스코프는 주기적으로 반복되는 전류와 전압 곡선을 표시함으로써 전기회로의 문제해결에 사용된다. 전기회로의 문제해결은 2채널 오실로스코프를 사용하는 것이 가장 좋다. 그것은 화면상에 각각의 값을 동시에 2개 곡선으로 나타낼 수 있기 때문이다. 디지털 저장 오실로스코프는 곡선 모양을 수치화하여 보관한다. 즉, 한 번 곡선모양으로 디스플레이된 일련의 값들이 수치로 기록될 수 있다.

측정과 시험용으로 사용되는 기타 기기들은 절연저항 측정기, 보호 시험기, 등전위 결합과 PE 컨덕터 연속시험기 등이 있다.

[5] 문제해결에 문서와 소프트웨어 프로그램 사용

(1) 진단 프로그램

진단 프로그램은 문제해결을 지원한다. 질의에 대하여 Yes 혹은 No로 응답되는 질문의 도움으로 체계적으로 결함을 찾고 수정할 수 있다.

진단프로그램은 장치나 요소의 특정부분에 대한 실제적인 경험에 기초를 두고 있는 훌륭한 문제해결 도구이다.

유압구동장치의 '온도초과'에 대한 진단프로그램의 예는 그림 Ⅲ-29와 같다.

Temperature too high

↓ yes

Is a good heat dissipation at the reservoir possible?	no →	Reservoir surface too small Improve reservoir installation Improve air circulation
↓ yes		
Does the attached cooling system work properly?	no →	Turn on fan motor Clean cooling ribs Switch cooling on Check inlet temperature Check cooling pipes for deposits Improve cooling system
↓ yes		
Can you guarantee liquid oil circulation?	no →	Reservoir too small for pump output Check oil level
↓ yes		
Do you use the appropriate oil quality?	no →	Use oil with different viscosity
↓ yes		
Is a low flow restriction guaranteed in all parts and pipes?	no →	Excessive flow speed in tubes and valves (return line!) High internal leakage losses (low overlaps, excessive tolerances, defective gaskets)
↓ yes		
Was the pressure control valve set properly?	no →	Pressure setting too high Unfavorable valve characteristics
↓ yes		
Is the desired operating temperature reached?	no →	Plant should be designed for higher thermal efficiency by structural means (set pump output to unpressurized circulation, use pressure accumulator, use variable pumps, generate only the output flow and the pressure that is needed for the task in question)

그림 Ⅲ-29. '온도 초과'에 대한 진단프로그램의 예

(2) 신속 진단 프로그램

신속 진단 프로그램은 테이블 형식으로 사용되며 결함이 생길 수 있는 징후에 대한 간단한 표현을 포함한다. 이러한 신속 진단 프로그램은 실무경험과 전문장비의 다년간 실무적용을 기초로 한다. 이 프로그램은 결함이 발생될 때, 가능한 빨리 생산을 계속하기 위하여 신속히 지원하도록 설계된다. 그림 Ⅲ-30은 3상 비동기 전동기에서 신속히 결함위치를 추정하는 프로그램의 예이다.

Symptom of fault	Short diagnosis	Remedy
Starting and rpm faults		
Motor does not start without load or does not reach its desired speed		
no power supply to one of the 3 phases of the stator or the rotor	interruption in the supply line, the stator or rotor winding, e.g. at the neutral point or the starter	check point of interruption with cable locator, check terminals
Motor speed drops too much under load, or motor is halted		
high speed drop	short-circuit contact at the starter or the short-circuit device at the motor does not provide proper contact	check starter circuit, reduce rotor resistance
incorrect direction of rotation	wrong phase sequence	exchange two phases on the motor or contactor
Excessive heat rise		
Motor temperature rises already at no-load operation	incorrect circuitry of stator winding, e.g. delta circuit instead of star circuit	correct circuit according to circuit diagram
	supply voltage too high or too low	check supply voltage and no-load current
	supply line interrupted after start	check mains supply lines, measure currents in the phases, replace fuses or main contactor contacts

그림 Ⅲ-30. 신속진단 프로그램의 예

(3) 결함구조분석

결함구조분석(fault tree analysis)은 DIN 25424 Part1에 설명되어 있다. 결함구조분석의 목적은 요소와 원치 않는 결과를 초래하는 하부시스템 결함 사이의 논리연결을 결정하는 것으로, 이러한 분석유형의 개별 목표는 다음과 같다.

① 원치 않는 사고를 일으키는 결함들의 모든 가능성 있는 조합을 체계적으로 입증

② 결함들의 조합이 발생하는 주기, 원치 않는 사고의 발생주기, 명령에 시스템이 따르지 않는 것과 같은 신뢰성 특성들을 결정

결함구조분석은 실시된 조사에 대한 명백하고 납득할 수 있는 문서를 만들어 낸다. 분석 단계는 다음과 같다.

① 상세한 시스템 조사
② 불의의 사고와 결함에 대한 한도 결정
③ 상관 신뢰특성과 검사시간 간격 결정
④ 요소의 결함모드에 대한 연구
⑤ 결함구조 준비(작성)
⑥ 결함모드, 다운시간, 부적응성과 같은 결함구조 입력특성을 수집
⑦ 결함구조 평가
⑧ 결과평가

[압축공기시스템의 예]

분석을 위한 질문 : 1년에 발생하는 공기탱크의 폭발 발생주기는?

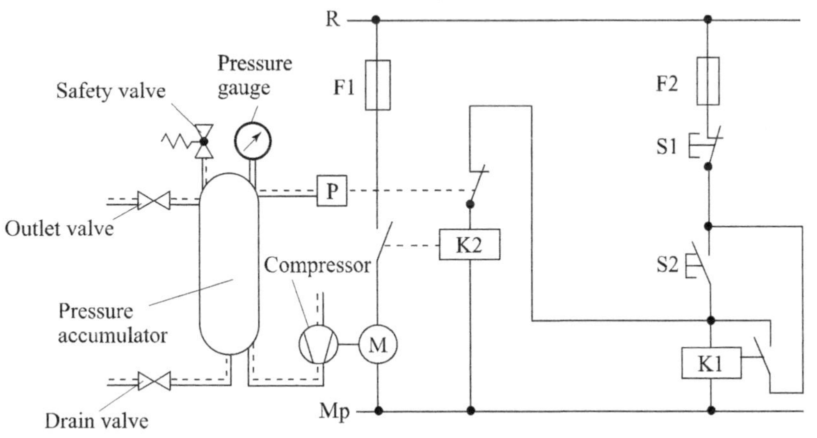

그림 Ⅲ-31. 압축공기시스템

결함 구조 개발

① 불의의 사고 : 공기탱크의 폭발
② 불의의 사고는 공기탱크 요소의 어떤 결함모드이다. 단계 ⑤로 진행한다.
③ 두 가지 유형의 결함이 확인된다.
'초과 압력으로 인한 공기탱크의 폭발' 혹은 '허용되지 않는 주변 조건으로 인한 공기탱크의 폭발', '허용되지 않는 주변 조건으로 인한 공기탱크의 폭발'의 결함 유형은 유사하게 더 나아가서 전개될 것이다. 단계 ④로 진행한다.

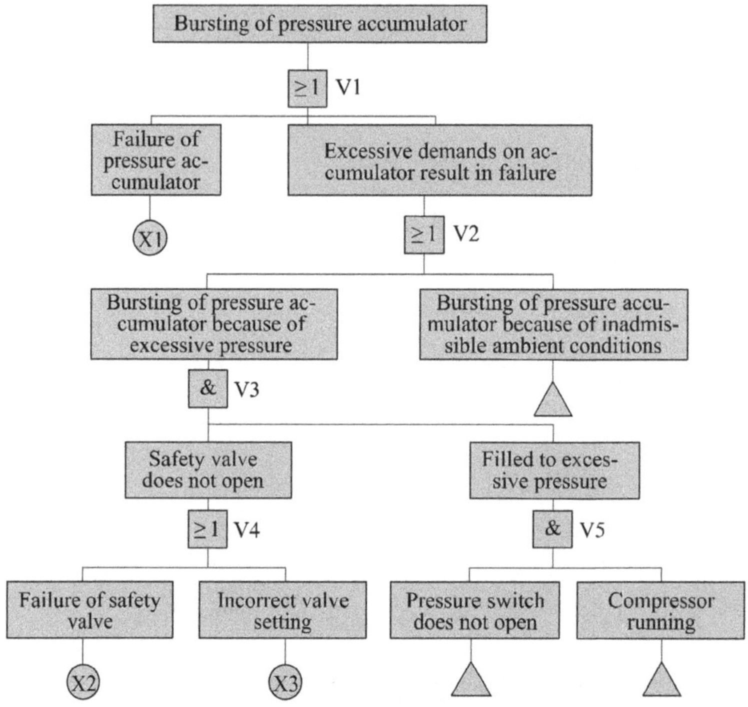

그림 Ⅲ-31. 압축공기시스템의 결함구조 분석

④ 요소의 결함모드가 없다. 단계 ⑥으로 진행한다.

⑤ OR논리 : 입력은 일차 결함 변수(공기탱크의 결함)와 2차 결함(공기탱크의 과도하게 높은 적용 조건)으로 할당된다.

다음에는 2차 결함이 조사되며, 단계 ⑥으로 진행한다. ⑥ 결함은 기능요소의 결함이 아니다. ②와 ③으로 진행한다.

⑥ 결함은 기능요소의 결함이 아니다. 단계 ②로 진행한다.

결함구조분석에 대한 더 많은 정보가 필요하면, DIN 25424 Part1를 참조하라.

2.6 복합시스템의 결함회피와 문제해결

이제까지 생각한 복합시스템은 유압, 공압 그리고 센서와 PLC 같은 전기 하부시스템으로 구성된 것이다. 복합시스템에서 결함을 찾기 위해서는 하부시스템에서 발생하는 결함을 찾아야 한다. 따라서 이 결함들은 먼저 개별적으로 처리되어야 하고 그와 연관된 효과와 함께 다루어져야 한다.

결함을 피하기 위하여 결함발생이 최대로 확대되는 것을 배제하도록 시운전이 이루어져야 한다. 이를 위하여 특별한 지침 및 안내와 같은 시운전 지침과 모든 설정값을 포함한 완벽한 기술문서들뿐만 아니라, 기술시스템의 특성에 정통한 시운전 인력을 활용해야 한다.

후자의 요구사항이 매우 중요함에도 불구하고 가끔 과소평가되고, 시운전 계획에 포함되지 않는다. 다음에서 결함회피와 문제해결 및 하부시스템에서의 결함수정에 대한 몇 가지 조사방법을 소개한다.

[1] 유압시스템

유압의 물리적 현상과 요소의 기능에 대한 상세한 지식은 결함을 찾아내고 수정하는데 매우 중요한 조건 중 하나이다.

유압시스템 결함의 가장 중요한 원인은 다음과 같다.

① 서투른 유지관리(부족한 오일, 충분하지 않은 필터관리, 오염된 오일 등)

② 요소의 수명에 대한 과도한 기대

유지보수 기록을 유지하는 것은 유압시스템을 더 오래 가동하는 데에 도움이 된다. 동일한 결함사고를 빨리 찾아내고 재발을 방지하기 위하여 이전에 발생한 결함을 정확하게 기록하여야 한다. 결함이 발생할 때 기능도, 제어순서뿐만 아니라 회로도와 부품이름이 적힌 부품 목록을 포함한 완전한 기술문서를 확보하는 것이 중요하다.

실제 플랜트의 시운전에 앞서, 시운전 중의 결함을 쉽게 피할 수 있기 때문에 특정한 기본규칙들을 준수해야 한다.

(1) 결함회피

시운전 결함을 피하기 위하여 다양하고 중요한 하부 조립체와 설정값들을 점검하는 것이 유용하다고 증명되었다.

① 유압회로도에 따라 장치와 하부 조립체들의 모든 요소의 배열을 점검해야 한다.

② 유닛에 설치된 밸브는 유압회로도에 있는 설정값과 비교하며 확인해야 하고, 밀봉도 점검한다.

③ 배관도에 따라 조인트 정확성을 점검한다.

④ 각 유닛과 하부 조립의 표식을 확인한다.

⑤ 장치와 하부 조립체의 각 부품들을 포함한 전체 시스템의 이물질과 오염을 깨끗이 청소한다.

⑥ 모든 파이프와 튜브가 뒤틀려 있지 않은지, 다른 목적으로 사용되고 있지는 않은지 확인하여 유압 요소에 다른 장력이 발생하지 않도록 한다.

⑦ 정상적인 동작을 위하여 전동기와 펌프 사이의 커플링을 점검하고 커플링 요소들 사이의 백래시를 점검하는 것이 중요하다. 그렇지 않으면 펌프와 전동기는 불안정하게 회전하여 빨리 파손된다.

⑧ 전동기의 회전방향, 펌프도 마찬가지로 오일탱크가 채워지기 전에 점검해서는 안 된다.

⑨ 유압시스템에 유압 축압기가 있으면 가스압력을 회로도 상의 압력과 확인하여 고무 블레이더가 파손되지 않도록 한다. 이 용도로 사용되는 가스주입 기구는 오로지 주입 용도로만 사용하며, 질소만이 유일하게 사용되는 가스이다. 가스가 봉입된 유압유 축압기를 채울 때, 오일회로에 오일탱크로 가는 배출밸브가 있어야 한다.

⑩ 시운전 중에 가스가 고무 블레이더에서 새어 나오는지 확인할 필요가 없도록 유압 축압기가 채워질 때 가스밸브가 단단히 조여졌는지 비눗물로 점검한다.

⑪ 유압시스템의 모든 레버작동 방식의 밸브는 정확한 위치에 있는지 레버위치를 확인해야 한다. 솔레노이드로 작동되는 모든 밸브는 수동 우선 작동 기능과 함께 솔레노이드의 전압과 전류를 확인해야 한다.

⑫ 유연성 튜브의 굽힘상태와 뒤틀림을 점검한다.

⑬ 시운전을 위해 사용지침서에 명시된 종류의 오일을 준비한다.

⑭ 필터의 막힘을 확인한다.

(2) 문제해결

시운전 중 결함이 발생하더라도 문제해결을 체계적으로 해야 한다. 먼저 결함의 발생장소를 찾아야 한다. 다음으로 순차기능도, 유압회로도, PLC와 압력측정기를 이용하여 상세한 결함위치를 추적해야 한다.

Yes와 No 선택형의 간단한 진단 프로그램이 아주 중요한 도구를 제공한다. 체계적인 질문과 예상되는 결함의 원인관리는 결함을 신속히 추적하는데 도움이 된다.

다음에서 전형적인 시운전 결함을 진단하는 프로그램의 예를 설명한다.

[사례 1] '압력 없음' 진단 프로그램

공작물이 고정되어 있을 때, 실린더 Z2는 전진해야 한다. 그러나 실린더 Z2는 전진하지 않고 계속 후진 위치에 머물러 있다. 압력게이지를 이용하여 유압실린더 Z2에 압력이 걸리지 않음을 알 수 있다. 여기에는 많은 원인이 있다. 첫째로 예상되는 결함은 제어시스템의 유압부에서 찾을 수 있다. 이것은 '압력 없음' 진단 프로그램의 도움으로 이루어질 수 있다.

표 Ⅲ-22 예 : "압력 없음" 진단 프로그램

압력 없음		
↓ (Yes)		
펌프가 가동되는가?	→ No	전동기의 스위치를 ON으로 한 후 휴즈 확인 전압 점검 전동기의 회전방향 확인
↓		
오일이 있나?	→	오일을 채움
↓		
오일에 기포는 없나?	→	오일레벨 확인 : 물에 의한 오일오염 점검 흡입라인 누설 흡입필터의 막힘 점검
↓		
수동레버밸브의 위치가 정확한가?	→	수동레버 위치 확인 배관 내 오일의 흐름 확인 다른 곳에서 누설 확인
↓		
펌프가 오일을 공급할 때 오일의 저항을 받고 있는가?	→	펌프압력 확인 펌프 rpm과 오일종류 확인 펌프 유량효율 확인, 필요시 펌프 교체
↓		
방향제어밸브가 정확한 작동 위치에 있는가?	→	방향제어밸브 작동 점검 솔레노이드 전압 확인 밸브 피스톤 전환 확인
↓		
오일온도가 적정한가?	→	과열온도 원인 조사(온도 과열 진단 프로그램)
↓		
펌프온도가 70℃ 이상인가?	→	과열 원인 조사 냉각기 성능 점검 탱크의 열손실 개선
↓		
압력계의 지시가 올바른가?	→	압력계 점검 공급라인 점검 압력계 보호밸브나 압력계 완충 점검
↓		
압력제어밸브가 바르게 작동하는가?	→	밸브 세팅 조정 제어피스톤의 부드러운 작동 확인 완충장치 청소, 오일 누설라인의 배압력 제거 밸브 교체
↓		
매니폴드에서 오일이송이 잘되는가? 배관은?	→	오일 이송 확인
↓		
유압유가 실린더에서 제대로 작동하나?	→	실린더 점검 가스켓 교환

[사례 2] '급격한 기계적인 운동' 진단 프로그램

표 Ⅲ-23 '급격한 기계적인 운동' 진단 프로그램

급격한 기계적인 운동 ↓ (Yes)		
방향제어밸브가 정확히 작동하는가?	→ (No)	솔레노이드의 제어전압 점검 방향제어밸브의 작동시험 제어압력을 점검, 스로틀 설정을 점검 유량제어밸브의 차압밸브에서 배압을 점검 스로틀 간극의 청소상태 검사 수동으로 서보밸브를 작동
↓		
라인과 실린더가 비었는가?	→	기포가 없는 오일이 나올 때까지 라인과 실린더를 비움 큰 (오일의) 흡입 단면적을 선정, 펌프 가스켓 점검
↓		
정확한 압력이 가해지는가?	→	'압력이 형성되지 않음' 진단 프로그램에 따라 점검을 실시 필터의 오염 점검
↓		
다른 방향 제어밸브가 작동되고 있는가?	→	회로도에 따라 오일의 흐름 점검
↓		
회로도 상의 배압이 가해지고 있는가?	→	과도압력이 가해지는 원인을 점검 복귀라인의 필터 오염 점검, 방향제어밸브의 회로 점검
↓		
기계적인 요소에 의해 운동이 차단되는가?	→	체결 볼트와 클램핑 요소의 위치 점검 가이드 요소와 윤활유 흐름의 마찰 점검(피스톤로드/가이드의 정렬상태, 표면, 고착마찰, 가이드레일의 편심) 정확한 타입의 윤활유인지 점검 가스켓의 설치와 마모 점검, 가스켓 재질과 형식 점검
↓		
작동하는 피스톤 혹은 피스톤 로드가 고착되었는가?	→	작동하는 피스톤, 실린더 코어, 피스톤 로드를 수리 또는 교체

[사례 3] '온도가 너무 높음' 진단 프로그램

표 Ⅲ-24. '온도가 너무 높음' 진단 프로그램

온도가 너무 높음

↓ (Yes)

진단		조치
오일탱크에서 열 방출이 잘 되는가?	→ (No)	오일탱크의 표면적이 너무 작음 오일탱크의 설치를 개선 환기를 개선
부착된 냉각시스템이 적절히 작동하는가?	→	팬 전동기를 켬 냉각 리브를 청소 냉각기를 가동 입구 온도 점검 냉각 파이프의 침전물 점검 냉각시스템 개선
유체 오일의 순환이 잘 이루어지는가?	→	펌프 출구에 비해 오일탱크가 너무 작음 오일 레벨(양) 점검
적절한 품질의 오일을 사용하는가?	→	점도가 다른 오일 사용
모든 부품과 파이프에서 낮은 유동제한이 보장되는가?	→	튜브와 밸브 내의 과도한 유동속도(복귀 라인) 높은 내부 누설 손실(오버랩이 작음, 과도한 공차, 결함 가스켓)
압력제어밸브의 설정은 적절한가?	→	압력 설정이 너무 높음 적절하지 않은 밸브 특성
오일이 원하는 작동온도에 도달하는가?	→	플랜트는 구조적으로 높은 열효율을 얻을 수 있도록 설계 (펌프의 출력이 압력을 받지 않고 순환하도록 펌프를 설치, 축압기 사용, 가변용량형 펌프 사용, 요구되는 작업에 필요한 유량과 압력만을 발생)

[사례 4] '큰 소음' 진단 프로그램

표 Ⅲ-25 '큰 소음' 진단 프로그램

큰 소음		
↓ (Yes)		
펌프/전기전동기는 정확히 축심을 맞추어 설치되었는가?	→	펌프 정렬 커플링 마모 점검
↓	↑ (No)	↓
오일탱크 안의 오일 레벨은 적절한가?	→	오일 보충
↓		↓
흡입 유량의 제한은 없는가?	→	흡입필터 청소 흡입튜브가 굽음 흡입밸브 고착 너무 높은 오일 점도 너무 낮은 온도 너무 높은 펌프 속도 공급펌프의 결함 튜브의 단면적이 너무 좁음 흡입튜브의 수축 제거 흡입튜브의 국부적 축소 제거
↓		↓
오일에 기포가 생기는가?	→	흡입과 복귀 파이프의 선단이 최소 오일레벨 밑에서 충분히 떨어져 있지 않음 흡입튜브의 끝이 복귀튜브에 너무 가깝다. 흡입튜브의 연결부에서 누설 복귀오일에서 기포 유입 펌프 가스켓 결함 펌프 마모
↓		
펌프가 오일을 뿜어내는가?	→	오일탱크에 너무 여유가 없음, 공기 필터 교체 펌프의 회전 방향 점검
↓		
펌프 타입이 정확한가?	→	적정 타입을 사용
↓		
소음이 낮아졌나?	→	펌프와 탱크 및 튜브 사이에서 구조적으로 발생하는 소음 차단 가동속도 감소, 압력 상승율을 줄이기 위해 파이프라인을 고정 라인 길이에 대한 펌프진동의 음파와 같지 않도록 변경하고 입력제어밸브의 고유 주파수 변경 수동적 소음 제거 실시

자세한 결함에 대한 원인 및 문제해결은 Ⅳ장 2.4를 참조하라.

[2] 공압시스템

유압 하부시스템에서와 같이 문제해결과 결함수정을 위해 가장 중요한 필수조건 중의 하나가 유닛 기능에 대한 정확한 지식과 공압 공정의 물리적인 상호 의존성이다.

공압시스템 결함의 가장 중요한 원인은 다음과 같다.

① 잘못된 유지관리(충분치 않은 필터 관리, 공기 네트워크에 결함이 있는 튜브, 응축수분, 오염된 공기 등)

② 부품의 수명에 대한 과도한 기대

유지보수 기록을 유지하는 것이 공압시스템을 더 오래 가동하는 데에 도움이 되는 도구임이 증명되었다. 동일한 결함사고를 빨리 찾아내고 재발을 방지하기 위하여 이전에 발생한 결함을 정확하게 기록하여야 한다. 결함이 발생할 때 기능도나 제어순서를 알 수 있는 것뿐만 아니라 회로도와 부품 이름이 적힌 부품목록을 포함한 완전한 기술문서를 확보하는 것이 중요하다.

실제 플랜트의 시운전에 앞서, 시운전 중의 결함을 쉽게 피할 수 있기 때문에 특정한 기본규칙들을 준수해야 한다.

(1) 결함회피

시운전 결함을 피하기 위하여 다양하고 중요한 하부 조립체와 설정값들을 점검하는 것이 유용하다고 증명되었다.

① 주의 깊고 때로는 폭넓은 기술이 결함과 정지시간을 상당히 줄일 수 있다.

② 공압회로도에 따라 장치와 하부 조립체들의 모든 요소의 배열을 점검해야 한다.

③ 유닛에 설치된 밸브는 공압회로도에 있는 설정값과 비교하며 확인해야 한다. 밀봉도 점검한다.

④ 모든 파이프와 튜브가 뒤틀려 있지 않은지, 다른 목적으로 사용되고 있지는 않은지 확인하여 유압 요소에 다른 장력이 발생하지 않도록 한다.

⑤ 각 유닛과 하부 조립체의 표시라벨을 목록과 함께 확인한다.

⑥ 전 시스템의 이물질과 오염을 깨끗이 청소한다.

⑦ 이물질이 많으면 모든 커버와 자체세정 요소들을 점검한다.

⑧ 모든 제어밸브와 작동밸브들이 안전하게 배기하는지 점검한다.

⑨ 모든 수동 레버식 밸브가 적절한 초기위치에 있는지 점검해야 한다.

⑩ 솔레노이드로 작동되는 모든 밸브는 수동 우선 작동 기능과 함께 솔레노이드의 전압과 전류를 확인해야 한다

⑪ 서비스 유닛의 필터오염을 점검한다.

⑫ 시스템의 과도한 윤활을 피하기 위하여 표준에 준한 분무를 하도록 윤활기를 조정한다.

⑬ 윤활기에 사용되는 오일은 정해진 것만 사용해야 하며, 오일은 항상 준비되어 있어야 한다.

⑭ 적절한 기능을 위해 응축수 배출을 점검한다.

(2) 문제해결

시운전 중 결함이 발생하더라도 문제해결을 체계적으로 해야 한다.

먼저 결함의 발생장소를 찾아야 한다. 다음으로 순차기능도, 공압회로도, PLC와 압력측정기를 이용하여 상세한 결함위치를 추적해야 한다. Yes와 No 선택형의 간단한 진단 프로그램이 아주 중요한 도구를 제공한다. 체계적인 질문과 예상되는 결함의 원인관리는 결함을 신속히 추적하는데 도움이 된다.

전형적인 시운전 결함을 하나의 예로 설명해 본다.

실린더 Z1이 전진하지 않아서 공작물을 고정할 수 없다.

첫 째로 예상되는 결함은 제어시스템의 공압부에서 찾을 수 있다. 이것은 '실린더가 전진하지 않음' 진단 프로그램의 도움으로 이루어질 수 있다.

표 Ⅲ-26 예 : '실린더 전진하지 않음' 진단 프로그램

점검 항목		조치
실린더가 전진하지 않음		
↓ (Yes)		
전원이 공급되는가?	→ (No)	제어전압 연결 제어전원 점검
↓		
압축공기가 서비스 유닛으로 들어오는가?	→	에어 네트워크 누설 점검 압축기 시스템 점검
↓		
서비스 유닛의 shut-off 밸브가 열리는가?	→	shut-off 밸브를 연다
↓		
감압밸브가 적절히 설정되었나?	→	감압밸브를 규정된 압력 값으로 설정
↓		
필터는 깨끗한가?	→	필터를 청소하거나 교환
↓		
공기공급라인은 정상인가?	→	누설을 점검하여 누설을 줄임 튜브 혹은 파이프 교체, 튜브 크기대로 잘라서 막힌 곳 점검. 나사 조인트 점검
↓		
솔레노이드가 작동하는가?	→	솔레노이드가 작동되지 않음(PLC 프로그램을 점검, 결함 수정) 솔레노이드 결함(교체), 밸브 결함(파일럿 제어 막힘, 피스톤 슬라이드의 편심)
↓		
모든 작업라인이 정확히 연결되었나?	→	공압회로도대로 작업라인을 연결하여 결함을 수정
↓		
교축부를 갖는 한 방향 밸브(유량제어밸브)는 적절히 설치되었나?	→	유량제어밸브의 설치방향을 수정하고 정해진 값으로 설정
↓		
압력게이지의 표시는 정상인가?	→	압력게이지 점검, 공급라인 점검
↓		
압축공기가 실린더에서 작업을 수행하는가?	→	실린더 점검, 가스켓 교체

자세한 결함에 대한 원인 및 문제해결은 Ⅳ장 3.2를 참조하라.

[3] 전기 구동부

전기 구동요소(전동기)의 기능과 전기적 프로세스 간의 물리적 간섭에 대한 정확한 지식이 문제해결과 결함수정에 필수적인 조건이다.

전기 구동장치를 시운전하고 소비자에게 인도하기 전에 모든 기술 표준에 대한 적합성과 정확한 기능에 대하여 점검해야 한다. 이에 대한 결과는 전기시스템 인증 대장에 기록해야 하고 다른 기술문서에도 첨부해야 한다. 모든 전기부품과 요소의 정확한 표시라벨뿐만 아니라 회로도, 배선도, 단자결선도, 시운전 표준을 포함하는 완벽한 기술문서는 문제해결을 쉽게 해준다.

수리부품의 시험기록과 인증기록을 포함한 유지보수 기록을 확보하는 것이 시스템 가동에 도움이 되는 것으로 판명되었다. 전기 구동장치를 시운전하기 전에, 시운전 중의 결함을 쉽게 피할 수 있도록 특정한 기본규칙들을 준수해야 한다.

(1) 결함회피

시운전 결함을 피하기 위하여 다양하고 중요한 하부조립체와 설정값들을 점검하는 것이 유용하다고 증명되었다.

① 전기 구동기 제어에 대한 신중한 기술이 플랜트 가동 중의 결함과 정지를 현저히 줄여준다. 시운전 절차에 정확한 계획이 시운전 소요시간을 줄인다.

② 주 회로에 대해서는 전기회로도에 따라서 정확한 배열을 점검하고 전체에 대해서는 장비의 모든 부품들을 점검한다.

③ 전동기 보호 릴레이 같은 특정 유닛의 설정값이 그 요소의 회로도에 명시된 대로 설정되었는지를 비교하고 틀리면 정정해야 한다.

④ 배선문서(도면 혹은 표)대로 전기케이블이 정확히 배선되어 있는지 점검한다.

⑤ 전기 구동부의 각 유닛과 하부 조립체의 표시라벨을 라벨목록과 함께 확인한다.

⑥ 전기구동부 전체 시스템이 주변 환경에 맞게 설계되어야 한다(폭발위험에 대한 보호, 먼지보호 등). 스위칭 장치는 적절한 폐쇄공간에 설치해야 한다(스위치 케비넷).

⑦ 공냉식 전동기는 벽으로부터 최소한의 공간이 있는지 점검한다.

⑧ 평가를 위해 휴즈를 점검한다. 열보호릴레이 설정값을 점검한다.

⑨ 구동 단과 출력 단이 일치하는지 점검한다.

⑩ 전동기가 정확히 설치되었는지 점검한다.

⑪ 모든 보호 장비(장애 전류, 장애 전압, 절연감시, PEN도체, 접지도체 등)를 점검한다.

(2) 문제해결

시운전 중 결함이 발생하더라도 문제해결을 체계적으로 해야 한다. 전기시스템의 문제해결은 그림 Ⅲ-33에 따라 실시해야 한다.

자세한 결함의 진단 및 문제해결은 Ⅳ장 2절을 참조하라.

다음의 사례는 전기구동부 문제해결 절차를 보여준다.

전동기는 순간적으로 시동하고 다시 즉시 꺼진다.

그 원인은 제어시스템(PLC 프로그램), 주 회로 혹은 구동요소 자체에 있을 수 있다. 그림 Ⅲ-34의 기능도는 결함을 찾기 위해 초기에 사용된다.

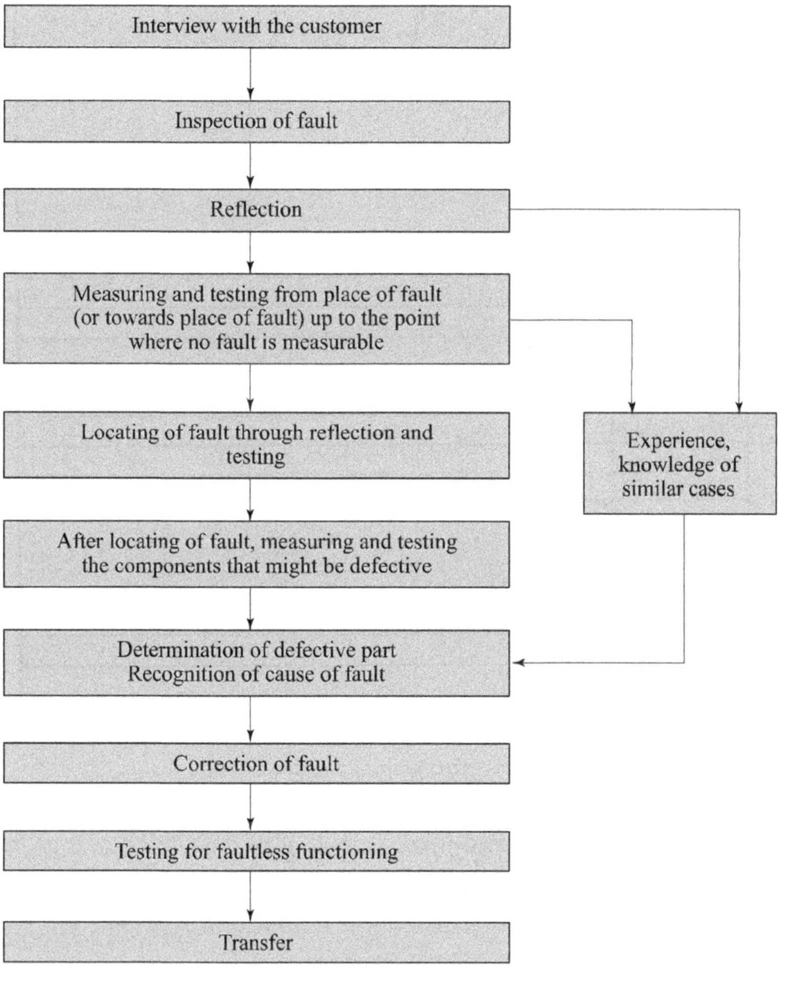

그림 Ⅲ-33. 전기시스템 문제해결을 위한 일반적 절차

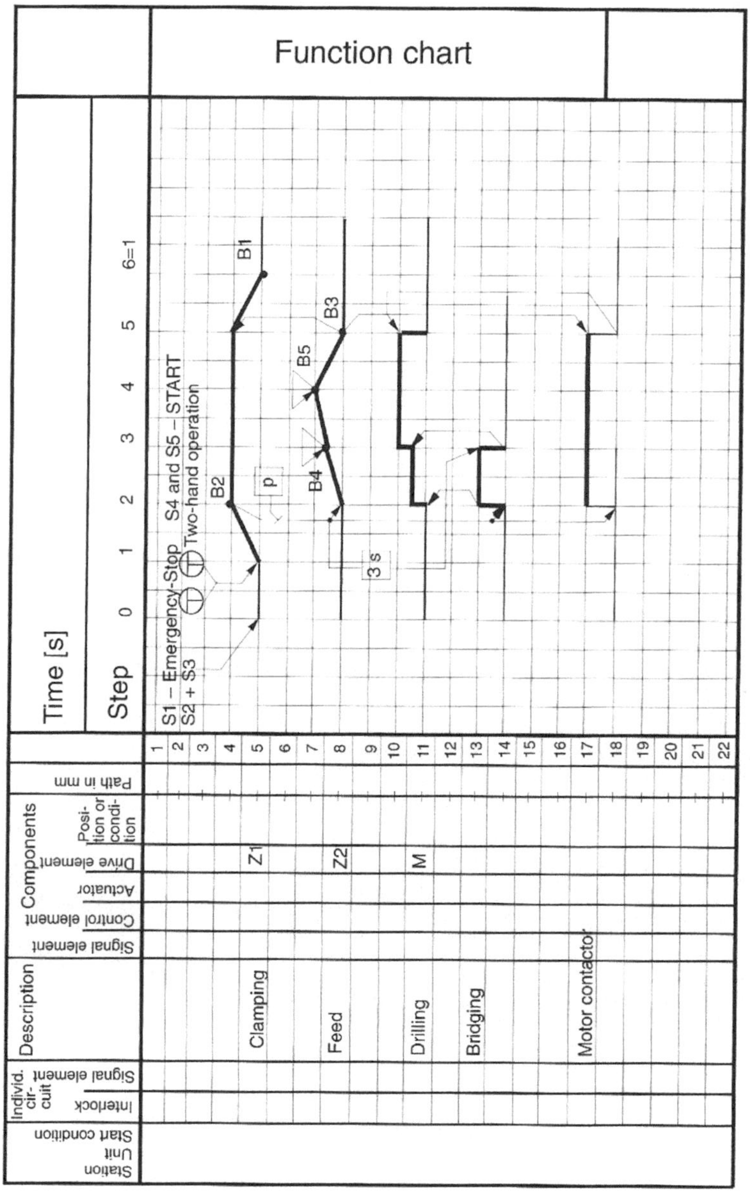

그림 Ⅲ-34. 기능도

기능도에서 유추될 수 있는 예상결함은 다음과 같다.

① 시스템이 시작됨을 알리는 센서신호가 더 이상 유효하지 않다(프로그램 오류, 센서신호가 유지되지 않음).

② 클램핑 압력 p가 풀려서 전동기시동 신호가 없다.

③ 브리지 접촉기 K2가 짧은 신호를 받고 나서 다시 소자된다(프로그램 오류).

주 회로 결함은 다음과 같다.

전기회로도는 주 회로의 문제해결에 가장 적합한 도구이다.

먼저, 회로도를 가지고 모든 전기연결과 정확한 배치를 점검해야 한다. 보호릴레이 F4와 F5에 대한 설정값을 점검하는 것이 중요하다.

모든 데이터와 배치가 회로도와 일치하면 다음에는 적당한 시험기로 전류경로를 점검한다. 전류가 전동기에 통하고 있더라도 결함이 제거되지 않으면 결함은 실제로 전동기에 존재한다. 예상결함 찾기 표에서 이것을 확인할 수 있다.

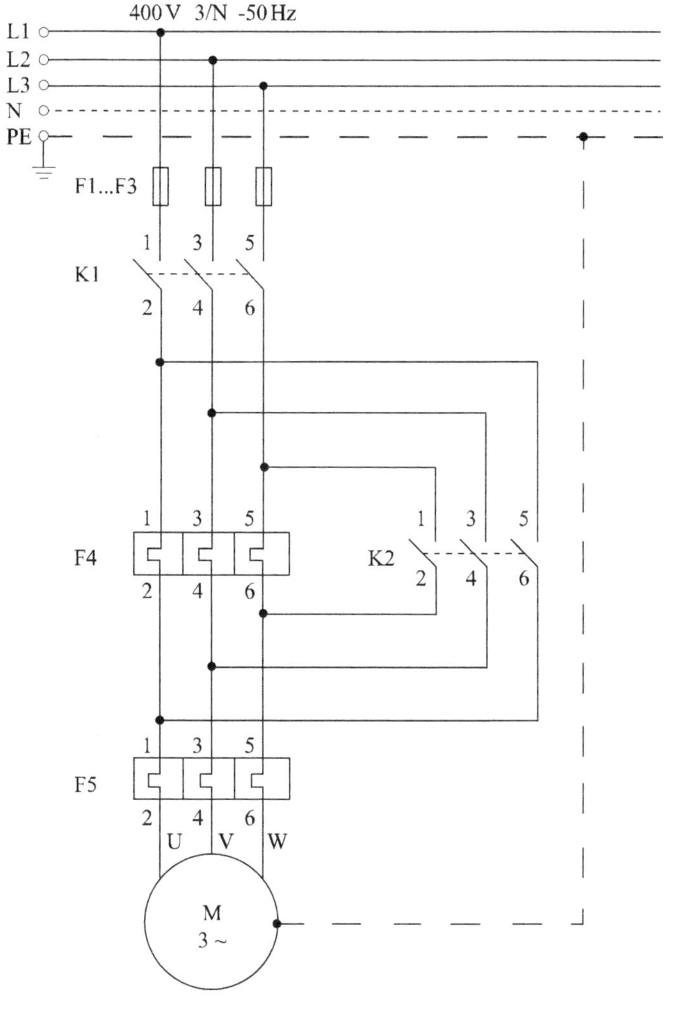

그림 Ⅲ-35. 전기회로도

표 Ⅲ-27. 3상 전류 비동기 전동기에서 신속 결함 찾기 경로

결함 징후	간단한 진단	조 치
부하상태에서 전동기의 속도가 너무 떨어지거나 멈춤	과부하	과부하를 제거하거나 더 큰 용량의 전동기를 사용
전동기로 인가되는 전압이 너무 낮음	흔히 충분하지 않은 전원공급라인 사용	더 용량이 큰 전원공급라인 사용
전동기가 델타결선 대신 스타결선 됨	스타결선은 전압이 Ö3배 되어야 함	단자박스에서 조정극판과 정확한 결선을 점검한다. 스타-델타 결선에 대해서는 단지 그 역이 실행되지 않는다는 것이 가능하다.
한 상이 다른 상들에 비하여 온도가 더 상승하면 전동기는 낮은 부하에서 멈춤	스타-델타 시동회로에 대하여 역 스위칭(역 회전) 배선이 잘못됨	회로도대로 정확히 배선한다.

자세한 결함에 대한 원인 및 문제해결은 Ⅳ장 4.2, 4.4를 참조하라.

Ⅳ 자동화시스템의 유지보수

1. 자동화시스템 유지보수
2. 유압시스템의 유지보수
3. 공압시스템의 유지보수
4. 전기시스템의 유지보수

01 자동화시스템 유지보수

1.1 개요

자동화시스템의 유지보수는 시스템을 사전에 좋은 상태가 되도록 유지하며 고장 후에도 빠르게 정상상태가 될 수 있도록 하는 것으로서, 유지보수의 목적은 자동화시스템을 항상 최량의 상태로 유지하고 고장의 배제와 수리를 신속하고 확실하게 처리함에 있다.

그림 Ⅳ-1. 자동화시스템의 유지보수 및 보전 장면

[1] 유지보수 관리의 이점

유지보수 관리는 경제적인 이점과 생산계획의 확실성이 보장된다는 측면에서 이점이 있다.

① 유지보수 관리는 복잡하고 귀찮으며, 예산 조치(교환, 수리 등)가 필요하기 때문에 유지비가 약간 높아질 수 있어 경제적인 면에서는 손해가 있으나 사전 유지보수로서 생산라인의 원활한 운영과 장비의 고장에 대비하기 위한 사전정비에 꼭 필요하다.

② 자동화시스템 사전에 예방정비를 위한 유지보수를 함으로써 예기치 않은 기계의 고장, 파손이 생산 도중에서 발생되는 것을 방지할 수 있고 수리 기간을 단축할 수 있다. 그리고 기계의 내구 연수가 길어지고 장비의 가동이 지속적으로 유지되며 생산품의 품질이 균일하게 제작될 수 있다. 따라서 전체적인 공장운영에서 자금계획, 재고계획, 판매계획이 올

바르게 설계될 수 있고 시간과 노력이 절약되며 수리를 위한 공장 휴지의 예고를 경영자, 생산 담당자가 알 수 있는 이점이 있다.

[2] 자동화시스템의 신뢰성

자동화시스템의 유지보수를 통한 신뢰성 확보는 자동화시스템 설비 또는 1개의 부품 기능이 얼마 동안이나 안정하게 사용할 수 있느냐 하는 정도나 성질을 말하며, 설비 보전이나 비싼 설비 장치에서는 매우 중요한 척도가 된다.

이런 척도를 나타내는 것이 신뢰성이다. 신뢰성이 확보되면 사용 시간과 고장 발생과의 관계를 알 수 있고, 운전 조업 중인 설비의 장래 가동 상황을 예측하고 수정할 수 있으며, 설비의 수명이 판명 및 설비의 운전조업 계획에 참고가 된다. 신뢰성을 나타내는 척도는 신뢰도, 평균 고장 간격 시간, 평균 고장 수리 시간, 고장률 등이며, I장의 3.1에 설명되어 있다.

[3] 자동화시스템 유지보수 정의

자동화시스템의 유지보수 절차로서 고장보고, 분석 및 교정조치의 정의는 다음과 같다.

① 고장(failure) : 제품이 특정 조건 하의 특정 한계 범위 내에서 한 가지 이상의 교구된 기능을 수행하지 못하는 사건으로 고장은 파국적 손실을 일으키거나(완전한 기능 상실) 허용 한도를 벗어날(특정 한계를 넘고 기능이 저하) 수 있다.

② 결함(fault) : 부품 고장, 튜닝불량(detuning), 정렬불량(disalignment), 조정불량(mis-adjustment) 등으로 인한(파국적 손실에 대비되는) 성능 저하가 있다.

③ 이상(anomaly) : 요건 명세서, 설계서, 사용자 설명서, 표준 등에서 벗어나거나 어떤 사람의 인식 또는 경험에서 벗어나는 모든 상태이다.

1.2 자동화시스템의 유지보수 및 고장

[1] 자동화시스템의 유지보수 절차

자동화시스템의 유지보수를 위한 고장 보고, 분석 및 조치 시스템과 외부와의 흐름도는 그림 Ⅳ-82와 같다.

① 고장/유지보수 발생보고 : 초기입력정보는 고장이 발생하는 최초 시점과 가장 밀접하게 연관되는 출처로부터 제공한다.

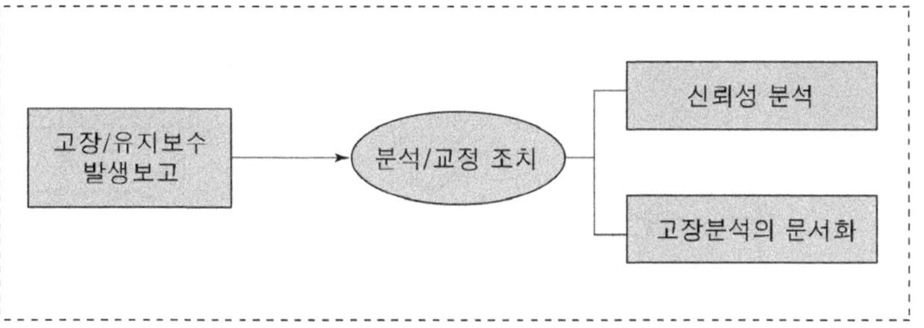

그림 Ⅳ-2. 자동화시스템의 유지보수 흐름도

② 분석/교정조치 : 고장발생의 최초 시점은 고장 보고, 분석 및 교정 조치 시스템이 최초로 가동된 것이 언제였는가에 따라 유동적 고장 보고, 분석 및 교정 조치 시스템 내에서 문서화된 논리적 분석과정으로 고장이 왜 발생하였는가에 대한 해답을 제시한다.

③ 신뢰성 분석 : 고장원인에 대한 고장유형이 예상 고장유형과 일치하는지의 여부를 확인하기 위해 고장유형 및 영향분석과 같은 다른 신뢰성 분석결과와 대조한다.

④ 고장분석의 문서화 : 고객검토는 즉석회의나 고객대표를 참여시켜 고객의 욕구충족을 위한 고장분석의 문서화가 필요하다.

자동화시스템의 유지보수 절차는 다음과 같은 단계로 이루어진다.

① 자동화시스템의 개발 및 납품에 있어서 구정 부품 및 공정 등과 관련된 모든 고장과 문제점들을 기록하여 관리한다.

② 근본 원인의 파악을 위한 후속 분석을 위해 고장 및 문제점들의 확인, 선택 및 우선순위를 결정한다.

③ 근본적인 고장이나 문제점의 재발 방지를 위한 교정 조치의 확인, 실행 및 검증을 한다.

④ 향후에 제품이나 서비스에서 유사한 문제가 반복적으로 발생하는 것을 방지하기 위해 추가적이고 반복적인 형태의 신뢰성 확보를 위한 작업을 수행한다.

자동화시스템의 고장보고, 분석, 교정조치에 대한 전체적인 단계는 그림 Ⅳ-3과 같이 수행한다. 자동화시스템의 유지보수를 위하여 사전에 시스템 점검을 위한 운영시스템은 상시 고장 탐지를 시작으로 고장분석 및 원인 분석을 통하여 보수조치하고 새로운 교정조치를 세우는데 그 목적을 두고서 수행해야 한다.

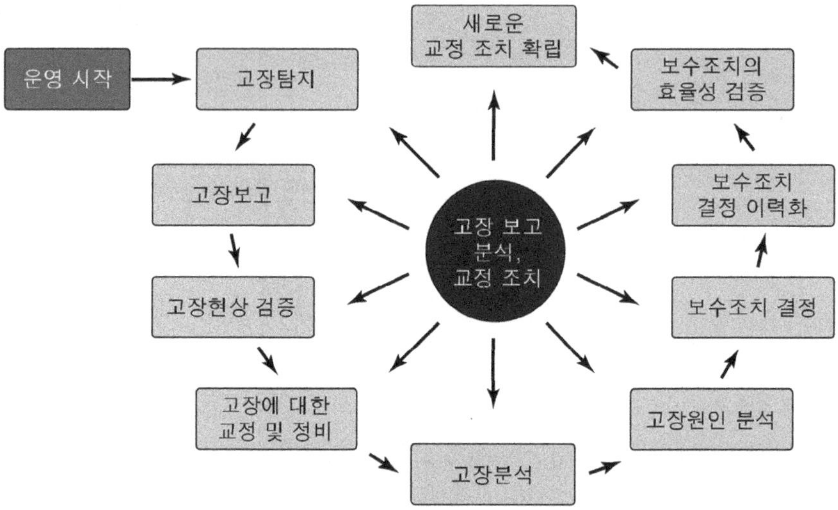

그림 Ⅳ-3. 자동화시스템의 유지보수 절차

[2] 자동화시스템의 고장분석 절차

자동화시스템의 고장에 대한 분석절차는 그림 Ⅳ-4와 같은 단계로 분석한다.

① 고장 원인(failure cause) : 자동화시스템의 고장 메커니즘을 유발하거나 활성화하는 상황으로서 설계 결함, 조립 기법, 소프트웨어 오류, 제조공정, 사무 착오 등을 들 수 있다.

② 고장 메커니즘(failure mechanism) : 고장을 일으키는 과정, 기능 저하의 과정 또는 점진적으로 발전하여 결국 특별한 고장 유형을 일으키는 일련의 상황이다.

③ 고장 유형(failure mode) : 고장의 원인이 되는 불량의 유형, 고장의 결과 또는 고장이 관측되는 방식을 말한다.

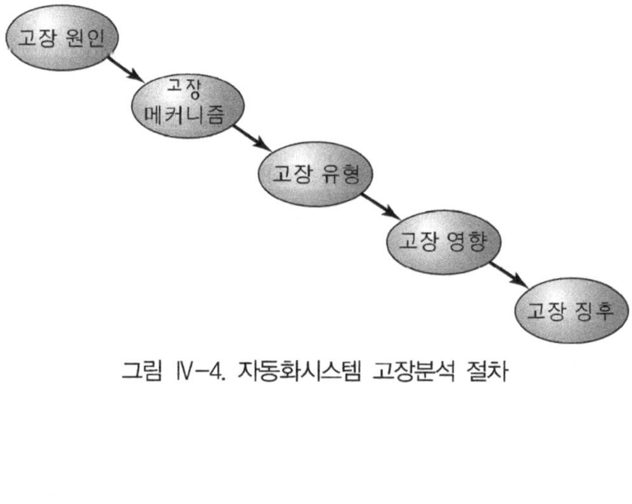

그림 Ⅳ-4. 자동화시스템 고장분석 절차

④ 고장 영향(failure effect) : 어느 한 고장 유형이 제품이나 서비스의 가동, 기능 또는 상태에 초래하는 결과이다.

⑤ 고장 징후(failure symptom) : 고장의 존재나 발생을 표시하는 상황, 사건 또는 상태, 되풀이 될 수 없는 일시적이고 간헐적인 징후도 포함된다.

[3] 자동화시스템의 고장 심각도 분석

자동화시스템의 고장에 대한 심각성은 실제 생산성 저하 및 공장라인의 공정 정지로 나타나므로 매우 심각하다. 따라서 사전정비를 통하여 예방해야 한다. 고장이 발생하였을 경우 심각도의 등급은 그림 Ⅳ-5와 같다.

안전 및 책임 심각도를 결정하기 위하여 고장영향과 치명도에 따라서 심각도 점수를 부여하면 표 Ⅳ-1과 같다.

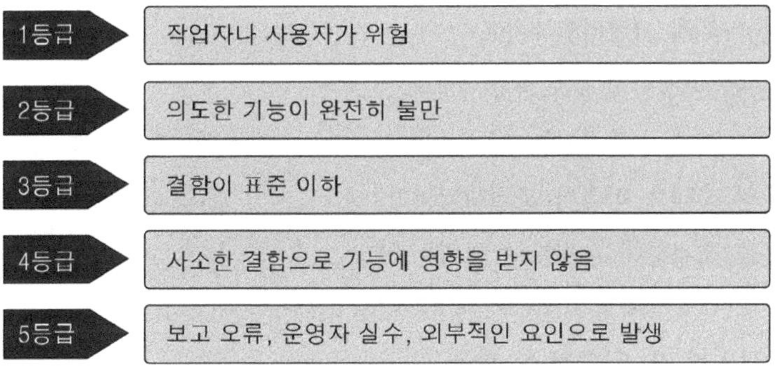

그림 Ⅳ-5. 자동화시스템 고장 심각도 등급

표 Ⅳ-1. 고장 심각도

	점수	고장영향	치 명 도
심각도	100	위험 경고 없음	고장이 경고없이 시스템 운영에 영향을 주거나 법규를 위반하는 경우
	90	매우 높음	주 기능을 잃어버려서 시스템 운영을 할 수 없음
	80	높음	시스템을 작동할 수 없으며, 성능이 떨어져 사용자가 불만족함
	70	보통	시스템은 작동하나 편리기능은 작동하지 않음
	60	낮음	시스템은 작동하나 간단한 편리기능만 작동
	50	매우 낮음	사용자가 불량을 통지함
	40	적음	까다로운 사용자만 통지함

[4] 자동화시스템의 고장 조치 사항

작업현장에서 고장분석 및 유지보수를 위한 조치사항은 다음과 같은 단계로 이루어진다.

① 파괴 및 균열이 발생한 경우 개시위치를 확인하였는가?

② 균열이 발생한지 얼마나 되었는가?

③ 하중의 유형은 무엇인가?

④ 고장과 관련된 응력은 어느 방향인가?

⑤ 고장 메커니즘은 무엇인가?

⑥ 온도가 고장에 기인하였는가?

⑦ 기계적 마모가 고장에 기인하였는가?

⑧ 부식이 고장에 기인하였는가?

⑨ 적절한 재료가 설계에 사용되었는가?

⑩ 제품이 명세서와 일치하는가?

⑪ 부품을 올바르게 가공하였는가?

⑫ 구성 부품을 적절하게 조립하고 설치하였는가?

⑬ 수리를 올바르게 수행하였는가?

⑭ 구성부품의 상태를 적절히 조절하였는가?

⑮ 구성부품을 적절하게 유지보수 하였는가?

[5] 자동화시스템의 유지보수 활동

자동화시스템으로 자동화 생산라인이 구성된 생산현장에서는 유지보수팀을 구성하여 다음과 같은 순서로 유지보수 활동을 해야 한다.

이러한 유지보수시스템이 과거에 개별적인 유지보수데이터를 확보했다면 현재는 고장보고, 분석, 교정 개념의 발전과 응용범위가 확대되었고 컴퓨터의 비약적인 발전 그리고 인터넷과 같은 정보기술의 발달로 새로운 개념의 자료수집 방법이 제시되고 있다. 그러므로 미래는 새로운 분석기술이 개발될 것으로 생각된다.

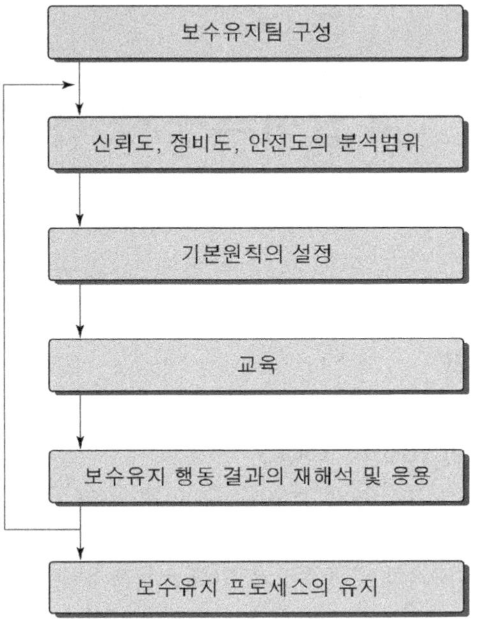

그림 Ⅳ-6. 유지보수 활동

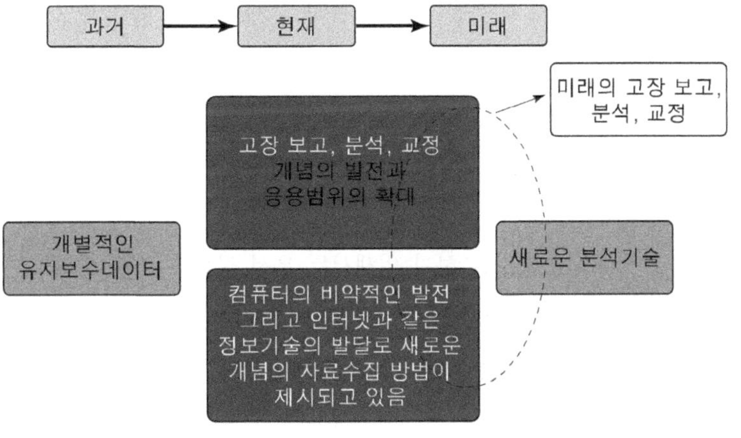

그림 Ⅳ-7. 유지보수 기술의 발전

02 유압시스템의 유지보수

2.1 유압시스템의 관리

[1] 유체고착 현상(hydraulic lock)

유체고착 현상이라고 하는 것은 그림 Ⅳ-8과 같이 스풀(spool)이 밸브의 내부 하우징에서 먼지, 여타 이물질이나 스풀 자체의 편심 등으로 인해 스풀을 한쪽 방향(편심)으로 밀어 붙이려는 힘이 작용하여 스풀이 밸브 본체에 밀어 붙여져 마찰저항이 증대하고 결국에는 전환밸브의 기능을 불가능하게 하는 현상을 말한다.

그림 Ⅳ-8과 같이 먼지, 여타 이물질 등이 스풀과 본체 사이에 들어가 스풀을 상부(上部)로 밀어 붙인다. 그러면 원주에 유지하던 힘의 균형이 깨져 본체에 밀어 붙이는 힘이 작용하여 마찰저항이 증대하고 결국은 밸브를 절환하려는 힘보다 강한 힘으로 밀어 붙여 밸브를 절환하는 것이 불가능하게 된다. 스풀의 가공 정밀도가 좋지 않고 편심이 되어도 동일한 현상이 일어날 수가 있다.

이와 같은 현상이 발생하지 않도록 하기 위해서는 우선 작동유 보관 관리부터 잘 해야 한다. 작동유는 가급적 주위환경의 상온과 보관 장소의 온도 차이가 심하지 않은 곳에 보관해야 한다. 왜냐하면 온도차가 심하면 작동유를 담은 용기(容器)에 뚜껑이 꽉 닫혀 있다고 하더라도 용기가 온도차에 의해서 팽창과 수축을 반복하면서 용기와 뚜껑 사이에 틈새가 생기게 되고 이 틈

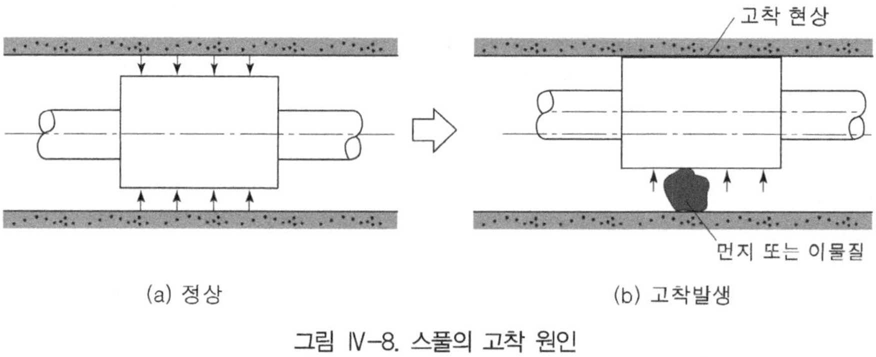

그림 Ⅳ-8. 스풀의 고착 원인

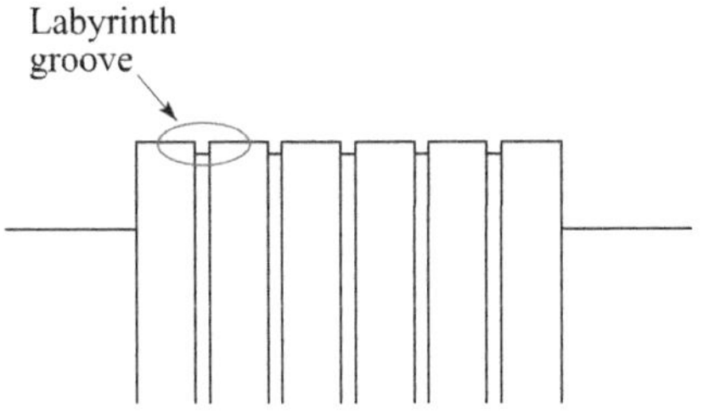

그림 Ⅳ-9. 라비린스 홈 가동도

새를 통해서 먼지나 물이 혼입할 수 있기 때문이다. 특히 옥외에 보관할 때는 용기를 15°정도 기울여 뚜껑(마개, cap)이 기울인 면의 위쪽에 위치하도록 보관하여야 우천(雨天)시에도 용기 내부로 먼지나 물이 침입하는 것을 방지할 수 있다.

한편, 유압요소의 정비 및 교체시에도 오염되지 않은 세척유(洗滌油)에 부품을 깨끗이 세척하여서, 작업 부주의로 시스템 내부를 오염시켜 유체 고착 현상이 발생하는 일이 없도록 각별한 주의가 필요하다.

이런 문제가 발생하는 것을 예방하기 위하여 전문제작회사에서는 스풀을 제작할 때 라비린스 홈(labyrinth groove)을 만들어 스풀 원주상에 힘의 균형을 유지하도록 하여 먼지나 가공 정밀도에 영향을 덜 받도록 한다.

[2] 흐름에 의한 힘(flow force)의 원리

절환밸브에는 유체고착현상 이외에 유체에 의한 이상(異常)한 힘이 발생할 수 있다.

이 힘을 일반적으로 흐름에 의한 힘(flow force)이라고 부르고 있다.

그림 Ⅳ-10과 같이 스풀이 절환할 때 오리피스(orifice)에서 조여진 압유(壓油)는 분류(噴流, Injection flow)가 되어 흘러간다.

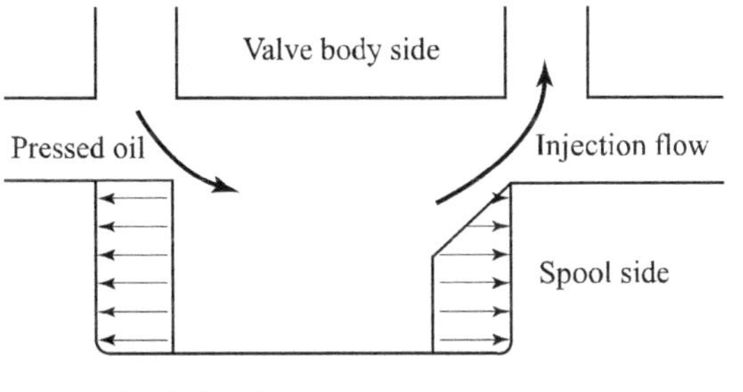

그림 Ⅳ-10. Principle of flow force

이때 베르누이 정리에서 속도가 빨라진 유체(작동유)는 압력이 감소하므로 그림 Ⅳ-10과 같은 압력 분포가 된다고 생각된다.

따라서 스풀은 유체의 흐르는 힘에 의해 좌측으로 움직이려 하는 힘을 받게 된다. 이 현상을 흐름에 의한 힘(flow force)의 원리라고 부른다.

이 원리는 다음과 같은 특성이 있다.

① 포트간의 압력 차가 작을수록 이 힘은 작다.

② 분류(噴流)의 유량이 작을수록 이 힘은 작다.

③ 모서리(edge)가 예리할수록 이 힘은 작다.

④ 틈새(clearance)가 작을수록 이 힘은 작다.

이상과 같이 유체 고착현상과 유체의 흐름에 의한 힘(flow force)의 원리에 의해서 절환밸브가 절환 불능이 되는 일이 일어나므로 작동유를 깨끗하게 사용할 것과 규정압력, 규정유량의 범위에서 사용하지 않으면 이 현상이 쉽게 발생하게 되어 작동불량의 원인이 된다.

[3] 실린더 내부 실(seal) 관리

차단회로(locking circuit) 등에서 실린더가 자연적으로 하강하는 경우는 실린더 내부에 있는 실(seal)이 파손, 마모 등의 불량에 의해 실린더 헤드엔드(head end = rod side) A부의 작동유가 캡엔드(cap end = head side) B부로 유입하여 실린더 하강을 차단(locking)하지 못함으로써 실린더는 자연히 하강한다.

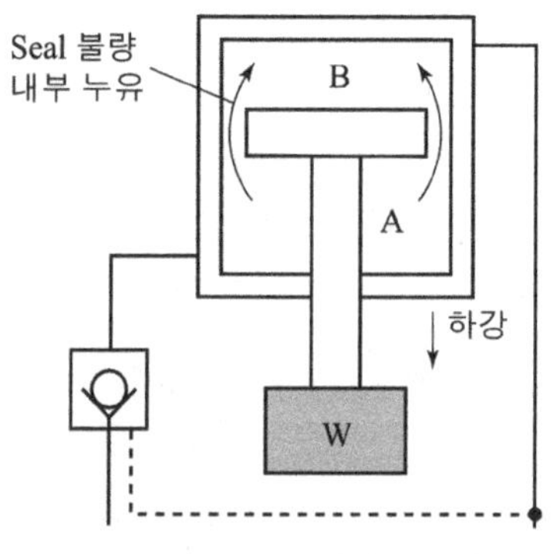

그림 Ⅳ-11. 실린더 내부 실(seal) 마모영향

이런 현상을 미연에 방지하기 위해서 각 요소에 사용하는 실(seal)의 재료별 수명을 알아내어 적기에 교환하는 제도적 관리가 필요하다.

[4] 펌프의 캐비테이션(cavitation) 방지를 위한 스트레이너(strainer) 관리

그림 Ⅳ-12와 Ⅳ-13의 오일 스트레이너(oil strainer)는 펌프 흡입측에 설치해서 펌프를 고장나게 할 위험이 되는 먼지나 이물질(異物質)을 여과(濾過)하는 것으로 그것의 망(網) 눈(目)의 크기는 일반적으로 다음과 같은 것이 많이 사용된다.

· Vane Pump 150 Mesh(눈의 크기는 0.104 mm)

· Gear Pump 100 Mesh(눈의 크기는 0.147 mm)

스트레이너를 너무 오랫동안 청소하지 않으면 여과된 먼지나 이물질이 망(網)의 눈을 좁아지게 하여 흡입용량이 적어지고, 극단적인 경우에는 펌프의 흡입용량 이하로 되어서 소위 캐비테이션 현상을 일으키고 커다란 소음이 발생한다. 이것을 고려해서 스트레이너의 크기는 펌프 토출량(흡입량)의 2배 이상의 것을 사용하는 것이 바람직하다.

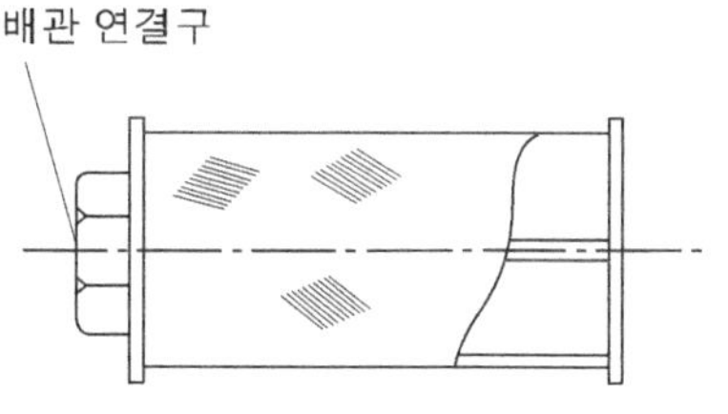

그림 Ⅳ-12. 오일 스트레이너

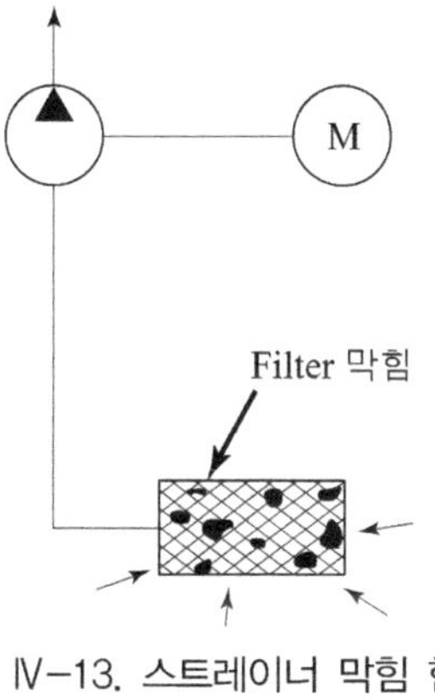

그림 Ⅳ-13. 스트레이너 막힘 현상

스트레이너 설치 위치는 탱크 밑면으로부터 스트레이너의 하면(下面)이 50 mm정도 위에 취부 되도록 해서 탱크 밑바닥에 쌓여 있는 먼지나 여타의 침전물이 흡착되지 않게 하고 또 스트레이너의 상면(上面)이 작동 최저유면(作動 最低油面)으로부터도 필히 50~100 mm 정도 밑에 오도록 하여 공기를 흡입하지 않게 주의해야 한다.

스트레이너의 청소를 위한 점검은 일반적인 공작기계에서는 3개월에 1회 정도가 좋지만 펌프가 소음을 내거나 작동유의 온도의 상승이 지나치게 빠르거나 펌프의 토출량이 규정의 토출량에 미치지 못하는 경우에는 스트레이너를 점검해 볼 필요가 있다.

또 스트레이너 망의 눈을 먼지나 오염물이 막고 있다 해도 눈으로 보아서는 잘 판단되지 않을 정도로 입자가 아주 작기 때문에 그 먼지나 오염물질을 제거하는데는 펌프를 연결하는 구멍(hole)을 통해서 플러싱 오일(flushing oil)을 분사(噴射)하거나 철로 만든 브러시(brush)로 스트레이너에 감겨져 있는 철망의 방향에 따라 문질러 먼지를 떼어 낸다. 이때 스트레이너 망의 소선(素線)이 끊어지지 않도록 주의해야 한다.

작동유 탱크 내의 펌프흡입관 끝단에 이물질 흡입을 방지하기 위하여 설치한 스트레이너가 먼지나 탱크 내에 있는 이물질 등에 의해 막힘을 일으키면 펌프의 흡입저항이 점차적으로 증대하여 결국에는 진공 현상이 발생한다.

이런 현상으로 인해서 펌프 구성 작동요소의 윤활불량을 일으키고 마모와 소착(燒着, 눌러 붙는 현상)의 원인이 된다.

때문에 스트레이너 규격이 일반적으로 규정하고 있는 규격보다 작거나 망 눈의 규격이 너무 미세하면 그 또한 흡입저항을 크게 하는 요인이 되므로 선택에 주의가 요구된다. 특히 흡입관을 펌프제작사에서 규정한 규격보다 작게 하는 것 역시 흡입저항을 크게 하므로 사용자 측에서 유지보수 작업자 마음대로 변경 설치하지 않도록 유념해야 한다.

(1) 공동현상(cavitation)과 그 영향

1) 공동현상과 발생원인

일반적으로 작동유의 압력이 그 온도에서의 포화증기압 이하가 되면 기름에 혼입된 수분이 증발하여 기포를 발생하게 되는데 이 기포를 공동(空胴, cavity)이라 하고, 공동은 압력이 높은 부분으로 운반되면 거기서 소멸한다. 이때 에너지 손실과 큰 압력강하가 발생하는데 이 현상을 공동현상(cavitation)이라 한다. 유압펌프에서 발생하기 쉬운 공동현상을 다음에서 설명한다.

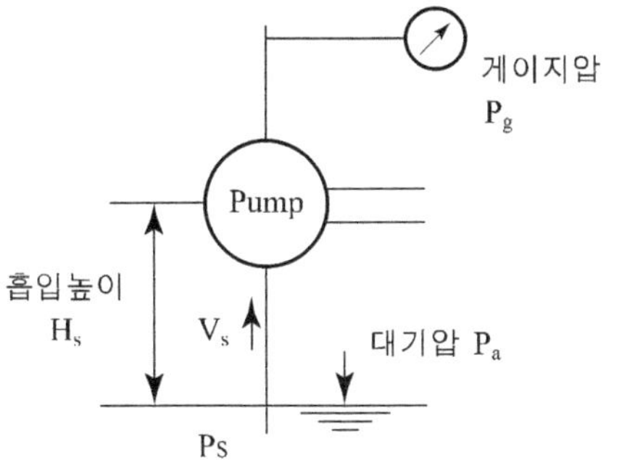

그림 Ⅳ-14. 흡입저항

그림 Ⅳ-14에서와 같이 유압펌프에서 흡입 높이를 Hs, 펌프흡입 입구에서의 압력을 Ps, 대기압을 Pa, 흡입관 내의 유속을 Vs라고 하면, 다음과 같은 베르누이 식이 성립된다.

$$\frac{P_a}{\gamma}=\frac{P_s}{\gamma}+\frac{V_s^2}{2g}+H_s+\sum\lambda\frac{V_s^2}{2g} \quad (4.1)$$

식 (4.1)에서 마지막 항인 $\sum\lambda\frac{Vs^2}{2g}$는 흡입관 내의 저항에 의한 손실수두를 모두 합한 것을 나타낸다. 작동유가 펌프 내에 들어가면 기름의 흐름은 다시 가속되고 그에 따른 압력의 손실이 발생하여 한층 압력이 저하된다. 그 최저압력이 공기 분리압(절대압) Pg 이하로 내려가면 용해 공기의 분리에 의한 기포가 발생한다.

펌프입구에 있어서 작동유의 수두는 $\frac{P_s}{\gamma}=\frac{V_s^2}{2g}$ 이므로 이 경우에 작동유의 유효흡입수두 NPSH(net positive suction head) $\triangle h$는 다음과 같은 식으로 표현된다.

$$\triangle h=\frac{P_s}{\gamma}+\frac{V_s^2}{2g}-\frac{P_g}{\gamma} \quad (4.2)$$

위의 식 (4.1)과 식 (4.2)에서

$$\triangle h=H_a-H_s-h_L-\frac{P_g}{\gamma} \quad (4.3)$$

가 되고, 여기서 $H_a=\frac{P_a}{\gamma}$, $h_L=\sum\gamma\frac{V_s^2}{2g}$ 로서 식 (4.3)을 그림 Ⅳ-15와 같이 표현할 수 있다.

임계유효수두, 즉 $\triangle h$가 적어지면 공동현상이 발생하기 시작한다. 공동현상이 처음 발생하는 점인 $\triangle h_c$는 펌프의 종류와 구조에 따라 다르나 일반적으로 식 (4.4)와 같이 표현한다.

$$\triangle h_c = (k_1 u + k_2)\nu^m \tag{4.4}$$

여기서 ν : 작동유의 동점도(cm^2/sec)

u : 로터(rotor)의 주속도(m/sec)

k_1, k_2, m : 펌프의 종류와 구조에 따른 정수

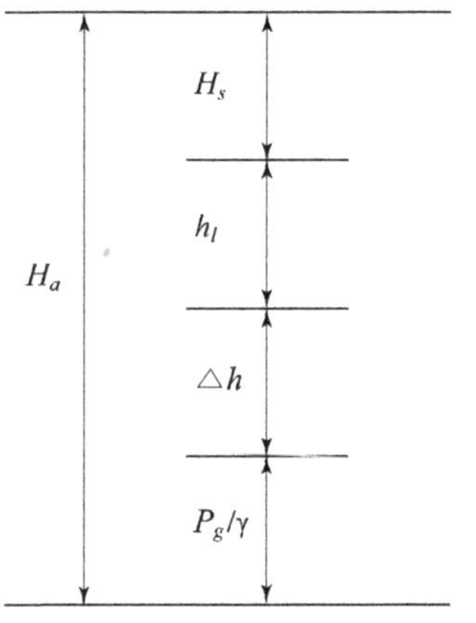

그림 Ⅳ-15. 유효흡입 수두

펌프의 종류와 구조에 따른 정수 k_1, k_2, m의 값은 표 Ⅳ-2에 기록된 값으로 적용하도록 하고 있다. $\triangle h$값이 적을수록 공동현상 발생 압력이 낮아져 펌프의 사용 범위가 넓어진다는 점에서 유리하다.

유압시스템에서 작동유의 흐름에 있어서 유속이 빠른 곳에서는 압력이 저하됨으로써 기포가 발생되어 공동현상이 일어날 가능성이 많다. 즉, 운동에너지는 좁은 단면에서 유체의 속도에 따라 증가하고 압력에너지를 감소시킨다.

표 Ⅳ-2. 펌프의 종류와 구조에 따른 정수표

펌프의 종류	펌프의 종류와 구조에 따른 정수		
	m	k_1	k_2
기어 펌프(gear pump)	1/3	0.086	2
베인 펌프(vane pump)	1/3	0.017~0.27	2.3~4.3

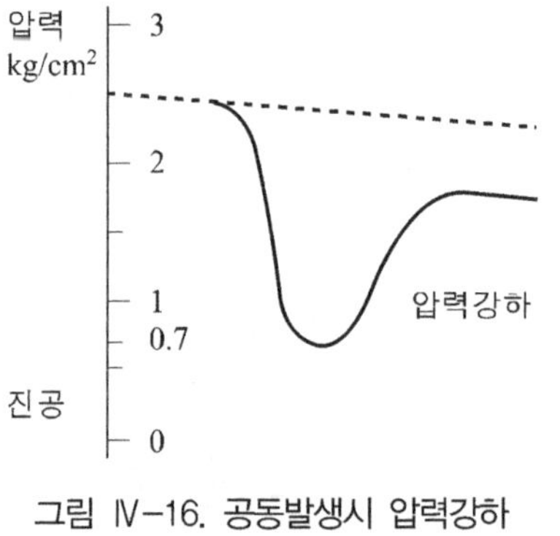

그림 Ⅳ-16. 공동발생시 압력강하

이로 인해서 좁아진 단면에서의 압력 강하는 그림 Ⅳ-16에서 보는 바와 같이 진공의 범위까지 하강하게 되는 경우도 있다. 게이지압 Pg가 -0.3 kg/cm^{2}보다 낮아지면 작동유에 혼입되어 있던 공기의 분리가 더욱 촉진되므로 기포의 발생 역시 쉽게 되며, 속도가 감소하면 압력이 증가하게 됨으로써 기포도 소멸하게 된다.

2) 공동현상의 영향

유압시스템에서의 공동현상은 유압탱크로부터 흡입한 작동유가 유압펌프로 들어오면 수분이 분리되어 기포가 발생하는데 작동유의 탄소와 기포의 산소(O_2)가 반응하여 이산화탄소(CO_2)가 될 때 소음이 심하게 나고, 진동이 발생하게 되어 회로 압력이 불안하여 장치의 작동이 원활하지 않을 수가 있으며, 이로 인하여 펌프내부에 침식이 발생하여 펌프의 수명을 단축시키는 문제를 유발한다.

[5] 라인필터(line filter)

펌프흡입관(吸入管) 끝단에 설치하는 스트레이너(strainer)에 대해, 펌프 토출측(吐出側)에 취부해서 작동유 중의 먼지를 여과하여 유압기기를 보호하고 있는 필터를 라인필터라고 한다.

일반적으로 스트레이너를 설치했으면 라인 필터는 필요하지 않을 수도 있지만 정밀한 공작기계 등 세밀하고 정밀한 운동을 하는 설비용 유압시스템에서는 라인필터를 설치하는 경우가 많이 있다. 그림 Ⅳ-17은 라인필터를 표시한 것이다.

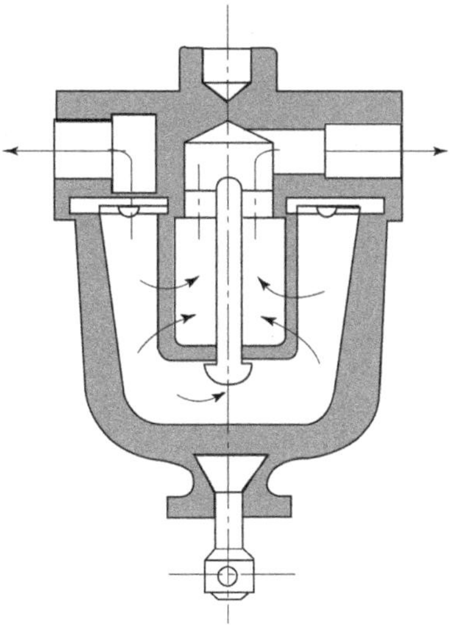

Ⅳ-17. 라인필터 단면도

[6] 에어필터(air filter)

유압장치 작동 중에 유압탱크 내의 작동유량(作動油量, 탱크 내의 잔류 유량)은 항상 변화하고 있다. 따라서 탱크 내의 공기량도 변화하기 때문에 탱크 커버에는 필히 통기구를 설치해야 한다. 이 통기구를 통해서 들어가는 공기 중의 먼지를 제거하기 위해 취부하는 것을 에어필터라고 한다.

그림 Ⅳ-18은 그 대표적인 에어필터의 단면도를 나타낸 것이다.

특히 공기 중에 먼지나 더러운 것들이 많은 환경에서 사용되는 유압시스템에서는 그림 Ⅳ-19와 같은 오일배스(oil bath)식의 것이 더욱 효과적이다.

그 외에 주유구(注油口)를 겸용할 수 있도록 한 것도 있다.

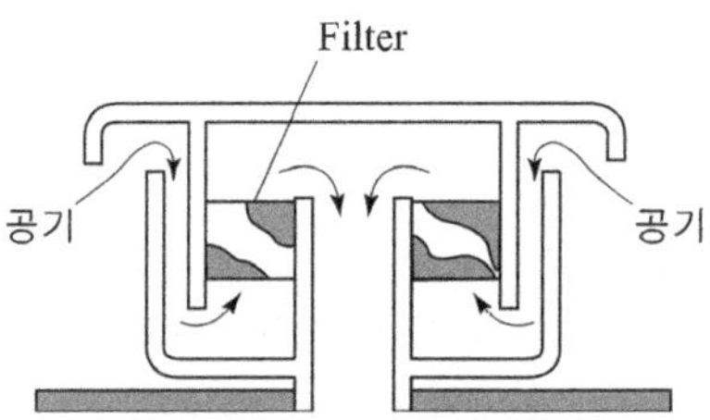

Ⅳ-18. 에어필터

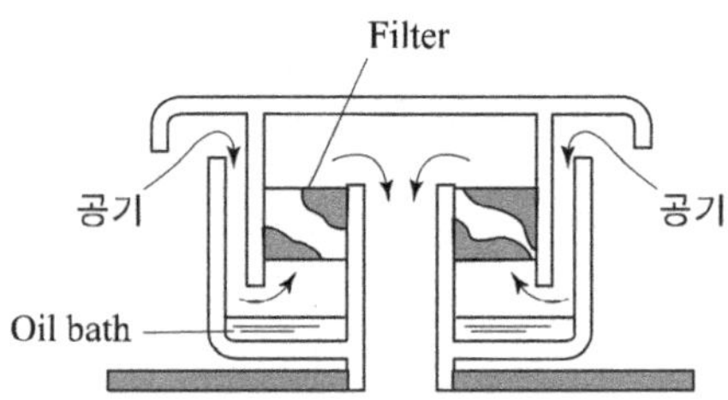

그림 Ⅳ-19. 오일배스(oil bath)형 에어필터

[7] 방향절환밸브의 내부 누유(漏油, leaking)

그림 Ⅳ-20에서와 같은 유압회로에서 실린더를 장시간 중간 정지시켜 놓고 있을 경우, 절환밸브를 클로즈드 센터형(closed center type)을 사용하면 절환밸브의 내부 누유(그림 Ⅳ-21) 때문에 실린더는 자연적으로 전진할 수가 있으므로 주의해야 한다.

$F_1 = A_1 \times P_2$, $F_2 = A_2 \times P_2$ 이고, $A_1 > A_2$ 이므로, $F_1 > F_2$가 되며, 힘이 큰 F_1측(실린더 헤드측=cylinder head side)에서 실린더 로드측(cylinder rod side)으로 전진하게 된다.

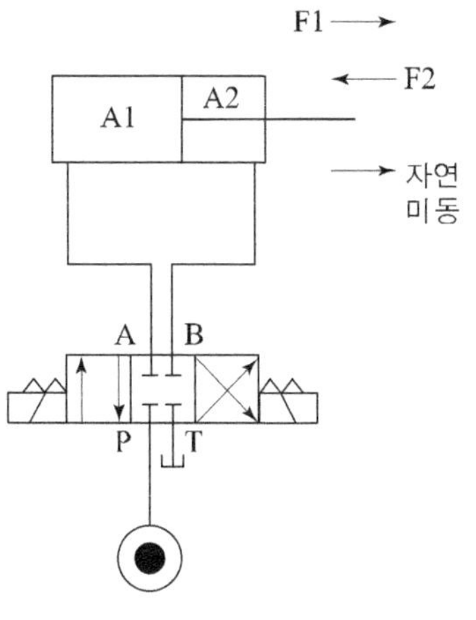

그림 Ⅳ-20. All port block형 방향절환밸브 사용

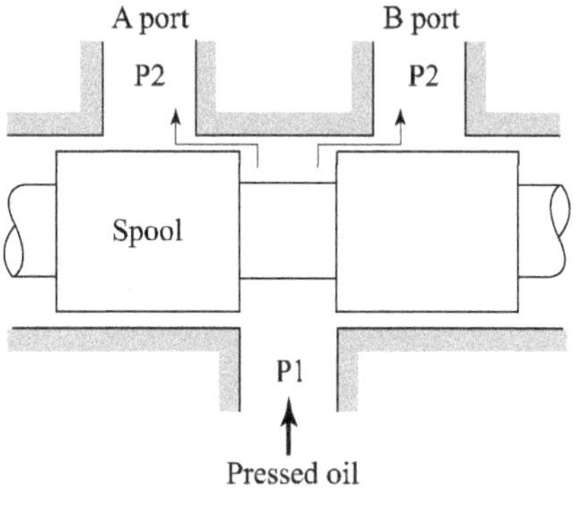

그림 Ⅳ-21. 방향절환밸브의 내부누유

일반적으로 실린더의 헤드측 면적(A_1)과 로드측 면적(A_2)의 면적비가 2:1이므로 압력비는 $P_2 = \frac{P_1}{2}$ 로 된다.

[8] 파일럿 체크밸브의 사용법

밸브의 조정 잘못이나 고장 때문에 실린더의 하강속도가 지나치게 빠르면 파일럿 압력을 받고 있는 B포트의 압력이 낮아져 파일럿 체크밸브는 닫혀버린다. 그러면 B포트 압력은 다시 상승해서 체크 밸브는 열리게 되는 이 현상을 반복한다. 즉, 난조(hunting)가 일어난다.

이 현상은 카운트 밸런스(count balance) 조정불량 때문에 발생하는 난조(hunting)인 것이다.

카운트 밸런스 밸브를 조정할 때 지나치게 핸들이 가벼운 상태였다면 필요 압력에 대한 설정압력과의 균형이 맞지 않게 낮은 압력으로 조정된 것일 수도 있으므로 실린더는 아주 빠르게 하강할 것이다. 따라서 카운트 밸런스 밸브의 압력 조정시에는 각별한 주의를 요한다.

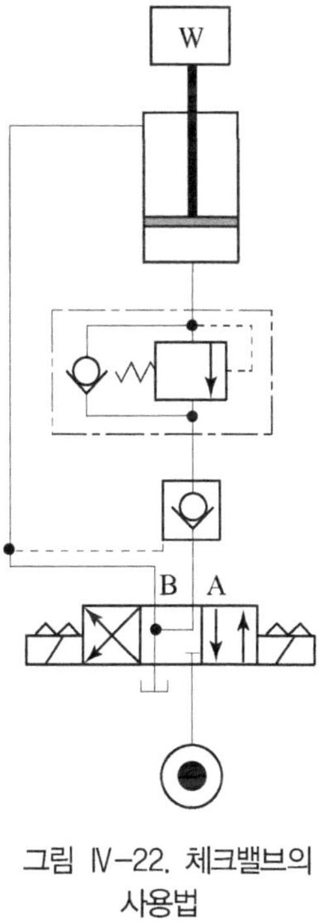

그림 Ⅳ-22. 체크밸브의 사용법

[9] 펌프의 이상(異常)과 사고

펌프에 발생하는 이상과 사고의 종류와 원인은 다양하지만 발생률이 많은 것에 관해서만 기술하고자 한다.

(1) 펌프의 소음

펌프에는 각각의 고유음이 있고 그것은 펌프의 종류, 크기, 사용압력, 회전수 등에 따라 다르므로 이 음(音)을 적게 하는 노력을 꾸준히 해야 한다.

1) 큰 흡입 저항에 의한 소음

흡입저항(흡입관 및 스트레이너 등에서의 저항)이 증대하고 흡입압력이 $-0.5\ kgf/cm^2$ 정도로 되면 귀에 지장을 주는 소음이 발생하기 시작하고 부압(負壓)이 증대(增大)하는데, 그에 따라 소음은 크게 된다.

펌프 흡입구에 있어서의 압력(흡입저항)은 -150 mmHg 이하가 바람직하다.

① 원 인 1

이것은 펌프가 작동유를 흡입할 때 흡입관 내의 압력이 부압(負壓)이 되므로 기름 안에 용해되어 있는 공기가 기름에서 분리되어 기포(氣泡, cavity)가 된다(이 현상을 Cavitation[1])이라고 한다). 이 기포가 펌프의 압력측에 유입되어 압력에 의해서 붕괴소멸 할 때의 충격파가 소음이 되므로 이런 상태에서 장시간 운전을 계속하면 베인펌프의 경우, 펌프 내부의 Camring, Side Bush 등에 이상 마모를 유발하는 원인이 되므로 주의해야 한다. 또 소음과 함께 토출측의 맥동(脈動)도 크게 되고 공작기계 등의 정밀 이송 등에 좋지 않은 결과를 줄 수 있다.

흡입저항 증대의 최대 원인은 흡입측에 설치되어 있는 스트레이너의 망이 막히는 것으로, 스트레이너는 정기적으로 점검과 청소를 해주어야 한다.

② 원 인 2

작동유의 온도 저하에 의한 기름의 점도 증대가 원인이 되어서 가을부터 겨울 동안에는 아침 펌프 기동시(起動時)에 발생할 수 있다.

이것은 기동 후에 곧 기름 온도가 자연히 상승하고, 소음이 없는 경우에는 그대로

---

1) Cavitation noise(캐비테이션 소음)
액체 중에서의 기체의 용해량은 대략 압력에 비례한다. 흡입압력이 낮게 되면 기름 중에 용해되어 있는 공기가 순간적으로 분리되어 기포가 된다. 이 기포가 펌프 내로 들어와 토출포트측으로 이송되어 나갔을 때 토출측의 압력에 의해 급격히 눌려 깨어지면서 커다란 충격압이 발생하여 소음이 된다. 이것을 Cavitation noise라고 한다.

사용해도 되나, 필요에 따라서는 기름 온도를 운전 시작 전에 상승시키는 것도 고려하여야 한다.

대형장치에서는 가열기(加熱器, heater)를 설치한 것도 많이 있다. 기름 내에 공기의 용해량은 대기압 상태에서 기름 용적의 7% 정도가 용해되어 있다.

그림 Ⅳ-23은 그 측정 예이다. 여기에서는 용해도의 정의로서 일반적으로 사용하는 100 gr의 액(液) 중에 용해하는 기체의 gr수로 표시한 것이 아니고 기름에 용해한 공기의 체적으로서 나눈 값으로 한 것이다.

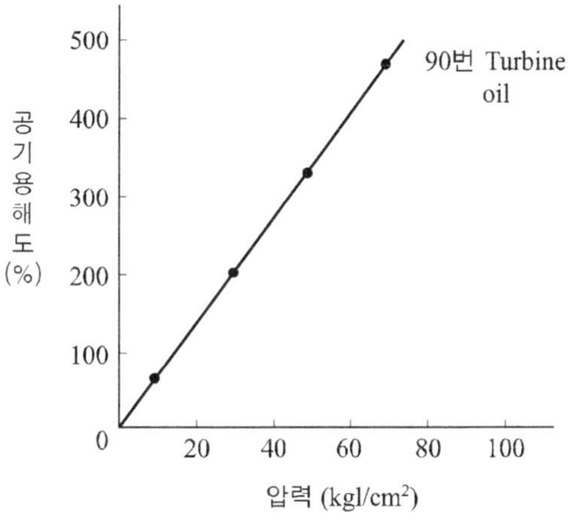

그림 Ⅳ-23. 작동유에 용해하는 공기량

2) 기포 혼입에 의한 소음

기포라고 하는 것은 공기가 작동유 내에 용해하지 않은 상태로 존재하고 있는 것을 의미한다. 작동유 중에 기포가 없는 경우, 기름의 체적 탄성 계수는 약 1.6×10^4 kgf/cm² 정도지만 다소라도 기포가 혼입되어 있으면 이 값은 급격히 작아진다.

기름 내에 기포가 혼입되어 있으면 펌프 내에서 기포는 압력을 받아 찌그러 들고 붕괴 소멸하나 그 때에 발생하는 소음은 흡입 저항 증대 때 발생하는 소음과 아주 유사하여 귀로 들어서 구분하는 것이 어렵다.

기포가 혼입하는 원인으로는 다음이 있다.

① 기름이 열화(劣化)하여 소포성(消泡性)이 저하한 경우

② 유면(油面)이 저하하여 스트레이너가 유면에 가까워져 있는 경우

③ 압력탱크로 되돌아오는(return되는) 기름이 기포를 많이 함유하고 있는 경우
④ 흡입배관이 연결부에서 공기를 흡입하는 경우
⑤ 펌프 축(軸)의 패킹이 마모되어서 공기가 새어 들어오고 있는 경우 등

배관 연결부라던가 구동축 패킹부로부터 공기가 새어 들어오고 있는 경우의 소음은 볼 베어링(Ball bearing)의 볼(Ball) 또는 레이스(race)부에 손상이 발생한 경우에 나는 까락까락 하는 소음과 같은 경우가 많다. 이와 같은 때에는 공기가 새어 들어온다고 생각되는 장소에 작동유를 묻혀보아 만약 그곳을 통하여 공기가 새어 들어가고 있었을 경우에는 그 부분에서 유막에 의해서 공기가 들어가던 것이 일시적으로 차단(遮斷)되어 소음이 없어지므로, 이와 같은 방법에 의해서 공기가 새어 들어가는 개소(個所)를 발견하는 것이 가능하다.

3) 구동축과 펌프축의 편심에 의한 경우

베인펌프(vane pump)의 경우 구동축(驅動軸)과 펌프축(pump shaft)은 체인커플링(chain coupling) 등의 자체적 구조에 의해 연결 접속되어 있어서 양축(兩軸)의 중심을 일치시키는 것은 그리 문제될 것이 없다고 생각될 수도 있다. 하지만, 실제로는 0.2~0.3 mm 정도의 편심(偏心)이 있게 되면 펌프축의 진동이 로터(rotor)의 진동으로 되어 소음 발생의 원인이 되는 경우가 간혹 발견된다.
구동축과 펌프축의 축(軸) 정렬의 정밀도는 그림 Ⅳ-24에 표시한 값 이하가 바람직하다고 여겨진다.

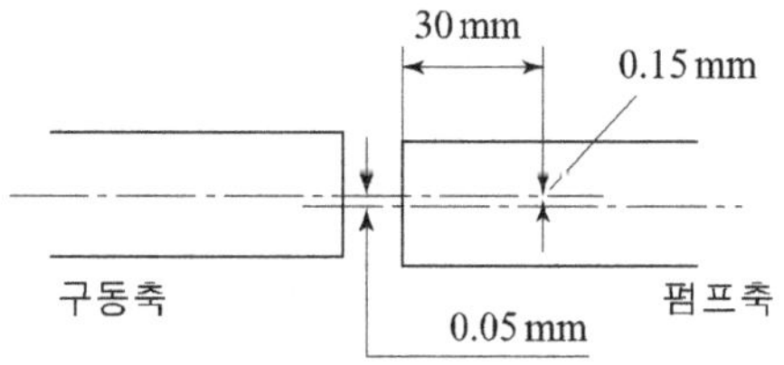

그림 Ⅳ-24. 축 편심 허용 범위

4) 기 타

이상에서와 같이 펌프의 소음 원인으로는 비교적 많은 경우에 관하여 기술했지만 그 이외에도 펌프 내부의 마모, 펌프가 설치된 유압탱크의 공진, 펌프를 연결한 배관의 진동, 스트레이너의 용량 부족 등이 소음의 원인으로 된 경우도 있다.

[10] 펌프(pump)의 이상마모(異常磨耗)

유압펌프가 이상마모를 한 경우, 그 원인을 찾아보면 대부분이 작동유의 오염에 의한 것이라는 것을 알 수 있다.

오염물질의 혼입 경로는 다음과 같다.

① 유압기기, 탱크, 배관 등의 제조공정 중의 것이 완전히 제거되지 않고, 이것이 운전 중에 압력이나 진동으로 분리되어 혼입되는 것

② 펌프, 절환밸브, 유압실린더 등의 마모에 의한 금속분말

③ 탱크의 통기(通氣)에 의한 외부로부터의 분진의 침입, 이것은 유압실린더의 한 행정마다 생기는 유면의 상승, 하강(실린더의 피스톤 측, 로드(rod)측의 용적 차에 의한 것)에 의해서 생기는 통기 때 에어브리더(air breather)에서 침입하기도 하고, 탱크와 배관 삽입부의 아주 작은 틈새로부터 침입하기도 함. 특히, 연삭숫돌(grinding stone)의 분말 등이 문제되는 경우가 많음

④ 작동유 급유 때 드럼이나 급유장치에 붙어있는 부착물의 혼입, 보수, 분해 때의 혼입은 작업담당자의 부주의에서 온 것으로, 간단히 방지가 될 수 있음에도 불구하고 흡입측에 필터가 설치되어 있다는 안심감(安心感) 때문에 세심한 작업을 하지 않은데서 발생하는 것으로 미소한 이물혼입에 대한 주의가 필요함. 그러나 흡입구에 설치되어 있는 필터는 150 Mesh(1 inch 사이에 150개의 망눈(網目)이 있고, 틈새는 0.1 mm 정도)의 것이 일반적으로 사용되고 있어서 그 틈새 이하의 미소물질은 기름과 함께 흡입될 가능성이 있으므로 충분히 주의를 기울여야 함

⑤ 작동유의 장기사용에 의한 열화, 수분의 혼입은 공기 중의 수분이 온도 변화에 의해 탱크 내벽에 물방울이 되어 기름 중에 들어가거나, 급유 중의 잘못이거나, 적게는 냉각기의 누수에 의한 것 등이 있음

이상과 같은 경로로서 기름에 혼입된 이물질이 경질(硬質)의 것이라면 운동부의 틈새로 들어가 마모를 증대시킨다는 것이 쉽게 이해될 수 있다. 수분 혼입의 경우에는 일반적으로 물이 탱크의 밑바닥에 있어서 기름과는 혼합하지 않는다고 생각되기 쉽지만, 실제로는 펌프 운전 후 곧 완전히 혼합해버려 펌프 마모가 큰 원인이 되므로 주의해야 한다.
일반 작동유 중에는 새 기름의 상태에서 50~80 ppm 정도의 수분이 혼입되어 있어, 수분은 유압기기의 내벽에 녹을 발생시키기도 하고 윤활불량의 원인이 되므로 유압장치의 사

표 Ⅳ-3. 일반 작동유 중의 수분혼입한계

장치의 조건	사용한계
작동유가 수분에 의해 우유색으로 된 것	즉시 교환
장치 내에 작동유가 순환해서 기름 탱크로 Return되는 회로로서 장시간 운전을 정지해 두지 않는 장치	1000 ppm
배관계가 긴 장치 등에서 회로 내의 작동유가 완전히 순환하지 않도록 한 장치	500 ppm
장시간 운전을 정지해 놓은 장치 또는 회로 내의 작동유가 거의 이동하지 않도록 된 장치 및 정밀 제어장치	300 ppm

용조건에 따라 표 Ⅳ-3에 나타낸 것 같은 값을 수분혼입한계(水分混入限界)로 하는 것이 바람직하다.

2.2 유압장치의 점검(진단)과 문제해결 대책

이 장에서는 유압시스템의 구성요소(hard ware)와 시스템적 문제에 관한 것을 분리하여 실무 기술업무 위주의 실제로 발생했던 사실에 근거하여 문제점의 원인을 분석하고 대책을 도출하는 과정을 상세히 기술함으로써 유압설비의 진단과 보수유지 업무의 효율화를 기했다.

[1] 유압펌프의 일반적인 고장현상과 대책

유압장치의 주된 문제 원인을 표 Ⅳ-4에 표시한다.

표 Ⅳ-4. 유압장치 문제의 원인

문 제	원 인	고장발생률
작동유기 부적절	- 작동유의 부적절한 선택 - 작동유 관리의 부적절	70%
기계적 손상	- 베어링부의 센터링 불량 - 실(Seal)부의 손상	10%
정비 불량	- 일상점검을 적기에 하지 않음 - 보수 기술부족	10%
운전방법의 부적절	- 과부하 운전	5%
기 타	- 누유 - 소음 - 진동	5%

표 Ⅳ-5. 유압펌프의 고장원인과 대책

고 장	원 인	대 책
토출이 되지 않는다.	펌프 회전이 안됨	부품교환, 축심정렬
	작동유의 높은 점도	작동유 교환, 히터(heater) 설치
	필터가 막힘	교환, 청소
	오일 실이 손상	교환, 수리
토출은 되지만 압력이 낮다.	릴리프밸브 불량	분해점검, 청소
	압유(壓油)의 누유	수리
압력이 상승하면 토출이 감소하거나 토출이 안된다.	실(Seal)부 파손	펌프 수리
	캐비테이션(cavitation)	Element 교환, 청소
	부품 마모	펌프 내부 수리
소음이 있다.	캐비테이션(cavitation)	교환, 청소
	탱크 내 기포	배관 체크, 작동유 교환
	커플링 마모	축중심 정렬, 교환
발열이 있다.	펌프 내 부품이 마모됨	펌프 수리

작동유와 관련한 고장이 가장 많이 있지만 그 증상으로는 유압펌프의 고장이라고 하는 형태로 나타난다. 따라서 유압펌프의 고장이 약 30%라고 하는 실태에까지 이른다.

초기에는 토출량 부족, 압력저하, 소음발생이라고 하는 현상이 나타나지만 가볍게 보고 그것을 간과하고 있는 사이에 큰 고장이 나버리는 수가 있다.

그런 의미에서 보통 상태의 단계에서 자기의 눈과 귀로 확인하고 아주 작은 변화에도 주의를 집중하는 것이 정비담당 기술자가 갖추어야 할 자세이다.

유압펌프의 고장원인과 주요한 대책은 표 Ⅳ-5와 같다.

최근에는 진단장비 개발에 의하여 센서(sensor)를 이용한 자동진단 시스템도 다양하게 제품화 되고 있지만 아직까지는 정비담당 기술자들의 실력에 의존하는 곳들도 많은 편이다.

[2] 유압펌프별 고장나기 쉬운 개소의 문제와 해결책

각 구성요소별 고장나기 쉬운 곳은 대체적으로 다음 그림 Ⅳ-25에 표시한 부분으로 구분하여 볼 수 있다.

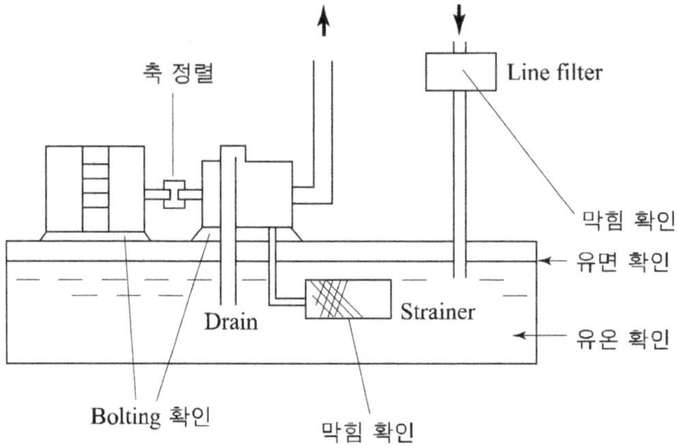

그림 Ⅳ-25. 유압펌프의 점검

(1) 기어펌프(gear pump)

펌프는 외접형과 내접형이 있고, 그림 Ⅳ-26에는 외접형 펌프를 표시한다.

소형이고 간단한 구조로 되어있으며, 가격이 비교적 저렴하고 정비가 쉽지만 소음이 많다. 먼지에 강하지만 토출압력에 의해서 구동축(驅動軸)이 흡입측으로의 측력(側力)에 의해 눌려 베어링이 손상되기 쉬운 약점이 있다. 또한 내접형이 고압사양인 것에서는 압력 부하가 걸리면 먼지가 틈 간격을 넓어지게 하여 악영향을 미치는 예가 있으므로 주의하는 것이 좋다.

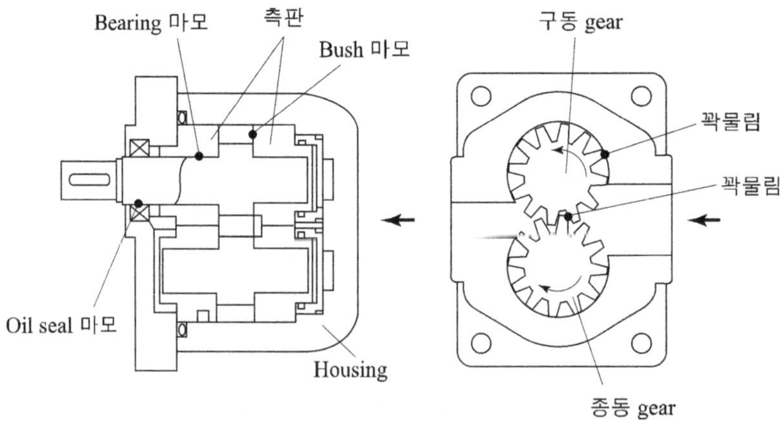

그림 Ⅳ-26. 외접형 기어 펌프

(2) 베인펌프(vane pump)

정용량과 가변용량이 있고 정용량을 그림 Ⅳ-27에 표시한다. 베인이 회전 원심력과 토출

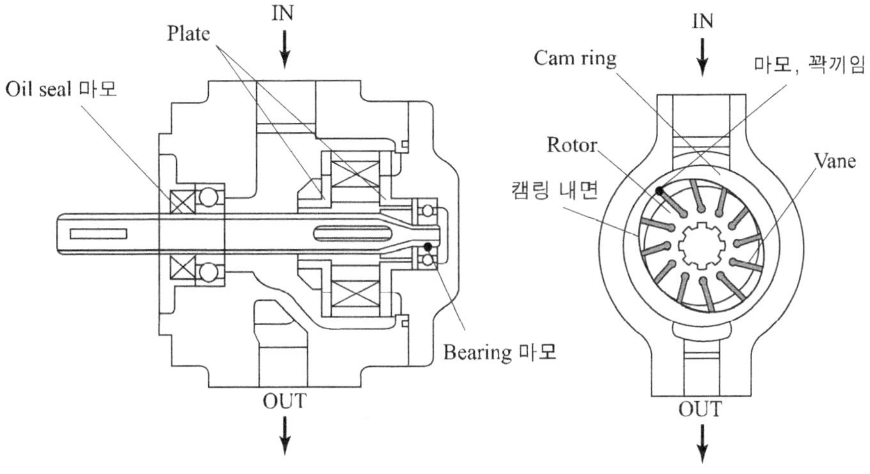

그림 Ⅳ-27. 정용량형 베인펌프

압력에 의해 캠링 내부에서 밀어붙이며 회전한다. 베인이 마모되더라도 그다지 영향은 없고 맥동도 그다지 크지 않다.

부품의 가공정밀도를 높여야 하는 어려움이 있지만 조립품으로 교체를 할 수 있기 때문에 간단하다.

1) 베인펌프의 소음

① 현 상

기계 동작시에 진동을 유발하게 되고 작동 시작과 특히 정지시에 큰 진동이 일어난다. 유압원(油壓源, pump unit) 점검을 하는 중에 정용량형 베인펌프가 소음을 내고 있었고 압력계 바늘이 심하게 흔들리며 탱크 내의 유면(油面)에 거품이 많이 있음이 확인되었다.

② 원 인

펌프 구동축 실(seal)부에 작동유를 묻혀 보았더니 소음이 없어졌다. 구동축 실부(seal 部)를 통해서 공기가 흡입됨에 따라 발생하는 캐비테이션(cavitation) 현상으로 판명되었다.

③ 대 책

구동축의 실(seal)이 마모되어서 교환하고, 파이프와 실린더에 들어있는 공기를 빼낸 후 기계는 정상적으로 작동되었다.

펌프에 공기가 흡입된 원인으로는 구동축 실부(seal 部)의 흡입측 다른 배관 연결부가 풀리고 탱크 내에 들어있는 작동유 량(量)이 적어, 즉 작동유 면(面)이 낮아진 것이 원인이었다.

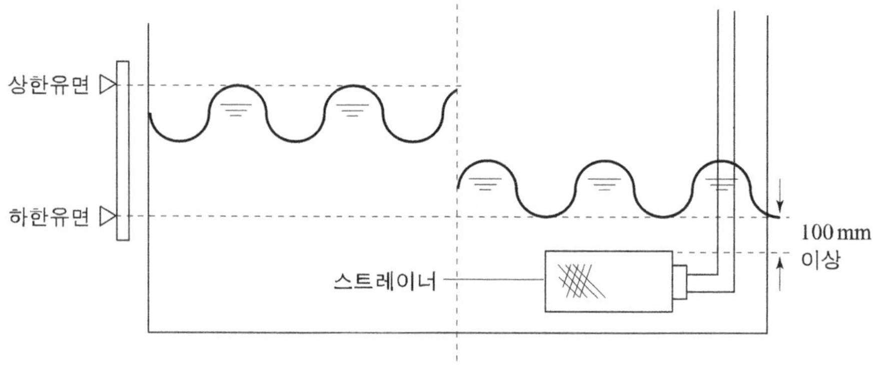

그림 Ⅳ-28. 탱크 내의 적정 유면(油面, oil level)

배관 연결부가 풀린 것에 대해서는 구동축에 기름을 발라서 흡입 장소를 찾는 것이 가능했으므로 풀린 부분을 다시 조이는 것으로 해결할 수 있었다.

탱크 내 작동유면이 낮아진 것에 대해서는 일반적으로 유지해야 하는 적정 유면은 탱크 내에 설치되어 있는 탱크용 스트레이너(strainer) 윗면에서 100 mm 이상이 되도록 하는 것이 좋다고 하지만 실제로 기계 가동 중에는 유면의 고저(高低) 차가 크게 변화하는 유압장치도 있으므로 이러한 장치에서는 한두 번 보는 것으로는 판단하기 어렵다.

탱크 유량은 유온유지에도 중요한 관계가 있으므로 그림 Ⅳ-28에 표시한 유면계(油面計) 하한(下限) 지시표시(指示表示)에서 더 내려가지 않도록 관리하는 것이 좋다.

2) 베인펌프의 압력저하

① 원 인

베인펌프의 각 부품을 분해하여 관찰한 결과 압력판(pressure plate) 이상 마모(異常摩耗)가 직접적인 원인으로 판명되었다.

구체적인 마모의 특징을 보면 한쪽방향 압력판(모터와 반대측)이 더 심하였고, 마모의 종류는 주로 로터와 측판(pressure plate)이 면마찰(面摩擦)을 하면서 긁힌 자국 같은 현상이다.

이와 같이 편방향(片方向)으로의 마모가 발생한 주원인으로는 펌프 조립시에 로터(rotor) 위치가 정확하지 않아서 가동시 한쪽으로 강력한 편압(編壓)이 작용하여 마모가 심했고, 베어링의 내륜(內輪)과 조합되는 축의 압입(押込) 공차가 헐거워서 펌프 가동 중에 로터의 위치가 축(shaft)의 축(axle) 방향으로 이동하여 발생했다.

그림 Ⅳ-29. 압력판(pressure plate)

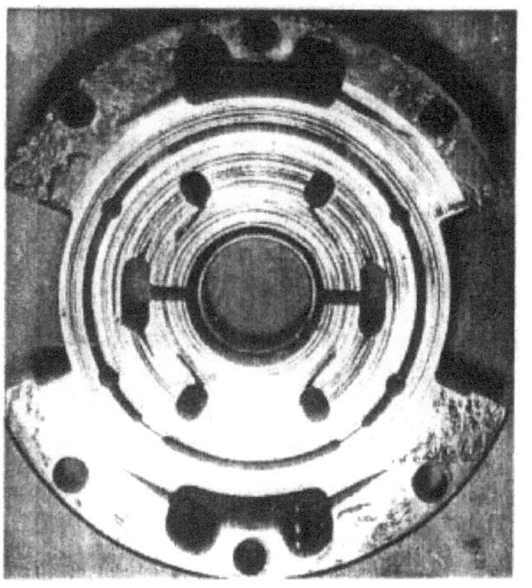

그림 Ⅳ-30 압력판(out side)

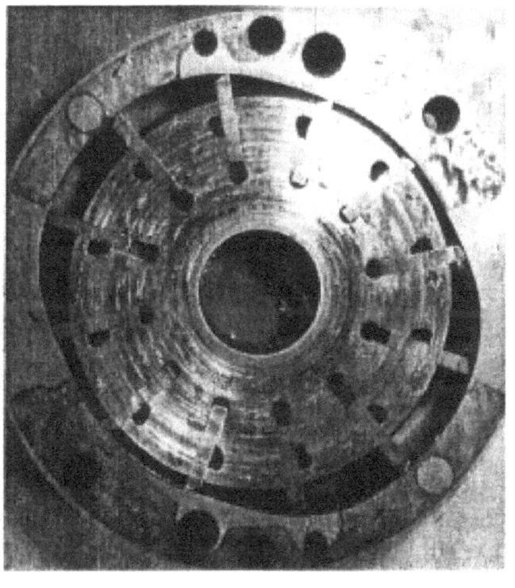

그림 Ⅳ-31. 캠링과 로터(out side)

그림 Ⅳ-32. 캠링과 전동기측(motor side)

측판이 긁힌 것 같은 마모의 주원인은 첫 번째가 마모면(摩耗面)에서 금속접촉(metal contact)이 생겨 표면이 강(强)한쪽의 금속면에 늘어붙고, 이것과 맞닿아 있는 연(軟)한 쪽 금속표면에 표층박리(表層剝離)가 생겨, 이것이 핵(核)이 되어 눌어붙은 금속(build up edge)은 성장하여 연한 금속표면을 긁어 홈(groove)을 내어 홈형상(grooved shape)의 마모 흔적으로 발달하게 되는 것이다. 두 번째는 마모면에 이물질이 끼어 이것이 금속면에 파고들어가 긁힌 상처를 만들고, 이것이 핵으로 되어 점차적으로 발달해서 긁힌 마모로 된 것이다.

이와 같이 두 번째 원인에서 보아 알 수 있듯이 작동유의 성상이 중요함을 간과해서는 안 된다.

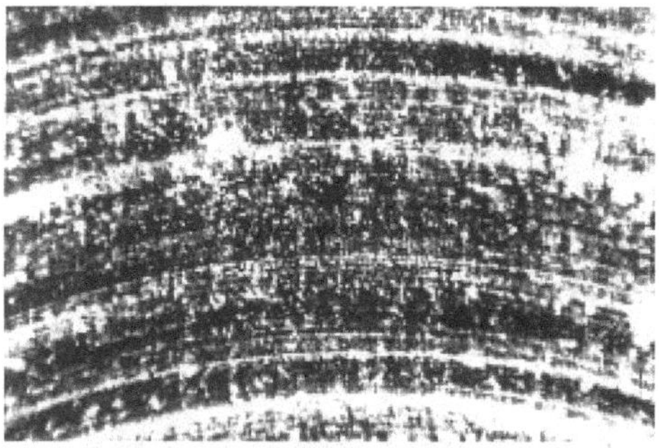

그림 Ⅳ-33. 이물질에 의한 홈형태의 마모

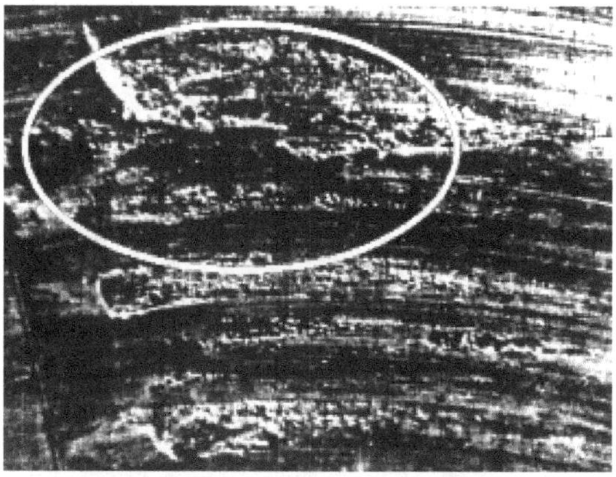

그림 Ⅳ-34. 로터 표면에 들러붙은 금속 (build up metal)

그러므로 다음과 같이 작동유의 성상에 관하여 고찰을 해 본다.

- 윤활성

  금속과 금속의 마찰로 생기는 눌어붙음을 방지하고 긁힘 마모의 대책으로 아주 중요하다.

- 기포성

  펌프내부의 마모는 캐비테이션(cavitation)이 원인인 경우가 많다. 따라서 작동유로서는 기포성(氣泡性)이 낮은 것이 중요하다. 이상과 같이 작동유는 그 성분, 성상에 의해서 펌프의 수명에 영향을 미침과 동시에 펌프내부 습동부의 마모나 이상현상(異常現象)에 관련이 있다.

② 대 책

- 펌프 조립시 로터의 위치를 정확하게 하여 로터가 편압(片壓)을 받지 않도록 한다.
  - 정확한 펌프의 소립방법 : 베인과 부시(bush) 측면의 틈새(gap)는 캠링(cam ring)과 부싱(bushing)이 맞닿을 때까지 볼트로 조이면 부싱측면과 로터측면의 틈새는 자동적으로 결정되도록 제작되어 있으므로 볼트를 완전히 조이기 전에 반드시 각 부품들의 위치의 정확성 여부와 이물질(異物質) 부착여부를 확인하고 조립해야 한다.
- 수리를 위해 분해했던 펌프를 재조립할 경우 로터축(rotor shaft)과 베어링 내륜(bearing inner race)과를 조립할 때 실 제품을 정밀하게 측정하여 적절한 압입공차(押込公差, fitting tolerance)의 범위 내 치수인지를 확인 후 조립한다. 만약 이 절

차를 무시하고 조립한다면 부적절한 압입공차 때문에 축이 축방향(軸方向) 좌우로 움직일 수 있고, 그로 인하여 동일한 문제를 유발할 수 있다.

• 주기적으로 작동유의 오염도를 확인하면서 적기에 교환해주도록 한다.

3) 베인펌프(vane pump)의 흡입 불량

① 현 상

그림 Ⅳ-35의 유압장치에서 먼저 펌프를 기동했다. 먼저 1호 펌프를 운전하고 설정압력 70 kg/cm^{2}에서 작동이 양호한 것을 확인했다.

1호 펌프를 정지한 후, 2호 펌프를 기동하자마자 전동기가 정지해 버렸다.

2호 펌프를 분해해 보았더니 부시와 로터의 습동부에 소착(燒着)이 발생되어 있었다.

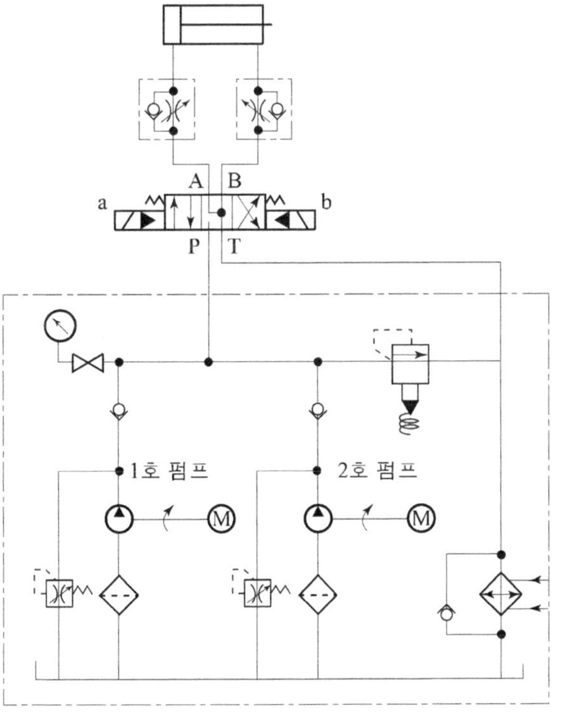

그림 Ⅳ-35. 펌프의 흡입 불량 회로의 예

② 원 인

펌프의 흡입관이 비어있는 상태(작동유가 충만하지 않은 상태)에서 기동하는 경우, 펌프에서 오일탱크까지 흡입배관 내의 공기를 펌프 토출측으로 빼내야 한다.

1호 펌프가 사고를 일으키지 않았다는 것은 회로 내 또는 작동유가 충만하지 않은 상태였기 때문에 흡입관 내의 공기를 저항 없이 배출하는 것이 가능했다.

그러나 2호 펌프는 1호 펌프에 의해서 토출되었던 작동유가 회로를 충만한 상태에서 기동했다. 2호 펌프가 작동유를 흡입하기 위해서는 회로에 충만한 작동유를 릴리프밸브(relief valve)로부터 탱크로 배출해야 한다. 릴리프밸브(relief valve)의 조절 핸들을 완전히 풀어놓아도 압력은 '0(zero) kg/cm^2'이 되지 않고, 일반적으로 5~6 kg/cm^2 정도의 압력은 남아 있게 되는데, 이 압력은 베인펌프에서는 공기를 배출하는데 너무 높은 압력이므로 작동유를 흡입할 수 없는 상태에서 운전한 것이기 때문에 펌프 내의 윤활 상태가 좋지 않아 발열이 되었으며, 그로 인해서 소착(燒着)에까지 이른 것이다.

③ 대 책

1, 2호 펌프 모두 펌프와 체크밸브 사이에 그림 Ⅳ-35의 타원으로 표시된 공기 배출용 밸브(air bleed valve)를 추가해서 공기를 배출하기 쉽고 흡입하기 용이하게 했다. 펌프를 안전하게 기동(起動)하는 데는 운전과 정지(1 sec 이내에 기동스위치를 on, off)를 반복하면서 작동유를 흡입했는가를 확인하고, 그 후 연속적으로 운전하는 것이 좋다. 이러한 과정을 거쳐서 펌프를 연속운전 하더라도 초기에는 펌프가 작동유를 흡입할 때 '까르륵 까르륵'하는 음이 발생한다. 보통은 2～3회 정도로 작동유가 흡입되지만, 몇 번을 반복해도 안 될 경우에는 일단 중단하고 다른 원인이 있는지를 조사한다. 유압시스템에서 간과해서는 안 되는 것 중에 흡입필터(strainer)에서부터 펌프 구동축 중심까지의 전(全) 흡입저항이다. 그러므로 유압시스템에서 유압 요소를 구성할 때 될 수 있는 한 흡입측 저항을 적게 해야 한다.

그렇다면 이 저항은 과연 어느 정도까지 허용될 수 있는 것일까? 그 적절한 한계에 관하여 다음에서 설명하고자 한다.

• 흡입측 필터(strainer)로부터 펌프 구동축 중심까지의 저항

흡입관에는 아무것도 설치되어 있지 않은 것이 최선이겠지만 펌프를 비롯한 각종 유압기기들이 제 기능을 잘 유지할 수 있도록 하기 위하여 작동유의 오염 방지와 유압기기 내로 이물질(異物質)이 혼입(混入)되지 않도록 하기 위해서는 스트레이너 설치가 절대적으로 필요하다.

이렇게 절대적으로 필요한 스트레이너(strainer)이지만 이것은 유압시스템에서 작동유의 흐름에 저항을 주게 되므로 적절한 규격을 선택하는 것이 아주 중요하다.

전(全) 흡입저항(ΔP_t)은 다음의 식으로 산출이 가능하다.

$$\Delta P_t = \Delta P_s + \Delta P_p + \gamma H$$

여기서, ΔP_t : Total 압력저항(kg/cm^2)

ΔP_s : Strainer 흡입저항(kg · f/cm^2)

ΔP_p : 파이프저항(kg/cm^2)

γ : 작동유의 비중량(kg · f/cm^3) = 0.88×10^{-3}

H : Pump center에서 탱크 내 유면까지의 높이(cm)

펌프별 적절한 저항은 1 kg · f/cm^2=735 mmHg이므로, 저항값을 수두로 표시하면 대략 다음과 같은 범위 내에서 설정하는 것이 좋다.

- 베인펌프 : 150 mm Hg ≥ 이면 OK
- 피스톤펌프 : 125 mm Hg ≥ 이면 OK

특히 펌프를 유압탱크 위에 설치할 경우에는 펌프 센터에서 탱크 내 유면까지의 높이인 H를 작게 할수록 좋다.

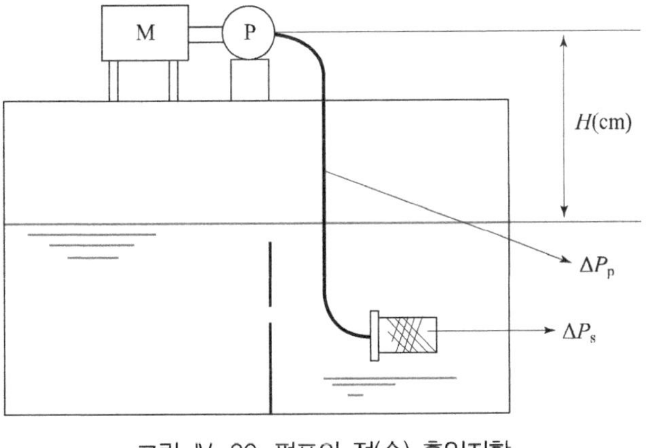

그림 Ⅳ-36. 펌프의 전(全) 흡입저항

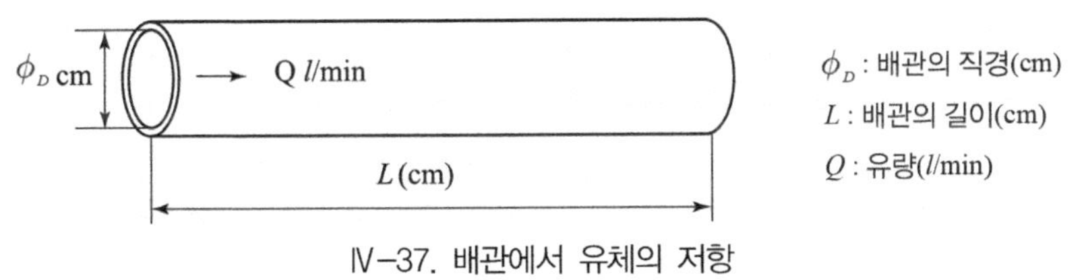

Ⅳ-37. 배관에서 유체의 저항

그렇다면 파이프의 규격변화에 따른 배관 내에서의 저항 값은 어떻게 변하는가를 검토할 필요가 있다. 단, 층류 흐름의 경우에 다음과 같은 식 (4.5)로 구할 수 있다.
작동유의 경우 배관의 저항($\triangle P$)은 그림 Ⅳ-37과 같은 경우에,

$$\triangle P = 0.693 \times \frac{\nu \times L \times \gamma \times Q}{d^4} \tag{4.5}$$

여기서 ν : 동점도 [cst = cm^2/sec]
γ : 작동유의 비중량 [kg · f/cm^3]
L : 배관의 길이 [cm]
d : 배관의 내경 [cm]
Q : 유량 [l/min]

관(管, pipe) 내의 저항은 유량과 관의 기하학적 형상에 따라 다르며 압력손실은 전(全) 손실계수 ζ를 이용하여 계산한다.

$$\triangle P = \zeta \cdot \frac{\rho \cdot V^2}{2}$$

손실계수(표 Ⅳ-6)은 레이놀즈수에 따라 달라지고 따라서 레이놀즈수에 대한 보정계수(b), 표 Ⅳ-7을 사용한다. 그러므로 위 식은 층류영역에서는 다음과 같이 바꿀 수 있다.

$$\triangle P = \zeta \times b \times \frac{\rho \times V^2}{2}$$

표 Ⅳ-6. 손실계수

관형태 / 계수	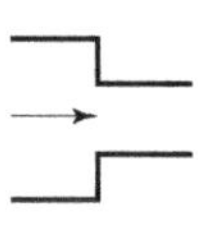	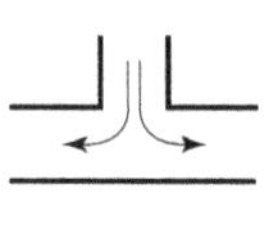	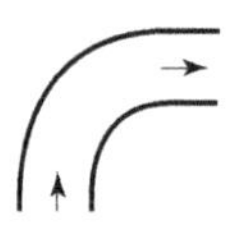	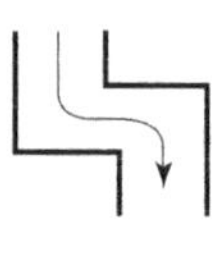	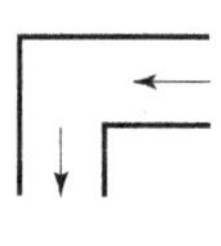	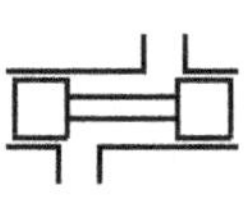
ζ	0.5	1.3	0.5-1	2	1.2	5...15

표 Ⅳ-7. 보정계수(b)

Re	25	50	100	250	500	1000	1500	2300
b	30	15	7.5	3	1.5	1.25	1.15	1.0

(3) 피스톤펌프

액시얼형(axial type), 래디얼형(radial type), 왕복동형(reciprocating type)이 있다. 이 중에서 액시얼형을 그림 Ⅳ-38에 표시한다.

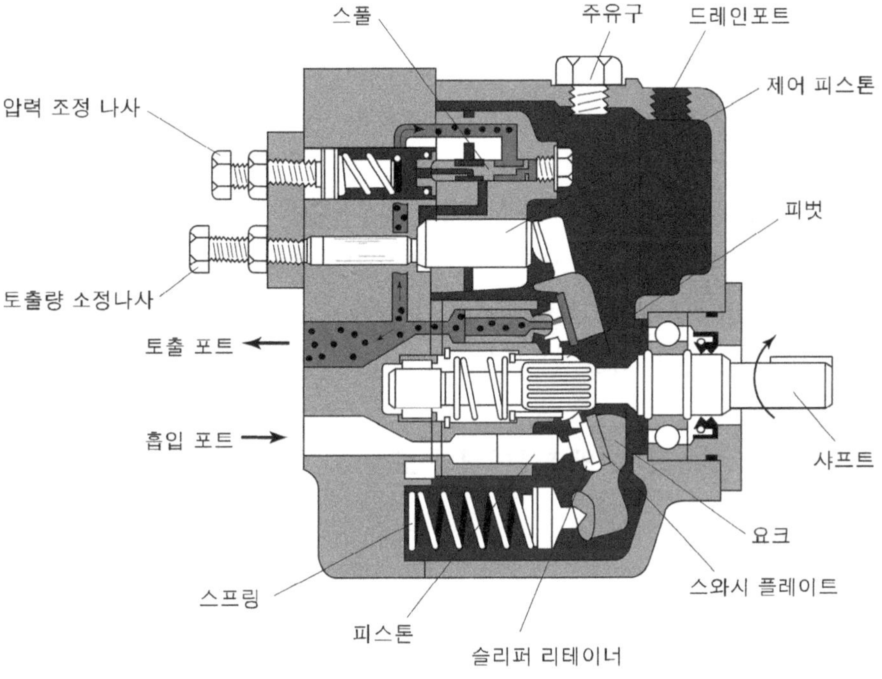

그림 Ⅳ-38. 토출량이 최대일 때의 펌프단면도

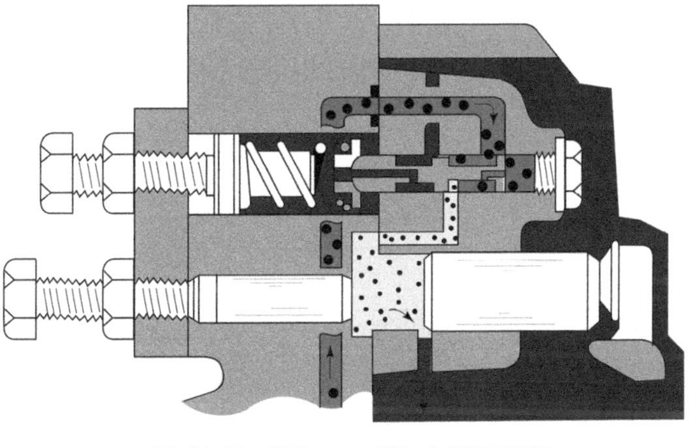

그림 Ⅳ-39. 완전 cut-off일 때 펌프단면도

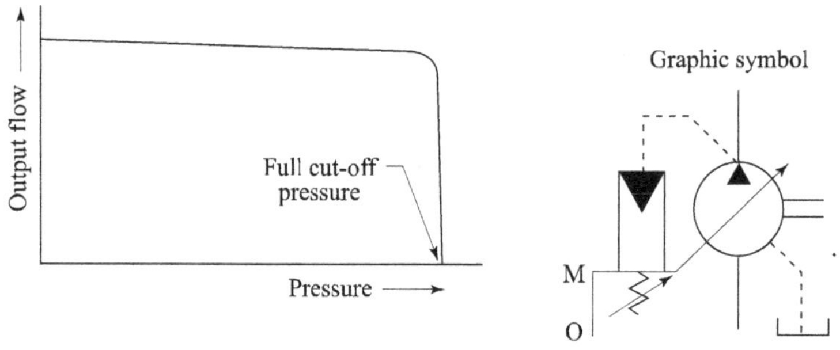

그림 Ⅳ-40. 펌프의 토출량 및 압력의 특성, 펌프의 기호

피스톤의 왕복운동에 의해서 유압시스템에 유압을 형성시킬 수 있게 하는 펌프이다. 동일 원주 상에 축방향으로 피스톤을 배치한 것이 액시얼형, 방사형(放射形)의 반경 방향으로 한 것이 레이디얼형(radial type), 크랭크와 캠으로 작동하는 것이 왕복동형(reciprocating type)이다. 기구(機構, structure)는 복잡하지만 고압, 고속이 가능하다.

[3] 유압제어밸브, 부속기기, 액추에이터의 보수

(1) 유압장치의 제어밸브

제어밸브는 공기압과 마찬가지로 유압장치에서도 기본적으로 압력제어밸브, 유량제어밸브, 방향제어밸브의 세 종류가 있다.

1) 압력제어밸브

압력제어밸브 중에 문제가 발생할 수 있는 부분에 대한 것을 그림 Ⅳ-41과 같이 표시하였다. 압력제어밸브의 내부에서 밸브를 여는 동작을 하는 릴리프밸브를 표시한 것이다.

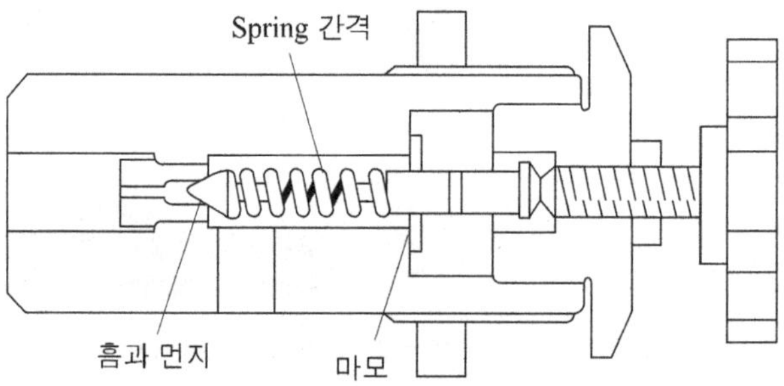

그림 Ⅳ-41. 릴리프밸브의 단면도

2) 유량제어밸브

유량제어밸브의 점검점(點檢點, check point)을 열거하면 압력설정을 정확히 할 것, 제어유량을 적절히 잘할 것, 경우에 따라서는 안정된 유량을 얻기 위해서 라인필터(line filter)를 추가로 설치할 것 등이 있다.

3) 방향제어밸브

스풀에 먼지나 고착물들이 많다. 또한 전자코일의 소손(燒損)도 주의를 요한다.

(2) 부속기기(accessary)

유압장치를 구성하는데는 여러 가지의 부속기기들이 필요하다.

1) 배관, 계수(繼手)

고장이 제일 많은 것은 연결부의 나사풀림이나 오일 실(oil seal) 재료로서 실(seal)의 손상이다. 그 결과로 작동유가 새어 희망하는 유압을 얻을 수 없게 된다.

최초 배관이 적절하지 않으면 곧 고장에 이르는 경우도 많이 있다. 그러므로 배관은 숙련을 요하는 작업이라 말할 수 있다. 일반적으로는 강관(鋼管, steel pipe)을 사용하지만 깨끗한 것이 요구되는 서보계(servo system)에서는 스테인리스관(stainless steel pipe)을 사용한다. 또한 가동부(可動部)나 방진(防振)이 필요한 곳에서는 고무호스(rubber hose)를 사용하기도 한다. 기본적인 고무호스를 사용하는 방법에 관하여 그림

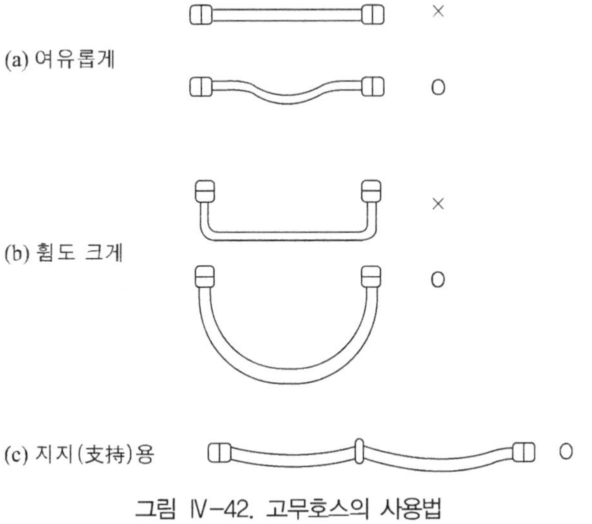

그림 Ⅳ-42. 고무호스의 사용법

Ⅳ-42에 표시한다. 고무호스나 강관의 긴 배관에서는 공진(共振)을 일으킬 수 있으므로 지지대(支持臺, supporter)를 적절히 설치하는 것이 좋다.

2) 지시계(指示計) 및 경보용 기기

온도계의 고장은 거의 없다. 온도검지기(thermo stat)는 작동유의 온도설정값에 의해서 신호를 내보내주는 것이므로 역시 고장은 적고, 진동이 많은 곳에서 약간의 오동작이 있는 정도이다.

압력계로서는 그림 Ⅳ-43에 표시한 것 같은 브로돈관식의 것이 많이 사용된다.

회로압의 변동이 적은 경우에는 최대눈금을 사용압력의 1.5배 정도, 서지(surge)압이 발생하는 경우에는 2배 정도의 것을 사용한다.

댐퍼(damper)나 게이지콕(gage cock)이 취부된 압력계도 서지압력(surge pressure)에 유효하다.

그림 Ⅳ-43. 브로돈관식 압력계

3) 필터(filter)

부속기기 중에서 제일 중요한 것이 이 필터이다. 탱크에 출입하는 공기를 청정화 하는 에어브리더(air breather), 펌프의 흡입 배관부에서 이물질 흡입을 방지하는 스트레이너, 배관 중간부위 작동유의 오염도를 관리하기 위해 사용하는 라인필터 및 리턴필터 등 다양한 것들을 사용한다.

가장 많은 고장은 필터 엘리먼트(filter element)가 막히는 것이다. 라인필터 등에서는 막힘 탐지 센서가 취부되어 있는 것도 판매되고 있다.

엘리먼트가 막힌 것을 그대로 방치해두면 엘리먼트를 파손시키고 케이스(case)까지도

찌그러져 고장이 나므로 주의가 필요하다.

막힘의 원인은 작동유의 열화나 기기내부의 마모, 먼지의 침입 등이 있다. 필히 원인을 도출해 내어 대응하지 않으면 안 된다. 오염된 엘리먼트는 초음파로 세척하는 것도 좋지만 교환해 주는 것이 가장 좋다. 그때 오염된 작동유는 드레인(drain)을 통해서 빼낸 다음 엘리먼트를 교환하도록 한다.

(3) 액추에이터(actuator)

유압에너지를 기계적 운동으로 변환하는 것이 유압 액추에이터이며, 유압전동기, 유압실린더, 요동실린더 등이 있다. 유압전동기는 유압펌프의 역작용이고, 유압실린더는 단동형과 복동형으로 나누어지며, 그 외에 취부방법에 의해서도 분류된다. 표 Ⅳ-8에 주 고장원인과 대책을 열거하였다.

표 Ⅳ-8. 유압실린더의 고장원인과 대책

증 상	원 인	대 책
압력저하 속도저하 정지	내부 누유	패킹, 튜브 교환
	패킹의 끼임 등	교환, 막힘을 고침
	슬라이드 불량	축심정렬(軸心整列)
불규칙 동작	공기 혼입	공기 빼냄
	압력제어밸브의 공진	릴리프밸브 설정압력 변경
	패킹의 끼임 등	교환, 막힌 것을 고침

(4) 유압작동유의 관리

예방정비에서의 최대 중요사항은 작동유의 관리이다. 오염되고 열화되어 있는 작동유를 사용하지 않고, 적정한 온도에서 기포(氣泡)나 이물질이 없도록 하는 것, 누유를 확인하는 것 등이다. 그림 Ⅳ-44에 유온과 작동유 수명의 관계 등을 나타낸다.

리턴(return) 작동유가 고속인 때에는 그림 IV-45와 같이 유면으로부터 작동유 내부로 공기를 휘감아 끌고 들어가는 경우도 있으므로 주의할 필요가 있다.

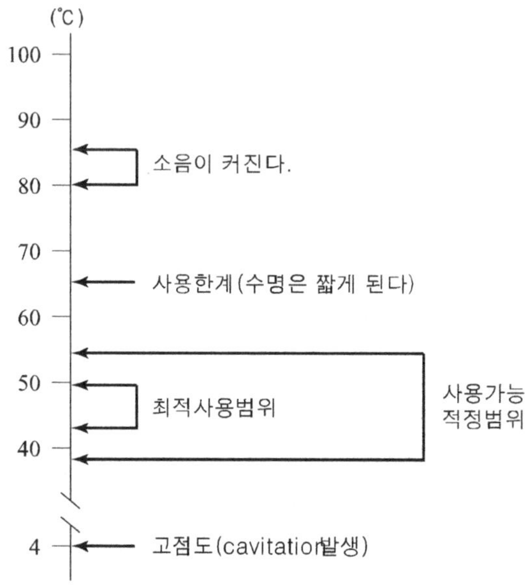

그림 Ⅳ-44. 작동유 온도와 사용 상황

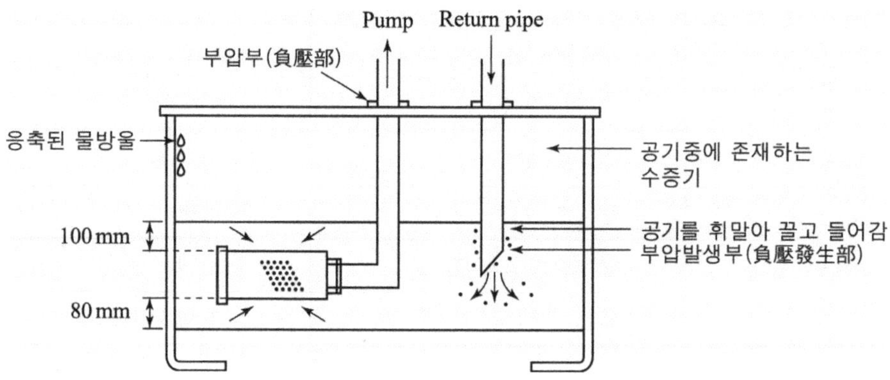

그림 Ⅳ-45. 작동유 탱크에서의 기포발생 현상

[4] 유압회로와 고장방지

유압시스템에서의 주 고장부분을 다음과 같이 분류하여 각 해당 부문에서의 문제점과 고장방지에 관하여 논하고자 한다.

표 Ⅳ-9. 유압회로의 문제

현 상	추 정 원 인
압 력	펌프, 밸브, 압력계
유 량	펌프, 밸브, 설정압
위 치	작동유, 밸브, 센서
기 타	작동유, 펌프, 밸브

(1) 압력제어(pressure controlling)에 있어서의 문제

압력장치에 잘 사용되는 간단한 압력제어 회로는 그림 Ⅳ-46과 같은 회로를 생각해 볼 필요가 있다. 우선 설정된 압력이 생성되지 않을 경우에 어떤 부분으로부터 확인을 하면 좋을까를 생각해 보자.

대체적인 순서는 유압펌프로부터 말단(末端)쪽으로 더듬어가는 방법, 말단으로부터 유압펌프쪽으로 더듬어가는 방법의 두 가지가 있을 수 있다. 하지만 일반적으로는 펌프로부터 말단부분으로 확인해 가는 방법을 많이 쓴다.

1) 유압펌프의 토출불량

실제로 펌프에서 작동유가 토출되는지 어떤지를 눈으로 확인해 보기로 하자. 릴리프 밸브 조절핸들 부분을 분해한 상태에서 유압펌프를 순간운전(jog운전)을 해 봐서 작동유를 흡입, 토출 시키고 있으면 괜찮지만, 작동유가 나오지 않는다면 관련되어 있는 다른 기기도 작동할리 없다.

이런 경우에 실시할 수 있는 기본적인 확인방법은 표 IV-10과 같다.

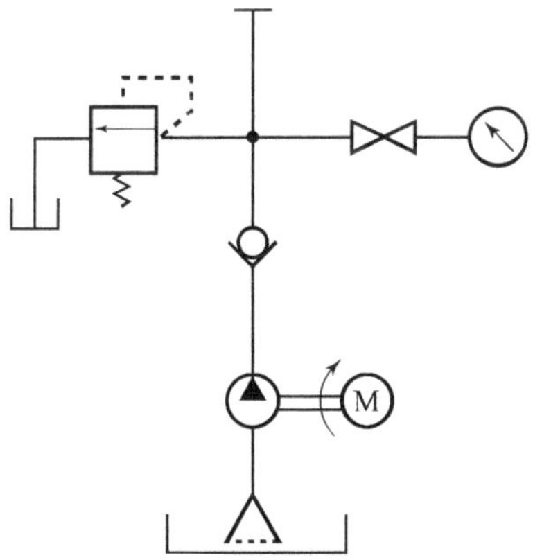

그림 Ⅳ-46. 압력제어 회로

표 Ⅳ-10. 압력문제 발생시 기본적인 확인순서

유압펌프는 괜찮은가?
작동유는 Return되는가?
작동유의 흐름에 방해는?

2) 압력계의 작동 불량

압력은 형성되어 있으나 압력계 지침(바늘)의 회전 작동이 잘 안 되는 경우도 자주 있다.

① 압력계 게이지 콕(gage cock)이 닫혀 있다.

② 게이지 콕(gage cock)의 패킹이 압력계 구멍을 막고 있다.

③ 압력계가 파손되어 있다.

3) 릴리프밸브(relief valve)의 작동불량

유압펌프는 작동하지만 릴리프밸브의 핸들을 회전해도 압력이 상승하지 않는 경우가 있다.

이런 경우는 릴리프밸브를 분해하여 세척하는 것이 주안점(主眼點)이고 가장 좋다.

① 릴리프밸브에 먼지가 끼어있다.

② 체크밸브가 취부되어 있는 것에서는 그 체크밸브에 먼지가 끼어 있을 수도 있다.

③ 무부하 회로에서는 전자밸브의 고장도 생각해 보아야 한다(그림 Ⅳ-47).

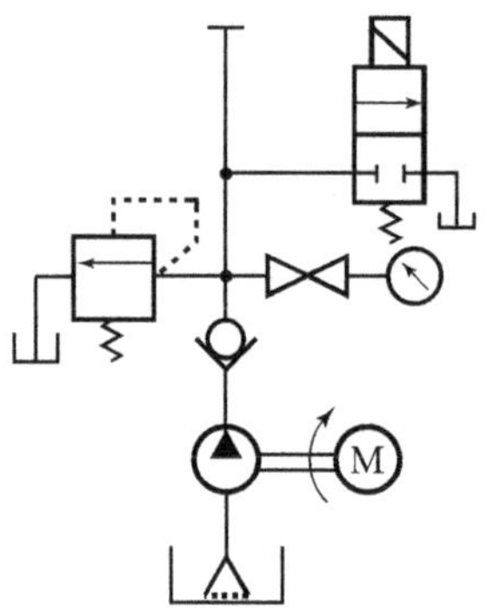

그림 Ⅳ-47. 무부하회로에 사용되는 솔레노이드 밸브

4) 감압밸브의 작동 불량

감압밸브를 사용하는 유압회로에서는 그 감압밸브에 문제가 있어 압력조절이 안 되는 수도 있다.

이 경우도 분해해서 청소를 하는 것으로 문제가 해결된다(그림 Ⅳ-48).

① 감압밸브에 먼지가 끼어 있다.

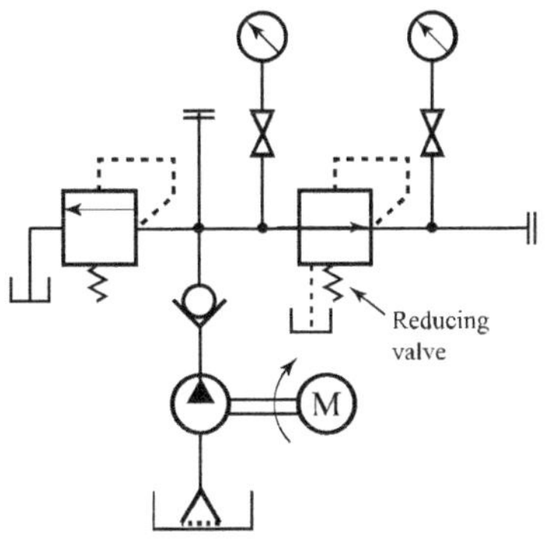

그림 Ⅳ-48. 감압밸브에서의 문제

② 감압밸브의 취부 위치가 좋지 않아 밸브 본체가 영구변형이 되어 스풀(spool)이 고착되어 버렸다.

(2) 유량제어(flow controlling)에서의 문제

충분한 유량이 흐르지 않으면 유압실린더 등이 제 속도를 낼 수 없다.

이런 경우의 기본적인 체크 방법은 표 Ⅳ-11을 참조하기 바란다.

1) 유압펌프 또는 작동유 불량

펌프에서의 문제는 펌프 부품의 마모 또는 파손, 토출량 가변(可變)기구의 작동불량, 압력분배밸브의 고장이 있다. 그 외에 캐비테이션(cavitation)이 발생하는 경우도 적지 않으며 다음과 같은 원인이 있다.

① 기포가 없어지지 않을 정도로 작동유의 점도가 지나치게 높다.

표 Ⅳ-11. 유량문제 발생시의 기본 확인 방법

유압펌프, 작동유는?
설정압의 변경은?
배관 등의 압력손실은?

② 작동유 탱크 내 펌프 흡입관 또는 끝단에 설치한 스트레이너(strainer)의 망(網)이 막혔다.

③ 유압탱크에 있는 에어브리더(air breather)의 망(網)이 막혔다.

또한 부품에 침식이 발생해 있는 경우에도 좋지 않다. 그 원인으로는 다음이 있다.

① 탱크 내에 기포가 발생하고 있다.

② 배관 내에 기포가 남아 있다.

③ 흡입관의 기밀유지(氣密維持)가 좋지 않다.

2) 무부하용 밸브(unloading valve) 설정압(設定壓)의 차(差) 발생

① 원 인

일반적으로 무부하용 밸브의 설정압은 작동압 보다 10～15 kg/cm^{2}만큼 높게 하는 것으로 되어 있다.

구체적으로 그림 Ⅳ-49에서 설명한다.

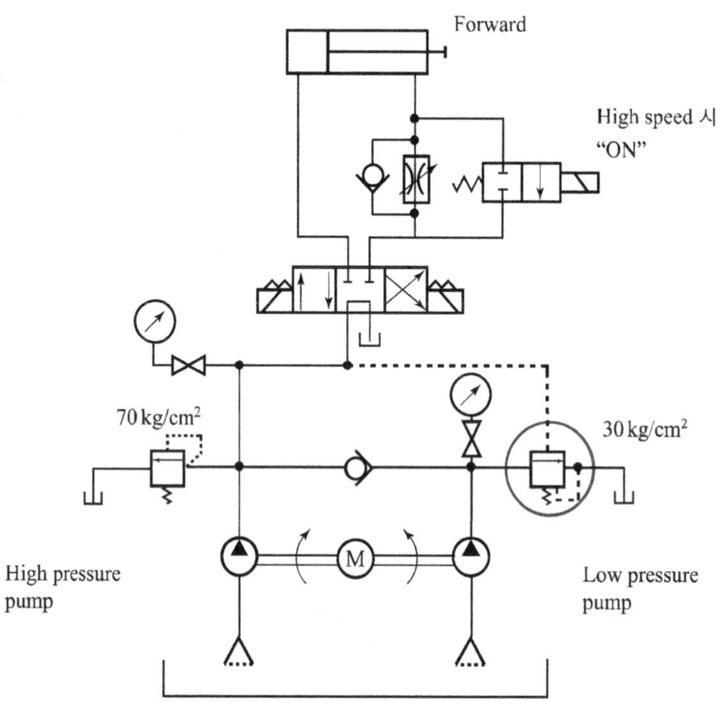

그림 Ⅳ-49. 실린더 급속 이송속도의 저하

[설 명]

회로도(그림 Ⅳ-49)에서 실린더에 빠른 이송(移送)속도가 나오지 않을 경우, 빠른 이송시에 실제 작동압력을 확인해 보았더니 25 kg/cm^{2}이었다.

그러면 무부하용 밸브의 설정압은 15 + 25 = 40 kg/cm^{2}은 되어야 하지만 빠른 이송용 저압 대용량 펌프의 압력을 제어하기 위해 설치한 무부하밸브의 설정압이 회로도에서는 30 kg/cm^2 이므로 저압펌프로부터 토출되어 시스템(실린더, cylinder)으로 공급되어야 할 일부의 작동유가 무부하밸브를 통하여 바로 탱크로 리턴되므로 빠른 이송이 될 수 없었다.

② 대 책

실린더가 빠른 이송을 할 수 있도록 저압펌프에서 토출하는 작동유 전량(全量)이 실린더로 공급되도록 하기 위해서는 무부하밸브의 설정압이 최소 40 kg/cm^{2}는 되어야 하나, 실제의 회로도 상에서의 설정압이 30 kg/cm^{2}이었으므로 40 kg/cm^{2}로 재설정하여야 한다. 실제로 그렇게 변경했더니 빠른 이송이 가능했다.

③ 릴리프밸브의 불량

무부하밸브의 응답성이 좋지 않거나, 리턴(return)배관의 길이가 길고, 지름이 작은 경우에도 유량 부족 현상을 일으킬 수 있음에 주의해야 한다.

④ 전자밸브(solenoid valve) 스풀의 작동불량

스풀에 먼지가 끼어 있으면 작동유의 일부가 리턴포트(return port, T)로 흘러서 탱크로 돌아가므로 유량 부족이 생겨 전진속도가 느려진다.

(3) 위치제어(position controlling)에서의 문제

유압 액추에이터(actuator)에서 정확한 위치제어가 잘 되지 않는 문제도 발생한다. 위치가 어느 정도 벗어나기도 하고, 정지시킨 위치를 그대로 유지할 수 없기도 한 증상이다. 이와 같은 문제 발생시의 점검순서를 표 Ⅳ-12에서 기술한다.

표 Ⅳ-12. 위치제어의 문제에 있어서의 기본 확인 순서

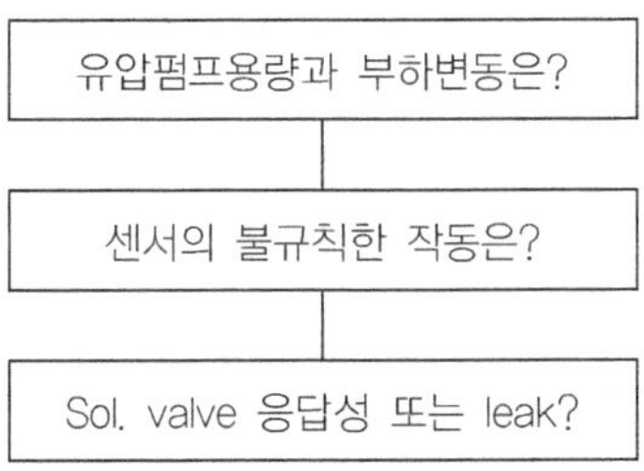

1) 유압장치 시스템에서의 문제

오랫동안 사용해 오던 유압시스템에서 일부분을 변경한 후에 위치제어의 정밀도가 떨어지는 경우가 있다. 이런 경우, 첫 번째 원인은 부하의 변동이 유압펌프 또는 배관용량 면에서 볼 때 규격을 지나치게 크게 한 경우가 많다.

2) 제어계에서의 문제

특히 위치검출 센서의 선택방법 또는 조립방법에 따라서 반복적으로 정밀도가 떨어지는 수가 있다. 또 각 부의 응답성이 느려지는 것 등이 중첩되어서, 위치의 벗어남이 발생할 수도 있다.

이와 같은 경우는 한 번 전체 시스템을 검토하여 회로설계를 다시 해야 한다.

3) 유압기기에서의 문제

위치제어에 있어서 가장 정밀도에 영향을 주는 것은 전자밸브(solenoid valve) 전환시의 응답성(responsiveness)이다. 전기적인 응답과 밸브 그 자체의 응답에 어떤 편차가 주원인(主原因)이다.

이외에 작동유의 온도 또는 점도의 변화도 위치 결정에 영향을 준다.

4) 기타 문제

동작은 잘 되지만 진동이나 소음이 아주 곤란한 경우가 있다.

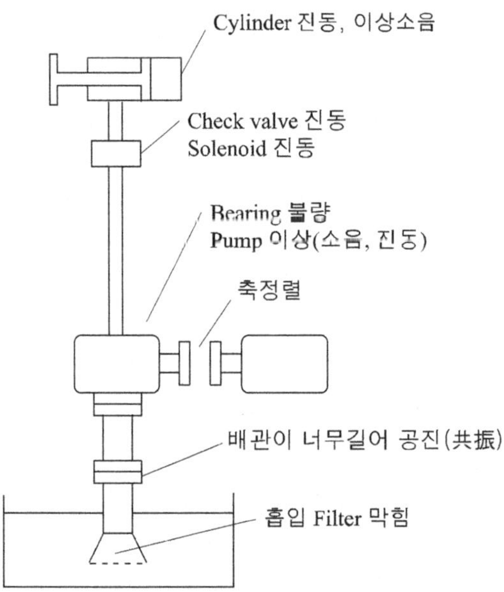

그림 Ⅳ-50. 다양한 소음발생

단순히 시끄럽기만 하면 별로 문제될 것이 없겠지만 커다란 고장으로 이어질 수도 있으므로 주의를 해야 한다.

이러한 문제는 회로설계상 잘못된 경우와 작동유의 오염이 주원인이다.

소음 발생에 관해서는 그림 Ⅳ-50에 표시한다.

[5] 문제 발생의 현상, 원인과 대책

여기서는 실제 사용 중인 설비에서 유압장치의 문제점이 발생했을 경우를 대상으로 하여 그 현상과 원인의 분석 및 문제해결 과정에 관하여 기술함으로써 실무에 근접한 기술을 익힐 수 있도록 하는데 중점을 두었다.

(1) 실린더 관련 사항

① 유압실린더의 최저 작동압력

무부하 상태에서의 실린더 최저 작동압력은 헤드(head)측에서 압력을 가했을 때 표 Ⅳ-13에서 제시하는 압력을 넘지 않도록 한다.

표 Ⅳ-13. Rod packing (형상 : V packing)

Piston packing type	최저 작동압력(어느 것이던 큰 값을 넘지 말 것)
O-Ring, U-Packing	3 kgf/cm^2 또는 최고 사용압력 × 6 %
V-Packing	5 kgf/cm^2 또는 최고 사용압력 × 9 %
Piston ring	1 kgf/cm^2 또는 최고 사용압력 × 2.5 %

② 실린더 속도와 패킹

실린더의 속도가 50 cm/min 이하가 되면 Stick and Slip 현상이 발생하기 쉽지만 이러한 경우에는 Piston Packing으로서 O-ring 또는 Teflon과 O-ring의 조합으로 된 실(seal)을 사용하는 수가 있다.

고속에 대해서 50~60 m/min 정도까지는 일반적으로 U-packing이 사용되지만 그 이상의 속도가 되면 Piston ring 또는 V-packing 등이 사용된다. 가장 빠른 예로서는 200 m/min의 경우에 피스톤은 No-packing, Rod부는 V-packing을 사용할 수도 있다.

일반적으로 U-packing의 소모품 수명은 300 km 정도, V-packing은 800~1000 km 정도로 하고 있다.

1) 실린더 출발시 Jumping 사례 1

① 원 인

이 문제는 공작기계 제작업체에서 새로 제작한 기계를 시운전할 때 발생한 것으로 문제 내용은 솔레노이드 밸브를 절환해서 실린더를 전진, 후진시키는 발진(發進)시에 실린더가 제어속도 이상의 속도로 뛰어 나간다고 하는, 소위 실린더의 Jumping 문제가 있었다. 뛰어 나가는 양은 실린더가 전진시 약 30 mm 정도로 후퇴할 때는 약간 감소했다. 이 문제를 해결하기 위한 대책은 다음의 순서로 진행하였다.

② 대 책

- 배관부 및 실린더 안의 공기를 완전히 빼주었다고는 했지만, 만약을 대비하여 한 번 더 공기를 빼기 위해 실린더의 공기 빼는 부위에 비닐호스를 연결하고, 탱크로 돌아오도록 하여 실린더 행정 끝에 있는 리밋스위치를 떼어 내고 실린더가 전(全) 스트로크(stroke) 작동이 될 수 있도록 하여 10회 이상 전 스트로크 전진과 후진을 반복해서 진행했다. 이 결과 약 30 mm 뛰어나가던 양은 20 mm 정도까지 감소했다.

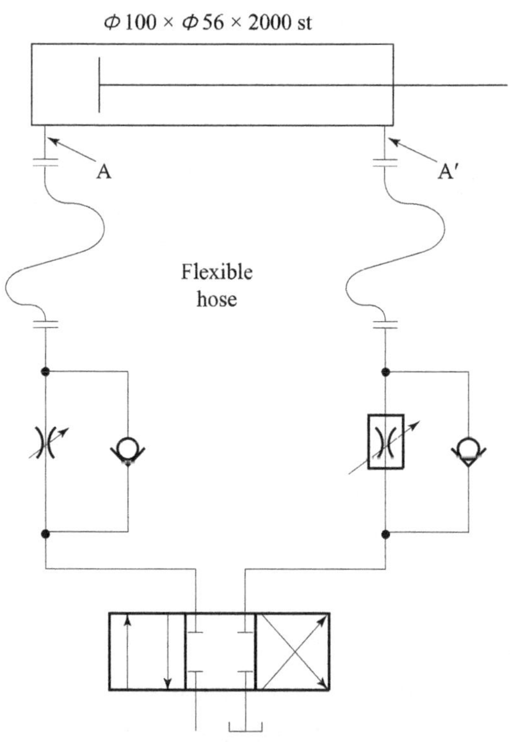

그림 Ⅳ-51. 실린더 출발시 Jumping

· 유량조절밸브에 의한 Jumping 방지를 위해 실린더 로드(cylinder rod)의 Meter-out측에 설치되어 있는 유량조절밸브의 압력 보상 피스톤 개도(開度) 조절 나사를 조절했다. 이 결과 Jumping량은 15 mm 정도까지 감소했다.

다음에 생각해 보아야 할 것은 플렉시블 호스(flexible hose)의 압력에 의한 팽창과 Meter-out측 작동유의 압축량에 의한 것만이 큰 원인으로 생각되어서 Meter-out측의 유량을 작게 하는 것과 함께 Flexible hose의 영향을 받지 않도록 하기 위하여 다음과 같은 대책을 더 수행했다.

· 교축밸브 및 유량조절밸브의 취부 위치를 실린더에 더욱 가까운 곳인 그림 Ⅵ-51의 A, A′로 각각 변경했다. 이것에 의해서 Jumping은 4~5 mm 정도로 되고 그 양은 Meter-out측에 발생하는 압력과 압축량의 계산값과도 거의 일치하여 실용상 지장이 없는 상태로 하는 것이 가능했다.

2) 실린더의 Jumping 사례 2

① 현 상

속도의 변화가 있어서는 안 되는 장치에서 유량제어용으로 유량제어밸브(flow control valve)를 사용하여 그림 Ⅳ-52와 같이 회로를 구성했지만, 시스템 내에 들어 있던 공기를 완전히 배출시켰음에도 불구하고 시작시 약 7 mm의 Jumping 현상이 있어서 적재했던 물품의 위치가 본래 위치에서 벗어나 버렸다.

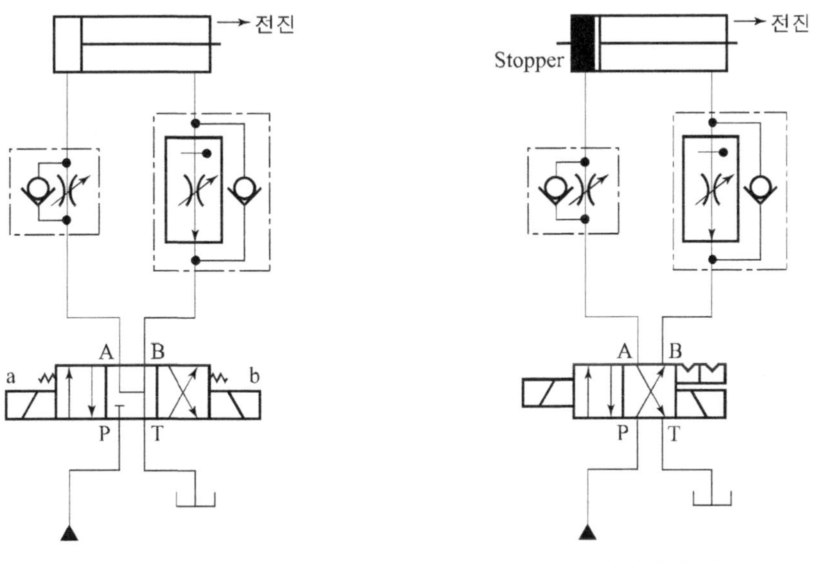

(a) 대책 전 회로　　(b) 대책 후 회로

그림 Ⅳ-52. 실린더 Jumping 문제 해결 방법

② 원 인

유량제어밸브 압력보상 피스톤의 동작 지연에 의한 과대 유량과 압력변화에 의한 실린더 로드(rod)측에서 유량제어밸브까지의 작동유의 용적변화(容積變化)에 의한 것이었다.

즉, 압력보상 피스톤은 기름이 흐르지 않는 상태에서는 스프링힘에 의해서 전개(全開) 상태로 되어 있고, 기름이 흐르는 초기에 감압 작동되어 들어와 아주 짧은 시간 지연 사이에 유량조절용 교축(膠縮, throttle)부분의 압력차가 해당 유량제어밸브 규격에서 사용한계로 규제하고 있는 압력차 이상으로 되어, 교축부에서의 교축량은 일정한데도 불구하고 순간적으로 많은 유량을 통과시키는 현상 때문이다.

③ 대 책

- 유량제어밸브를 압력보상 피스톤 개도조정기구(開度調整機構)가 취부되어 있는 밸브(그림 Ⅳ-53)로 변경하고, 미리 적정위치(減壓位置)로 조정했다.

  즉, 이 개도조정기구는 압력보상 피스톤의 개도를 전개의 위치에서 통과 유량과 감압에 필요한 스로틀(throttle) 개도 근방까지 최초부터 이동시켜 놓은 것이므로 이 것에 의해 압력보상 피스톤의 작동 지연은 거의 없다. 따라서 순간적으로 많은 유량이 통과되는 것에 의한 액추에이터의 Jumping은 발생하지 않게 되었다.

  그러나 이 조정기구는 유량조정밸브의 통과유량을 변화시킨 경우나 유량조정 밸브의 입구, 출구의 압력차가 변화한 경우에는 그때마다 개도 조정을 해주지 않으면 완전한 Jumping 방지가 될 수 없다는 번거로움이 있다.

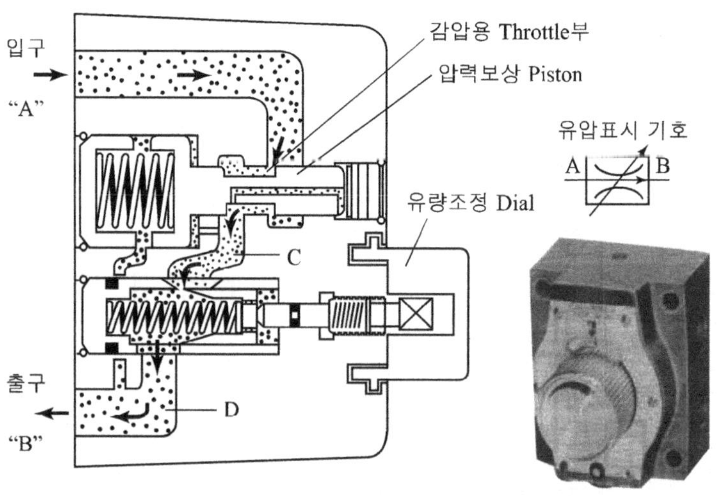

그림 Ⅳ-53. 압력보상형 유량조절밸브의 작동도

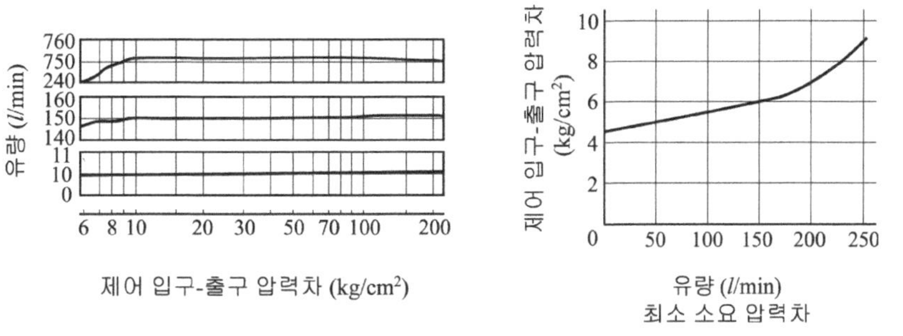

그림 Ⅳ-54. 압력-유량 특성 곡선

유량조정밸브의 사용에 있어서 이 밸브의 입구와 출구의 압력차가 일정값 이상이 되면 정확한 유량제어가 될 수 없다고 하는 것에 주의해야 한다. 이것은 압력보상밸브가 하는 감압값 이상(以上)의 압력차가 입구, 출구의 사이에 필요하기 때문이다. 그림 Ⅳ-54는 유량조정밸브의 압력-유량 특성과 유량조정 밸브의 입구, 출구의 필요 최소 압력차에 대한 그래프이다.

- 실린더 헤드(cylinder head)측의 정지위치에 맞춘 스토퍼(stopper)를 설치해서 대기 중에도 후퇴용 솔레노이드(solenoid)를 on으로 하고 로드(rod)측의 압력을 유지하도록 했다.

  위의 대책으로서 Jumping 현상은 해소되고 양호한 동작으로 되었다. 작동유가 압력에 의해서 압축되는 이유는 통상 대기압에서 7~8%의 공기가 작동유 중에 용해되어 있어서 이것이 압력에 의해서 체적변화하기 때문이다.

3) 스틱-슬립(stick and slip) 현상과 원인

공작기계 제조업체에서 새로 제작된 기계나 공장설비로 새로 설치된 장치 등에서 자주 보이는 현상으로, 실린더가 특히 저속에서 균일한 속도로 동작하지 않고 작은 소리로 '삐리삐리'하면서 가다 서다를 반복하며 움직이는 경우가 있는데 이런 현상을 Stick and Slip이라고 한다.

① 원 인

그 원인이라고 생각되는 것은 다음과 같이 구분하여 정리할 수 있다.

- 정마찰력과 동마찰력의 차(差)(유체윤활과 경계윤활의 반복). 실린더도 포함한다. 일반적으로 마찰면의 특성은 여러 가지 조건에 따라 지배되므로 정량적인 표현 방법, 예를 들면 어느 정도의 속도로부터 감속하여 경계윤활로 이동하던가, 정지마찰과 동마찰의 비는 어떻게 될까 하는 것은 간단히 결정할 수 없다.

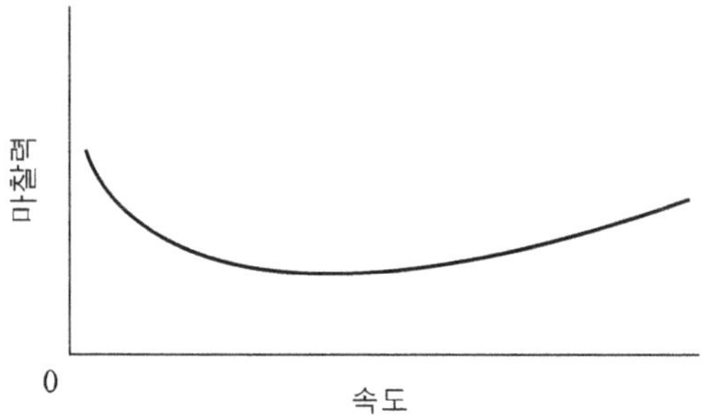

그림 Ⅳ-55. 속도와 마찰력과의 관계 그래프

그러나 그림 Ⅳ-55와 같이 대략의 기본형은 결정되어 있으므로 저속이 되면 역으로 마찰력이 커지는 영역이 있고, 정마찰과 동마찰 그 중간의 미소 속도영역에 있어서는 마찰력의 변동, 이것이 부하의 변동으로 되어 Stick and Slip의 원인이 된다고 여겨진다.

- 부하의 변동 : 이것은 공작기계에 있어서 절삭부하변동 및 마찰력의 변동 등이다.
- 유압유(oil)의 압축성
- 공기의 혼입(混入)
- 플렉시블 호스(flexible hose) 등의 압력변동 등에 의한 팽창, 수축

② 대 책

이상과 같은 것이 원인이라고 생각되므로 위의 원인을 기본으로 하여 공작기계에서 발생한 Stick and Slip에 대해 실제로 적용한 대책을 기술한다.

발생원인은 단독원인과 여러 가지가 복합된 원인이 고려되어지지만, 대책을 실시하는 데 있어서는 실시가 용이한 부분 및 대책효과가 크다고 여겨지는 부분을 먼저 실시한 것이다. 또한, 이번의 이 대책 예(例)는 공작기계제작업체에서 새로 기계를 만들었을 때에 발생한 Stick and Slip의 대책을 기술하는 것이다. 일반적으로 사용 중에 있는 기계에서 발생하는 Stick and Slip의 원인은 대부분이 공기의 혼입에 의한 것이라는 것에 주의하지 않으면 안 된다.

대책을 발생빈도 기준으로 표시한다면, 전체 발생건수를 100으로 놓고 보았을 때

- 실린더 피스톤의 U-packing에서 O-ring 타입으로 변경 : 50%
- 실린더에 연결한 고무호스를 강관(鋼管)으로 변경 : 10%
- 미터아웃 제어회로에서 실린더와 연결되어 있는 유량제어밸브의 연결관(連結管)을 짧게 수정 : 10%

· 유량제어방식 미터아웃(meter-out)을 미터인(meter-in) 방식으로 변경 : 10%
· 테이블 습동면의 윤활유의 종류를 변경 : 10%
· 테이블 슬라이드면의 윤활 홈을 추가 : 10%

습동면의 마찰계수는 윤활방식, 습동면의 구조, 재질, 윤활유의 성질 등에 따라 다르므로 과거 데이터 등을 참고하거나, 실측해서 구하도록 하고 있지만 공작기계에 있어서는 습동면에 의한 경우 일반적으로 정마찰계수 0.2~0.3, 동마찰계수는 0.02~0.05 정도를 선택하여 적용하는 경우가 많다.

그림 Ⅳ-56의 경우 피스톤 전진시 실린더의 습동저항 및 유량저항을 고려하지 않는다면, 피스톤 로드측에 발생하는 배압 P2는 P1이 30 kg/cm^{2}일 경우 다음과 같이 된다.

하중 습동부의 정마찰계수를 0.2로 하면

$$P_2 = \frac{P_1 \times A_1 - \text{부하(Load)}}{A_2} = \frac{30 \times 20 - (500 \times 0.2)}{15} = 33.3 \fallingdotseq 33\,\mathrm{kg/cm^2}\text{이다.}$$

동마찰계수를 0.02로 하면

$$P_2 = \frac{P_1 \times A_1 - \text{부하(Load)}}{A_2} = \frac{30 \times 20 - (500 \times 0.02)}{15} = \frac{590}{15} \fallingdotseq 39\,\mathrm{kg/cm^2}$$

로 되고, 동마찰 경우의 부하와 정마찰에 의한 경우의 부하가 달라서 생기는 배압(背壓)의 차(差)는 6 kg/cm^{2}가 된다.

이 6 kg/cm^{2}의 압력변동에 의해 발생하는 실린더 로드측 유량의 변화량은

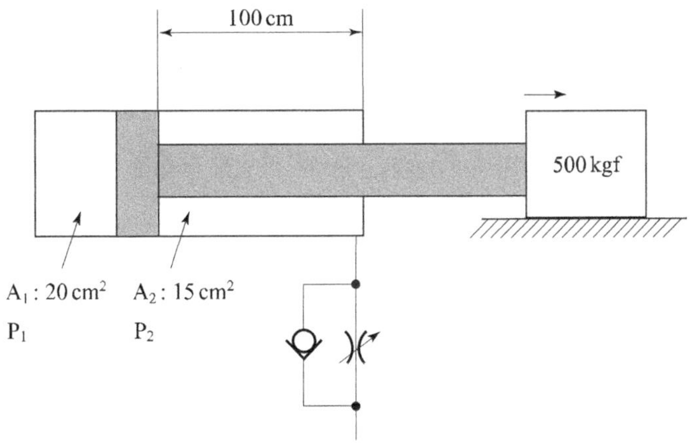

그림 Ⅳ-56. 실린더의 Stick and Slip

$$\Delta V = V_0 \times \Delta P \times \beta$$

ΔV : 변화한 용량(cm^3)

V_0 : 초기의 용량(cm^3)

ΔP : 변화한 압력(kgf/cm^2)

β : 유압작동유의 압축률 $6 \sim 7 \times 10^{-5} cm^2/kgf$

$$\Delta V = (V_0 = A_2 \times \text{Stroke}) \times \Delta P \times \beta = (15 \times 100) \times 6 \times 7 \times 10^{-5} = 0.63\ cm^3$$

이 $0.63\ cm^3$의 변화에 의해서 발생하는 실린더 피스톤의 변화량 $\Delta \ell$은

$$\Delta \ell = \frac{\Delta V}{A_2} = \frac{0.63}{15} = 0.042\ cm \fallingdotseq 0.4\ mm$$

가 되어 이것이 Stick and Slip의 발생 원인이라고 생각된다.

4) 실린더의 노킹(knocking)

① 현 상

기계의 테이블이 저속으로 작동할 때 노킹(knocking, stick and slip)이 발생되고 있었다.

② 원 인

테이블과 실린더를 분리해서 실린더만 작동시켰더니 미소하기는 하지만 동일한 증상이 확인되어 실린더의 노킹 현상으로 판단되었다.

③ 대 책

피스톤 패킹을 조합 실(組合 seal)로 교환함으로써 노킹이 해결되었다.

실린더는 저속작동시 약 5 mm/sec 이하의 경우에 노킹을 일으키는 경우가 많이 있다. 그 요인으로는 실린더 자체에 기인하는 것과 외적인 요인에 의한 것이 있으며, 어느 경우에서나 정마찰저항(가동시의 마찰저항)과 동마찰저항(작동 중의 마찰저항)의 차가 큰 경우에 노킹이 일어나기 쉬운 것이라고 여겨진다.

일반적으로 물건을 이동시키려고 할 때, 움직이기 시작할 때까지는 큰 힘을 필요로 하고 그 후는 작은 힘으로 움직인다. 즉, 움직이기 시작할 때까지가 정마찰저항이고, 그 후는 동마찰저항이다.

실린더 자체에 기인한다고 여겨지는 것으로는 다음과 같은 것이 있다.

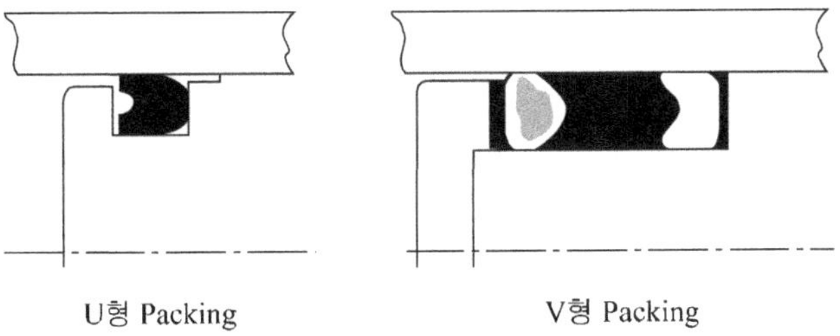

그림 Ⅳ-57. 실린더용 패킹 형상

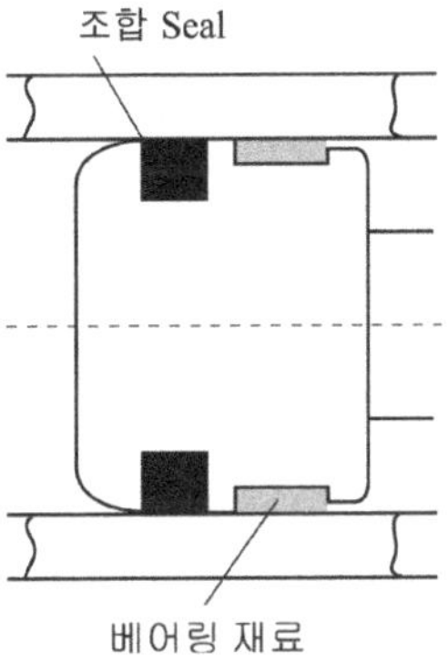

그림 Ⅳ-58. 조합 실(seal) 및 베어링 재료

· 패킹

일반적으로 사용되는 실린더용 패킹은 그림 Ⅳ-57에 표시한 것 같이 U형 또는 V형 패킹이 많다.

이 패킹들은 압력의 작용으로 립(lip = 누유를 막아주는 부분)을 실린더 튜브(tube) 내면이나 로드와의 습동부에 밀어 눌려 붙여지는 구조로 되어있기 때문에 작동속도가 느려지면 패킹과 습동부와의 사이의 윤활유의 윤활막이 끊어지는 현상이 일어나 습동부의 저항이 증대하여 노킹이 될 수가 있다.

립이 있는 패킹에 반(反)하여 그림 Ⅳ-58과 같이 테프론과 합성고무와의 조합 실은 윤활유의 윤활막 끊김을 일으키는 일이 없어서 노킹이 일어나지 않는다.

· 부시(bush) 및 피스톤

일반적으로 실린더의 스트로크(stroke)가 긴 경우 실린더 로드(rod)가 자중에 의해서 구부러지고 습동면에 과도한 면압(面壓)이 발생해서 윤활유 끊김 현상을 일으켜 노킹의 원인이 되기 쉽다. 이와 같은 경우에는 그림 Ⅳ-58에서와 같이 미리 부시(bush)나 피스톤의 습동부에 자기윤활성(自己潤滑性)이 있는 수지(樹脂) 등의 축수재(軸受材, bearing)를 사용하는 것이 바람직하다.

· 기타

- 실린더 자체의 원인

피스톤 로드나 실린더 튜브(tube)의 표면 조도가 거친(rough) 경우나 중심의 흔들림이 있는 경우가 요인으로 여겨진다.

- 외적인 요인

㉠ 기계와 축 중심이 일치하지 않는 경우

㉡ 기계의 부하(負荷) 변동이 큰 경우

㉢ 작동유에 공기가 혼입되어 있는 경우

(압력변화에 의한 습동저항의 변화에 의해 혼입공기 체적이 변화하여 노킹(knocking) 현상을 증폭시키는 작용을 함) 등이 있다.

(2) 작동유가 새어나오는 문제와 대책

유압장치에 있어서 보수관리상 무엇보다도 곤란한 것으로 누유(漏油)대책이 있고, 다음에서 그 원인이라고 생각되는 사항과 대처방법에 관하여 생각해 본다.

1) 실린더 관련 누유

실린더에 있어서 기름이 새는(leak) 것이 문제가 되는 것은 대부분이 피스톤 로드(rod)부를 통해서 새는 것이다. 이 부분으로부터 새어나옴(leaking)에 관해서는 어느 일정량까지는 각국의 규격으로 허용하고 있지만 실제로는 사용 시간의 경과와 함께 새는 양이 증가해서 문제되는 것이 많다.

① 우선 사용시간의 경과와 함께 기름이 증가해서 새어나오는 경우

- 사용시간이 패킹의 소모품 수명을 넘기고 있는 경우가 가장 많다.

  일반적으로 U-packing의 소모품 수명은 주행거리가 300 km정도, V-packing은 800∼1,000 km 정도로 하고 있고, 가령 공작기계용으로서 U-packing이 사용된 경우 1 cycle이 30초, 행정은 1 m, 1일 가동을 7시간으로 하면 1일 주행거리는 1.68 km로 되고 연간 가동일 수를 178일로 계산하면 300 km에 달하는 것으로 실린더 로드의 패킹은 비교적 자주 교환하지 않으면 누유(漏油)를 방지할 수 없게 된다.

- 피스톤 로드의 표면이 거칠어 가느다란 줄(file) 모양의 흠의 수가 많은 것 때문에 발생하는 누유(漏油)

  이 경우는 패킹 접촉부분이 급속히 마모됨과 동시에 피스톤 로드 표면의 파여진 홈

부분에 작동유가 들어가 밖으로 옮겨져 나와 먼지 와이퍼(wiper)에 의해서 뭉쳐 떨어지는 현상의 누유(漏油)가 된다.

- 부시(bush)가 마모하여 틈새(clearance)가 증대한 것에 의한 누유(漏油)

  틈새가 지나치게 커져서 로드가 한 쪽으로 치우치는 경우 패킹의 립부(lip部)와 로드 표면에 간격이 생겨 이 부분에 의해 누유가 발생한다.

  부시 마모가 큰 원인으로는 다음이 있다.

  - 오염된 작동유에 의한 경우
  - 먼지 제거기(dust wiper)의 성능이 충분하지 않아 외부로부터 로드 표면에 부착된 이물질에 의한 경우
  - 실린더 중심 축선과 로드 이동의 중심선이 일치되지 않는 경우

- 기타

  로드가 운전 중 주기(週期)가 빠른 진동을 일으키고 있는 경우나, 휨 하중(bending load)을 받으면서 작동하고 있는 경우에도 누유가 증대할 수 있다.

  이상은 사용 시간의 경과와 함께 누유가 증대한 경우의 원인이다.

② 실린더 취부 직후부터 허용량 이상의 누유가 있는 경우

- 패킹 조립시 삽입부의 버(burr) 등에 의해 패킹부에 흠이 생긴 경우로서 이것이 어느 경우보다도 많다.
- 패킹 삽입부 치수의 불량, 표면 조도 문제, 로드 표면조도 문제 등이 있다.
- 로드 패킹부 이외의 다른 부분에서의 누유가 로드부에 나타나는 경우가 있다.

  패킹부 구조를 나타낸 그림 Ⅳ-59에서 오링(O-ring) 등이 조립 삽입시 버(burr) 등에 의해 일부분이 절단되어 이 부분에서 누유가 되는 경우도 있다.

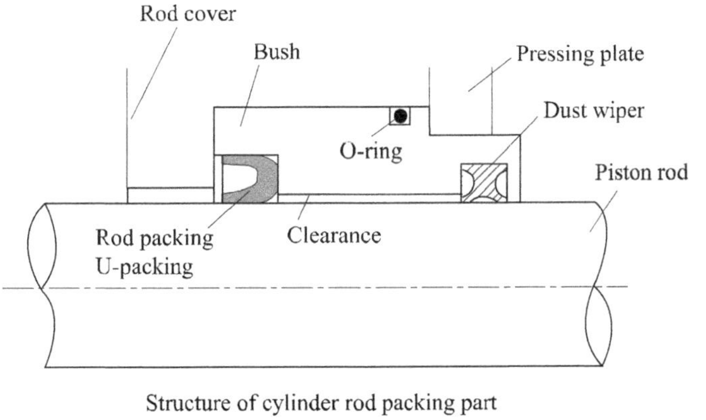

Structure of cylinder rod packing part

그림 Ⅳ-59. 실린더 패킹 구조의 예

2) 배관 연결부로부터의 누유

누유로서 가장 문제가 되는 것이 배관 연결부를 통해서 누유가 되는 것이므로 유압시스템을 제작할 때 될 수 있는 한 무리를 해서라도 배관 연결부 수(數)를 적게 하는 것이 최선이다. 휨부(bending part) 등은 파이프 벤더(bender)로 구부리고 엘보(elbow) 등의 사용을 해야 하는 경우에는 용접형을 사용한다.

관(管)과 계수(繼手)의 연결 방법에 관해서는 여러 형식이 개발되어 나사식 연결부의 사용은 점차 줄어들고 있으나 유압기기와의 접속에는 관용(管用) 테이퍼(taper) 나사와 관용 평행 나사가 사용되고 있는 것이 많다.

① 관용 테이퍼 나사의 주의사항

일반적으로 사용되고 있는 관용 테이퍼 나사는 산(山)과 골(谷) 사이에 간격이 있어 아무리 정밀하게 가공하였다고 하더라도 누유를 완전히 방지하는 것은 불가능하며, 이 간격을 없게 하기 위하여 다양한 밀봉제가 사용되고 있다.

그 중에서도 테플론 실 테이프(teflon seal tape)는 간단해서 많이 사용되고 있지만, 이것의 사용에 있어서 정확하게 자른 나사에 대해서는 2~3바퀴 돌려 감는 것은 누유를 차단하는 효과 면에서도 그렇게 바람직하지 않고 나사가 풀리는 원인이 되기도 하므로 실(seal)은 나사가 가공된 끝에서 풀리지 않는 방향으로 1 1/4~1 1/2 정도 감고, 그 이상은 감지 않을 것과 나사 선단의 1산에서 1산 반은 감지 않는 것이 필요하다. 이 부분까지 감으면 실 테이프의 절단 끝부분이 관(管) 내부로 들어가 압유가 관 내부를 흐를 때 일부가 끊어져 관 내부를 돌아다니다가 유압시스템에 취부되어 있는 요소, 예를 들면 펌프나 각종 밸브류 등에 끼어 회로시스템의 작동에 문제를 야기할 수 있다. 그림 Ⅳ-60과 그림 Ⅳ-61에서 A의 경우는 정확히 나사가 절단된 경우이고, B는 수나사의 절단부가 암나사의 입구에 닿아 완전한 나사 삽입이 안 된 상태이다.

C의 경우는 암나사의 끝부 밑에 수나사 선단(先端)이 닿아 나사 삽입이 불완전한 예이며, 공히 누유의 원인이 되므로 주의해야 한다. 또한 나사면의 흠도 실 효과를 저감(低減)시키므로 나사 가공의 끝에서는 주의해야 한다.

② 파이프 테이퍼 나사(PT) 체결 토크(torque)

PT나사의 체결은 과도한 상태로 하면 나사부에 커다란 변형(strain)이 생기며, 유압기기 등에 접속하는 경우에는 작동불량의 원인이 될 수도 있다. 반대로 체결 부족의 경우에는 압력에 의해서 생기는 충격력에 의해 갑자기 누유가 생기게 되므로, 일반적으로는 표 Ⅳ-14의 체결 토크(torque) 기준을 참고로 하여 나사 체결 작업을 하는 것이 바람직하다.

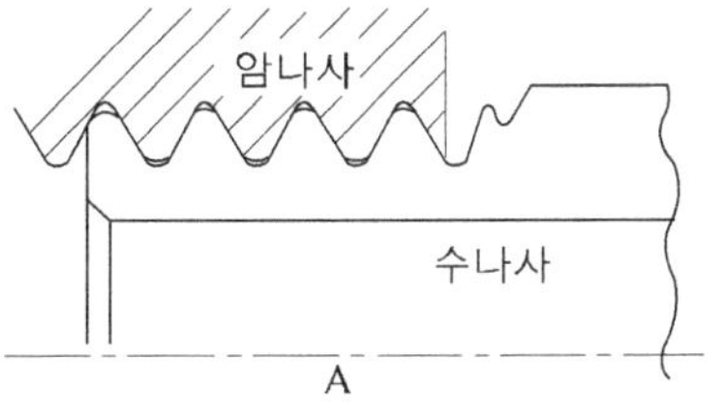

그림 Ⅳ-60. 정확한 나사 조립의 경우

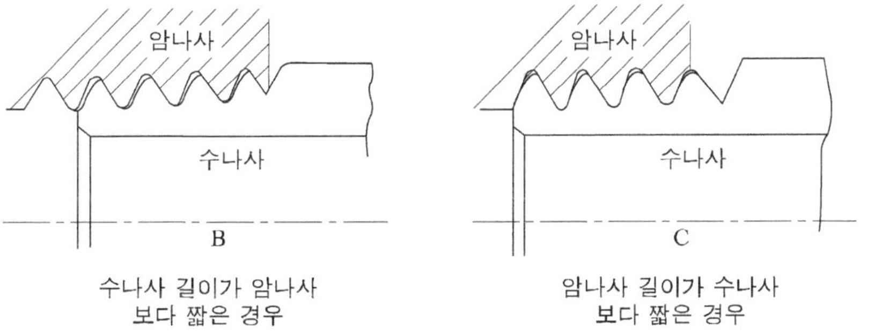

그림 Ⅳ-61. 정상적이지 않은 나사 조립형상

표 Ⅳ-14. 파이프 테이퍼 나사 체결 토크 기준

호칭경 [Inch]	바깥지름 [mm]	Torque [kg · m]
1/4	13.8	2.5
3/8	17.3	5.0
1/2	21.7	7.5
3/4	27.2	13.0
1	34.0	17.5
1 1/4	42.7	22.0
1 1/2	48.6	28.5
2	60.5	35.0

③ 배관 지지대(supporter)

배관의 진동 및 추력은 나사부, 연결부품에 의한 연결부 등에서 누유가 되는 원인에 직접적인 영향을 주므로 이런 문제를 방지하기 위해서는 적절한 위치에 적절한 규격으로 파이프 지지구(支持具)를 설치할 필요가 있다.

배관의 종류나 규격에 따라 지지구를 작업자 자의로 적절하지 않은 규격으로 적절하지 않은 곳에 설치하는 경우가 있을 수 있다. 옳은 방법으로 설치하도록 하기 위해 최근에는 배관 지지(支持) 전용의 우수한 지지구가 판매되고 있으므로 적합한 규격품을 구입하여 설치하는 것이 바람직하다.

표 Ⅳ-15는 파이프 지름과 지지대(supporter) 간격이 적절하다고 여겨지는 한 예이지만, 특별히 배관이 연결되는 장소에 대해서는 이 치수의 1/3～1/2 정도의 장소에 설치하는 것이 요망된다.

표 Ⅳ-15. 배관용 지지대의 간격

호칭경 [inch]	바깥지름 [mm]	간 격 [m]
1/4	13.8	1
3/8	17.3	
1/2	21.7	
3/4	27.2	1.2
1	34	1.5
1 1/4	42.7	2
1 1/2	48.6	

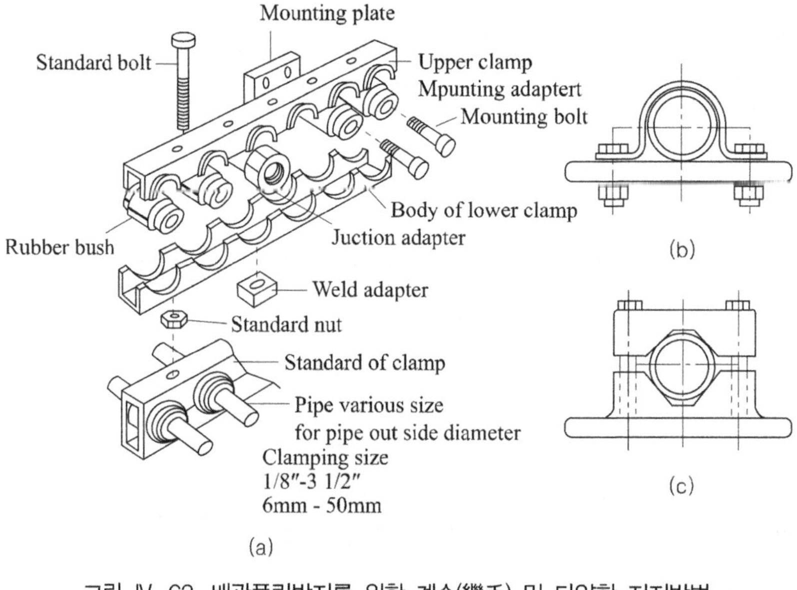

그림 Ⅳ-62. 배관풀림방지를 위한 계수(繼手) 및 다양한 지지방법

예시한 배관 지지대(支持具)의 종류는 파이프의 종류에 따라 다양하다.

④ 배관연결부(jointing part, 繼受)로부터의 기름 누유

삽입식 계수(繼手) 제조업체에서 여러 가지 특징이 있는 것이 만들어지지만, 이것을 사용하는데 있어서는 각각의 취급설명서에 따라 정확히 조립하지 않으면 충분한 효과를 기대할 수 없다.

따라서 이에 대한 일반적인 주의사항은 다음과 같다.

- Male측 관 축과 Female측 관 축이 정확하게 일직선상에 있는 상태로 조립되어야 한다.
- 사용시간의 경과와 함께 반복적인 충격력에 의해 삽입부가 깊어져 가는 등의 이유에서 너트(nut)의 체결력(締結力)이 불충분하게 되어 가므로 어느 정도의 기간이 경과할 때마다 다시 증체(增締)하여야 할 필요가 있다.
- 배관의 진동방지를 한다.

그림 Ⅳ-63 및 그림 Ⅳ-64는 제조업체에서 만든 슬리브(sleeve)와 접속관의 삽입 상태를 표시한 것이다.

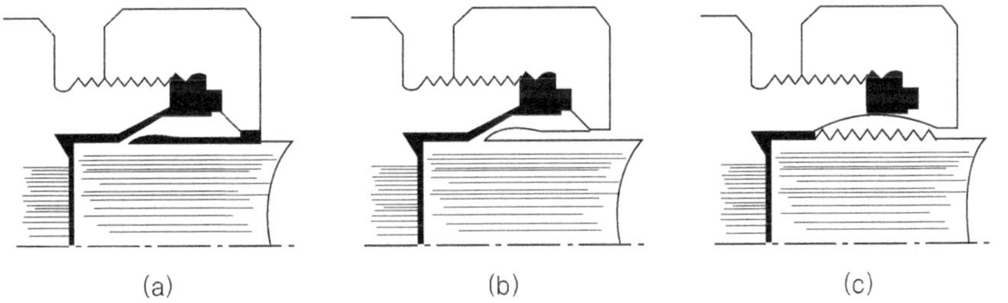

(a) (b) (c)

그림 Ⅳ-63. 파이프 삽입식 계수(繼手)의 예

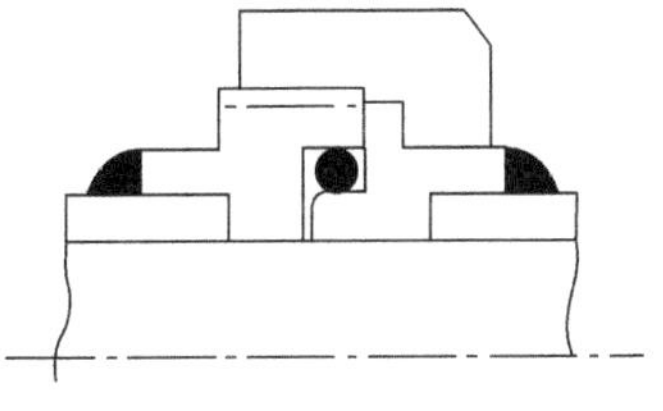

그림 Ⅳ-64. 오링 삽입부의 예

O-ring을 사용하여 배관을 연결한 경우에 조립 초기부터 기름이 누유되는 때에는 다음과 같은 이유가 대부분이다.

- O-ring이 손상되어 있음
  O-ring 삽입부의 버(burr) 등에 의해서 손상을 입은 경우와 관축의 중심이 일직선상이 아닌 것을 무리하게 조립할 때에 손상을 입기 쉬움
- O-ring의 규격이 맞지 않는 것을 사용하는 경우
- O-ring 삽입부 규격이 적정(適正)치 않거나 표면조도가 너무 거친 경우
- 이물질이 끼어 있는 경우

위의 경우와는 다르게 사용시간이 경과함에 따라 기름 누유가 증가해 가는 경우의 원인으로는 다음과 같은 것이 있을 수 있다.

- O-ring의 노화에 의한 탄성 저하
- 조립된 부위가 빠져 나오는 현상 또는 접촉면 조도의 문제 등에 의해 O-ring 표면에 흠이나 일그러짐 등이 발생되어 간다. 이와 같은 경우에는 새로운 O-ring으로 교환하여야 한다. 이 때 주의사항으로는 우선 삽입부의 버(burr) 등을 점검하고, 배관의 중심선을 정확하게 하며, 적정경도와 정확한 규격의 O-ring을 사용하고, 그리스(grease) 등을 도포(塗布)하고 나서 조립작업을 해야 한다.

O-ring은 그림 Ⅳ-65에서와 같이 저압에서는 조립시의 눌림 틈새의 반발 탄성만으로 누유 방지 효과를 얻을 수 있지만, 고압이 되면 압력에 의해 눌려서 변형되고 접촉면도 크게 되어 누유 방지에 대해서 유리한 현상을 나타내 간다.
그러나 압력이 더욱 높게 되면 취부홈부(Inserting groove)의 틈새로부터 빠져 나오는 현상이 발생하고 O-ring이 손상되므로 고압에서 사용하는 경우에는 이 부분의 틈새를 설계상에서 규정하고 있는 것보다 작게 하거나 O-ring이 경도가 높은 것을 사용 또는 Back up ring을 병용하는 등의 대책을 취하지 않으면 안 된다.
그림 Ⅳ-66의 경우는 빠져나오는 현상이 발생하지 않는다.
그림 Ⅳ-67의 경우는 O-ring을 사용한 예를 표시한 것이다.
표 Ⅳ-16～표 Ⅳ-19까지는 Back up ring을 사용하지 않는 경우의 최대 틈새값, O-Ring 삽입홈부(Inserting groove)의 표면 거칠기(face roughness), O-ring 조립시의 표준 눌림 여유 각각을 나타낸다.
Back up ring의 형상, 치수, 재질은 규격으로 되어 있고, 재질은 일반적으로 테플론(teflon), 가죽 등이 사용되고 있다.

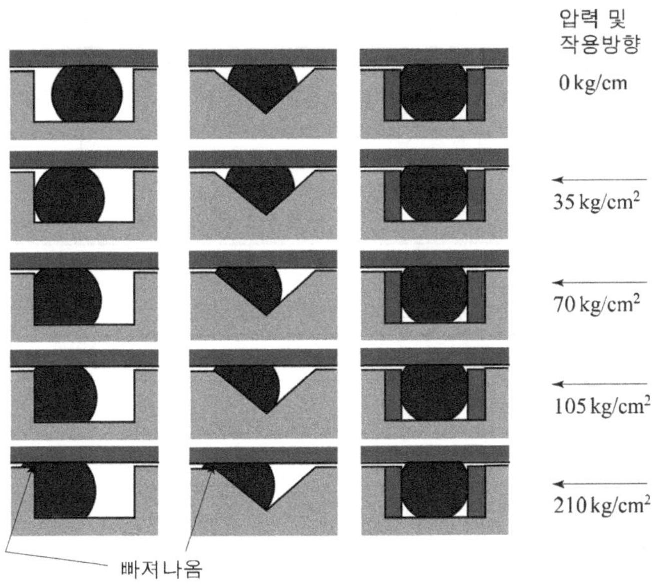

그림 Ⅳ-65. 다양한 압력에 따른 오링의 변형 상태

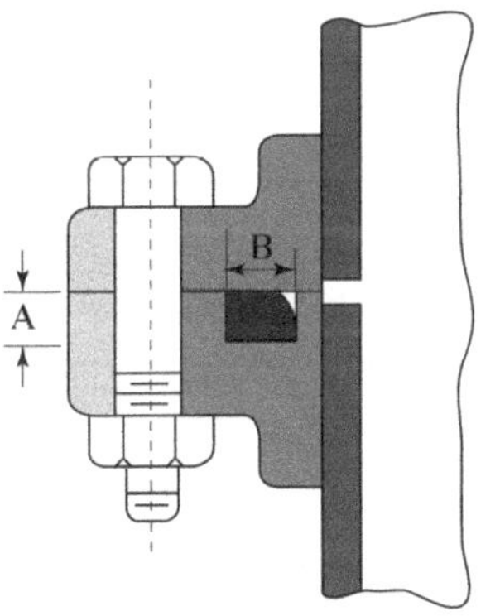

그림 Ⅳ-66. 빠져나오지 않는 오링의 삽입 형상

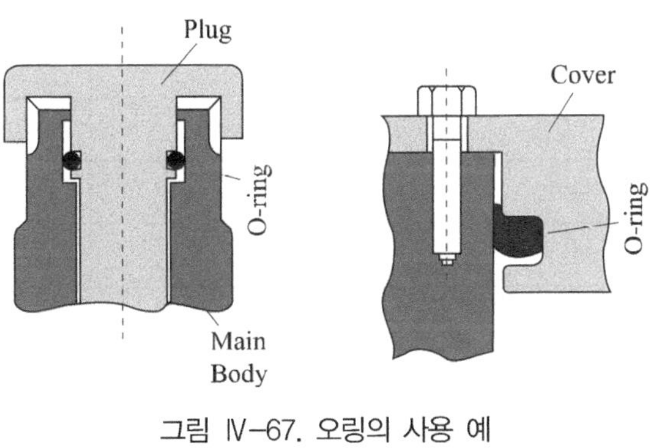

그림 Ⅳ-67. 오링의 사용 예

표 Ⅳ-16. Back up ring을 사용하지 않는 경우의 최대 틈새 값 [단위 : mm]

O-ring 압력 [kg/cm²] / Hardness [Hs]	~35	35~70	70~105	105~140	140~210
70°	0.40	0.25	0.15	0.10	0.04
90°	0.70	0.60	0.50	0.40	0.25

표 Ⅳ-17. 운동용, 고정용(원통면) 홈부(grooved part)의 표면 거칠기

기기부분		운동용	고정용 (원통면)
실린더 내면 또는 피스톤 로드 외면 등		1.5S	6S
홈의 밑면		3S	6S
홈의 측면	Back up ring을 사용하지 않는 경우	3S	6S
	Back up ring을 사용하는 경우	6S	6S

표 Ⅳ-18. 고정용(평면)

기기부분	압력변화가 큰 경우*	압력변화가 작은 경우
플랜지(flange)면 등 접촉면	6S	12S
홈의 측면	6S	12S
홈의 밑면	6S	12S

* 압력변화가 큰 경우라고 하는 것은 압력변동이 크고, 그 빈도가 심한 경우를 말한다.

표 Ⅳ-19. 일반용 O-ring의 눌림 틈새

호칭 번호	O-ring 굵기 [mm]	운동용, 고정용(원통면)		고정용(평면)	
		최 대 [%]	최 소 [%]	최 대 [%]	최 소 [%]
P3~P10	1.9 ±0.07	23.8	15.0	31.5	20.8
P10A~P22	2.4 ±0.07	19.0	11.6	29.2	21.5
P22A~P50	3.5 ±0.1	16.7	9.4	26.4	19.1
P50A~P150	5.7 ±0.15	14.5	8.1	22.2	16.2
P150A~P400	8.4 ±0.15	12.3	7.3	19.9	15.8
G25~G145	3.1 ±0.1	21.85	13.3	26.6	18.3
G150~G300	5.7 ±0.15	14.5	8.1	22.6	16.2

3) 실린더 정지시 누유(oil leaking)

① 현 상

회로 작동 중 실린더를 정지시키고자 하나 실린더가 밑으로 흘러 내려온다.

② 원 인

결론적으로 파일럿 체크밸브(pilot check valve)의 닫힘 시간 지연 때문이다.

그림 Ⅳ-68 실린더의 헤드사이드(head side)측에 설치된 파일럿 체크밸브 파일럿 라인의 연결위치가 체크밸브 조립형 유량제어밸브 앞쪽(실린더 가까운 쪽)이기 때문에 방향제어밸브가 중립 위치이면 유량공급이 차단되고 압력도 차단되므로 파일럿 체크밸브는 즉시 닫혀 실린더가 지정 위치에 정지한다. 그러나 유량제어밸브에서 실린더 로드사이드(rod side)측 배관압을 즉시 배압(背壓)시키지 못함으로써 파일럿 조작 체크밸브의 파일럿 라인(line)에 잔압(殘壓)이 있어 아주 짧은 시간이지만 체크밸브를 열고 있는 상태이므로 즉시 실린더를 정지시킬 수 없게 되어 실린더가 약간 흘러내리게 되는 것이다.

③ 대 책

그림 Ⅳ-69와 같이 파일럿 조작 체크밸브의 파일럿 라인 연결지점을 체크밸브형 유량제어밸브 뒤쪽(실린더에서 먼 쪽)으로 변경하여 파일럿 체크밸브의 파일럿 라인에 잔압(殘壓)이 남아있지 않도록 하여 즉시 닫힐 수 있도록 하였다.

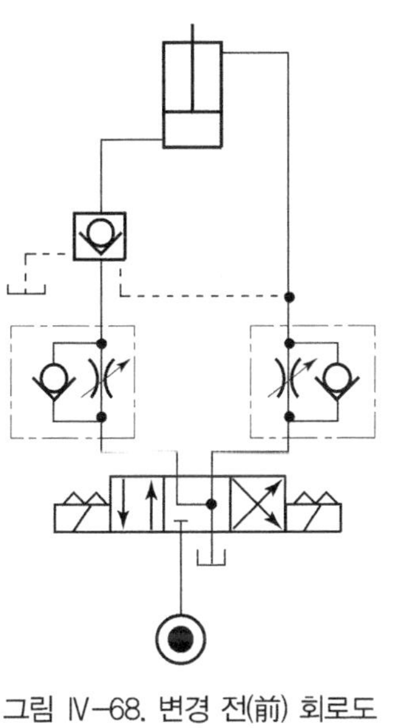

그림 Ⅳ-68. 변경 전(前) 회로도

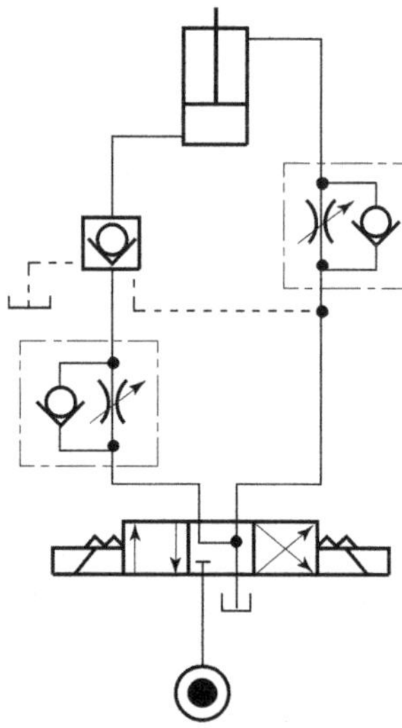

그림 Ⅳ-69. 변경 후(後) 회로도

4) 절환밸브의 내부 누유

① 현 상

그림 Ⅳ-70에서 시프트 실린더(shift cylinder)가 후진 끝에서 절환밸브를 중립으로하여 실린더의 작동이 정지 중에 서서히 전진하여 실린더 로드가 후진 위치에서 누르고 있던 리밋스위치(limit switch) Ls1에서 떨어져 장치가 정지해 버렸다.

② 원 인

사용한 방향절환밸브가 클로즈드 센터(closed center)로서 모든 포트가 막혀 있어 작동유의 공급은 차단되었으나, 펌프가 계속 가동되고 있기 때문에 방향절환밸브 내경(內徑, inner diameter)과 스풀 외경(outer diameter)의 틈(clearance)을 통하여 내부누유(inner leak)가 발생하여 실린더의 헤드측(head side)과 로드측(rod side)에 동일한 압유(壓油)가 유입(流入)됨으로써 실린더 면적 차에 의해 힘의 균형이 붕괴되어 자연적으로 실린더가 전진하였다.

③ 대 책

후진용 솔레노이드가 on을 유지하도록 전기회로를 변경함과 동시에 리밋스위치(limit switch)의 위치를 변경해서 해결했다.

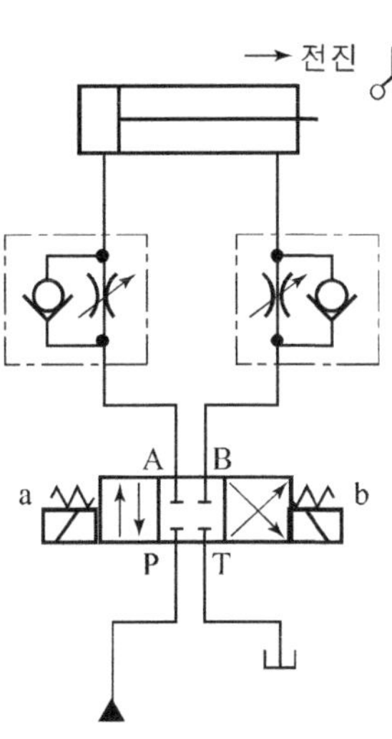

그림 Ⅳ-70. 변경 전(前) 회로도

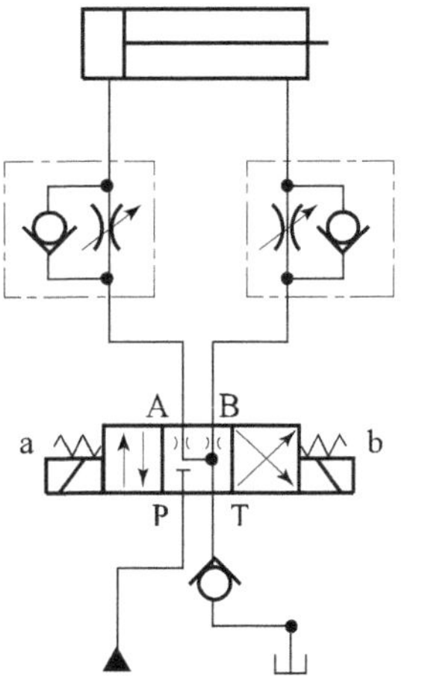

그림 Ⅳ-71. 변경 후(後) 회로도

절환밸브에는 일부 포핏(poppet)형이 사용되는 경우가 있지만 일반적으로는 스풀밸브(spool valve)이다. 스풀(spool)이 이동해서 방향을 제어하기 위해서는 스풀과 밸브본체(valve body)의 간극(間隙, clearance)이 필요하다. 따라서 P포트에서 A, B포트측으로, 또 A, B포트에서 T포트측으로 누유가 생긴다.

실린더의 수평이동에서 절환밸브 중립시에 외력(실린더를 이동시키려는 힘)이 작용하지 않는 경우는 일반적으로 그림 Ⅳ-71과 같이 교축부(絞縮付) A, B, T를 연결하는 방향의 절환밸브를 사용하는 경우가 많다. 또 배압(背壓, back pressure)의 영향이 있을 것이라고 생각되는 경우는 탱크측에 체크밸브를 설치하면 좋다.

(3) 유압시스템 상의 문제

1) 전기로 경도(傾倒, tilting)용 실린더의 소음 발생

① 원 인

이 문제는 대형 전기로(電氣爐)의 시운전(試運轉, hot or cold run)시에 발생한 것으로, 그림 Ⅳ-72와 같이 실린더는 지름 300 mm, 스트로크(stroke) 2 m의 것이 전기로 경도(傾倒, tilting)시에 아주 심하게 '비비리'하는 소리가 나서 도저히 사용할 수 없는 상태였다. 실린더에서 공기를 빼고 난 직후에는 정상적으로 원활한 작동을 했지만 시간경과와 함께 '비비리' 소리가 반복해서 발생하였고, '비비리' 소음 발생원인은 공기의 혼입이라고 하는 것까지는 판명했지만 공기의 혼입경로가 불분명하여 실린더를 분해 점검해 본 결과 그 원인은 아주 단순한 탱크 구조상의 문제였다.

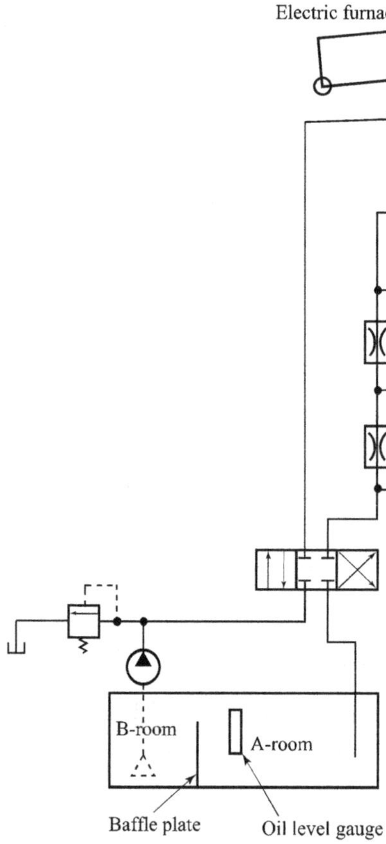

그림 Ⅳ-72. 전기로 경도장치

- 탱크의 구조상 제1의 문제는 기름 탱크 내에 펌프의 흡입관이 있는 B실(室)과 탱크로 들어오는 기름이 담기는 A실(室) 기름의 분리를 위해 차단용으로 설치한 칸막이(baffle plate) 면(面)에 탱크로 들어온 기름이 냉각되고 거품이 분리되어 안정된 상태가 된 후, 펌프의 흡입량에 문제가 없도록 흡입관이 있는 B실(室)쪽으로 자유로이 흘러갈 수 있도록 칸막이 판(baffle plate)에 뚫어 놓은 구멍의 총면적이 충분하거나 배플판(baffle plate)의 높이를 적절히 해야 하는데, 이러한 기름 통로가 부족하여 흡입관측으로 충분한 양이 갈 수 없게 되므로 펌프 흡입관측(B실)의 유면이 점차 낮아져 흡입관 밑면 끝에 취부되어 있는 스트레이너(strainer)를 통해서 공기를 흡입하여 생긴 문제였다.
- 두 번째 결함은 유면계의 설치장소와 숫자였다. 탱크 A실에는 유면계가 있어 유면을 알 수 있었으나, B실에는 유면계가 설치되지 않아서 실제 유면을 알 수 없었다.
- 세 번째는 Baffle plate의 설치 방향이 좋지 않았다.

② 대 책

대책으로서는 Baffle plate에 유로용(流路用) 구멍을 추가하여 충분한 유량이 흡입관이 있는 B실로 유입될 수 있도록 함과 동시에 Baffle plate의 방향을 90° 변경함으로써 완전히 해결되었다.

2) 탱크라인으로부터의 배압에 의한 오동작 문제

① 현상과 원인

절환밸브가 중립시 A, B, T 접속을 사용하고 있는 경우 다른 배관으로부터 돌아온 작동유가 대용량일 때 탱크포트에 압력이 발생(그림 Ⅳ-73)하고 역(逆)으로 탱크포트로부터 배압(背壓)을 받아서 실린더가 자연적으로 움직인다.

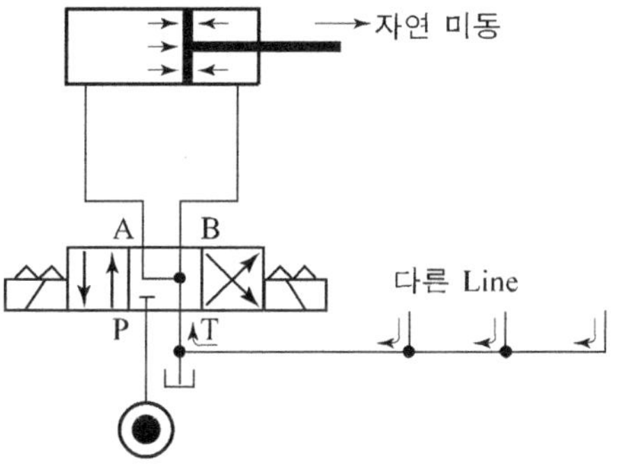

그림 Ⅳ-73. 배압에 의한 오동작

② 대 책

- 절환밸브의 탱크포크가 블록(block)인 것을 사용
- 탱크포트에 체크밸브를 조립
- A포트에 교축밸브(throttle valve)가 있는 방향절환밸브를 사용

3) 전자파일럿 절환밸브의 작동불량 문제

① 현 상

전자파일럿 조작형 보조 방향절환밸브의 압력을 이용하여 실린더를 작동시키고자 하였으나 주(主)밸브가 전환되지 않아 실린더가 동작하지 않았다.

② 원 인

주밸브를 작동하게 하는 보조밸브에서 간접신호압력(pilot pressure)이 발생하지 않아서,

즉 주(主)밸브를 전환할 간접신호 압력이 부족하여 주밸브의 절환이 안 되는 것이었다.

③ 대 책

그림 Ⅳ-74와 같이 주(主)방향절환밸브의 중립 위치에서 P, T 연결형 절환밸브를 사용하여 내부 간접신호(internal pilot signal) 방식을 사용하는 경우 주밸브의 절환이 불능으로 되는 수가 있다. 이 문제를 해결하기 위해서 그림 Ⅳ-75의 오른쪽 회로와 같이 체크밸브를 추가함으로써 간접신호 압력이 생성되어 주밸브를 작동시킬 수 있으므로 실린더 동작이 원활히 되었다.

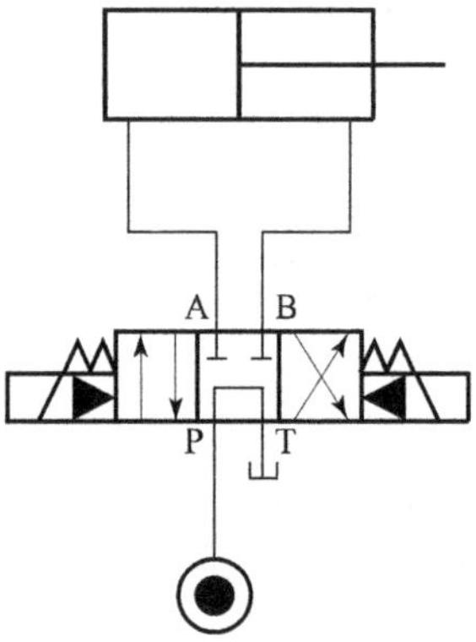

그림 Ⅳ-74. P, T 연결 방향절환밸브를 사용한 회로

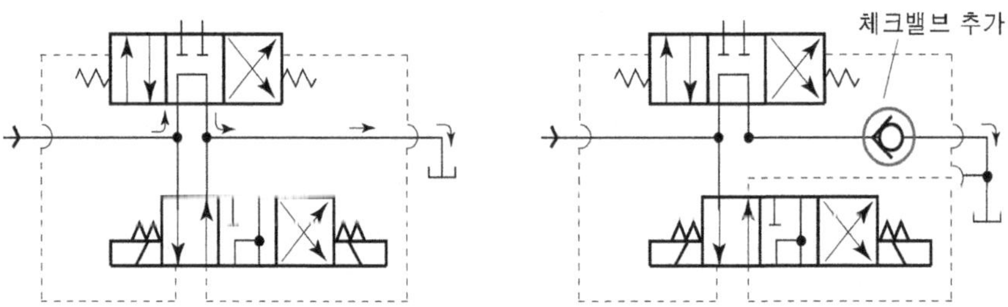

파일럿 절환 밸브를 절환 시켜도 오일은 Main spool을 통해 전량 탱크로 보내므로 파일럿압은 발생하지 않고 Main spool은 전환되지 않는다.

체크밸브가 조립되어 있으므로 파일럿압이 발생하며 Main spool은 전환한다.

그림 Ⅳ-75. 개선 전(前) 회로와 개선 후(後) 회로

4) 감압밸브 회로의 급격(surge)한 압력상승 문제

① 원 인

그림 Ⅳ-76에서와 같이 실린더로부터의 역압(逆壓, back pressur)에 의해 서지압(surge pressure)이 발생했다.

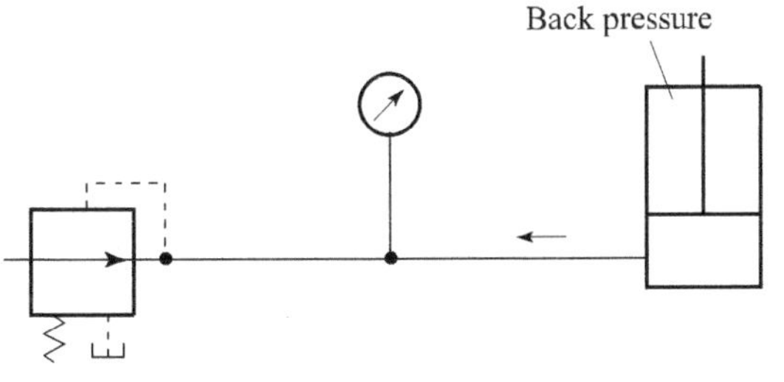

그림 Ⅳ-76. 배압발생 현상

② 현 상

서지압이 발생하면 감압밸브의 설정압보다 높은 경우가 생길 수도 있고 이런 때는 회로압이 높아져 시스템 동작이 불안정해지며 헌팅(hunting) 현상이 생길 수 있다.

③ 대 책

그림 Ⅳ-77에서와 같이 해당 배관의 감압밸브 앞쪽(실린더 가까운 쪽)에 별도의 릴리프밸브를 추가로 설치하여 릴리프밸브를 통하여 서지압이 빠져나가도록 하였다.

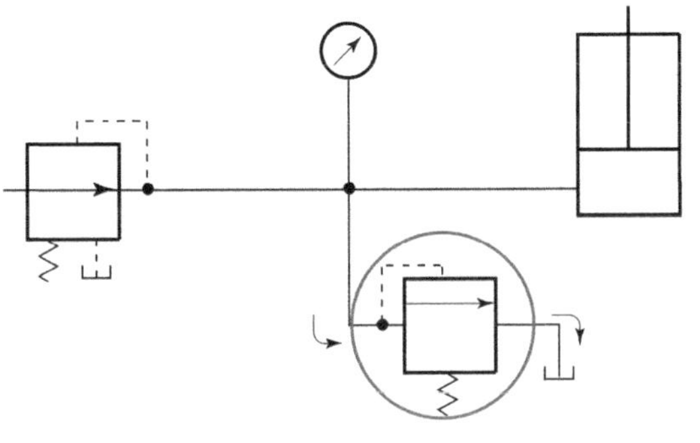

그림 Ⅳ-77. 서지압력 발생 방지를 위한 개선도

5) 릴리프밸브의 고장과 대책

유압회로에서 가장 중요한 역할을 하는 릴리프밸브 중에서도 밸런스 피스톤형의 구조(그림 Ⅳ-78)와 작동원리를 기초로 하여 점검과 고장에 관하여 고찰해 본다.

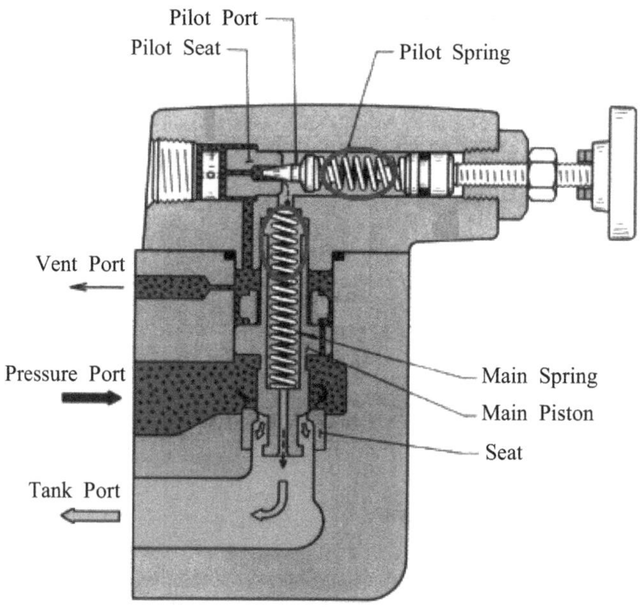

그림 Ⅳ-78. 간접작동형(balance piston type) 릴리프밸브의 단면도

① 압력이 상승되지 않는다.

릴리프밸브(relief valve) 관계의 문제로 가장 많은 것이 압력이 상승되지 않는 현상으로, Direct type보다 파일럿 피스톤 작동형에서 더 많이 보인다.

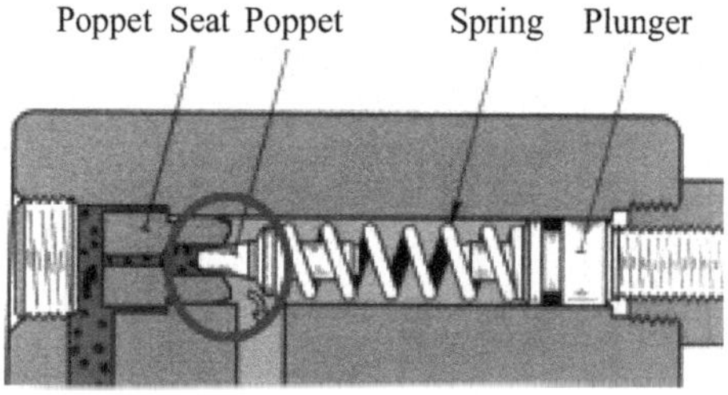

그림 Ⅳ-79. 밸브시트와 퍼펫 사이에 이물질 삽입

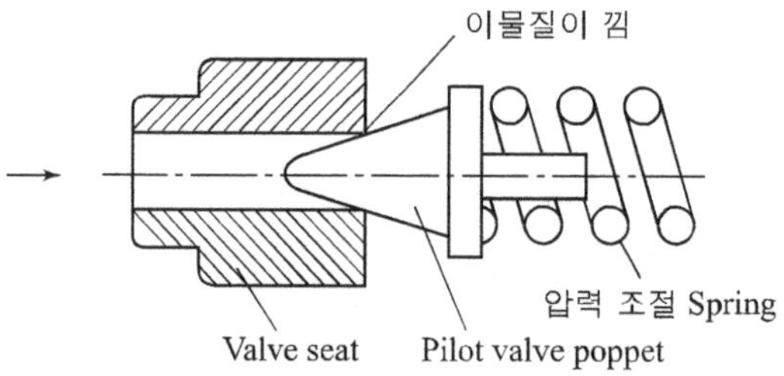

그림 Ⅳ-80. 직접작동형 릴리프밸브의 파일럿밸브부

• 원 인

그림 Ⅳ-79와 Ⅳ-80에서 보는 바와 같이 2차 압력실(室)의 밸브시트(valve seat)와 파일럿밸브(Pilot valve) 간에 아주 미세한 이물질(異物質)이 끼어 있는 것이 대부분이고 파일럿 유량으로 흘러 들어온 아주 적은 유량(약 2ℓ/min)은 끼어있는 이 이물질(異物質)에 의해서 생긴 틈을 통하여 압력조절 스프링이 밀어 붙이는 힘과는 관계없이 낮은 압력으로 통과한다.

따라서 밸런스 피스톤도 낮은 회로압으로 밀어 올려지고 유압회로의 작동유는 그 낮은 압력으로 작동유 탱크로 리턴(return)되어 회로압력이 상승하지 않는 문제가 발생한다.

• 해결책

파일럿밸브를 분해해서 밸브시트 및 파일럿밸브를 청소 해줌으로써 대부분의 경우 수리가 된다.

또한 파일럿 밸브부(部)를 분해하여 청소하기 전에 작동유가 흐르고 있는 사용 상태에서 압력조절 핸들(handle)을 완전히 푼 다음 다시 원래의 설정압력 위치까지 (핸들나사를 풀 때 나사의 회전수를 세어 두거나, 기록하여 두는 것이 좋다) 핸들나사를 조였다 풀었다 하는 작업을 수회(數回) 반복해 보는 것도 좋은 결과를 가져올 수 있다. 이것은 스프링이 풀린 것에 의해 밸브시트와 파일럿밸브에 틈새가 생겨 파일럿 유량에 의해 끼어 있던 이물질이 제거되어 정상상태로 될 수도 있기 때문이다.

릴리프밸브가 정상적인 작동을 유지하기 위해서 우선 깨끗한 작동유를 사용하는 것으로, 오염도 :NAS12급 이내의 것을 사용하는 것이 바람직하다.

또한 25 Micron 이하의 관로용 필터를 사용한다면 더욱 바람직한 일이다.

② 압력이 불안정 하다

• 현 상

릴리프밸브의 설정압력이 안정되지 않고 수 kgf/cm^2 정도의 범위에서 압력이 흔들리는 경우가 있는데 그 흔들리는 원인으로는 다음과 같은 것들이 있다.

• 원 인 1

작동유가 오염되어 있고 미소한 이물질이 파일럿 유량과 함께 밸브시트와 파일럿밸브 사이의 미소한 틈새를 통과하면서 그 틈새를 불안정하게 하고, 따라서 파일럿압이 불안정하여 릴리프밸브의 설정압이 불안정하게 된다.

- 대 책

작동유의 교환 또는 관로용 필터 등을 사용하면 좋다.

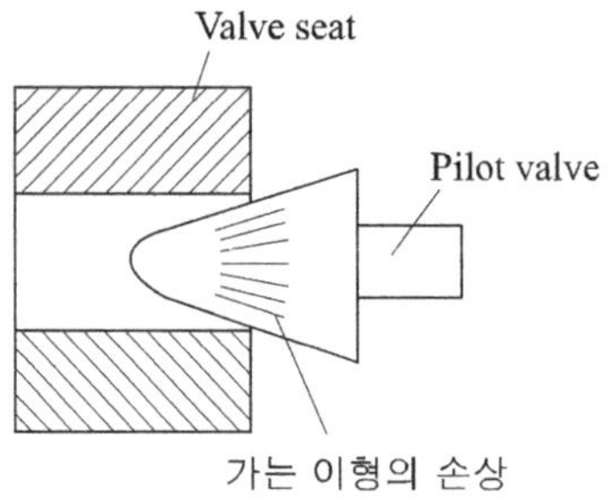

그림 Ⅳ-81. 작동유 중의 이물질 또는 수분에 의한 파일럿밸브의 손상

• 원 인 2

파일럿 밸브의 이상(異常)마모에 의한 것

- 이상마모의 원인

작동유 중에 혼입된 경질(硬質)의 이물(철분, 녹, 모래, 연삭기(grinder)의 분말 등)에 의한 것과 작동유에 혼입된 수분에 의한 것이 있는데 그림 Ⅳ-81에서 보는 바와 같이 파일럿밸브 표면에 미세한 긁힘의 손상이 있는 것이 많다.

이와 같은 경우에는 작동유의 오염도 확인, 수분 함량 확인이 필요하다.

• 대 책

파일럿밸브를 새로운 것으로 교환하면 좋지만 교환부품이 없는 경우에는 응급대책으로 파일럿밸브를 전기드릴의 척(chuck)에 물려서 회전시켜 입도가 아주 작은 샌드페이퍼(sand paper)로 흠을 제거하여 사상(仕上, finishing)해서 사용해도 된다. 밸브시트는 그대로 사용할 수 있는 경우가 많은데, 마모가 큰 경우에는 신품으로 교환 또는 파일럿밸브와 서로 문질러 잘 맞도록 표면을 만들어 사용하는 경우도 있다.

• 원 인 3

펌프 도출입의 맥동에 의한 것

토출압의 맥동은 펌프 흡입저항의 증대, 공기의 흡입 등에 의해서 펌프 소음의 증대와 함께 크게 되는데 이 맥동의 압력변화에 릴리프밸브는 도저히 추종(追從)할 수가 없다.

압력계의 바늘 등은 크게 흔들리는데 이것은 펌프의 맥동을 작게 하거나 유압회로 중에 맥동 흡수용의 노이즈 댐퍼(noise damper)를 사용하는 등의 조치가 필요하다.

• 원 인 4

벤트(vent) 연결 배관부의 내용적(內容積)이 지나치게 많은 경우

벤트부의 내용적이 지나치게 크면 릴리프밸브는 불안정하게 되므로(작동유를 탄성체라고 생각한다), 벤트 배관은 안지름 4 mm 정도의 것을 될 수 있는 한 짧게 한다. 또 벤트 배관 내에 공기가 잔류해 있는 것 같은 경우에는 아주 심하게 불안정한 상태로 된다.

• 파일럿 작동형 릴리프밸브의 특성

① 유량－압력 특성(압력 Over-ride 특성)

그림 Ⅳ-82는 릴리프밸브(최대 유량 200 ℓ/min, 최고 사용압력 250 kgf/cm^2)의 유량－압력특성의 실측값이다.

이 실측값이 나타내는 것과 같이 릴리프밸브의 설정압력은 유량이 변화함에 따라 다소 변화한다. 예를 들면 200ℓ/min의 유량(油量)이 릴리프하고 있을 때 설정압력을 250 kgf/cm^{2}로 했다고 하고, 전체 유량 200ℓ/min 중에서 150ℓ/min는 액추에이터를 구동하기 위한 것으로 액추에이터로 유입된다. 나머지 50 ℓ/min만이 릴리프밸브를 통해서 릴리프되는 유량(流量)이라고 하면 릴리프밸브의 압력은 243 kgf/cm^2 정도까지 내려간다는 특성을 가지고 있다는 것이다.

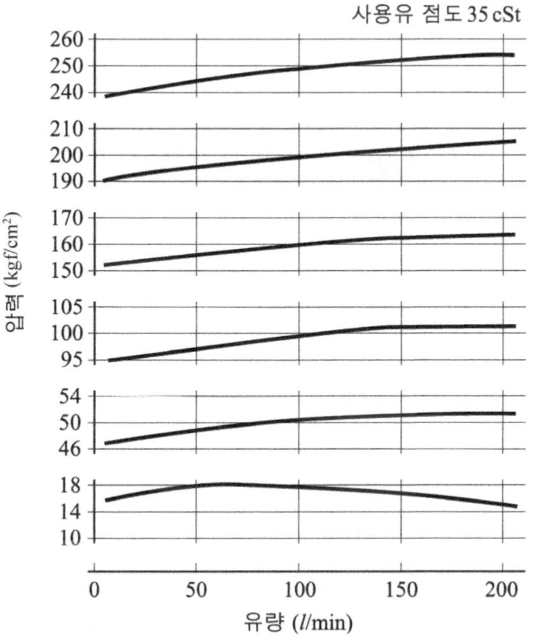

그림 Ⅳ-82. 릴리프밸브의 압력-유량 특성도

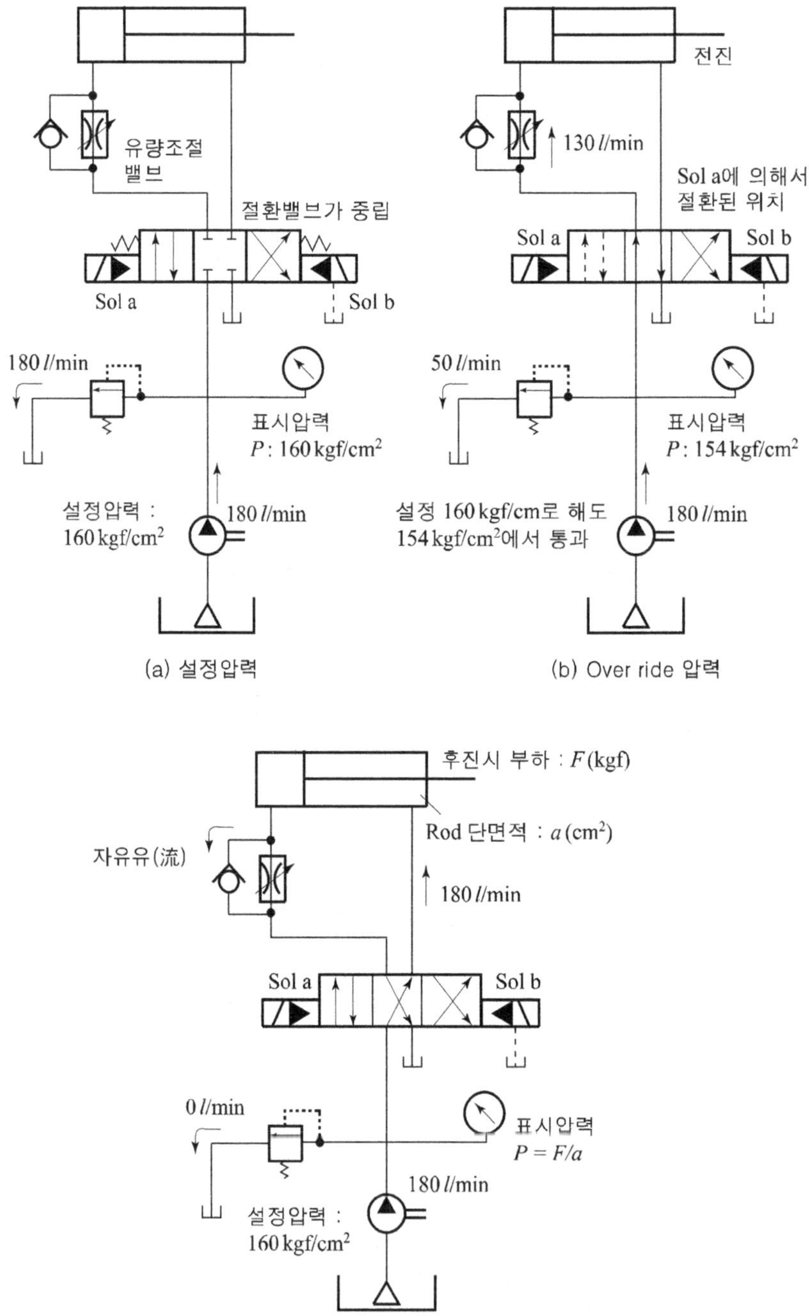

그림 Ⅳ-83. 설정압력, Over ride 압력, 작동압력

· 원 인

릴리프밸브 통과 유량의 대소에 따라서 밸런스 피스톤의 변위량이 다르고, 밸런스

피스톤을 누르는 스프링 힘도 다르며 또 밸브시트부의 압력이 속도에너지로 변화하는 것 등 때문에 일반적으로는 릴리프밸브 통과유량이 감소하면 릴리프압은 어느 정도 저하하는 것이다.

이 유량-압력 특성이 실제 유압회로에서는 어떻게 나타나는가를 살펴보기로 한다.

그림 Ⅳ-83 (a)에서 방향절환밸브는 중립위치에서 통로가 닫혀있기 때문에 펌프의 전(全) 토출량 180 l/min는 릴리프밸브를 통과해서 탱크로 돌아간다. 이때 릴리프압을 160 kgf/cm^{2}로 설정했다고 하면 이 값이 릴리프밸브의 설정압이라고 하는 것이 된다. 릴리프밸브 압력설정을 그대로 160 kgf/cm^{2}로 해놓고 방향절환밸브의 솔레노이드 Sol a에 전기를 통해서 밸브를 절환하여 그림 Ⅳ-83 (b)의 상태로 하면 펌프 토출량 180 l/min 중 130 l/min는 130 l/min의 유량(流量)을 통과하도록 조정된 유량조절밸브를 통해 실린더로 유입하고, 나머지 50 l/min가 릴리프밸브를 통해 탱크로 돌아가는데, 이때의 압력은 유량-압력 특성(그림 Ⅳ-82)에 의해 154 kgf/cm^{2}로 되는 것이 판명된다.

이와 같은 특성을 압력 Over ride라고 한다.

또한 그림 Ⅳ-83 (c)의 Sol b에 전기를 통하게 해서 실린더가 후진하는 경우 유량조절밸브는 자유로이 흐르게 되어 펌프 토출량의 전량은 실린더 로드측으로 흘러 들어가서 릴리프밸브를 통과하는 유량은 0이 된다. 이때의 회로압력 P는 실린더에 걸리는 부하(負荷, load) F와 실린더 로드측 면적 a에 의해서 결정하는 $P=\dfrac{F}{a}$ 로서 이 값이 회로압이 되어 압력계에 표시된다.

단, 이 값은 실린더의 슬라이딩(sliding) 저항, 배관 및 밸브류의 유량 저항값은 들어있지 않으므로 실제로는 이러한 값을 가산한 압력을 압력계에서 표시한다.

- **서지압력과 채터링 현상**

① 서지(surge)압력

방향절환밸브를 급히 변환하는 경우 등의 유압 구동부의 관성, 압력조정밸브의 작동 지연 등에 의해 그림 Ⅳ-84과 같이 관로 내에 발생하는 이상(異常) 압력을 말한다. 충격은 고압, 유량이 많을수록 크게 된다. 릴리프밸브에서 밸런스 피스톤형은 응답성이 좋지 않아서 서지압력이 크다.

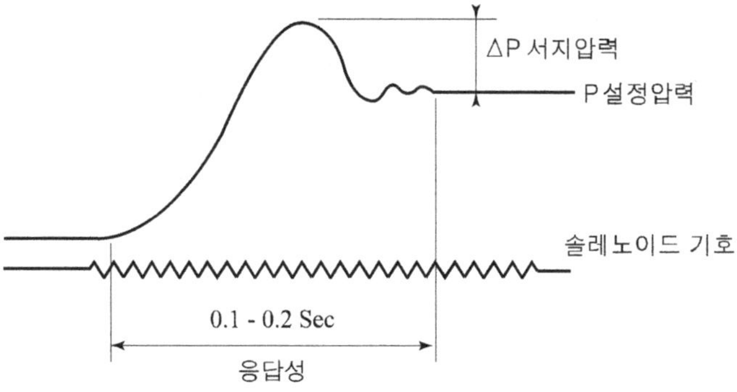

그림 Ⅳ-84. 회로 내에 발생하는 서지압력 현상

또 서지압 발생에 의해 배관계의 풀림 때문에 오일이 새거나 기기 손상의 원인이 되므로 충분한 주의가 필요하다.

② 채터링(chattering) 현상

릴리프밸브 등에서 작동이 완전히 되지 않고 밸브가 밸브시트를 두드리는 현상(그림 Ⅳ-85 및 그림 Ⅳ-86)을 말한다.

이러한 채터링(chattering) 현상에 의해 큰 맥동이나 진동, 소음을 발생시킨다.

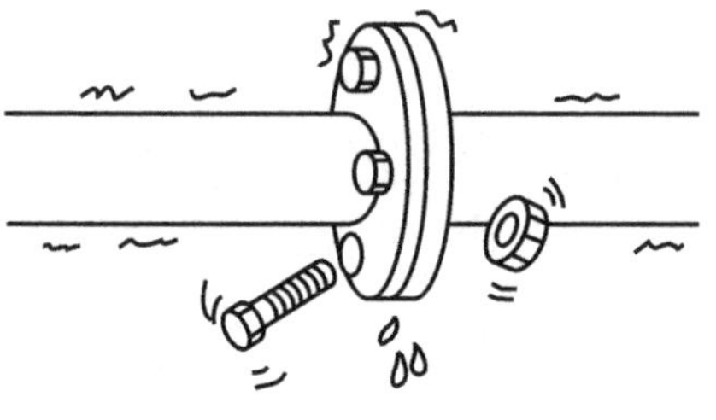

그림 Ⅳ-85. 유압시스템에서의 채터링 영향과 현상

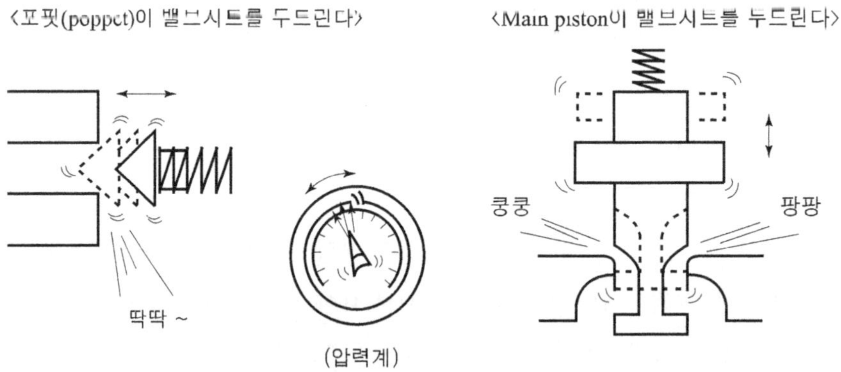

그림 Ⅳ-86. 채터링 현상

- 원 인

기름의 점도가 적당하지 않은 경우, 밸브의 구조, 가공불량, 마모, 배관불량 등에 의해 발생하는 것이다.

6) 작동유 점도와 기기의 누유문제

① 현 상

에너지 절약 계획의 일환으로서 유압회로의 압력손실을 적게 하고 작동유 점도를 VG46에서 VG22로 변경하였다. 그런 결과 Cycle time이 30 sec에서 36 sec로 20%나 늘어났다.

② 원 인

작동유의 점도가 낮아진 것에 의해 제어밸브의 내부 누유가 증대하여 액추에이터에 필요한 유량을 공급할 수 없게 되었다.

③ 대 책

일단 종래의 VG46로 되돌아가고 그 후 VG32로 한 결과 당초의 목표값에는 다다르지 못했지만 어느 정도의 성과를 얻을 수 있었다.

에너지 절약에 관해서는 많은 기업에서 연구노력을 하고 있고 유압장치에 있어서도 고효율화가 진행되고 있다. 정용량형 펌프에서 가변용량형 펌프쪽으로 움직이고 있는 것이라든가 제어밸브에 있어서는 고압대용량화, Load sensing valve 개발 등이 있고 작동유의 저점도화도 일부 기업에서 채용되어 성과를 올리고 있다.

단, 회로 압력손실이 감소하고, 설정압력을 내릴 수 있는 반면 제어 밸브의 누유가 증대하기 때문에 이와 같은 실패의 예도 있으니 실시하기 전에 충분한 검토가 필요하다.

7) 실린더 보수시 주의사항

유압실린더의 보수에 있어서 중요한 점을 기술한다.

① 사용하는 작동유는 항상 깨끗하게 할 것

② 취부는 확실하게 할 것

③ 배관이 풀리지 않게 할 것

④ 피스톤 로드의 윤활면과 실린더의 취부가 규격대로의 평행도 또는 직각도를 유지할 것

⑤ 실린더 내부에 공기가 남아있지 않게 할 것

⑥ 트라니온(tranion) 취부의 실린더에 있어서는 핀의 윤활이 충분히 되어 있을 것

⑦ 패킹을 지나치게 꽉 조이지 말 것. 특히 V-packing의 경우 저항이 아주 커지게 됨
⑧ 마모나 흠이 생기기 쉬운 부품은 간단히 교체할 수 있는 구조로 할 것
⑨ 될 수 있는 한 실린더의 헤드측에 고압, 로드측에 저압이 작용하도록 사용할 것
⑩ 습동 부분의 패킹은 소모품이므로 항상 예비품을 고려하여 보유하고 있을 것

2.3 작동유 선정과 유의사항

[1] 작동유의 선택

유압장치는 일종의 유체기계로서 장치를 운전하고 작동하기 위한 작동유에는 우리가 쉽고 값싸게 구할 수 있는 물을 사용할 수 있으면 좋지만, 유압펌프나 밸브류가 고압, 고속에서 운전되는 것이므로 기기에 사용되는 여러 가지의 재질, 운전시의 온도, 분위기 등의 여러 가지 조건으로부터 작동유에는 대략 다음과 같은 성질을 가지고 있는 것이 요구된다.

① 적당한 점도가 있고 온도가 변화해도 점도는 변화하지 않을 것
② 저온에서도 유동성을 가지고 있을 것
③ 고온에서 사용해도 변질이 잘 안될 것
④ 산화 안정성이 좋을 것
⑤ 전단 안정성이 좋을 것
⑥ 금속을 부식시키지 않을 것
⑦ 방청능력이 있을 것
⑧ 고무나 도료를 침식시키지 않을 것
⑨ 압축성이 없을 것
⑩ 소포성(消泡性)이 좋을 것
⑪ 내연성(耐燃性)이 좋을 것

현재 작동유로서는 앞의 작동유에서 요구되는 여러 가지 사항을 만족시키는 것으로서 석유계 윤활유의 터빈(turbine)유 상당의 점도를 가지고 있는 것이 사용되고 있다.

터빈유에는 ① 무첨가 터빈유 ② 첨가 터빈유가 있으며 ②의 경우는 방청첨가제, 산화방지제 등이 첨가되어 있다.

작동유로서는 첨가 터빈유 1호(90번), 2호(140번), 3호(180번) 및 동일점도 Grade로서 전용 작동유로 제조된 것이 많이 사용된다.

표 Ⅳ-20. 작동유의 분류

작동유의 분류	작동유의 종류	참 고
석유계	일반작동유	
	첨가 터빈유	
	특수 작동유	
합성형 작동유	인산 에스테르계 작동유	
	지방산 에스테르계 작동유	
수성형 작동유	물, 크라이콜계 작동유	
	유중 수적형 유화액(油中 水滴形 乳化液)	(W/O : water in oil emulsion)
	수중 유적형 유화액(水中 油滴形 乳化液)	(O/W : oil in water emulsion)

* 합성형과 수성형 작동유는 난연성(難燃性) 작동유이다.

표 Ⅳ-21. 각종 작동유의 특성

항 목 / 종류	석유계	인산 에스테르	지방산 에스테르	물, 크라이콜	W/O emulsion	O/W emulsion
비중 (15/4℃)	0.87	1.13	0.93	1.04~1.07	0.93	1.00
점도(cSt) 37.8℃ 98.9℃	34.0 5.4	30.8 7.7	42.4 8.2	42.2 6.9	99.8 15.8	0.7 0.3
점도지수(VI)	100	20	160	146	140	–
고온 사용한계(℃)	70	100	100	50	50	50
저온 사용 한계(℃)	–10	–20	–5	–30	0	0
압축율@20℃700kg/cm^2 [cm^2/kg]	약 6×10^{-5}	약 3×10^{-5}	–	약 3×10^{-5}	약 4×10^{-5}	약 5×10^{-5}
펌프 수명	1	1~3/4	1	1/3~1/4	1/3~1/4	수압용 펌프
공기 용해율(Vol%)	8~10	4.6	–	1.5	5.7	2.1
스트레이너 저항	1.0	1.03	1.0	1.2	0.7~0.8	물과 동일
금속에 대한 영향	없음	습동부 : *Al* 불가능	없음	*Al*, Cd, Zn 불가능	Cu, Cd, Zn 불가능	없음
고무에 대한 영향	부칠, EPR 불가능	NBR,CR, 우레탄 불가능	부칠고무 불가능	우레탄, 실리콘 불가능	부칠, EPR, 우레탄 불가능	우레틴 불가능
도료에 대한 영향	없음	내면 도장 엄금	페놀 수지 불가능	내면 도장 엄금	내면 도장 엄금	페놀, 우레탄 수지 불가능
새로운 오일의 수분 혼입량 [%]	0.01 이하	0.02 이하	0.1 이하	35~40	40~45	90~95
상대 가격	1	4~6	3~4	3~4	2~2.5	1/4~1/5

유압장치에서 작동유가 누유되기도 하고 분출에 의해 화재의 위험이 있는 경우에는 합성형(合性形) 작동유나 수성형(水性形) 작동유가 이용된다(표 Ⅳ-18).

유압장치의 설계자나 사용자가 작동유를 선택하는 경우는 다음과 같다.

작동유의 일반성상 : 비중, 색, 인화점, 전산가(全酸價) 등

특별 테스트 : 윤활성, 산화안정성, 전단(剪斷)안정성 등에 의한 데이터로부터 해당 장치에 대한 적합성 및 작동유의 내구성을 판단해서 결정해야 함

[2] 난연성(難燃性) 작동유 사용시 주의사항

(1) 인산 에스테르

① 펌프는 인산 에스테르 전용형의 형식을 사용한다.

② 펌프 회전수는 1,200 rpm 이하로 한다.

③ 흡입 스트레이너(suction strainer)의 용량은 펌프 토출량의 3배 이상으로 한다.

④ 오일면에서부터 pump 흡입구까지의 높이는 80 cm 이내로 한다.

⑤ 티(tee), 엘보(elbow) 등에 의한 급격한 벤딩부는 될 수 있는 한 작게 하여 흡입 포트의 배관으로 하고 구경(口徑)은 펌프포트 이하로 내려가지 않게 한다.

⑥ 탱크 내 도장을 해서는 안 된다.

⑦ 아크릴 수지는 침식되기 때문에 액면계는 측면에 간격을 두어 설치할 수 있는 타입을 사용한다.

⑧ 솔레노이드 리드(solenoid lead)선 피복은 내(耐) 인산 에스테르용을 사용한다.

⑨ 수분혼입에 의한 가수분해를 일으키므로 작동유 중 수분혼입에 각별히 주의를 요한다.

⑩ $A\ell$ 재료를 습동부에 사용해서는 안 된다.

(2) 지방신 에스테르

① 페놀수지 도장을 탱크에 도포하면 안 된다.

② 부칠 고무 사용은 피한다.

③ 수분에 의해 가수분해를 일으키므로 작동유 중에 수분혼입이 되지 않도록 주의를 요한다.

(3) 물, 크라이콜

① 펌프는 수성형 작동유용형을 사용한다.

② 펌프 회전수는 1,200 rpm 이하로 한다.

③ 유온관리는 50℃ 이하로 한다.

④ 흡입 스트레이너(suction strainer)의 용량은 펌프 토출량의 4배 이상으로 한다.

⑤ 펌프 흡입저항은 120 mmHg 이하로 한다.

⑥ 탱크 내면 도장을 해서는 안된다.

⑦ $A\ell$, Cd, 아연재료를 사용하지 않는다.

⑧ 우레탄 고무의 사용은 피한다.

(4) W/O emulsion

① 펌프는 수성형 작동용을 사용한다.

② 펌프 회전수는 1,200 rpm 이하로 한다.

③ 유온을 50℃ 이하로 한다.

④ 흡입 스트레이너(suction strainer)의 용량은 펌프 토출 용량의 3~4배로 한다.

⑤ 탱크 내면 도장을 해서는 안된다.

⑥ 1주일에 1회 정도 탱크 드레인콕(drain coke)을 열어 물을 빼낸다.

⑦ 펌프 흡입저항은 120 mmHg 이하로 한다.

⑧ Ca, 아연, Al 재료를 사용해서는 안 된다.

⑨ 우레탄 고무의 사용은 피한다.

(5) O/W emulsion

① 수압용 펌프를 사용한다.

② Directional 밸브는 Soft seal 또는 Poppet valve를 사용한다.

③ 우레탄 고무의 사용은 피한다.

[3] 작동유의 점도

작동유 등의 공업용 윤활유는 절대점도(絕對粘度)를 밀도(密度)로 나눈 동점도 $\nu[\frac{m^2}{s}]$를 단위로 하여 1 cm^2/s를 Stocks라고 부르며, 일반적으로는 1/100의 값(centi stoke)이 사용되고 있다.

유압장치에 따라 작동유의 점도는 아주 중대한 의미를 가지고 있다.

적정점도가 아닌 상태에서 운전시킨 장치에서는 펌프의 흡입불량, 내부누유, 윤활불량, 밸브의 작동불량, 회로내의 발열 등이 생겨 기기 수명이 단축되거나 큰 사고에 이를 수 있다.

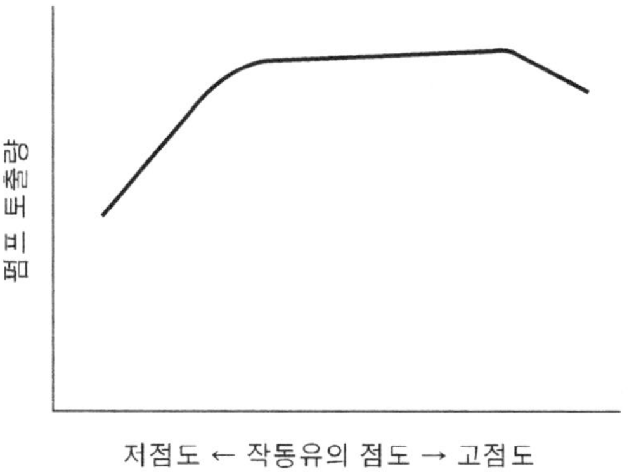

그림 Ⅳ-87. 펌프토출량과 점도의 관계

표 Ⅳ-22. 펌프의 종류와 적정 점도

펌프 / 점도	Vane	Gear	Piston		Screw
			Axial	Radial	
최저 점도(cSt)	20	16~25	12	16	7~25
적정 점도(cSt)	25	25~70	20	30	75
최고 점도(cSt)	400~800	850	200	500	500~4000
흡입 능력(Torr)	250	400	25	100	50

일반적으로 펌프를 일정압력, 일정회전으로 회전하면 토출량은 그림 Ⅳ-87과 같이 점도가 지나치게 낮거나 지나치게 높아도 저하한다.

저점도의 경우는 내부누유, 고점도의 경우는 캐비테이션에 의한 것이다. 유압 펌프는 표 Ⅳ-22와 같이 형식에 의해서 적정점도가 정해져 있다.

[4] 작동유의 사용 한계

작동유를 교환하게 되는 원인은 다음과 같다.

① 작동유 자신의 열화, 변질

② 작동유 중에 먼지가 혼입

③ 작동유 중에 수분이 혼입

실제로는 ②항과 ③항이 원인으로서 아주 많은 편이다.

작동유 중에 먼지입자가 혼입하면 펌프의 마모, 밸브의 작동불량 등이 생긴다. 전기·유압 서브밸브나, 전기·유압 펄스전동기와 같이 정밀한 밸브나 액추에이터를 사용한 장치에서는 오염

입자의 크기가 수 Micron에서 수십 Micron의 상당히 미세한 것까지 악영향을 끼치므로 현미경을 사용해서 오일 중의 먼지입자 크기나 숫자를 측정하기도 하며 먼지의 혼입 중량 등을 계측한다.

일반적으로 작동유는 신(新)유에서 표 Ⅳ-24의 6급부터 8급 정도의 청정도로 되어 있다.

표 Ⅳ-23. 항공기용 작동유의 청정도 한계

구분 \ 한계	입자의 크기(μ)	허용량(개)
입자의 크기와 수	5~15	2,500
	16~25	1,000
	26~50	250
	51~100	25
	100<	0
입자의 중량	0.5 mg 이하 (새로운 작동유 100 ml 중에 대한 것)	

표 Ⅳ-24. 작동유 중의 입자량

Size 분류 (μ)	급(級)											
	00	0	1	2	3	4	5	6	7	8	9	10
5~15	125	250	500	1000	2000	4000	8000	16000	32000	64000	128000	256000
15 ~25	22	44	89	178	365	712	1425	2850	5700	11400	22800	45600
25~50	4	8	16	32	63	126	253	506	1012	2025	4050	8100
50~100	1	2	3	6	11	22	45	90	180	360	720	1440
100<	0	0	1	1	2	4	8	16	32	64	128	256

(100 ml 중의 개수)

표 Ⅳ-25. 여과 입도와 필터

사 용 조 건	Paper Filter
일반 유압장치	30 μ
서보(servo) 또는 10μ 이하의 필터를 사용하는 장치	5 μ
비례전자밸브 또는 유량제어밸브를 사용한 장치로서 미소유량 제어 또는 지름 틈새가 15μ 이하의 습동부를 가진 장치	10 μ
유압장치 및 장치의 Test Stand	10 μ

일반작동유 중에는 새(新) 오일인 경우 수분을 50~80 ppm(0.005~0.008%) 함유하고 있지만 액추에이터로부터 밀려들어오거나 에어브리더를 통해서 공기 중의 수분혼입 등으로 함유율이 높게 된다. 수분은 유압기기의 내벽에 녹을 발생시키기도 하고 윤활불량, 작동유 열화 촉진의 원인이 되기도 한다.

2.4 유압장치의 요소별 고장항목에 대한 원인분석과 해결방법

[1] 펌프

고 장	원 인	해결방법 및 점검 개소
펌프에서 오일이 토출되지 않는다.	회전방향이 반대이다.	원동기의 회전을 반대로 바꾼다.
	탱크 내의 유면이 낮다.	기준면까지 오일을 채운다.
	흡입관계통으로 공기가 유입되고 있다.	공기유입 부분을 수리한다.
	펌프회전이 너무 늦어 오일을 흡입하지 못한다.	설명서(catalogue)에서 추천하는 최저 회전수 이상으로 한다.
	오일 점도가 너무 질어 오일을 흡입하지 못한다.	제조업체에서 추천하는 오일을 사용한다.
	흡입측 배관 용적이 너무 크다.	토출측에서 공기를 계속 빼내면서 펌프를 회전시켜 오일을 흡입시킨다.
	가변용량형 펌프에서 토출량이 0(zero) 위치에 있다.	토출량 조절장치를 재조정한다.
	펌프 설치 위치가 너무 높다.	펌프 위치는 유면에서 너무 높지 않게 한다. 특히 피스톤 펌프의 경우는 주의할 것
압력이 발생하지 않는다.	릴리프밸브 설정 압력이 지나치게 낮다	압력계를 확인하면서 릴리프밸브 설정 압력을 조절한다.
	릴리프밸브가 고착되어 열리지 않는다.	밸브시트의 먼지 등을 제거한다.
	압력공급계통을 흐르고 있는 오일이 우회되어 자유로이 탱크로 리턴(teturn)되고 있다.	각 계통별로 순차적으로 점검한다. 전환밸브가 Center by pass이거나, Open Center 등과 같이 By pass형으로 되어 있으면 전환밸브를 전환하여 조절한다. 그 밖에 어큐물레이터(accumulator) 방출용 스톱 밸브(stop valve)가 열려 있는지 등을 점검한다.
	유압관로 제어계통을 흐르고 있는 오일이 자유로이 탱크로 리턴되고 있다.	밸브류가 정상적으로 작동하고 있는지 어떤지를 조사해서 조정한다. 방향절환밸브의 스풀형식을 확인해 본다.
	어큐물레이터(accumulator)에 축압 중이다.	축압 중에는 압이 조용히 상승한다.
	릴리프밸브가 작은 이물질 등에 의해서 열려 있는 상태이다.	파일럿밸브 부위에 작은 이물질 등이 시트(seat)에 끼는 경우가 많으므로 이를 제거한다.
	실린더 또는 시스템 내부에 오일이 새고 있다	각 계통을 순차적으로 점검한다.

고 장	원 인	해결방법 및 점검 개소
펌프 소음이 발생한다.	펌프와 흡입관 연결부로부터 공기가 새어 들어온다.	작동 중 소음을 잘 들으면서 결합부에 오일을 묻혀 음이 작게 된 부분을 더 조인다.
	Pump shaft packing에서부터 공기가 새어 들어온다.	작동 중 소음을 잘 들으면서 샤프트(shaft) 주위에 오일을 묻혀 음이 작게 되면 패킹을 교환한다.
	Pump shaft center와 Motor shaft center가 맞지 않다.	Center를 잘 맞춰서 조립한다.
	오일중에 기포가 있다.	리턴 파이프가 오일에 잠겼는지 또는 흡입관에서 충분히 떨어져 있는지 점검한다.
	펌프의 회전이 너무 빠르다.	설명서의 최고 회전속도 이하로 한다.
	오일의 점도가 너무 높다.	추천하는 오일을 사용한다.
	필터 규격이 너무 작다.	적당한 용량의 것으로 교환한다.
	흡입관 또는 필터링 장치가 막혀 있다.	즉시 필터링 장치를 청소하여 이물질을 제거한다.
	스트레이너 용량이 너무 작다.	적당한 것으로 교환한다. 스트레이너 용량은 펌프용량의 2배 이상인 것을 사용하는 것이 바람직하다.
	무리한 힘에 의한 연결작업으로 펌프에 변형이 발생하였다.	배관연결을 다시해서 무리가 되지 않도록 한다.
	펌프 취부대가 약해서 펌프가 진동을 한다.	취부장치를 강하게 보강한다.
	흡입관이 좁고 너무 길다.	흡입관 내 유속은 1~2 m/sec 이하로 한다.
이상 발열	오일 점도가 너무 높다.	사용하는 오일이 너무 오래 되었는지, 적정 점도의 오일인가를 확인한다.
	마모 등에 의해 내부 오일 누설이 너무 많다.	패킹, 피스톤, 펌프, 실린더 등 과대한 마모는 없는지 확인하고 수리한다.
	토출 압력이 너무 높다.	압력계의 점검, 최대부하에 요구되는 압력으로 릴리프밸브를 설정한다.
	오일 냉각기(oil cooler)의 작동이 원활치 못하다.	오일이 우회(by pass)되는지, 냉각수 통과 상태가 정상인지를 점검한다.
	어큐물레이터 회로의 작동 불량	전기회로, 솔레노이드 밸브, 파일럿 회로 및 언로드밸브(unload valve) 작동이 정상인지를 확인한다. Charge된 가스의 압력저하, 내부에 새어나옴이 있는지, 고무관(rubber tube) 파손 등을 점검한다.
	탱크 설비의 부적절	펌프 토출량에 비해서 탱크용량이 작은 경우는 냉각기(oil cooler) 또는 언로드(unload) 회로를 추가한다.

고 장	원 인	해결방법 및 점검 개소
압유의 누유	패킹류의 정격 압력 부적당	작동압력에 적당한 패킹을 사용하고 있는지를 점검한다.
	패킹류 재질 부적당	합성 고무패킹 등, 내유성을 사용하는지를 점검하고 적당한 것을 사용한다.
	패킹류의 손상	패킹류 삽입시 손상, 비틀어짐, 립 등의 파손을 점검하고 정상적인 것으로 교환한다.
	실(seal)의 불량	취부면의 정도불량, 조립변형, 버(burr), 이물질 등의 상태를 점검하고 정상으로 수정한다.
작동불량	온도상승과 함께 속도가 저하	펌프 효율 저하, 밸브, 실린더 내부 새어나옴(leaking)이 많은지를 점검하고, 수리, 교환한다.
	노킹(knocking) 운동	습동부 접촉량, 공기의 혼입, 패킹 체결을 너무 지나치게 하지 않았는지 확인하고 수정한다.
	절환시에 심한 충격	작동압이 너무 높고, 절환속도가 너무 빠른지를 점검하고, 밸브형식 변경(by pass 사용 등), 초크밸브(choke valve) 사용 등을 검토한다.
작동불량	규정 이송속도가 나오지 않는다.	관로저항이 크고, Valve port 이물질 등을 점검하고, 수정 또는 제거한다. 펌프 토출량을 점검한다.
	일반 제어밸브의 작동불량	밸브, 피스톤 또는 스풀의 끼워 맞춤 불량, 내부 Leaking, 배압발생, 편측체결, 밸브내부의 이물질, 내부 녹 등을 점검해서 수정한다.
	솔레노이드 밸브 작동 불량	스풀의 Stick, Magnet 흡입력 부족, 전압저하, 솔레노이드 내부 이물질, 솔레노이드 과열 등 상태를 점검하고, 수정 또는 교환한다.
토출량 부족	펌프 마모가 심하다	수리 또는 교환한다.
	스트레이너 철망이 막혔다.	막힌 것을 청소하여 제거한다.
	오일 점도가 지나치게 낮다.	적정점도의 상태로 하거나 오일을 교환한다.
	가변피스톤일 때 가변기구가 불량인 경우	가변기구 수리 또는 재조정
	토출불량이 아니고 실제로는 회로 중에서 오일이 일부 새고 있다.	회로를 순차적으로 점검하여 대처한다.
Shaft 실(seal)부로부터 오일 누유	실(seal) 마모 또는 파손, 축부의 마모	실 및 샤프트 교환
	내부에서 새는 오일이 많아져 실부에 걸리는 압력이 지나치게 높다.	내부의 새는 부위를 수리하거나 내부 부품을 교환한다.
	외부드레인의 경우는 드레인 저항이 지나치게 높다.	배관이 막힌 부분이 있는지를 점검하고 청소한다. 배관규격을 크게 한다. 배관을 짧게 한다. 탱크측에 직접 연결한다.

고 장	원 인	해결방법 및 점검 개소
펌프가 단기간에 이상 마모한다.	작동유 오염, 연삭기(grinder)의 철분 및 분말의 혼입 등이 예로서 가장 많다.	분해 수리 또는 교환, 필터의 추가, 외부로부터의 이물질 혼입방지
	작동유 중에 수분 혼입	작동유 교환과 수분혼입 원인을 조사하여 방지한다.
	부적절한 작동유 사용	펌프제조사에서 지정한 오일로 교환한다.
	정격 이상의 작동압 또는 압력계에는 나타나지 않으나 상당히 높은 서지압력이 걸린다.	정격압력 이하에서 사용한다. 노이즈 댐퍼(noise damper) 등을 사용하여 서지압을 방지한다.
	난연성 작동유를 사용 하는 경우	난연성 작동유는 석유계의 작동유와 달리 여러 가지의 특질을 가지고 있어 사용을 할 때는 충분한 주의가 필요하다.

[2] 밸런스 피스톤형 릴리프밸브

고 장	원 인	해결방법 및 점검 개소
압력계가 충분히 올라가지 않는다.	설정이 정확하지 않다.	압력계를 조사해서 정확한 압력계로 설치한다.
	파일럿밸브 또는 시트가 마모되었거나 흠이 발생했다.	수정 또는 교환한다.
	파일럿밸브부에 먼지 등 불순물이 끼어 들어가 있다.	분해 청소 전에 압력 조절나사를 완전히 풀어서 파일럿 유량으로 제거하는 것이 가능한가 한 번 시도해보고 불가능하면 분해해서 청소를 한다.
	파일럿밸브용 Spring의 규격이 맞지 않는다.	정규품으로 교환한다.
	밸브 위의 커버용 모든 볼트가 고르게 체결되지 않고 편체결(片締結)되어 있다.	정확히 조립해서 고친다.
압력이 불안정하여 크게 변동한다.	파일럿밸프의 시트에 앉은 상태가 불안하다.	밸브의 교환 또는 Spring 교환
	작동유 중에 먼지나 불순물이 많다.	오일 교환 또는 필터 추가
	작동유 중에 기포가 혼입되어 있다.	기포혼입 원인을 조사해서 혼입을 완전히 없게 한다.
압력이 미세하게 변한다.	Main valve가 왔다 갔다 한다.	흔들리지 않도록 재조립 한다.
	파일럿 밸브의 이상마모	교환 또는 수리한다.
	Bent 배관이 지나치게 길거나 너무 크다.	내경이 Ø 4mm 정도의 것으로서 배관의 길이를 가능하면 짧게 한다.
	통과 유량이 너무 많다.	밸브 규격에 의한 정격 유량 이내의 것을 사용한다.
	유량이 지나치게 작다.	호칭 크기가 03, 06은 8l/min 이상, 10의 것은 15l/min이상으로 사용한다. 소유량의 경우 설정압력이 불안정하게 될 수도 있다.
	탱크에 배압이 있어 맥동현상이 있을 때	배압과 맥동을 없게 하거나 외부드레인 방식으로 개조한다.

[3] 유량조절밸브(flow control valve)

고 장	원 인	해결방법 및 점검 개소
조절 유량이 불안정하다	압력보상밸브 작동이 불량	분해청소를 하고 원활히 작동하도록 한다. 먼지가 있어서라면 작동유를 점검한다.
	1차압, 2차압의 압력차가 정해진대로 되지 않는다.	릴리프 밸브 설정압을 올리거나 하여 규정 이상의 압력차를 내게 한다.
	압력보상피스톤 개도조정 기구가 취부되어 있는 경우 조정볼트를 너무 꽉 조였다.	나사를 지나치게 조이는 경우가 많으므로 한번 풀러서 재조정한다.
	체크밸브가 취부되어 있는 경우, 체크밸브에서 오일 누유	분해, 청소, 면을 잘 갈아서 조립하는 등의 조처를 취한다.
액추에이터의 Jumping 현상	압력보상밸브(pressure compensator) 작동 지연	압력보상밸브의 개도조정 기구가 취부되어 있는 것을 사용하여 사용 유량에 맞춰서 개도조정을 한다.

[4] 액추에이터의 불규칙 운동의 문제

원 인	대 책
회로 중 또는 실린더 내에 공기가 있다.	회로중의 높은 곳에 Air bent를 설치하고, 공기를 완전히 뺀다. Cylinder Air bent에서도 공기를 완전히 뺀다.
실린더 로드 패킹, 피스톤 패킹 등이 딱딱하다.	저속에서 작동할 때 삐삐 소리가 나는 경우, 패킹의 조임을 작게 한다. 패킹 종류를 바꾼다.
실린더 중심과 로드 유저 중심이 일치하지 않는다.	중심을 맞춘다.
유량조절밸브, 압력제어밸브 작동 불량	작동불량의 원인을 조사하여 수리한다.
시퀀스밸브와 릴리프밸브 설정압 차이가 근소하다	필요한 차를 찾아서 수정한다.

[5] 소음과 진동의 원인과 대책

원 인	대 책
펌프 등의 소음, 진동이 배관, 탱크 등에 공명	펌프 출구, 입구에 일부분 Flexible hose를 사용한다.
	탱크 위에 펌프와 전동기를 설치하지 않고 Common Base로 하여 탱크를 별도로 한다.
	펌프 회전수를 내린다.
	Pump Base와 탱크 사이에 방진제를 넣는다.
	배관 Supporter를 강하게 한다.
전자전환밸브 전환음	교류 솔레노이드를 직류형 또는 교직변환형으로 교환한다.
전자파일럿 전환밸브의 전환음 및 Shock	솔레노이드를 직류 또는 교직변환형으로 변경
	전환파일럿압을 낮춘다.
	파일럿 유량을 줄인다.
	회로압을 내려서 전환될 수 있게 계획을 변경한다.
배관 내 유속음	규정 이상의 유속으로 되지 않도록 배관을 크게 한다.
	굽은 부분에 Elbow를 사용하지 말고 Bent관으로 한다.
	큰 Flexible hose를 사용한다.
기기에 사용되고 있는 Spring과 배관의 공진	Spring의 감도를 변경한다.
	배관의 길이, 크기, 두께를 변경한다.
	진동방지용 Supporter를 강하게 한다.
2개 이상의 valve Spring의 공진	배관일부에 교축밸브를 넣는다. 릴리프밸브의 Bent 배관부 등에는 특히 유효하다.
	Spring의 설정압을 변경한다.
실린더의 진동	공기 빼기를 완전히 한다.
	설치를 정확히 한다.
	V-packing을 사용하는 경우는 체결 상태가 너무 체결력을 많게 하지 않았는지를 확인한다.
	유압계통의 맥동을 적게 한다.
오일탱크의 공명음	Cove plate를 두껍게 하거나 기둥, Beam 등을 보강한다.
	측판, 저판에 보강대를 넣는다.
	Return Pipe의 위치나 말단형상을 변경한다.

[6] 유온 이상 상승의 원인과 대책

원 인	대 책
릴리프밸브 설정압이 필요 이상으로 높음	적정압력까지 낮춘다.
유량제어밸브를 지나치게 교축하여 작동속도가 너무 느림	적정유량으로 조정한다.
Unload 회로의 작동불량 또는 압력조정 불량	정확히 작동하도록 조정한다.
고압 대유량이 장시간 불필요하게 릴리프밸브를 통하여 탱크로 되돌아 가고 있음	회로를 재검토한다.
냉각수의 부족, 수온 상승 냉각계통의 고장	물량을 증가하고, 입구 수온을 조사한다. 유온조절장치를 조사한다.
축압기의 고장, 용량부족, Pressure switch의 조절 불량	축압기의 수리, 용량의 재검토, Pressure switch 재조정, 작동상태 확인
히터(heater) 작동불량에 의한 발열	히터 계통을 수리한다.

[7] 작동유 오염 원인과 대책

오 염	침 입 경 로	대 책
물 (물이 기름 중에 혼입하면 기름이 유백색으로 된다.)	탱크의 에어브리더를 통하여 공기와 함께 들어옴	습도가 높은 곳에서는 특히 주의해야 하고 특별대책이 필요한 경우도 있다. 탱크의 드레인을 정기적으로 열어서 수분을 확인한다.
	수관식 냉각기 파손부	Cooler를 수리한다.
	탱크 구조불량에 기인함	탱크는 에어브리더 이외에는 기밀로 해야 한다.
공기 (공기의 기포가 기름 중에 많이 들어가면 기름은 탁한 백색으로 된다.)	배관접속불량, 이것은 흡입측 뿐만 아니라 Return측에서도 들어오는 경우도 있음	펌프 운전 중에 배관접속부에 기름을 바르고, 펌프 소음 변화로 불량 장소를 발견한다.
	Pump Shaft의 실(seal)부	흡입압이 높아지면 공기를 흡입하기가 쉽게 되어 흡입저항을 감소하도록 한다. 오일 실(oil seal)을 교환한다.
	작동유의 열화 또는 불량작동유	소포성이 우수한 기름을 사용한다.
고형물	조립 중 가공철분, 녹, 토사 등	산세척, Flushing을 완전히 한다.
	배관 실	나사부 기밀용 테이프는 정확히 감는다. O-ring은 버에 의해서 절단되지 않게 한다.
	탱크의 틈새	탱크는 에어브리더 이외에는 기밀이 되도록 한다. 특히 배관 삽입부에는 주의를 해야 한다.
	기름 보충시	작동유 보충 때는 필터를 사용함과 동시에 청정한 기구를 사용한다.
	펌프, 실린더, 밸브류의 마모	정기적으로 작동유를 확인하고 이물질이 규정량을 초과했다면 기름을 교환한다.
	탱크 내면 도장	내면도장은 박리되지 않도록 하지 처리를 충분히 한다. 난연성 작동유에 대해서는 내면도장을 하지 않도록 하는 경우가 많으므로 특히 주의해야 한다.
Rubber 형태의 부착물	패킹류가 작동유를 해롭게 하고 있음	작동유에 해를 주지 않는 패킹을 사용한다. 특히 난연성 작동유를 사용할 때는 루버, 패킹 등의 재질에 주의를 해야 한다.
	탱크 내면 도장	충분히 내유성이 있는 도료를 사용한다.
	Accumulator Bladder가 부적당한 작동유에 해를 끼침	난연성 작동유의 경우는 특수 재질의 Bladder를 사용하는 경우가 많다.
	기름의 열화	산 안정성이 우수한 작동유를 사용한다. 산화가 규정값을 넘는다면 새로운 기름으로 교환한다.

03 공압시스템의 유지보수

3.1 공압시스템의 오작동 및 고장

[1] 공압시스템의 오작동

공압시스템의 오작동은 공압 부품과 배관의 자연마모 및 손상으로 인하여 발생될 수 있고, 자연마모 및 손상은 외부 환경의 영향과 압축공기의 상태에 의해 가속화될 수 있다. 실제 오작동의 원인을 살펴보면 다음과 같다.

① 부품의 마모는 기능장애, 공압의 누설, 부품의 파손을 야기한다.

② 오염된 공기는 공압 부품 내부의 마모를 증가시키고, 막힘, 폐색 등에 의한 기능장애를 일으킨다.

③ 배관은 내·외부 환경요인에 의해 막히거나, 잘라지거나, 구부러질 수 있다.

④ 이물질들이 누적되면 배관이나 공압부품에서 저항을 받아 압력강하와 그로 인한 부정확한 스위칭이 발생한다.

⑤ 부정확한 스위칭은 누설에 의한 압력강하와 공급압력의 맥동현상으로도 일어날 수 있다.

⑥ 실린더에서의 부정확한 설치나 과부하에 의해서도 초기 마모가 발생한다.

⑦ 센서의 부착이 정확하지 않거나 신호배관이 너무 긴 경우에도 오작동이 발생한다.

이러한 오작동을 사전 예방하기 위한 방법은 다음과 같다.

① 주변 환경 조건과 제어시퀀스에 잘 조화되는 올바른 부품을 사용한다.

② 큰 부하나 횡방향의 부하를 받는 경우 적절한 마운팅 형태를 선택하고 견고한 실린더를 사용한다.

③ 가속력이 큰 경우에는 완충장치를 달아 작동력을 흡수한다.

④ 먼지와 이물질이 많은 경우에는 자체 정화커버를 사용한다.

⑤ 실린더와 신호입력요소의 마운팅 조절나사는 확실하게 고정한다.

⑥ 신호의 지연을 방지하기 위해 배관을 가능한 한 짧게 구성한다.

⑦ 제어 및 파워 밸브의 배기는 보장되도록 한다.

[2] 공압시스템의 고장 사례

공압시스템의 고장사례는 다양하게 발생하고 있으나 대표적인 몇 가지는 다음과 같다.

(1) 공급유량부족으로 인한 고장

공급유량이 부족한 상황에서 공압시스템의 단면이 갑자기 커지면 오작동이 야기된다. 이러한 상황이 발생되면 갑작스런 압력강하로 실린더는 충분한 추력을 발생할 수 없을 뿐만 아니라 밸브의 오작동으로 작동시퀀스가 틀려질 수도 있다.

이러한 현상은 배관내의 이물질 축적이나 공기의 누설로도 발생한다.

(2) 수분으로 인한 고장

수분으로 인한 부식 작용은 손상을 입는 것을 제외하고도 밸브에 있어서 상당한 악영향을 미친다. 즉, 밸브가 임의의 제어 위치에서 상당히 오랜 시간 머물러 있는 경우에는 고착을 일으켜 제대로 동작이 일어나지 못한다. 특히 윤활유와 섞여서 에멀전(emulsion) 상태가 되거나 수지상태가 되어 밸브의 동작을 가로막기 때문에 주의해야 한다.

(3) 이물질로 인한 고장

슬라이드 밸브가 고착되고, 포핏밸브의 시트부에 융착되어 누설을 야기하며, 유량제어밸브에 융착되어 속도제어를 방해한다.

유량부족　　　　수분　　　　이물질

3.2 공압시스템의 고장항목의 원인 분석

[1] 공압시스템의 결함추적

고장 발견을 쉽게 하려면 공압에서 사용되는 각 요소에 대한 신호의 흐름, 즉 신호출력(작업요소 : 실린더, 전동기, 피드유닛), 신호처리(제어요소 : 밸브류), 그리고 신호입력(입력요소 : 밸브류)을 체크하여 고장을 확인하고 결함을 추적한다.

결함추적시에 필요한 의문사항을 체크하여 지속적으로 결함을 추적한다.

① 고장이 났을 때 기계의 동작상황은 어떠하였는가?

② 그와 같은 고장이 과거에도 자주 일어났는가?

③ 기계작업자가 이미 기계를 수리하였는가?

[2] 공압시스템의 결함과 원인

(1) 부족한 공기 공급으로 인한 결함

공압시스템이 짧은 순간에 전진할 때, 필요한 공기 수요가 보통 시스템을 따라가지 못한다. 제어시스템의 설계와 순차제어에 따라서 일시적 에러가 발생할 수 있다. 이런 에러들은 항상 나타나는 것이 아니고 우발적으로 나타나는 것이다. 이러한 특성이 유지보수를 더 어렵게 한다.

부족한 공기의 공급이 줄 수 있는 영향은 다음과 같다.

- 다른 공압 요소의 작동으로 인해 발생하는 갑작스러운 압력강하 때문에 실린더의 사이클 주기가 항상 일정하지는 않다.
- 제어시스템에서 압력강하가 발생하면 실린더에서의 압력강하가 순간적으로 발생한다.

튜브의 단면적이 오염 때문에 축소되거나 느슨한 나사체결 때문에 누설이 발생하면 동일한 징조가 나타난다(20%의 단면적이 줄어들면 압력강하는 2배가 된다).

이러한 요인을 수정한 후, 시스템을 재시동할 때도 이런 결함이 발생할 수 있다.

(2) 응축수로 인한 결함

시운전 전에 제어시스템으로 공급되는 공기가 응축되지 않았는지 확인하여야 한다. 압축기 장치와 공기 분배요소를 반복하여 검사하면, 그들이 제어시스템의 손상을 피하는데 도움이 되기 때문에 빨리 실시한다.

응축수에 의한 손상은 다음과 같다.

- 부품 표면의 부식

- 장시간 같은 위치에서 작동위치를 유지하다가 스프링 힘에 의해 복귀할 경우 밸브의 부품(금속코팅 슬라이드, 작동하는 플런저 등)이 고착될 위험
- 비금속 윤활제는 수지 및 유화물을 형성하는 경향이 있다(에러 경향 – 작은 여유를 갖는 밸브의 슬라이드 맞춤)

(3) 습기를 함유한 압축공기로 인한 손상

- 부식, 실린더의 초기 윤활을 씻어냄
- 작동 기능의 손상, 윤활제의 유화
- 오염된 성분과 페인트 층

(4) 오염에 의한 결함

1) 원인

- 밸브의 공급라인을 청소하지 않아서 나사부나 용접된 부품에서 발생되는 외부 이물질(밀봉테이프, 용접 찌꺼기, 해머 스케일, 나사 찌꺼기 등)이 쉽게 밸브 안으로 들어간다.
- 부식에 의한 녹 가루

2) 영향

- 미끄럼 면이 고착되거나 막힘
- 시트밸브의 경화된 자리에 눌린 금속 찌꺼기가 지속적인 누설을 일으킴
- 유량제어밸브의 환상 노즐이 오염에 특히 민감하여 실린더에서 공기배출시간의 변경

(5) 실린더의 결함

실린더가 결국 제대로 동작하지 않을 때까지 손상은 서서히 진행한다. 정규적으로 육안 및 청각검사를 하여 파손을 막을 수 있다.

결 함	원 인
실린더의 피스톤로드 길이를 따라 긁힘 발생	마모로 인한 로드 가스켓 파손
피스톤로드의 중요부에 검고 건조하며 매우 끈적거리는 오물이 끼어 있음	피스톤로드 가스켓과 베어링이 작동하지 않음 낮은 작동압력에서 스틱-슬립 효과
실린더가 원활히 작동하지 않음	피스톤 가스켓 손상 그리스, 침식된 고무의 건조한 혼합물이 실린더 튜브에 퇴적됨
배출되는 공기가 크게 들림	밸브와 실린더 안의 밀봉요소가 손상됨

(6) 작동부의 결함

결 함	원 인
밸브 배기구(R, S)에서 바람이 새어 나옴	실린더의 패킹 누설 밸브 누설 오버-랩 타입 밸브의 경우 중립위치에서 밸브 고착
피스톤 속도가 제어되지 않음	유량제어밸브의 환상 노즐이 막힘 체크밸브의 누설
제어신호가 제거되더라도 피스톤이 후진하지 않음	밸브가 역으로 전환되지 않음 복귀스프링의 파손이나 밸브 슬라이드가 움직일 수 없음 파일럿 밸브 결함(예 : 밸브 시트의 누설; 연결구 1(P)과 제어 피스톤 14(Z) 사이의 영구 개방) 파일럿밸브에서 배기구가 닫혀 있음
제어신호가 가해져도 피스톤이 전진하지 않음	전기적 원인 – 솔레노이드 결함, 정격전압과 인가전압을 비교 – 가동부(아마추어)의 고착(AC 솔레노이드 코일이 순간적으로 타버리게 됨) 공압적인 원인 – 연결부(A, B)와 파일럿밸브 사이에 돌출된 구멍이 막힘 – 메인벨브의 제어피스톤이 고착됨 – 파일럿 밸브와 메인밸브 사이의 가스켓 결함; 제어공기 손실이 너무 커서 복귀작동을 할 만큼 충분한 압력을 생성하지 못한다.

(7) 솔레노이드 밸브의 결함

결 함	원 인
전압이 걸려도 가동부(아마추어)가 끌어당겨지지 않음	다음과 같은 이유로 솔레노이드 코일이 타는 경우 – 가동부(아마추어)의 고착 – 인가되는 전압이 너무 높거나 낮음 – 주위 온도가 너무 높음
솔레노이드 잡음	(AC 솔레노이드에서만 발생) 솔레노이드 가동부(아마추어)가 단락회로 링과 평평하게 맞지 않음; 솔레노이드 링 가열 대책 : 솔레노이드 헤드 주위에 얇은 구리선을 감아줌

(8) 공압밸브의 결함

결 함	원 인
밸브가 작업라인 연결구(A, B)나 배기구(R, S)로 전환되지 않거나 열리지 않음	시트밸브에서 - 과도한 마찰이나 스프링의 손상으로 개폐작동의 기계적 결함이 발생 - 손상된 밀봉시트(측정 장비 없이 육안으로 검사가 어려움) - 밀봉 판에 작은 구멍이 생기거나(부적절한 오일 때문에 부풀어 오름) 너무 연질임 - 플런저의 행정길이가 밸브를 열기에 부족 슬라이드 밸브에서 - 과도한 마찰 혹은 파손된 복귀스프링 때문에 개폐작동의 기계적 결함 발생(밀봉 링이 부풀어 오름) - 제어 챔버(제어 피스톤과 슬라이드 사이의 공간)의 배기구가 막힘. 밸브가 원래의 중립위치로 전환하지 않음 - 금속 밀봉을 갖는 슬라이드에서 오염은 지속적인 누설을 발생시키는 긁힘을 만듦 - 평평한 슬라이드에서 누설은 압력스프링이 파손되었음을 의미

[3] 공압시스템의 고장점검 및 대책

공압시스템이 '실린더 C가 전진운동을 하지 않는다'는 고장이 일어났다고 가정하여 다음과 같은 고장점검 단계를 진행해 본다.

(1) 변위선도와 시퀀스차트의 검토

① 변위요소에서는 작업요소만을 다루므로 고장이 제어측에서 일어났다면 작업요소와 제어요소 사이의 관계를 파악할 필요가 있다.

② 시퀀스차트가 작업요소와 제어요소 사이의 관계에 대한 정보를 제공해 준다.

③ 고장을 체계적으로 밝혀내기 위해서는 변위선도와 시퀀스차트를 완전히 숙지해야만 한다.

(2) 고장요소 파악

① 변위선도와 시퀀스차트를 이용하여 고장에 연관된 요소들을 알아내야 한다.

(3) 회로 독해

① 변위－단계선도와 시퀀스차트를 읽은 후에는 각각의 요소들이 회로상에서 점하는 역할을 파악할 수 있다.

② 회로도를 읽을 때에는 한 단계씩 작동요소의 움직임을 파악하며 읽고, 운동을 건너뛰면서는 읽지 않도록 한다.

③ 회로도를 읽기 전에 보조조건들을 충분히 파악해 두는 것도 중요하다. 그렇지 않으면 회로도를 읽을 때 불확실한 상황이 나타나게 된다.

(4) 고장요소 파악

① 만약 기계가 수동으로 제어되면 수동으로 기계를 동작시켜 본다.

- 기계가 동작되고 있는지 점검
- 비상스위치가 해제되어 있는지 점검
- 밸브의 점검

  밸브에 압축공기가 공급되고 있는가?

  밸브가 실린더에 의해서 작동된 상태인가?

  밸브가 실린더에 의해서 정상 작동되고 있는 상태인가?
- 라인의 점검

  이 라인에 압축공기가 차있는가?

위에 언급된 사항들을 체계적으로 점검해 보면 보다 확실하고 빨리 고장을 발견할 수 있을 것이다.

(5) 고장처리

고장이 발견되면 즉시 처리한다.

① 튜브의 결합

② 공압 요소의 고장

밸브의 결합이 확인되었을 때는 즉시 적절한 배관을 새로이 해줌으로써 해결 가능하다. 공압 요소의 고장인 경우에는 이 부품을 제거한 후 새로운 부품을 교환시켜 기계의 동작을 정상화 시킨 후 고장난 부품의 결함요인이 무엇인가를 파악하여 수리가 가능하면 수리하여 사용하도록 하고 수리비용이 많이 들면 새로운 부품을 구입하여 스페어 파트로 보존한다.

3.3 공압시스템 요소별 유지보수

[1] 공기압축기의 유지보수

(1) 공기압축기의 선정

공기압축기의 선정은 우선적으로 공기압력과 토출 공기량에서 기종선정을 하고 프레스 기계용과 도장 및 계장용은 7 kgf/cm^2 정도의 압력으로, 공기압 실린더는 5 kgf/cm^{2}의 압력으로 선정한다. 그리고 일반적 공기압 시스템은 7~9 kgf/cm^2(왕복식, 회전식 적합)으로 선정한다.

(2) 공기압축기의 용량

공기압축기의 피스톤 배기량

$$V = Q\,\frac{(P + 1.033)}{1.033\alpha}\,[\mathrm{m^3/min}]$$

여기서, V는 왕복 공기 압축기의 피스톤 배기량, α는 체적효율, Q는 사용공기 압력 P에서의 사용 공기량(m^3/min), 그리고 P는 사용공기 압력[kgf/cm^2]이다.

(3) 공기압축기의 사용 대수

고장시 작업 중지에 의한 손해를 방지하고 부하 변동에 의한 대처를 위하여 보전과 사용효율 면에 대해 고려하여 일반적 방식으로는 2대가 최량의 방법이다.

(4) 소음

소음은 법 규제가 수반되므로 설치장소 선정 및 방음대책을 수립하고 가급적 저소음 압축기를 선정한다(왕복 공기 압축기는 특유의 저주파 진동과 소음이 발생하나 회전 압축공기는 소음이 낮음).

(5) 압축기의 설치조건

저온, 저습 장소에 설치하여 드레인 발생을 억제하고 지반이 견고한 장소에 설치(하중 5 ton/m^{2}를 받을 수 있어야 하고, 접지 설치함)한다. 그리고 유해물질이 적은 곳에 설치하고 압축기 운전시 진동을 고려(방음, 방진벽 설치)하며 우수, 염풍, 일광의 직접 노출을 피하고 흡입 필터를 부착한다.

(6) 압축기 주위의 처리

윤활유 산화오일 제거 필터를 부착하고 애프터 쿨러를 설치하며, 공기탱크 설치(압력 변동을 피하고 온도 안정 유지)하고, 수평관로의 배관은 드레인 배출이 용이하게 1/100의 구배를 부과한다.

[2] 공기건조기의 유지보수

(1) 냉동식 공기건조기

공기건조기의 콘덴서를 냉각용 공기의 공급이 잘 될 수 있는 실내에 설치하고 공기 건조기의 입구 온도가 40℃를 넘지 않도록 애프터 쿨러와 주 라인 필터 다음에 설치한다. 그리고 공기건조기에서 배출된 공기는 다시 공기건조기에 순환되지 않도록 주의해야 한다.

파이프가 응력에 견딜 수 있도록 엘보를 충분히 사용하고 바이패스관을 설치하여 수리시에도 압축공기를 사용할 수 있게 한다.

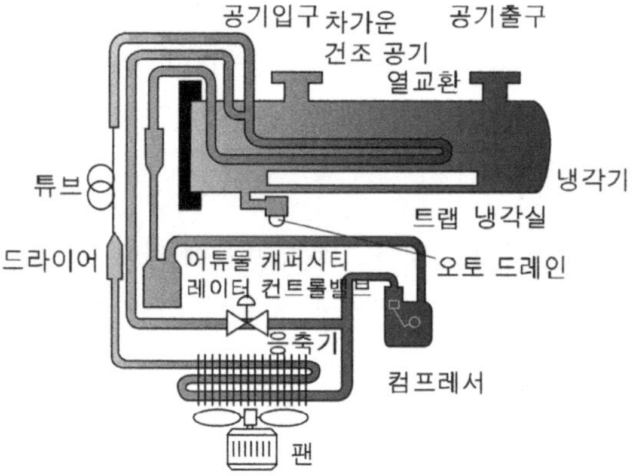

그림 Ⅳ-88. 냉동식 공기건조기

(2) 흡착식 공기건조기

공기 입구는 비 방폭형 계기의 설치가 안정되고 심한 진동이 없는 장소에 설치하고, 공기 출구는 온도가 급격히 변화하지 않으며 0~70℃의 범위를 넘지 않고 상대 습도가 90% 이하인 장소에 설치한다. 바이패스밸브는 가능한 한 주 배관에 설치하며, 흡착제는 1년에 1회 정도 교환할 수 있도록 한다. 공기건조기 앞에는 반드시 유분제거필터와 프리필터를 설치해야 하고 프리필터는 월 1회 정도 정기점검을 하거나 차압계를 설치하여 압력차가 1 kgf/cm^2 이상이 되면 필터를 교환한다.

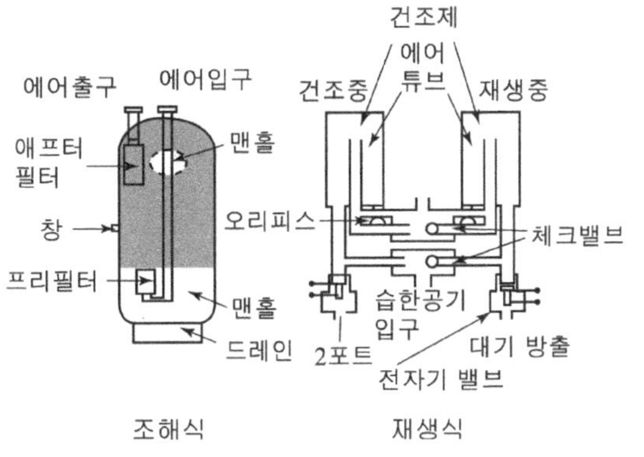

그림 Ⅳ-89. 흡착식 공기건조기

[3] 필터의 유지보수

(1) 필터통 유지보수 방법

투명수지(폴리카보네이트, 나일론)로 되어 있지만, 일부 화공약품에 약하며 특수 용도로 사용할 때에는 주의해야 한다. 케이스를 청소할 때에는 화공약품을 절대 사용하지 말고 가정용 중성세제를 사용한다. 또한 원칙적으로 안전을 위하여 금속제 보호케이스가 부착되어야 한다.

(2) 유분제거용 필터 유지보수 방법

압력강하가 0.7 kgf/cm^{2}에 이르렀을 때 필터를 교환하고 유분제거용 필터 앞에는 반드시 타르제거용 필터나 5 μm 의 프리필터를 사용한다. 그리고 배관시 절삭유나 방청유를 반드시 제거하여 필터의 성능단축 및 공기압 압축기에 영향이 없도록 한다. 입구온도가 30℃ 이상이 되면 유분제거율이 낮아지므로 온도를 그 이하로 유지한다.

그림 Ⅳ-90. 필터의 유지보수

(3) 냄새제거용 유지보수 방법

압력강하가 0.7 kgf/cm^2에 이르렀을 때 필터를 교환하고 냄새제거용 필터 앞에는 반드시 유분제거용 필터를 설치한다. 그리고 메탄이나 일산화탄소 제거에 사용해서는 안된다.

[4] 윤활기의 유지보수

(1) 전량식 유지보수 방법

일방적으로 볼의 재질은 PVC계통이므로 화공약품이나 페인팅을 하는 장소에서의 사용을 금하고, 볼의 세척은 중성세제로 하며, 볼 안의 오일레벨은 항상 적정 수준을 유지한다.

윤활기는 각종 밸브 또는 엑추에이터 등에 가깝게 설치하고 분무식은 대상물의 근처에 설치하되 5 m를 넘지 않도록 한다. 윤활기는 기름을 보급하기 쉬운 곳에 설치하고 이것이 곤란할 경우 집중 급유식으로 해야 하며 입구측에는 공압필터를 설치한다.

(2) 입자 선별식 유지보수 방법

일방적으로 볼의 재질은 PVC계통이므로 화공 약품이나 볼에 기름을 넣을 때에는 1차 압력을 중단하고 볼 안이 가압되지 않은 상태로 유지한다. 볼은 알맞은 환경에서 사용하여야 하며 세척은 가정용 중성세제를 사용하고, 볼 안의 기름양은 적정량을 유지한다.

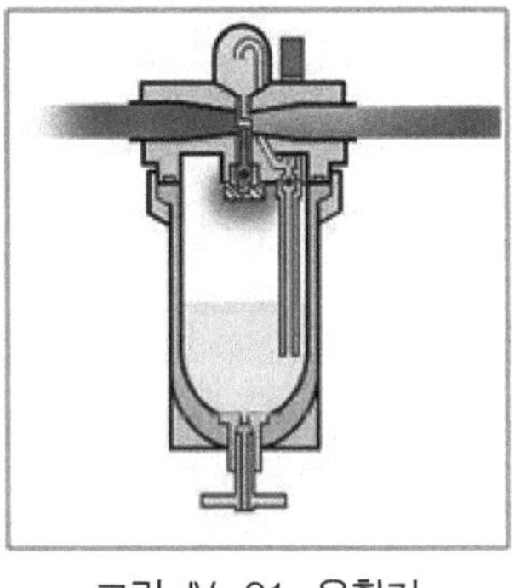

그림 Ⅳ-91. 윤활기

[5] 공기조정유닛의 유지보수

정기적인 점검이 필요하며 필터에 드레인이 있으면 즉시 배출시키고 윤활기에는 적정한 오일을 유지하도록 보충한다. 그리고 기구 세척시에는 가정용 중성세제 또는 광물성 기름(mineral oil)을 사용한다.

[6] 공압제어밸브의 유지보수

(1) 압력조정밸브 유지보수 방법

2차 쪽의 부하에 의한 압력 상승을 릴리프하는 목적이 있는 경우에는 감압밸브의 릴리프 능력을 검토해야 하며, 때에 따라서는 특수제 원품을 사용하거나 회로구성에서 대처하도록 하여야 한다.

배관 도중에 사용되고 있는 압력조절밸브나 그 밖의 각종 공압밸브는 배관의 안지름이 작기 때문에 공기 소비량을 보충하는데 충분한 공급능력이 없거나 본래 공기공급원이 작기 때문에 일시적 압력부족 현상이 일어나므로 기기를 크게 하거나 압축기를 크게 해야 한다.

감압밸브 앞에 반드시 필터를 사용하여 공기 중의 먼지나 물방울이 밸브 내에 들어가지 못하도록 하고, 압력조절 후에 고정용 너트로 조절 스프링을 고정한다.

(2) 유량제어밸브 유지보수 방법

유량제어밸브는 되도록 제어 대상에 가깝게 설치해야 하고, 크기의 선정도 중요하다.

공압 실린더의 속도 제어에는 공기의 압축성을 고려하여 비교적 원활한 움직임이 얻어지는 미터아웃 방식을 사용한다. 조절이 끝나면 고정용 나사를 꼭 고정하고, 고정할 때 너트로 고정하는 경우에는 스로틀 조절 나사가 함께 회전하지 않도록 유의해야 한다.

공기유량을 교축시킨 후의 공기유속은 음속 이상으로 올라가지 않도록 한다. 즉, 출구압력을 입구압력의 1/2 이하로 하지 않아야 한다.

(3) 방향제어밸브 유지보수 방법

방향전환밸브로 보내는 공급 공압 회로에는 반드시 여과기를 사용하여 먼지, 응축수 등을 확실하게 제거해야 한다.

금속실 방식의 전환밸브일 때에는 5 μm 이하의 것으로 하는 것이 바람직하며 무급유가 아닌 전환밸브에는 반드시 윤활기를 사용한다.

윤활유는 터빈 오일 1종 또는 2종을 사용하며, 이외의 오일은 패킹 등을 팽윤시켜 고장의 원인이 되므로 사용하지 않는다.

전환밸브의 회로에서 급격하게 압력이 내려가면 공기의 단열 팽창으로 온도가 내려가 압축공기 속의 수증기가 응축되어 수분이 생기고 겨울철에는 이 수분이 동결하는 일이 있으므로 주의를 요한다.

전원밸브의 부착에 있어서는 정비를 고려하여 여유 공간을 두도록 하고, 무리한 부착을 하지 않는다.

사용온도는 통상 5~60℃이며 5℃ 이하에서는 팽창에 의해 온도가 내려가 공기 중의 수분이 동결될 염려가 있고, 60℃ 이상일 경우에는 패킹재에 손상이 발생할 수 있다.

(4) 솔레노이드 밸브 유지보수 방법

조작전압은 솔레노이드 ±10%의 범위 내에 있어야 한다.

전압이 낮으면 작동이 불량하게 되고, 높으면 코일이 소손되는 일이 있으므로 주의해야 하며, 직류의 경우에는 배선에서의 전압 강하가 일어나기 쉬우므로 배선의 굵기나 길이에 주의해야 한다.

솔레노이드의 통전을 차단하면 높은 서지전압이 발생되며 이 전압은 전기회로에 악영향을 주므로 코일과 병렬로 서지업소버(serge absorber)를 접속하는 등 보호대책을 수립해야 한다.

[7] 공압 실린더의 유지보수

(1) 고속작동 공압실린더 유지보수 방법

패킹의 재질, 형상 등이 고속작동에 대한 적당 여부와 수명을 확인한다.

부하변동이나 사용공기압력 변화에 의한 작동속도 변동을 피하고, 고속 작동시 압력강하가 작도록 배관하며, 공압기기는 유효단면적이 큰 것을 사용하고, 실린더의 포트 등도 크게 한다.

실린더 내의 배압을 빠르게 제거시키기 위하여 급속배기밸브를 함께 사용하며 공기 압축기의 용량이 큰 것을 사용하거나 관로 중간에 공기탱크를 설치하여 압력강하를 방지한다.

속도가 제대로 나오지 않을 때는 파이프 안지름을 크게 하고, 충격흡수기구병용을 검토하여 외부 완충장치를 설치한다. 그리고 작동시 사고를 방지할 수 있는 조치를 취한다.

(2) 저속작동 공압실린더 유지보수 방법

저속정밀 이송시에는 공기－유압 유닛을 사용한다.

피스톤의 속도가 느리고 배관의 지름이 작아도 될 경우에는 실린더 포트에 레듀서를 사용하여 배관 지름을 줄인다.

속도가 50 mm/sec 이하의 경우에는 슬립－스틱 현상을 일으키는 최저속도를 확인하고, 속도 제어나 윤활이 잘 이루어지도록 각 기기의 성능을 확인한 후 사용한다.

(3) 공압실린더 설치시에 주의사항

부하의 운동방향은 피스톤 로드의 운동방향 축심과 일치하도록 설치한다. 일치할 수 없을 때는 로드나 튜브에 뒤틀림이 발생되고, 마찰에 의한 마모 또는 파손시킬 염려가 있으므로 연결부에 유격을 주거나 구면 부시 등을 설치한다.

실린더가 큰 힘을 낼 수 있도록 설치대의 강성을 높이고, 실린더 본체를 고정한 경우 체결볼트 이외에 로크 핀, 스토퍼 등을 설치한다.

부하의 하중 방법을 고려하여 설치하고, 고정형 실린더가 원호 운동하는 경우 암(arm)과 연결을 피하며, 부득이한 경우 타원형 구멍을 가공하여 로드에 횡 하중이 걸리지 않도록 한다. 필요에 따라서 적당한 가이드 부싱을 해준다.

(4) 공압실린더의 보수 점검

① 실린더 부착용 볼트 및 너트의 이완

② 실린더 부착 프레임의 이완 또는 이상 처짐

③ 작동상태가 부드러운가의 여부

④ 피스톤 속도, 사이클 타임의 변화

⑤ 외부 누설

⑥ 로드 선단 쇠장식, 타이로드, 볼트류의 이완

⑦ 스트로크에 이상유무의 여부

⑧ 로드의 홈

[8] 공압전동기의 유지보수

① 배관과 밸브는 되도록 유효 단면적이 큰 것을 사용하고 밸브는 공압전동기 가까이에 설치한다.

② 루브리케이터를 반드시 사용하고, 윤활유 부족 등으로 토크저하, 융착, 내구성 저하, 소결 등을 일으키지 않도록 한다.

③ 공압 전동기의 내부는 압축공기의 단열팽창으로 냉각되므로 빙결에 주의하고, 공기 건조기를 사용한다. 실제 사용 시의 토크 출력, 공기 소비율은 최대 출력의 70~80% 정도로 하며 회전수 영역도 같은 방법으로 용량을 선정한다.

④ 공압전동기에 사용되는 소음기는 연속배기이므로 큰 유효 단면적을 가진 것을 사용하며, 브레이크를 같이 사용하여 로킹이 되도록 한다.

⑤ 공기압축기는 이론 토출량에 효율을 곱한 실 토출량으로 선정하고, 장시간 무부하 운전시 수명이 단축되므로 가급적 피한다.

⑥ 공압전동기의 출력축에 발생된 하중은 허용 용량값 이내로 사용하며 필요에 따라 적당한 커플링을 사용한다.

[9] 요동형 액추에이터의 유지보수

① 속도조정은 속도제어밸브를 미터아웃 회로에 접속하고, 다만 저속(10도/초)의 경우나 부하 변동이 있는 경우는 유압으로 변환하여 사용 외부 완충장치(외부 스토퍼)를 사용한다.

② 부하의 운동에너지가 기기의 허용 운동에너지보다 클 때나, 요동 각도의 정밀도가 높아야 할 때에는 부하 쪽의 지름이 큰 곳에 외부 완충 기구를 설치하여 내구성의 향상과 정지 정밀도를 확보할 수 있게 한다.

③ 과대 부하를 직접 액추에이터 축에 부착시키면 축과 베어링에 과부하가 작용되므로, 축에 부하가 적게 작용하는 방법으로 부하를 부착한다.

④ 요동형 액추에이터의 보수 점검

- 액추에이터 부착용 볼트의 이완
- 액추에이터 부착 프레임의 이완
- 작동 상태 및 외부 누설
- 요동 시간, 사이클 타임의 변화

이상의 개소를 점검하여 조임 및 분해조립을 실시한다.

[10] 공압시스템의 정기점검

(1) 매일점검

서비스 유닛에 자동 배수장치가 달려있지 않을 경우에는 필터에 찬 응축수를 매일 배수시켜 주어야 하며, 윤활기의 기름의 양을 체크해 주고 기름의 급유상태도 점검하여 이상이 있을 경우에는 급유량을 조절한다.

(2) 매주점검

신호입력요소의 이물질을 청소하고, 압력조절기의 압력조절상태를 확인하며, 윤활기의 급유

기능을 점검한다.

(3) 매3개월 점검

연결구에서의 공압누설을 점검하고, 습동부위에 연결된 배관은 교환하며, 밸브의 배기공을 점검한다.

(4) 매6개월 점검

실린더에서의 로드베어링의 마모상태를 확인하고, 필요시 실링을 교환한다.

04 전기시스템의 유지보수

4.1 개요

전기시스템의 유지보수는 무인 자동 운전되는 것을 전제로 설계·제작되어 있으나, 전기시스템의 발전설비도 경년변화에 따른 열화 및 고장이 예상되므로 전기시스템의 소유주 또는 전기안전관리자로 선임된 자는 전기시스템을 장기적으로 안전하게 사용하기 위해 전기사업법에서 규정된 정기검사 수검 외에 자체적으로도 정기적인 유지보수를 실시할 필요가 있다.

전기시스템의 설치와 유지 및 운용에 관한 안전을 확보하기 위하여 전기시스템 사업자는 전기안전 관리자를 선임하여 전기설비의 안전관리업무를 담당하도록 해야 한다.

전기시스템의 안전관리는 원칙적으로 능력과 자격을 갖춘 자가 항상 전기시스템의 설치장소 또는 사업장에 근무하면서 전기설비의 순회, 점검, 검사, 확인과 교육, 지시, 감독 등 안전관리 업무를 수행하게 하는 것이 가장 능률적이고 효과적이다.

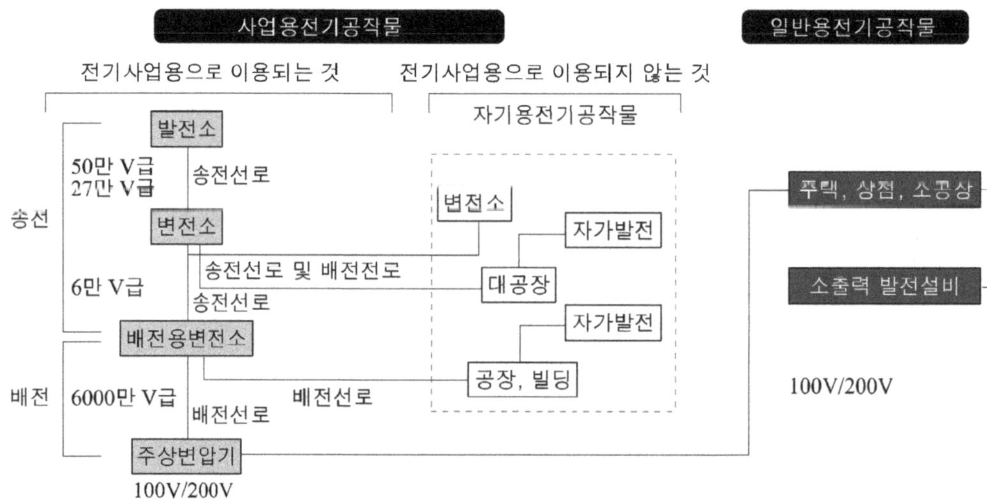

그림 Ⅳ-92. 전기시스템

4.2 전기시스템의 결함진단과 대책

[1] 접촉기와 릴레이의 결함

(1) 접촉기 혹은 릴레이가 동작 불능

진 단	대 책
전압공급 없음	제어전압용 퓨즈 점검, 코일 내부의 인터록 시퀀스가 잠겨있는지 확인
공급전압이 너무 낮음	공급전압 측정, 더 큰 단면을 갖는 송전선이 필요
접촉기 혹은 릴레이 코일에 장애	접촉기나 릴레이 코일을 측정하고 결함이 있으면 새 것으로 교체
인터록 시퀀스 내의 접점이 닫히지 않음	인터록 시퀀스 내의 잠김 장애를 측정하고 접점을 조정하여 접점 압력을 증가시킴
단자 블럭에서 연결이 느슨하거나, 선이 끊어짐	장애 측정, 육안검사, 다시 연결
누름 버튼이 정확히 닫히지 않음	회로도에 따라 연결을 점검
속도가 너무 빠르거나, 과전류, 과전압에 의해 인터록 시퀀스 내의 접점이 열림	릴레이 트립 원인을 확인, 결함이 있으면 정정하고 릴레이를 리셋
손상되고 가열되거나 잘못 조립된 기계 부품	접점을 청소하고 조정함. 자석 가동부의 움직임을 점검하여 중심 맞추기를 함. 기계부를 수리하고 새것으로 교체

(2) DC전압 사용시, 접촉기나 릴레이가 열리지 않음, 접촉기나 릴레이의 융착

진 단	대 책
정확히 연결되지 않은 누름 버튼	회로도대로 정확한 기능을 하는지 연결을 확인
DC접촉기의 소손된 라이닝 플레이트가 잔류자기로 인하여 자석 가동부가 떨어지는 것을 방지	라이닝 플레이트 교체
누름 버튼, 인터록 접촉기나 인터록 릴레이의 접점이 코일회로를 열지 못함	결함 접점을 조사하고 접촉기 운동에 따라서 조정하여 가동부가 픽업되면 닫히고 가동부가 떨어지면 열리도록 함(혹은 그 반대). 손상된 접점은 교체
처짐 거리	절연 결함에 대한 접촉자와 배선을 점검하고 청소하여 건조시킴
자석표면에서 그리스, 오일, 부식 방지제가 있음	자석표면 청소 및 건조
접점 융착	접점 교체
손상되고 가열되거나 잘못 조립된 기계 부품	접점을 청소하고 조정. 자석 가동부의 움직임을 점검하여 중심 맞추기를 함. 기계부를 수리하고 새것으로 교체

(3) 접점의 심한 부식, 융착이나 과열

진 단	대 책
접점이 닫힐 때 과열 혹은 강한 전기 아크에 의한 접촉 압력 부족	접촉 조정, 접촉 압력 증가, 스프링, 가열된 접촉부 교체, 형식에 따라 접촉 압력은 20~80 g, 가동 지침에 유의
접촉 표면이 거칠어 접촉 면적이 불충분	접점을 연마함, 매우 나쁜 경우 접점 교체
비정상 가동 조건	실제 변수와 정격 비교, 통전된 전류가 사용된 에어 브레이크 접촉기 형식에 비하여 너무 높으면 다른 형식 또는 오일 브레이크 접촉기로 교체
접촉기 캐비닛의 외부에서 진동이 발생하여 접점 떨림 현상이 발생	제어스위치와 그 접촉 압력을 점검, 스프링 교체, 너무 느슨하면 모든 단자를 조임, 개선효과가 없으면 제어시스템을 변경하여 진동을 줄임
픽업 지연	기계 부품 청소와 조정, 자석 가동부를 정렬하고 자유스런 운동 점검, 자극표면 청소

(4) 접점 불꽃 방전 발생

진 단	대 책
기술 결함 : 질량체(접점)가 가속됨, 질량체의 속도와 접촉 압력이 적당하지 않음	적당한 특성의 스프링을 선정, 장착
잘못된 장착으로 심한 진동이 있고, 붙었다 떨어졌다 하는 떨림 현상 발생	스프링 중간 연결방식에 의해 떨림 충격을 약화시키는 프레임이나 결합용 라이너를 사용 완충 요소 사용(고무 버퍼, 리프 스프링 등)

(5) AC 접촉기의 자기 소음

진 단	대 책
자석 가동부의 부적당한 가이드	자석 가동부의 조정과 자극 표면 청소
단락회로 링의 파손, 예리한 자극 모서리에 잘못된 납땜 연결	단락회로 링 교체, 자석 표면의 자리를 적당하게 만듦
너무 낮은 전압	전압점검, 전선 단면적이 너무 작음

(6) 시동저항의 과도한 과열발생으로 접촉기 함에 있는 접촉기가 타버림

진 단	대 책
전동기를 너무 자주 기동함	빈번한 기동을 위해 적절한 시동저항을 사용

(7) 접촉기 코일수명이 너무 짧음

진　단	대　책
전압이 너무 높음	전압점검, 필요시 시동 저항을 줄임
AC 접촉기의 자기회로 안의 공극	가동부 운동을 점검하고 조정하여 자기회로가 닫힐 수 있게 함. 자극 표면 청소
주위 온도가 너무 높음	빈번한 기동을 위해 적절한 시동저항을 사용

[2] 스위칭 장치의 결함진단

(1) 스위치 출력 전압이 너무 낮거나 출력 전압이 없음(스위치 닫힘)

진　단	진단 결과
검사 ↓ 스위치 입력에서 전압측정	기계적 손상, 스위칭 기구의 결함, 보호 장치 결함?
전압이 없거나 너무 낮음	전원, 결함이 있는 스위치 상단의 배선, 보호장치 문제? 스위치 결함, 가동 기구부 결함
전압 적당함 ↓ 스위치 접점단자들 사이의 저항 측정	스위칭 접점 결함, 단자 포인트의 결함, 단절된 스위치 안쪽으로 접속, 단절된 개방, 접촉 압력이 너무 낮음
↓ 전류 측정	접점의 과부하

(2) 스위칭시 접점의 불꽃 방전, 전기 아크

진　단	진단 결과
부하가 너무 높은지 점검 적절한 사용 부류인가?	과부하 걸린 스위치, 부식된 접촉부, 손상된 방전 챔버, 접촉 압력이 너무 낮음

(3) 시스템 스위치 오프 안됨

진　단	진단 결과
검사, 접촉저항 측정	용접된 접점, 접접 사이의 회로 단락, 고착된 기구부

[3] 솔레노이드 작동기구의 결함진단

(1) 마그넷 코일이 철심을 당기지 않음

진　　단	진단 결과
코일전압 측정 정격 코일전압의 85~110%에서 가동함 110%를 넘지 않음 정격 코일전압의 40~60%나 그 이하에서 떨어짐 전압이 걸리지 않거나 너무 낮음	
적정 전압 적용 ↓	제어회로 결함, 코일의 내부 회로 단락
코일저항 측정 ↓	코일 내부의 단절
전류 측정 ↓	가동 중 코일의 순간적인 결함
기계적인 결함	가동 기구 결함, 접점의 고착

(2) 코일이 철심을 작동시키지만 접점이 작동되지 않음

진　　단	진단 결과
검사	가동 기구 결함

(3) 접촉기 혹은 릴레이 잡음

진　　단	진단 결과
검사	자기철심이나 가동부의 접촉면이 오염되거나 평평하지 않음, 손상된 철심, 손상된 기구부, 비틀린 접점

[4] 배선의 결함진단

(1) 선단 전압이 너무 낮거나 전압이 인가되지 않음

진 단	진단 결과
검사 ↓	기계적인 손상
선의 시작부 전압 측정 전압이 걸리지 않거나 너무 낮음 ↓	전원, 측정부위까지의 전송선 결함
적정 전압 걸림 ↓	결선상의 결함
선의 시작부에서 저항 측정(단락된 선단) ↓	도선 내부의 절단, 선단부 결함, 너무 높은 도선저항
전류 측정 ↓	과부하 걸린 선
절연 검사	절연 결함

(2) 보호장치가 순간적으로 혹은 어느 정도 시간이 지난 후에 트립됨

진 단	진단 결과
연결된 부하 점검 ↓	부하 결함, 과부하 걸린 선?
검사 ↓	기계적인 결함
절연 측정	절연 결함

(3) 배선의 열상승

진 단	진단 결과
전류 측정 ↓	과부하 걸린 선
절연 측정	절연 결함

4.3 전기시스템의 유지보수

[1] 일상점검

일상점검은 주로 육안에 의해 실시한다. 권장하는 점검항목은 다음과 같으며 이상이 발견되면 전문기술자와 상담한다.

① 5감에 의한 전반 점검
② 각부의 온도, 진동, 소음
③ 윤활상태, 오일누설
④ 오일링의 회전상황
⑤ 브러시의 마모상태 및 불꽃의 상태
⑥ 슬립링 및 정류자면의 상태
⑦ 통풍상태
⑧ 먼지의 퇴적상황
⑨ 운전상황(전압, 전류, 회전수 등)

[2] 정기점검

전기시스템의 공사·유지 및 운용에 관한 안전관리업무를 수행하기 위해서 안전 관리자를 선임해야 한다. 점검항목은 다음과 같으며 이상이 발견되면 전문기술자와 상담한다.

① 5감에 의한 상세점검
② 각 부의 온도측정, 진동측정, 소음측정
③ 윤활재의 보급, 오손정도의 확인
④ 절연저항 측정(필요시 권선의 건조처리)
⑤ 먼지 등의 청소
⑥ 에어필터의 점검, 청소
⑦ 각부 볼트 너트의 이완 점검, 더 조임
⑧ 직결상태 및 덜컥거림 유무
⑨ 인출선, 배선의 손상
⑩ 파손 개소의 유무
⑪ 녹, 부식의 확인

[3] 임시점검

일상 순시점검 등에서 이상을 발견한 경우 및 사고가 발생한 경우 점검을 한다. 대형사고시 각부에 대해 사고의 영향 확인 및 시스템 성능에 영향을 줄 수 있는 설비 등을 점검한다.

4.4 전동기의 전기시스템 유지보수

[1] 개요

전동기는 전기에너지를 기계에너지로 변환하는 회전기기이기 때문에 변압기나 콘덴서와 같은 정지기에 비해 기계적 응력, 원심력, 섭동부의 마모에 대한 내구, 유지가 필요하게 되며 고장의 발생빈도도 높다. 또한, 장기간 사용하는 동안에 재료의 열화, 먼지의 부착 등에 의해 점차 기능이 저하되고 안전성이 상실되어 간다.

따라서 전동기 설비의 기능을 유지하고 사고의 발생을 사전에 방지하기 위해서는 보수점검 정비를 충분히 하여 그 기록을 보관하고 기기의 열화 추이를 관찰할 필요가 있다. 특히, 권선절연은 전동기의 생명이기 때문에 절연저항의 측정은 정기적으로 실시하고 절연 저하의 추이 및 건조처리 등에 의한 절연저항의 회복 상황을 기록으로 남겨두어 그 특성을 파악해 둠으로써 절연열화의 정도를 정확하게 판단할 수 있고, 오버홀이나 교체의 시기를 결정하는 하나의 기준이 된다.

(1) 점검부분

① 절연물 : 온도상승값, 절연저항 측정, 먼지의 퇴적상황

② 베어링 부분 : 베어링 온도, 윤활상태, 오염정도, 오일누설의 유무, 베어링의 진동, 이상음, 오일링의 회전상황

③ 슬립링 정류자 브러시 : 브러시의 마모상태, 슬립링면의 상태, 정류자면의 상태

④ 운전상태 : 전압, 전류, 회전수, 역률

(2) 보수점검의 요점

① 절연저하의 방지

② 베어링 부분 이상 조기발견과 처치

③ 마모부분의 점검과 교환

④ 먼지의 제거

⑤ 각부 이상 유무의 조기발견과 처치 과열, 진동, 이상음, 이상한 냄새, 녹, 부식, 오일의 떨어짐, 파손, 손상, 각 부의 이완

[2] 전동기의 고장

(1) 전동기의 고장이 미치는 영향

전동기의 고장은 그것에 의해 구동되는 부하기계의 운전을 돌발적으로 정지시킨다. 경우에 따라서는 소용량인 1대의 전동기 고장 때문에 공장의 생산라인이 중단되는 파급사고를 야기하기도 하며 막대한 손해를 입게 된다. 때문에 계획적인 보수점검정비를 하여 설비고장이나 이것으로 인한 여러가지의 재해를 적극적으로 방지할 필요가 있다. 또한 만일 고장이 일어난 경우에도 신속한 응급조치를 실시함과 동시에 사고의 파급방지에 노력하고 고장의 원인을 확인하여 재발을 막아야만 한다.

(2) 보수점검의 주기

정기점검은 일상순회점검의 결과에 근거하여 필요하다고 인정된 개소의 점검조정이나 기능 점검 측정을 행하지만, 그 주기는 설비의 중요성, 사고의 확대성, 기기의 열화정도, 사용상태, 사용환경에 의해 좌우되기 때문에 점검의 결과를 봐가며 통합적으로 결정하는 것이 바람직하다.

<table>
<tr><th>고장상황</th><th>원 인</th><th>조 치</th></tr>
<tr><td rowspan="3">기동불능</td><td>전원이 들어와 있지 않고 전압이 낮음</td><td>배선용 차단기의 점검
전원전압의 점검</td></tr>
<tr><td>부하의 과대</td><td>부하점검</td></tr>
<tr><td>베어링 눌어붙음</td><td>베어링 수리</td></tr>
<tr><td rowspan="3">배선용 차단기 또는
열동 계전기의 동작</td><td>정격전류의 선정 부적당</td><td>정격전류를 바꿈</td></tr>
<tr><td>전동기의 내부고장</td><td>전동기의 내부점검, 수리</td></tr>
<tr><td>과부하</td><td>부하의 적정화</td></tr>
<tr><td rowspan="3">가속불량</td><td>기동방법의 부적당</td><td>기동방법의 검토</td></tr>
<tr><td>제어회로의 불량</td><td>제어회로 점검</td></tr>
<tr><td>전압강하가 큼</td><td>전원용량이 검토
배선사이즈 교체</td></tr>
<tr><td rowspan="4">전동기의 과열,
연기발생</td><td>과부하</td><td>부하의 적정화</td></tr>
<tr><td>통풍불량</td><td>냉각, 통풍부분의 점검</td></tr>
<tr><td>단상운전(3상 유도전동기의 경우)</td><td>단선유무의 점검
제어기구 접촉불량의 점검</td></tr>
<tr><td>층간단락</td><td>전동기 수리</td></tr>
<tr><td rowspan="4">이상진동, 이상음</td><td>설치불량</td><td>기초, 고정볼트의 점검</td></tr>
<tr><td>직결불량</td><td>센터링 조정</td></tr>
<tr><td>베어링 불량</td><td>베어링 수리 또는 교환</td></tr>
<tr><td>부하기계의 불평형</td><td>부하기계의 밸런스를 잡음</td></tr>
</table>

(3) 전동기의 고장 방지대책의 예

한랭시에 전동기의 베어링에 사용하고 있는 그리스 또는 부하기계의 윤활유가 저온으로 인해 점도가 증가하여 기동 토크의 증대를 초래하는 수가 있다. 현저한 경우에는 전동기가 기동되지 않아 과부하가 될 염려도 있다.

이와 같은 경우에는 사용조건에 적합한 그리스 및 윤활유를 선정함과 동시에 전동기 설비에 있어서도 과부하 보호 계전기의 설정값을 적정하게 하여 확실한 동작이 가능하도록 정비해 둘 필요가 있다.

(4) 전동기의 고장원인

전동기설비의 대표적인 고장원인은 다음과 같으며, 이들 원인의 몇 가지가 겹치거나 한 가지의 다른 원인을 유발하는 등 복잡하게 고장이 일어난다.

고장원인	고장원인의 예
① 주회로조건에 기인하는 것	전압변동, 배선의 단선, 개폐기의 이상 등
② 부하 또는 운전조건에 기인하는 것	과부하, 고빈도기동, 관성부하 등
③ 주위환경조건에 기인하는 것	고온도, 고습도, 먼지, 부식성 가스, 진동 등
④ 설치 및 시공불량에 기인하는 것	취약한 기초(바닥), 센터링 불량, 벨트장력의 부적성
⑤ 보수점검정비의 불량에 기인하는 것	그리스 보급 또는 브러시 교환의 태만 등
⑥ 전동기 제조상의 결함에 기인하는 것	조립불량, 이물혼입 등
⑦ 운전조작잘못에 기인하는 것	오조작 등
⑧ 경년변화수명에 기인하는 것	절연물의 열화, 베어링의 마모 등

[3] 전동기의 전기시스템 결함진단과 대책

(1) 스위치 on에도 전동기가 기동하지 않고 응답이 없음

진　단	진단 결과
보호 장치 정상? (퓨즈연결, 회로 브레이커, 전동기 보호스위치, 바이메탈 릴레이) ↓	보호장치 결함 혹은 과실
전동기 전압 측정 전압이 걸려 있지 않음	전원 공급라인 결함(도체, 스위치, 보호장치, 케이블 결함)
전압이 걸려 있음 ↓ 저항 측정	2지점 배선장애 예상, 단자보드에서 스타 혹은 델타 브리지가 분리됨, 결합 장애로 결정

(2) 전동기가 움직이지 않거나 서서히 움직임, 큰 소음이 나기도 함, 순간적으로 혹은 짧은 순간동안 보호장치가 트립됨, 브리지를 제거해도 보호장치가 트립됨

진　단	진단 결과
전동기 축 요소를 수동으로 회전 ↓	축이 잠겨 있음
보호 장치 정상? ↓	보호 장치 결함 혹은 트립됨
스타 혹은 델타브리지 제거 후 전동기 전압 측정 전압 누락 혹은 너무 낮음	회로 단락 혹은 전원공급선의 장애
전압 정상 ↓	전동기 배선 결함
저항 측정 측정값에 따라서 ↓	배선장애 혹은 프레임으로 연결 결함, 전환 결함
절연 측정	접지오류, 프레임 접지 결함, 전원공급라인 혹은 코일 사이의 단락회로

(3) 전동기 가동중 소음이나 과열발생

진　단	진단 결과
보호장치 점검 ↓	보호장치의 단상 결함 혹은 트립 상태
전동기전압 측정 전압 누락 혹은 너무 낮음	전원공급선의 결함, 스위치 결함
전압 정상 ↓	
스타브리지 정상 스타브리지와 프레임간 전압 측정 ↓	프레임에 대한 배선 단락회로
저항 측정 측정에 따라서 ↓	배선장애 혹은 프레임으로 연결 결함, 전환결함 어떤 때는 프레임쪽 결함
몇 분간 전류 측정 측정값에 따라서 ↓	과부하(단시간 동안) 배선장애 혹은 프레임으로 연결 결함, 전환결함, 어떤 때는 프레임쪽 결함
저항 측정 ↓	배선결함 위치 조사
절연 측정 스타, 델타브리지 제거	절연결함의 정확한 위치 조사

(4) 전동기 정상, 잠시 후 열 방출 과실

진　단	진단 결과
방출 설정값(IN) 점검 정확한 값(스타나 델타 결선과 코일 상에서 열방출을 하는 전동기의 정격전류 : 방출값 0.58 IN)으로 설정된 경우 : 진단 절차 (3)으로	설정값이 너무 낮음

(5) 그외의 결함, 드물게 발생되는 결함

우선적으로 결함 패턴 (3)과 같이 테스트 한다. 결함이 없으면 전동기의 전기부품에는 보통 결함이 없고 과부하도 아니다(전기가 아닌 다른 결함).

① 전동기 과열

진　단	진단 결과
가능하면 전동기의 온도 측정	냉각 공기경로 막힘(전동기의 오염, 팬 결함, 커버가 냉각 통풍구를 막음)

② 전동기가 느린 속도로 시동 혹은 회전하거나 아주 느린 속도 유지

진　단	진단 결과
시동시 전류 측정	시동과 운전 중 과부하 : 부하토크가 가끔 전동기의 토크를 넘음

③ 전동기의 동력부족, 알 수 없는 전동기 소음, 너무 낮은 속도

진　단	진단 결과
속도 측정 ↓ 전동기를 해체, 철심과 베어링 점검	공극이 너무 큼, 철심 손상, 비정상적인 전동기 수리

④ 회전 방향 틀림

진　단	진단 결과
전동기 전압과 회로결선이 공급전원과 맞는가? A, B, C, D, E 대로 테스트한다.	전동기 전압 낮음 – 델타결선 전동기 전압 높음 = 스타결선 외부 도체 2개를 서로 바꿈

(6) 전동기 보호스위치와 열 과전류 릴레이의 결함

① 과전류 릴레이나 혹은 전동기 보호스위치의 3개 전류경로 중 하나 혹은 몇 개에 장애가 발생

진 단	진단 결과
백업 퓨즈 용량이 과다하여 과전류 혹은 단락전류가 회선부를 태워버림	정해진 용량의 퓨즈를 요소와 직렬로 연결

② 과전류 릴레이 혹은 전동기 보호스위치의 3개 전류경로 중 하나 혹은 몇 개에 장애가 발생하여 전동기배선이 타는 신호를 보냄

진 단	진단 결과
부적당하게 배치된 과전류 릴레이에서 릴레이가 접촉하여 전동기 과부하와 과전류 상황에서 응답하지만, 릴레이에 할당된 접촉기가 회로의 결함 때문에 떨어지지 않음. 과전류가 계속되면 전동기와 릴레이가 손상됨	회로를 점검하고 적합한 회로도와 비교, 손상된 과전류 릴레이를 새 것으로 교체
제어회로에서 허용되지 않는 단락회로 전류 때문에 융착된 릴레이 접점에 위의 상황과 비슷한 손상이 발생	단락회로를 수정하고 제어회로 내의 과전류 퓨즈를 적정한 용량으로 교체하거나 릴레이를 새것으로 교체
과도 단락회로 전류 때문에 릴레이에 할당된 전동기 보호스위치나 접촉기의 메인스위치 요소가 함께 융착됨. 전동기 과부하시 정확히 개방된 과전류 릴레이는 접촉기나 바이메탈의 개방에 의해 열리는 전동기 보호스위치의 단락기구에 단락명령을 하지만, 융착된 메인 접점 때문에 스위치가 열리지 않음	단락회로를 수정, 접촉기의 주 접점을 교체 과전류 릴레이를 온전한 것으로 교체 전동기 보호스위치 교체
접촉기 내부의 이질적인 물체가 아마추어 운동을 차단하여 과전류 릴레이가 제대로 작동해도 접촉기가 회로를 차단하지 못함	접촉기와 과전류 릴레이를 결함이 없는 것으로 교체, 청소
회전자의 미끄럼 운동면이 오일로 오염되어서 접촉기가 과전류 릴레이의 단락명령을 수행하지 않음. 오일의 흘러내리는 성질 때문에 자극의 접지면과 끈끈하게 점착된 오일이 달라붙은 자극면에 오일이 붙음. 또한, 기계공구 안의 전기케이블을 따라서 오일이 접촉기까지 흘러서 그 끈끈하게 흐르는 성질 때문에 오일이 접촉기 안으로 들어감	접촉기와 과전류 릴레이를 결함이 없는 것으로 교체

③ 과전류 릴레이 혹은 전동기 보호스위치가 결함이 없으나, 전동기가 소손

진 단	진단 결과
과전류 릴레이 혹은 전동기 보호스위치가 전동기 명판에 정해진 정격전류보다 높게 설정됨	과전류 릴레이 혹은 전동기 보호스위치를 정격 전류값으로 설정
지속적인 명령 발진기(예를 들면, 유동스위치, 온도제어기, 압력스위치 등)가 있는 시스템에서 릴레이가 잠금 재설정 위치로 설정되지 않음	지속적인 명령 발진기 연결에서 과전류 릴레이는 항상 잠금 재설정 위치로 설정되어야 함
과전류 릴레이가 스타-델타결선 스타터의 코일 상에 정확히 연결되었으나 릴레이는 정격전동기전류로 설정됨	스타-델타결선 스타터의 코일상에 연결된 과전류 릴레이는 정격 전동기 전류의 0.58배로 설정되어야 함
과전류 릴레이나 전동기 보호스위치의 단극 연결 (AC 전동기, 변압기 등)	과전류 릴레이나 전동기 보호스위치의 단극 연결에 대하여 3개 전류경로를 직렬로 연결. 그렇지 않으면 VDE 0660에 따라 허용된 동작전류가 상승한다는 것에 유의
정격 전동기 전류로 설정된 보호장치를 통해 보상전류가 흐르면, 과전류 릴레이나 전동기 보호스위치는 전동기보다 더 낮은 전류를 흘림	과전류 릴레이나 전동기 보호스위치를 감소된 전류값인 보상전류값으로 설정

④ 공칭 전동기 전류로 설정될 때, 과전류 릴레이 혹은 전동기 보호스위치가 트립됨

진 단	진단 결과
과전류 릴레이나 전동기 보호스위치의 설정이 전동기의 명판에 정해져 있는 정격전류와 일치하지 않음	과전류 릴레이나 전동기 보호스위치를 정격 전동기 전류로 설정
과전류 릴레이의 주변온도가 ϕ = 35℃ 보다 높음	작동지침서에 따라 과전류 릴레이의 설정값을 낮추고 주변 온도를 낮춤
시스템을 필요로하는 가동 주파수가 너무 높음	허용 가동 주파수는 40%의 부하 사이클에서 15사이클/시간. 전동기 시동전류는 정격 전류의 6배를 넘지 않고 시동시간 1초를 넘지 않음
극한 조건에서 전동기 시동	적절한 회로를 사용

V 자동화 기계설비 진단기술

1. 진동설비 진단
2. 진동상태 감시
3. 회전기계의 진단 및 결함 분석

01 진동설비 진단

1.1 개요

설비 진단의 개념은 주로 플랜트로부터 제품을 양산하는 장치 산업에서 적용하기에 매우 적합하다. 플랜트 내에서 존재하는 수많은 회전 기계들을 진단하고 원인을 해결하여 수명을 증진시키기 위해 설비 진단의 중요성이 확대되어 왔다. 설비 진단의 기계 결함 분석(machine fault analysis; health analysis)은 1990년 후반 국내에 기술이 도입되어 사용되어 왔으며, 회전 기계의 진단 혹은 기계 진단이라는 용어로 사용되기도 한다.

선진국에서는 1980년대에 들어 설비상태에 따라 보전을 하는 예지 보전(CBM : condition based maintenance)방식에 대한 수법과 기술이 크게 대두되었다. 예지보전은 개개의 설비상태의 관측 데이터를 근거로 하여 예방보전의 시기와 방법 및 예비 부품의 발주시기 등을 결정한다. 예지보전을 위해서는 사람을 진단하는 것처럼 상세하게 설비의 현재 상태를 파악하여야 하고, 많은 측정 장비와 설비 진단기술이 근본이 되어야 한다. 이러한 예측 설비 보전 기법을 통하여 설비 고장으로 인한 가동 정지시간을 최소화하여 생산성을 극대화 시키고 기계의 수명을 연장시킬 수 있다.

설비 진단기술은 설비의 상태를 파악하기 위한 센서기술과 이상의 예지를 위한 해석 및 평가기술로 나누어진다. 설비 진단에서는 이 두 가지 기술이 서로 상호 보완적으로 적용할 필요성이 있다.

표 V-1에 주요 설비에 대한 진단기술을 분류하였다. 대부분의 설비 진단기술이 실용 단계에 도달해 있다. 진단 목적에 따라 각종 센서가 적용되지만, 그 중에서도 진동법, 오일 분석법, 응력법이 실용적인 기법으로 폭넓게 사용되고 있음을 알 수 있다.

기계의 이상을 나타내는 진동, 온도, 윤활유 등의 다양한 요소를 이용하여 설비 진단을 행할 수 있으나, 진동을 이용하는 것이 가장 일반적이다.

표 V-1. 설비의 진단기술 분류

회 전 계	구 조 계
– 각종 파라미터 계측 기술 : 진동, AE법, 토크, 온도, 압력, 전류, 전압, 음향 – 회전 기계 장치의 종합 진동 진단기술 : 윤활계 진단, 회전체 밸런싱	– 각종 파라미터 계측 기술 : 토크, 응력, 압력, 변형 측정 – 구조 해석, 피로 수명 평가기술 – 균열, 결함, 부식 평가기술
윤활 마모계	**전기 제어계**
– 윤활유 열화 평가기술 – 이상 마모 진단기술 – 압력, 온도, 리크 진단기술	– 전기기기(전동기, 케이블)의 열화, 절연 진단기술 – 자동 제어계 진단, 조정기술

표 V-2. 설비의 이상 현상 측정 방법

구분	온도	압력	유량	윤활유	초음파	진동
불평형						◎
축정렬 불량	◎					◎
베어링 결함	◎			◎	◎	◎
저널베어링	◎	◎	◎	◎	◎	◎
기어손상				◎	◎	◎
조립불량						◎
소음						◎
축의 크랙(crack)						◎
공진						◎
마찰					◎	◎

설비 진단에서 진동을 이용하는 이유는 진동이 표 V-2에서 보듯이 기계의 상태에 대해 가장 많은 정보를 내포하고 있으며, 기계 결함을 가장 초기에 알려 주는 민감하고 정확한 자료이기 때문이다. 진동 신호의 변화는 심각한 기계 고장이 발생하고 있음을 알려주는 역할을 하며, 경우에 따라 기계 파손이 발생할 것이라는 사실을 미리 예측하게 할 수 있다.

기계설비의 진동을 발생시키는 원인은 다양하나 회전시의 불평형(unbalance), 축정렬 불량(misalignment), 베어링 결함이 진동을 발생시키는 대표적인 요인이다.

진동의 감시와 진단을 통한 설비 보수는 불필요한 기계요소 부품의 구입을 방지하고, 기계의 수명도 2배 이상으로 증가시켜 경제적인 효과를 창출한다. 기계설비의 89%에 대해 예비 보전은 최적의 보전 정책으로 알려져 있다.

진동 설비 진단기술은 간이 진단기술과 정밀 진단기술로 구분하여 진단을 실시한다. 간이 진단기술은 설비의 1차 건강진단기술로 현장 작업원이 사용한다. 정밀 진단기술은 설비의 정밀해석기술로서 정밀 진단그룹이라 칭하는 전문 부서에서 실시한다. 진동 설비의 진단 과정은 표 V-3과 같다.

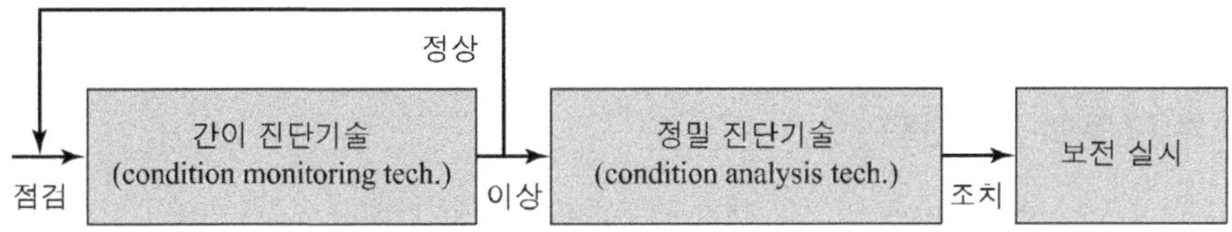

그림 V-1. 진동 설비 진단기술

표 V-3. 진동 설비의 진단 과정

순 서	내 용
진동 발생원에 센서 부착	정확한 측정을 위해서 센서를 부착할 곳과 방향을 잘 설정해야 한다. 기계 상태의 변화를 가장 잘 나타내는 곳에 센서를 설치한다.
▼	
진동 수집 실행	기계에서 발생하는 진동은 센서에서 전기 신호로 변환되어 디지털 신호로 변환되고, 컴퓨터에서 처리한다. 디지털 신호는 컴퓨터에 입력되어 엔지니어가 분석 가능한 도표나 데이터를 저장하여 확인 가능하게 한다.
▼	
경향 분석	측정하는 기계마다 각각의 경계 조건을 설정한 후 진동 변화를 감시한다. 일정 기간동안 측정된 진동값이 어떻게 변하였는지 진동값을 경향화시켜서 살핀다.
▼	
문제 발생 검토	설정한 경계 조건에 따라서 문제가 있는지 문제의 발생을 검토한다.
▼	
원인 분석 및 보수 계획 수립	문제가 있음을 발견했으면 무엇이 문제인지, 얼마나 심각한지를 살핀다.

1.2 진동 이론

진동(vibration, oscillation)은 시간에 따라 물체가 주어진 기준 위치로부터 반복적인 운동을 하는 것을 말한다. 진동은 때로는 유용하게 사용되는 경우가 있으나, 대부분 공해 진동으로 나타나거나 기계 자체의 수명과 구조물에 나쁜 영향을 준다. 기계 부품 등의 결함이나 열화 등으로 이상이 발생하면 진동의 크기나 성질이 달라진다. 따라서 기계에서 발생하는 진동을 측정하여 크기나 성질의 변화를 분석함으로써 기계를 정지하거나 분해하는 일이 없이 기계 상태의 이상 유무를 감지하거나 진단할 수 있다.

이 장에서는 기계의 진동 상태 감시 및 진단을 위해 필요한 진동 이론에 대해 간단히 설명한다.

[1] 진동의 분류

(1) 자유진동과 강제진동

자유진동(free vibration)은 임의의 계가 외부로부터 힘이 가해진 후 계속적인 가진력이 없이 스스로 진동하도록 놓아두었을 때의 진동을 말한다. 강제진동(forced vibration)은 외부로부터 반복적인 힘에 의해 발생되는 진동이다. 조화적인 외력이 가해지면 계는 외력과 동일한 진동수를 가지고 진동하게 된다. 조화적인 외력은 회전 기계의 불균형, 왕복 기구에 의하여 발생하는 힘 또는 기계 자체의 운동 등에서 발생된다.

(2) 비감쇠진동과 감쇠진동

비감쇠진동(undamped vibration)은 진동하는 동안 마찰이나 저항 등으로 인하여 계의 에너지가 손실되지 않을 때의 진동을 말한다. 감쇠진동(damped vibration)은 진동계의 에너지가 손실될 때의 진동을 말한다.

(3) 선형진동과 비선형진동

선형진동(linear vibration)은 진동계의 기본 요소들이 모두 선형적으로 작동할 때 일어나는 진동이며, 비선형진동(nonlinear vibration)은 기본 요소들 중 하나가 비선형적으로 작동할 때의 진동이다. 모든 계는 진폭이 증가함에 따라 비선형화 되는 경향이 있으므로 진동 특성을 해석하기 위해서는 비선형계에 대한 다소간의 지식을 갖추고 있는 것이 바람직하다.

(4) 규칙진동과 불규칙진동

진동계에 작용하는 외력에 대응하여 시간이 지남에 따라 진폭이 규칙적으로 발생할 때의 진동을 규칙진동(deterministic vibration) 혹은 주기진동이라고도 한다. 회전부의 불평형 등의 원인으로 발생되는 진동이 규칙진동이다. 불규칙진동(random vibration)은 시간이 지남에 따라 진폭이 불규칙적으로 발생되는 진동으로, 기어나 베어링의 마모 등에 의해 발생되는 진동이 불규칙진동이다.

[2] 진동의 기본 용어

어떤 운동이 같은 시간 간격 후에 반복된다면 그 운동을 주기운동이라고 부르며, 주기운동의 가장 단순한 형태가 조화운동(harmonic motion)이다.

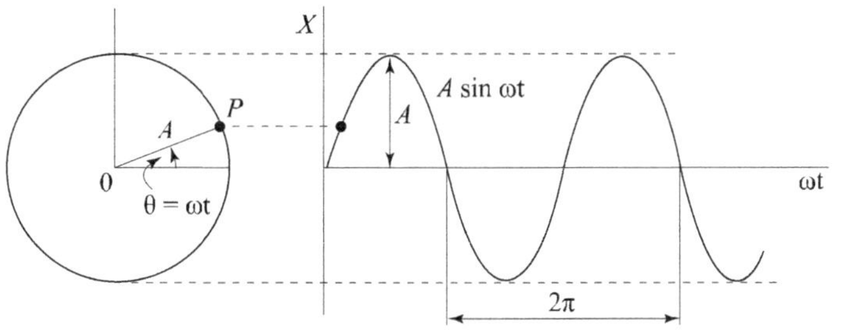

그림 V-2. 조화운동의 표현

그림 V-2는 원주를 따라 운동하는 점의 투영으로 표현한 조화운동이다. 조화운동시 진동을 표현하는 세 가지 기본 양으로 주파수, 진폭 및 위상이 있다.

(1) 주파수(frequency)

사이클(cycle)은 물체가 평균 위치에서 운동을 시작하여 극대점까지 도달한 후 방향을 바꾸어 평균을 경유하여 반대쪽 극대점까지 도달한 후 처음의 평균 위치로 돌아오는 물체의 진동운동이다.

주파수는 단위 시간인 1초동안 완전한 운동 주기가 일어나는 사이클 횟수이다. 표시 기호는 f, 단위는 Hz를 사용한다. 진동 주기(T)는 진동의 1사이클 동안의 시간을 의미한다. 진동 주파수 f는 다음과 같다.

$$f = \frac{1}{T} = \frac{\omega}{2\pi} \text{ [Hz]} \tag{5.1}$$

T는 진동 주기[s/cycle]로 1사이클을 수행하는데 걸리는 운동 시간이다.

$$T = \frac{2\pi}{\omega} \text{[s/cycle]} \tag{5.2}$$

여기서 ω는 각진동수[rad/s]이다.

(2) 진폭(amplitude)

진폭은 진동하는 물체의 평균 위치로부터 최대 위치까지의 변위이며 A로 나타낸다. 진동의 크기를 나타내는 진폭은 기계의 측정 위치에서 측정된 최대값이다. 그림 V-3과 같이 조화운동(정현파)의 진동 진폭을 나타내는 방법으로 다음 값이 사용된다.

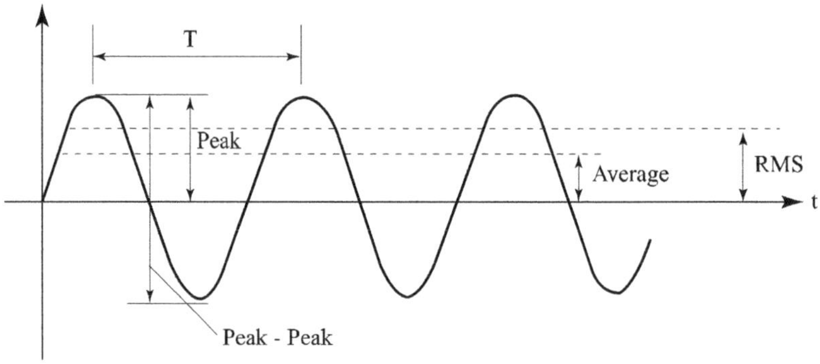

그림 V-3. 조화운동의 경우

① 양진폭(peak-peak, p-p)

양(+)의 최대값에서 음(−)의 최대값까지의 거리이다. 변위 진폭을 나타낼 때, 기계 부품의 최대 응력 혹은 기계 공차 측면에서 진동 변위가 중요시될 때 널리 사용된다.

② 편진폭(peak, p)

기준 제로선에서 양 혹은 음의 최대값까지의 거리로 절대값은 A_p이다. 진동 속도나 진동 가속도 변환기로부터 취득한 진동 레벨을 나타낼 때 사용된다.

③ 실효값(RMS : root mean square)

진동에너지를 표현할 때 적합한 값으로 정현파의 경우 $A_p\sqrt{2}$배이다. 시간에 대한 변화량을 고려하고, 진동의 에너지량과 직접 관련된 진폭을 표시하므로 진동 크기의 표현에 가장 적합하다.

④ 평균값(AVE : average)

정현파의 경우 $2A_p\sqrt{\pi}$배이다. 파의 시간에 대한 변화량을 표시하나, 어떤 유용한 물리적 양과는 관련이 없으므로 사용 범위가 국한되어 있다.

진폭은 기계의 열화 정도를 나타내는 중요한 지표이다. 진폭에 의해 기계 내부의 상태가 어느 정도인지를 파악할 수 있다.

(3) 위상(phase)

진동의 위상은 동일한 주파수를 가지는 진동들 사이의 시간 관계를 표시한다. 그림 V-4의 진동 신호 $y_1(t)$와 $y_2(t)$는 180°의 위상차를 가지고 있다.

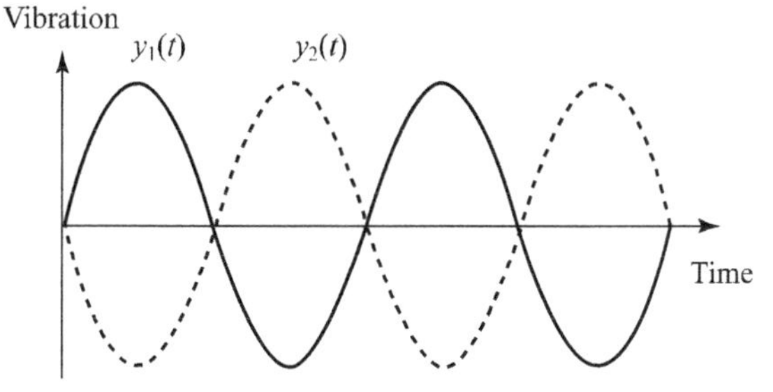

그림 V-4. 진동 위상차

위상은 가진력과 그에 따른 진동 응답과의 시간 관계를 결정하는데 사용된다. 기계의 두 지점 사이의 위상차를 조사함으로써 진동수나 진폭과는 다른 중요한 정보를 얻을 수 있다. 예를 들어, 양쪽 베어링 사이의 두 축 정렬 불량이 있는 경우 위상차가 크게 나타나고, 볼트의 풀림이나 기계의 지지대가 불량시에도 위상차가 나타난다.

[3] 진동 측정 파라미터

ISO 국제 규격에서는 상태 감시 및 진단, 승인 시험 등의 목적에 사용되는 기계진동의 크기 및 양의 평가에는 진동 변위, 진동 속도 및 진동 가속도를 측정 파라미터로 이용하도록 권장하고 있다.

설비 진단에 있어서 낮은 주파수 특성을 가진 트러블(trouble)은 변위, 중간 주파수는 속도, 높은 주파수는 가속도를 일반적으로 측정한다.

(1) 진동 변위

변위(displacement)는 기준 축에 대하여 임의 질점의 공간적인 변화량을 의미한다. 변위의 시간에 대한 변화율이 속도이고, 속도의 시간에 대한 변화율이 가속도이다. 주로 낮은 주파수 영역에서 지배적인 측정 파라미터로 사용되며 회전체의 운동, 응력과 관련된다.

일반적인 기계운동의 양과 음의 피크값이 다른 비조화 운동이므로 양진폭 최대값(p-p)으로 표시되며, 단위는 μm, mm 등이 사용된다.

변위 측정은 정밀 전동기의 미소 떨림 측정 등의 제한적인 경우에 측정되며, 회전기계 부분에서 불평형의 지표로 자주 사용된다.

(2) 진동 속도

속도(velocity)는 시간의 변화에 대한 진동 속도의 변화율을 나타내며, 진동 변위나 진동 가속도에 비해 높은 진동 주파수의 측정에 널리 사용된다.

속도는 구성품의 피로(fatigue)와 관련되며, 속도가 빠르면 열화가 진행되는 속도도 빠르게 진행되고 있음을 의미한다. 일반적으로 10 Hz부터 1,000 Hz까지의 주파수 범위에서 기계의 상태를 평가하는데 속도가 사용된다.

(3) 진동 가속도

진동 가속도(acceleration)는 시간의 변화에 따른 진동 속도의 변화율을 나타내며, 높은 주파수 영역의 진동 측정에 주로 사용된다. 진동 가속도는 가진력과 관련된 기어나 베어링 등 회전 기계의 정밀진단에 널리 사용되며, 주파수가 1,000 Hz 이상을 초과하면 기계 상태를 평가하기 위해 사용된다.

(4) 파라미터의 변환

진동의 가장 간단한 형태인 조화운동을 하는 정현파 진동의 경우, 변위, 속도 및 가속도는 다음 식으로 나타낼 수 있다.

$$x = A \sin \omega t \tag{5.3}$$

$$\dot{x} = \omega A \cos \omega t = \omega A \sin\left(\omega t + \frac{\pi}{2}\right) \tag{5.4}$$

$$\ddot{x} = -\omega^2 A \sin \omega t = \omega^2 A \sin(\omega t + \pi) \tag{5.5}$$

위 식에서 속도는 변위보다 위상각 90°만큼 앞서고, 변위는 가속도에 대해서 위상이 180° 뒤쳐진다. 진동 진폭의 최대 변위, 최대 속도, 최대 가속도를 각각 D, V, a라고 하면 다음과 같이 표현할 수 있다.

$$\begin{aligned} &\text{변위}: D = A\ [\mu\text{m}] \\ &\text{속도}: V = \omega A = 2\pi f A\ [\text{mm/s}] \\ &\text{가속도}: a = \omega^2 A = (2\pi f)^2 A\ [\text{mm/s}^2] \end{aligned} \tag{5.6}$$

속도는 변위와 가속도의 곱이며, 가속도는 변위와 진동수의 제곱의 곱에 비례한다. 위 식에 의해 가속도를 속도로, 속도를 변위로 변환할 수 있다.

(5) 진동의 단위

진동을 표현하는데 사용되는 단위계는 ISO 규격의 SI 단위계인 질량(kg), 길이(m), 시간(s)을 기본으로 사용하고, 평면각(rad : radian)의 보조단위를 사용한다.

표 V-4. 진동 측정 파라미터의 단위

파라미터	단 위	설 명
변위	m, mm, μm	기계, 구조물 또는 회전체의 운동, 응력과 관련
속도	m/s, mm/s	구성 요소의 피로에 관련된 운동의 시간적인 변화율
가속도	m/s^2, g(1g=9.81m/s^2)	구성 요소에 가해지는 가진력 관련

진동 측정량을 ISO 단위계가 아닌 데시벨(dB) 단위로 표현하면 진동 측정값을 대수로 표현하는데 유용하게 사용할 수 있다. 진동의 크기가 매우 작거나 클 경우 선형 척도(linear scale)로는 잘 나타나지 않으므로 대수 측도(logarithmic scale)를 사용하면 잘 나타낼 수 있다.

데시벨(dB)은 계측된 물리량 X와 기준 물리량 X_{ref}와의 비를 상용 대수 함수를 이용하여 표현한다.

$$dB = 10\log_{10}(X/X_{ref})^2 = 20\log_{10}(X/X_{ref}) \tag{5.7}$$

[4] 진동의 특성-고유진동수, 공진 및 위험속도

고유진동수(natural frequency)는 어떤 물체가 본성적으로 특정 진동수로 진동하려는 성질을 나타내는 것으로 물성과 형상에 따라 결정되는 값이다. 하나의 물체에 대해 고유진동수는 무수히 많으나, 그 중 진동수가 가장 낮은 진동을 기본 진동(1차 고유진동수)이라 한다. 일반적으로 고유진동수라고 표현했을 때는 1차 고유진동수를 뜻한다. 1차 고유진동수보다 높은 고유진동수는 2차, 3차, … 등으로 표시된다. 고유진동수는 기계 또는 부품의 설계 구조에 의해 결정된다.

기계에서 발생되는 가진진동수가 고유진동수에 근접하게 되면 공진(resonance)이 발생하게 되며, 고유진동수에서는 기계가 에너지를 쉽게 흡수하기 때문에 진동의 크기가 커진다.

공진은 강제진동에서 발생되는 것으로 물체가 갖는 고유진동수와 외력의 가진진동수가 일치하게 되어 진폭이 증가하는 현상을 말한다. 공진주파수(resonance frequency)는 공진이 일어나는 주파수이다. 교량, 빌딩, 비행기의 날개와 같은 구조물의 파괴는 공진에 의한 경우가 상당히 많다.

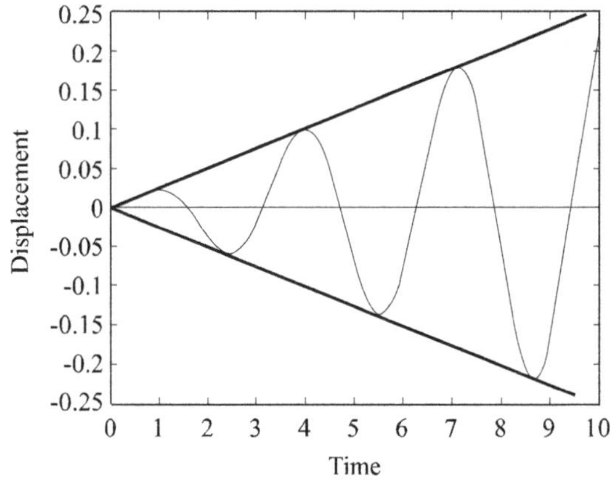

그림 V-5. 공진 발생시의 진폭 양상

회전체의 축에 작용하는 굽힘 모멘트나 토크의 변동 주기가 축의 고유진동수와 일치되었을 때의 속도를 위험속도(critical speed)라 한다. 위험속도는 계의 공진점에 있어서 현저한 응답이 발생되는 특정 속도이다. 기계의 진동 분석에서는 가진주파수 범위내의 고유진동수가 관심의 대상이 된다. 위험속도에서는 공진이 발생하여 진동이 심하게 나타나므로 축의 파괴를 초래한다. 위험속도는 회전계의 편심에 의해 발생하고, 회전속도가 커질수록 진동이 크게 발생하므로 터빈, 압축기, 펌프 등은 회전자의 중량이나 자중에 의한 휨 진동을 고려하여 설계해야 한다.

[5] 1자유도계의 자유진동

1자유도계는 하나의 질점이 한 방향으로만 운동하는 가장 간단한 시스템이다. 많은 진동 문제는 질량, 스프링 및 감쇠로 구성된 진동자로 단순화하여 해석이 가능하다. 질량에 가해지는 외력이 없으므로 자유진동이 되며, 질량이 마찰이 없는 진공 상태에서 운동할 때 진폭이 일정한 비감쇠계가 된다. 공기저항이 있을 경우 진폭이 시간에 따라 감소하는 감쇠운동을 하게 된다.

(1) 비감쇠 자유진동

진동을 생각할 때 가장 쉽게 이해할 수 있는 시스템은 그림 V-6과 같이 한쪽은 고정된 물체에 매달려 있고 다른 한쪽에는 질량이 붙어 있는 스프링의 경우이다.

물체의 질량을 m, 스프링 상수를 k라고 할 때 뉴턴의 운동 법칙에 따라 운동 방정식은 다음과 같다.

$$m\ddot{x} + kx = 0 \tag{5.8}$$

이 방정식의 변위, 속도 및 가속도를 구하면 다음과 같다.

$$x = A\sin(\omega_n t + \phi) \quad (5.9)$$

$$v = \dot{x}(t) = \omega A\cos(\omega_n t + \phi) \quad (5.10)$$

$$a = \ddot{x}(t) = -\omega^2 A\sin(\omega_n t + \phi) \quad (5.11)$$

이 식에서 A를 진폭, ϕ를 위상, ω_n을 고유 각진동수라고 한다. 식 (5.9) 의 진동을 조화진동이라고 하며, 외부로부터 힘이 작용하지 않기 때문에 자유진동이라고도 한다. 고유 각진동수는

$$\omega_n = \sqrt{\frac{k}{m}} \ \text{[rad/s]} \quad (5.12)$$

로 표시되고, 시스템의 고유주파수는 시간당 사이클 수로 정의되므로 다음과 같다.

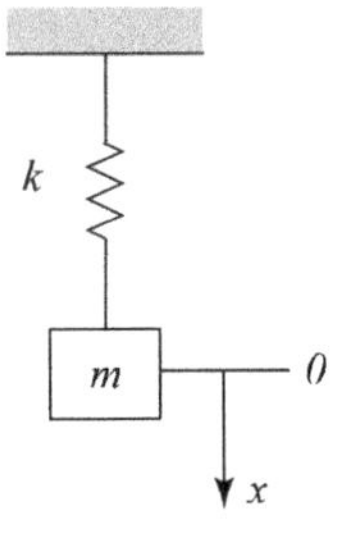

그림 V-6. 스프링 질량계

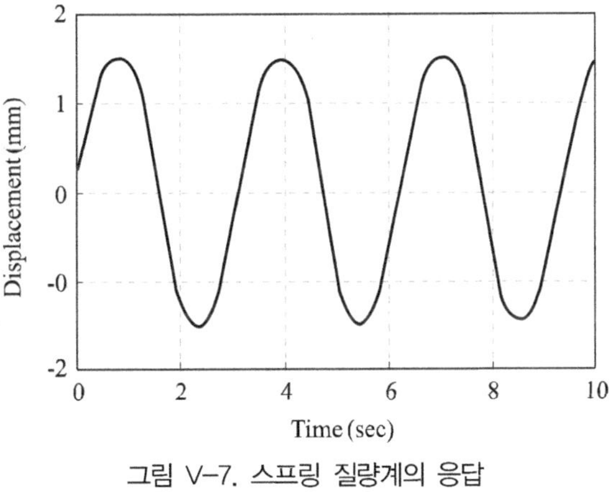

그림 V-7. 스프링 질량계의 응답

$$f_n = \frac{\omega_n}{2\pi} = \frac{1}{2\pi}\sqrt{\frac{k}{m}} \quad [\mathrm{Hz}] \tag{5.13}$$

그림 V-7은 식 (5.9)를 그래프로 도식한 것이다.

(2) 감쇠 자유진동

앞 장에서 설명한 스프링 질량으로 이루어진 자유진동계에 점성 감쇠가 추가된 감쇠진동시스템을 그림 V-8에 나타내고 있다. 실제의 진동체는 항상 어느 정도의 내부 마찰이나 감쇠에 의해 에너지의 일부를 잃게 되어 진폭이 점차 감소하게 된다.

운동 방정식은 아래 식으로 표현된다.

$$m\ddot{x} + c\dot{x} + kx = 0 \tag{5.14}$$

여기서 c는 감쇠계수이다.

$x(t) = Ae^{pt}$로 하여 위 식에 대입하면, 다음과 같은 특성방정식을 얻는다.

$$m\ddot{p} + c\dot{p} + kx = 0 \tag{5.15}$$

특성방정식의 근은

$$p_{1,2} = -\frac{c}{2m} \pm \frac{1}{2m}\sqrt{c^2 - 4mk} \tag{5.16}$$

이며, 위 식의 해는 다음과 같다.

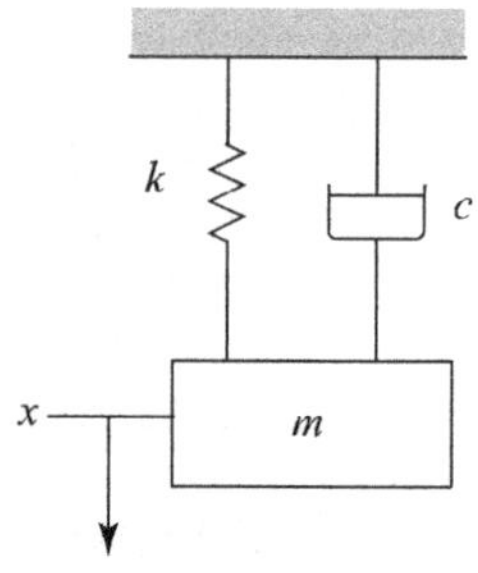

그림 V-8. 점성 감쇠계

$$x = Ae^{p_1 t} + Be^{p_2 t} \tag{5.17}$$

A, B는 초기 조건에 의해 결정되는 상수이다.

p_1, p_2는 $c > 2\sqrt{mk}$ 또는 $c = 2\sqrt{mk}$의 조건에 따라 실수 또는 허수가 되고, 그것에 대응하여 계는 진동을 하면서 감소하거나 무주기 감쇠운동이 된다. 정확히 한계 $c = 2\sqrt{mk}$일 때의 감쇠 계수를 임계 감쇠 계수 c_c라 한다. 감쇠비 ζ라고 하면 다음과 같이 표시된다.

$$\zeta = \frac{c}{c_c} = \frac{c}{2\sqrt{mk}} \tag{5.18}$$

1) 과도감쇠($\zeta > 1$)의 경우

초기 조건에 관계없이 운동의 주기성이 없고 진동 현상을 나타내지 않으므로 무주기운동이라고 하며, 시간에 따라 지수형식으로 감쇠된다.

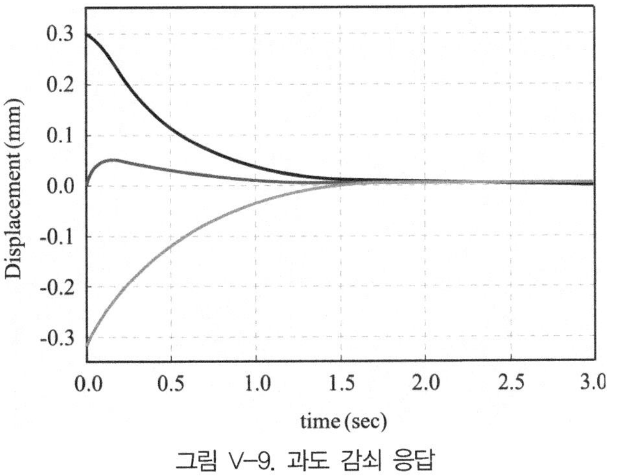

그림 V-9. 과도 감쇠 응답

2) 임계감쇠(ζ = 1)의 경우

이 경우는 감쇠비가 정확히 1인 경우이다. 이것은 진동운동과 비진동운동을 구별하는 ζ 값에 해당된다. 이 경우 시스템 응답도 $\zeta > 1$의 경우와 같이 무주기운동을 한다.

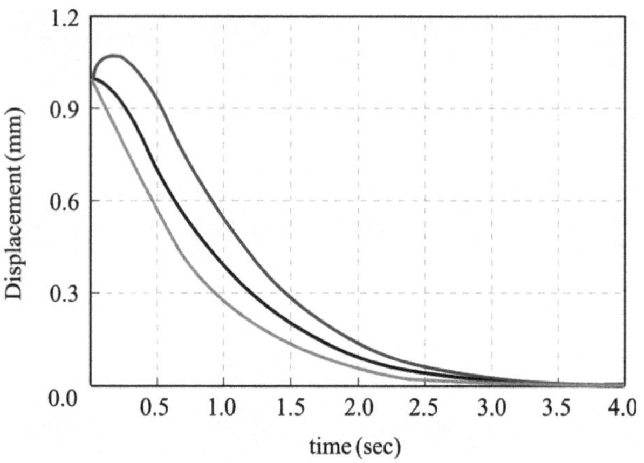

그림 V-10. 임계 감쇠 응답

3) 부족 감쇠($0 < \zeta < 1$)의 경우

부족 감쇠의 경우에 대한 응답을 그림 V-11에 나타내었다. 진폭이 감소하며 진동하는 운동이며, 감쇠비 ζ는 감쇠율을 결정한다. 그림 V-11에 나타난 응답은 많은 기계시스템에서 볼 수 있으며 가장 일반적인 경우이다.

부족 감쇠진동에서 변위는 조화진동을 하면서 진폭은 시간에 따라 감소한다. 서로 이웃하는 극대값의 대수비를 δ라고 하면 다음과 같다.

$$\delta = \log(\frac{x_n}{x_{n-1}}) = \log e^{2\pi\zeta/\sqrt{1-\zeta^2}} = 2\pi\zeta\sqrt{1-\zeta^2} \qquad (5.19)$$

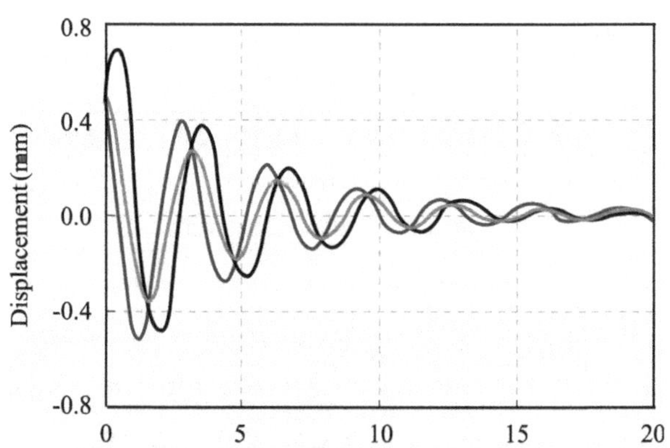

그림 V-11. 부족 감쇠 응답

δ를 대수 감쇠율(logarithmic decrement)이라고 한다. 감쇠비 ζ가 작을 때는

$$\delta = 2\pi\zeta = 2\pi(c/c_c) = \pi c/(m\omega_n) \tag{5.20}$$

가 되며, 감쇠비 ζ는 재료가 이상이 있을 경우 변하므로 재료의 결함 판별지표로 사용된다.

[6] 1자유도계의 강제진동

물체에 주기적인 외력(가진력)이 작용하면 처음에는 자유진동을 시작하다가 시간과 함께 소멸되고, 시간이 경과된 후에는 외력과 같은 진동수를 가지는 강제진동만 남는다.

그림 V-12는 점성 감쇠가 작용하는 스프링 점성계에 주기적인 외력 $F(t) = F_0\cos\omega t$가 작용하는 경우로 운동방정식은 다음과 같이 표현될 수 있다.

물체에 주기적인 외력(가진력)이 작용하면 처음에는 자유진동을 시작하다가 시간과 함께 소멸되고, 시간이 경과된 후에는 외력과 같은 진동수를 가지는 강제진동만 남는다. 그림 V-12는 점성 감쇠가 작용하는 스프링 점성계에 주기적인 외력 $F(t) = F_0\cos\omega t$가 작용하는 경우로 운동방정식은 다음과 같이 표현될 수 있다.

$$m\ddot{x} + c\dot{x} + kx = F_0\cos\omega t \tag{5.21}$$

이 방정식의 해는 자유진동의 해인 $x = Ae^{p_1 t} + Be^{p_2 t}$와 $F(t) = F_0\cos\omega t$에 의한 특해를 합한 것이다.

$$x(t) = x_0\cos(\omega t - \phi) \tag{5.22}$$

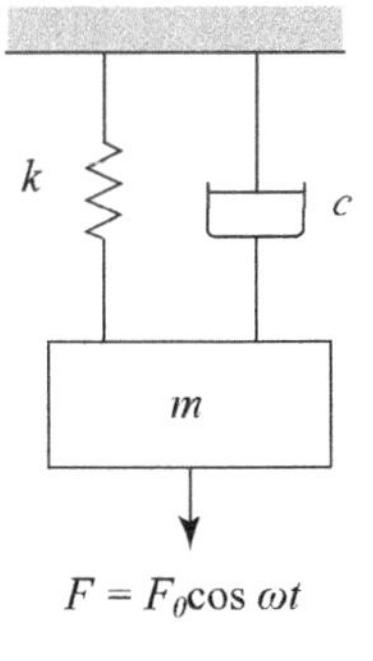

그림 V-12. 점성 감쇠계의 강제진동

여기서, 강제진동의 동적 변위진폭 x_o와 위상각 ϕ은 다음과 같다.

$$x_0 = \frac{F_0}{\sqrt{(k-m\omega^2)^2+(c\omega)^2}} \quad \tan\phi = \frac{c\omega}{k-m\omega^2} \tag{5.23}$$

따라서, 식 (5.21)의 일반해는 자유진동의 해와 강제진동의 해의 합이다.

$$x(t) = e^{-(c/2m)^t}(C\cos\omega t + D\sin\omega t) + x_0\cos(\omega t - \phi) \tag{5.24}$$

C, D는 초기 조건에 의해 결정된다.

식 (5.23)을 고유진동수 ω_n, 임계감쇠계수 c_c, 점성감쇠비 ζ , 강제진동수 비 $\lambda(=\omega/\omega_n)$, 정적 처짐량 $x_s(=F_0/k)$ 등을 이용하여 표현하면 다음과 같다.

$$x_0 = \frac{x_s}{\sqrt{(1-\lambda^2)^2+(2\zeta\lambda)^2}}, \quad \tan\phi = \frac{2\zeta\lambda}{1-\lambda^2} \tag{5.25}$$

강제진동에 의한 진폭 x_0와 정적변위진폭 x_s와의 비는

$$\frac{x_0}{x_s} = \frac{1}{\sqrt{(1-\lambda^2)^2+(2\zeta\lambda)^2}} \tag{5.26}$$

가 된다. 이 비를 동적 배율 또는 확대율(amplification factor)이라고 한다.

이 관계를 그림 V-13 (a)에 나타내었다. 동적 배율은 계의 고유진동수와 외력의 진동수가 일치하는 공진점에서의 공진 배율, 즉 진폭이 매우 증가한다. 특히, $\zeta=0$인 비감쇠의 경우에는 두 진동수가 일치하는 점에서 진폭은 무한대로 된다. 이 현상을 공진(resonance)이라고 한다.

그림 V-13 (b)는 외력과 변위의 위상차 ϕ의 관계를 나타내고 있다. ζ가 0보다 크면 λ는 1에서 90°로 된다. 그러나 비감쇠인 ζ가 0이면 λ는 1에서 ϕ는 0, $\lambda=1$의 공진점 및 그 이상의 λ에서는 위상은 180° 변화한다. 이와 같은 식으로 표현되는 모델로서 회전 기계에서 발생하는 불평형(unbalance)에 의한 진동이 있다.

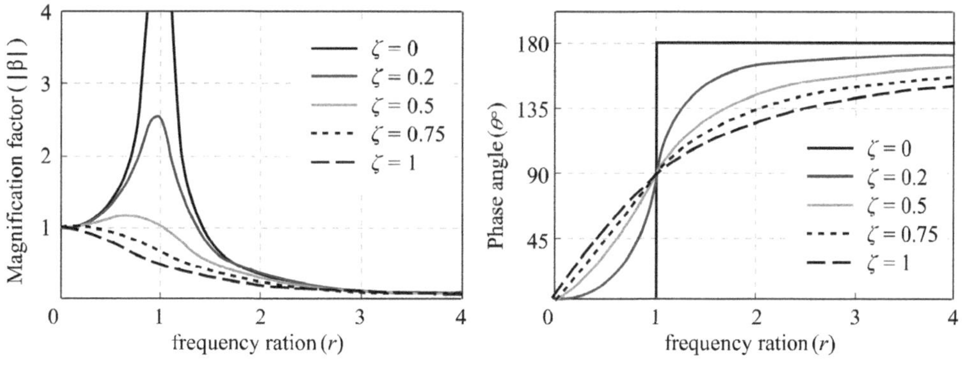

(a) 강제진동수와 동적 배용　　　　(b) 외력과 변위의 위상차

그림 V-13. 점성 감쇠계의 강제진동

1.3 진동 측정 및 데이터 수집

[1] 개요

기계의 상태 감시, 진단 및 시험 평가를 효과적으로 수행하기 위해서는 진동데이터를 취득하는 것이 매우 중요하다. 진동은 측정하려는 위치에 올바른 센서를 선택하여 설치 후 측정 순서에 의해 진동을 측정하여야 올바른 데이터를 획득할 수 있다. 양질의 데이터를 수집하기 위해서는 기계의 종류, 측정 진동데이터의 특성, 사용 가능한 측정 장비, 그리고 측정 계획을 국제규격에 따라 수립하여야 한다.

측정된 진동데이터를 평가하기 위해서는 변위, 속도 및 가속도의 세 가지 파라미터가 사용되고 있다. 발생되는 진동의 특성, 시험 목적, 원하는 정보의 형태 등을 바탕으로 측정 파라미터가 선택되며, 표 V-5에 일반적인 측정 파라미터의 적용 방법을 정리하였다.

진동을 측정하기 위한 시스템의 구성은 기본적으로 그림 V-14와 같다.

진동측정에는 기계적인 신호를 전기적인 신호로 바꾸어주는 변환기(transducer)를 사용한다. 이 변환기는 센서에 전치 증폭기의 기능이 있을 때 부르는 용어이며, 센서, 픽업 및 프로브라고도 한다. 증폭기는 센서로부터의 약한 신호를 증폭하고, 센서와 신호처리시의 주 증폭기 사이의 임피던스 결합의 기능을 가진다. 증폭기는 전하증폭기와 전압증폭기로 구분되며, 증폭기로부터의 신호는 필요한 신호만 추출하는 필터를 거친 후, 아날로그 신호를 디지털로 변환시키는 A/D 변환기를 사용하여 샘플링, 주파수 변환 등의 신호처리를 하여 그 결과를 보여준다.

표 V-5. 기계 진동 측정 파라미터

파라미터	사용 주파수 영역	물리적 파라미터	적 용
변 위	0~1,300 Hz	응력/운동	구조적인 운동, 베어링과 축의 상대 운동
속 도	10~1,000 Hz	에너지/피로	일반 기계 상태, 중간 대역 주파수의 진동
가속도	> 1,000 Hz	가진력/힘	일반 기계 상태, 중간/고주파 대역 주파수의 진동(기어 맞물림과 구름베어링의 결함 등)

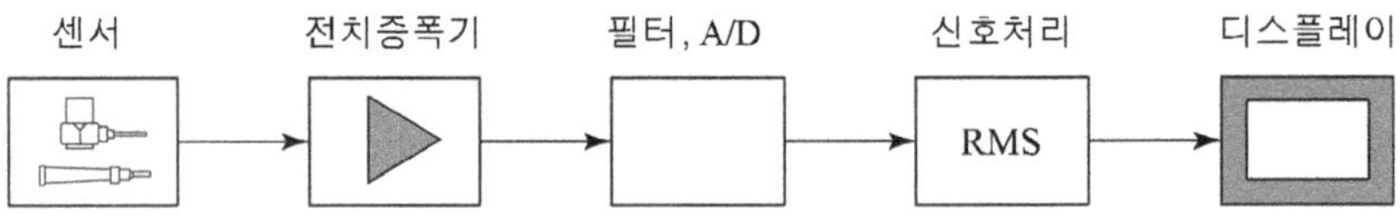

그림 V-14. 진동측정시스템 구성

이 장에서는 측정 파라미터와 센서의 선택, 센서의 설치 방법, 설치 위치에 대해 설명하고, 진동 분석 평가를 위해 데이터를 취득할 때의 고려사항도 설명한다.

[2] 진동센서의 종류 및 특징

진동측정 센서는 표 V-6에서 보듯이 측정하고자 하는 파라미터에 따라 변위, 속도, 가속도센서로 구분되며, 부착 형태에 따라 접촉식과 비접촉식으로 나눌 수 있다.

표 V-6. 진동센서의 종류

접 촉 형	가속도 검출형	압전형(piezo type)
		스트레인 게이지형(strain gage type)
	속도 검출형	동전형(dynamo type)
비접촉형	변위 검출형	와전류형(eddy current type)
		정전용량형(capacitance type)
		전자광학형(electro photo type)

(1) 와전류식 변위 센서

진동의 변위를 측정하기 위해서는 비접촉식 센서인 근접센서가 사용된다. 근접센서에는 와전

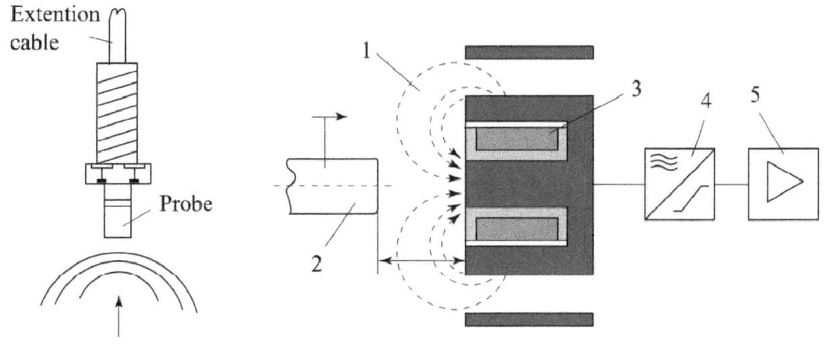

1. 자기장 2. 물체 3. 공진 회로 코일 4. 오실레이터 5. 증폭기

그림 V-15. 유도형 근접 스위치

류식, 전자광학식, 정전용량식이 있으며, 금속재질의 축 운동을 측정할 경우 와전류(eddy current)식 센서가 사용된다. 와전류식 센서는 고주파 자장을 발생하여 금속 물체를 검출하므로 고주파 발진형 센서라고도 한다.

그림 V-15는 와전류식 센서의 동작 원리를 나타낸 것이다.

센서에 전원이 공급되면 고주파 발진 회로에 의한 고주파의 자장이 검출면에서 발진되고 이를 위한 일정 크기의 전류가 흐르게 된다. 이때 검출면에 금속 물체가 접근하면 전자 유도에 의한 맴돌이 전류가 금속 물체 내에 발생되고, 이 영향으로 근접 스위치의 발진에너지, 즉 전류의 크기가 감소하게 된다. 센서의 검출 거리는 검출체의 두께, 재질, 크기 등에 영향을 받는다. 이 센서는 축의 미소진동 측정에 용이하고, 비접촉식으로 고속 이동하는 물체의 감지가 가능하나, 저주파수 이외는 측정이 불가능하고 금속 물체만 감지가 가능한 단점이 있다.

(2) 동전식 속도 센서

기계진동을 감시하는 속도형 센서로는 동전형(dynamo type) 센서가 널리 사용되고 있다. 속도센서는 변위의 경우와는 달리 진동신호파형이 그 중심점을 기준으로 위 또는 아래 방향으로 속도의 크기를 표현하는 것이다.

다른 타입의 센서에 비하여 가장 번서 개발되어 현장에 이용된 센서로서 측정원리가 센서 내부의 고정된 자석과 스프링에 지지되어 움직이는 코일 간의 부착 대상 표면의 속도에 비례하는 신호를 발생하게 된다. 이러한 움직임에 의한 자체적인 전압 발생으로 외부 전원이 필요 없이 이용할 수 있는 장점이 있는 반면, 원리상 기계적인 움직이는 부분의 존재에 의해 일정 기간 사용시 피로응력의 누적으로 센서의 감도가 변하게 되는 단점을 가지고 있어 주기적인 보정(calibration)이 요구된다.

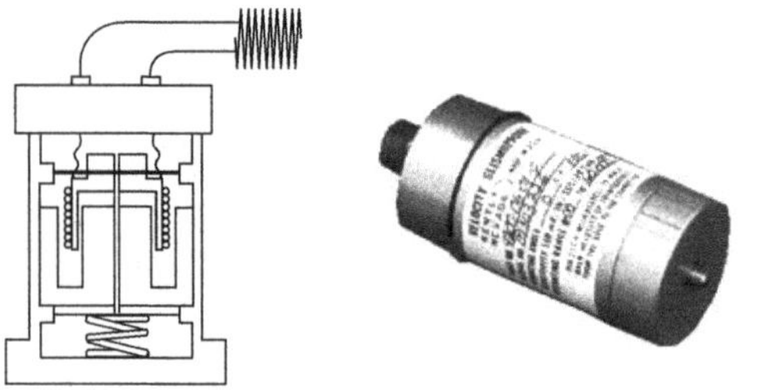

그림 V-16. 속도 센서 및 구조

이 센서는 1 kHz 이하의 진동측정에 적합하며, 구성 원리상 크기가 타 센서에 비해 큰 것이 때로는 설치조건을 어렵게 하는 경우도 존재한다. 외란의 간섭을 적게 받는 특성으로 인해 측정 신호가 비교적 깨끗한 편이며 측정 가능한 중간 주파수 대역에서의 신호 특성이 매우 좋은 편이다.

(3) 압전식 진동 가속도 센서

보편적으로 많이 사용되는 진동센서는 압전형의 가속도계이다. 압전형 가속도계는 어떤 다른 진동센서보다 넓은 진동수(10 kHz 이하)의 사용 범위를 가지고 있으며, 그 영역에서는 좋은 선형성과 소형 경량이며, 비교적 튼튼하고 신뢰성이 있어 장기간 특성이 변화하지 않는 장점을 가지고 있다.

압전형 가속도계의 핵심은 압전 소자로서 기계적 변형, 즉 압축, 인장 혹은 전단을 받으면 전극면 사이에 그 힘이 비례하는 전기적 전하를 발생하는 독특한 압전 효과를 보여주는 인공적으로 극성을 띤 강전기적 세라믹이다. 즉, 압전소자의 극성방향에 대해 힘을 가하면 양쪽 면에 전하가 발생하며 이에 의하여 전위차가 생기게 된다. 이 전위차는 가한 힘의 크기에 비례하므로 정확한 진동량을 측정할 수 있다. 이러한 압축력 이외에 전단력(shear force)을 가하는 경우에도 똑같은 현상이 일어난다. 따라서 이 두 가지 방식 모두를 사용하여 가속도계를 제작하나 그 용도에 차이를 가진다.

압전형 가속도센서는 다음과 같이 분류된다.

① 압축형 가속도센서 : 질량이 압전소자에 압축력을 가하는 형으로 심한 충격(shock) 측정이나 특수 목적에 특별히 사용된다.

② 전단형 가속도센서 : 질량이 압전소자에 전단력을 가하는 형으로, 제품을 매우 작게 만들 수 있다는 이점을 가진다. 따라서 이 방식의 가속도계는 가벼운 구조물의 진동측정이나 제한된 공간에서의 진동측정 등에 사용 가능하다.

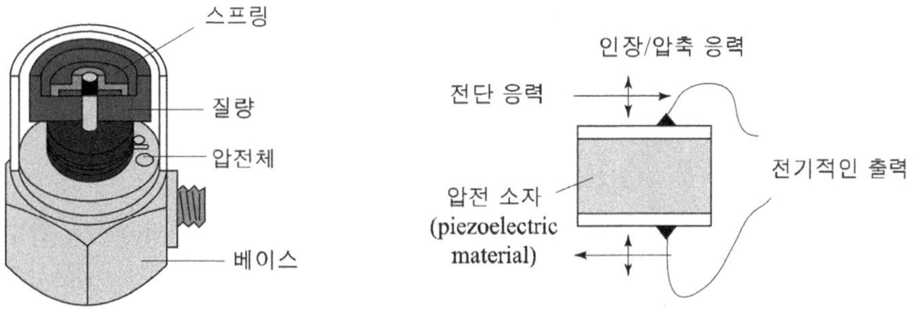

그림 V-17. 압전형 가속도계와 압전 효과

③ 델타 전단형 가속도센서 : 어떤 용도에도 사용 가능하고, 뛰어난 사양을 가지고 있어 측정 환경 조건에 영향을 받지 않는다는 이점이 있다.

[3] 진동센서 선정

기계의 진동을 측정하기 위해 센서의 종류를 선정할 때 다음과 같은 여러 요인들을 고려해야 하며, 센서의 종류에 대한 장단점을 파악하여 효과적인 평가를 할 수 있도록 해야 한다.

① 기계 측정 대상 부분의 진동 특성(베어링 타입, 기계요소 타입)

② 적용 규격, 온도, 주파수 응답 등

③ 경제성(기계의 가격과 설치비용에 대한 기대 이익)

가속도센서는 고주파 성분이 탁월하게 잘 나타나므로 기계의 결함 성분의 추출에 탁월하고, 속도센서로 측정된 진동신호는 설비의 열화 상태를 나타내는 경향 관리에 적절하다. 변위계로 측정된 진동신호는 저주파 특성이 탁월하므로 저속으로 회전하는 대형 기계의 밸런싱 작업에 유용하게 활용된다. 표 V-7에 변위센서와 가속도센서의 활용 용도를 비교하였다.

진동센서는 다음의 사항에 유의하여 선정한다.

① 축이 돌출되었거나 플렉시블(flexible) 로터베어링 시스템의 경우 변위계를 사용한다.

표 V-7. 센서의 선정

변 위 센 서	가 속 도 센 서
축의 결함 저널베어링의 결함 밸브의 위치나 상대 축의 위치 측정	기어 박스 결함 볼 베어링의 결함 날개 회전체(터빈 블레이드, 팬 등)의 결함 전동기 결함 불균형, 오 정렬, 풀림 등의 일반적 결함

② 축이 돌출되지 않은 경우나 강성(rigid) 로터베어링 시스템은 속도나 가속도계를 사용한다.

③ 주 진동주파수가 1 kHz 이상이면 가속도계를 사용하고, 10∼1,000 Hz 이면 속도계나 가속도계를 사용한다.

그림 V-18은 진동센서의 작동 범위를 나타내었다.

일반적으로 가속도 센서에서 가장 먼저 고려되는 특성은 감도(sensitivity)이다. 감도는 대상으로 하는 기기에 있어서 지정된 출력량과 입력량의 비를 의미한다. 가속도센서의 감도는 전하감도(pC/g)와 전압감도(mV/g)로 구분되며, 이들의 선택은 사용하는 증폭기의 기능에 의하여 결정된다. 가속도센서가 받고 있는 가속도의 크기가 일정하다면, 가속도의 주파수가 달라져도 가속도계의 공진주파수(resonance frequency)보다 약간 낮은 주파수 범위까지의 넓은 범위에 걸쳐서 가속도계는 일정한 크기의 출력을 발생시킨다. 이상적인 가속도계로는 이 출력이 매우 높으면 좋겠지만 고감도의 가속도계는 구성되는 압전체의 크기가 증가하므로 결과적으로 크고 무거운 가속도계가 되고 사용 가능 최대 주파수도 낮아지므로, 적절한 절충이 요구된다. 보통의 경우 전치증폭기(preamplifier)가 낮은 레벨의 신호를 처리해 주므로 심각한 문제는 아니다.

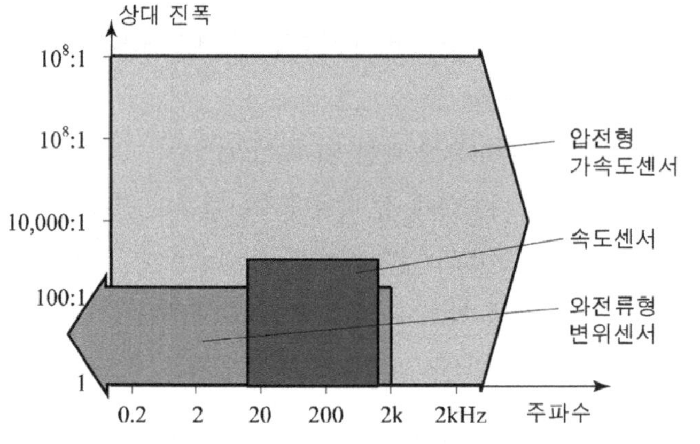

그림 V-18. 진동센서의 작동 범위

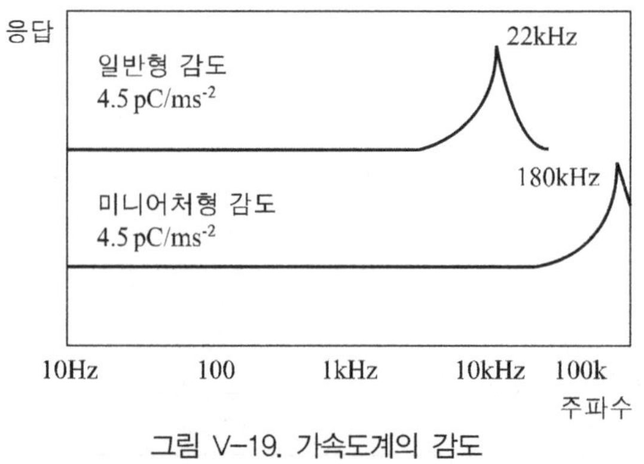

그림 V-19. 가속도계의 감도

[4] 진동센서 설치

진동센서 중 가속도센서의 설치에 대해 알아본다. 일반적으로 가속도계는 바닥면에 대하여 수직인 방향의 진동에 대하여 감도를 이야기하며 이 방향(주방향)의 감도가 가장 높다. 그러나 실제로는 가속도계 바닥면에 평행한 횡방향의 진동에 대해서도 약간의 감도를 가지고 있으며 그 크기는 주방향 감도의 4% 이내이다. 따라서 가속도계는 원하는 측정방향과 주 감도축이 일치하도록 부착되는 것이 가장 좋다.

가속도센서의 부착 지점이 설정되었다면, 실제 진동측정으로부터 정확한 결과를 얻기 위해서 올바른 고정방법을 선택해야 한다. 적당하지 못한 고정은 공진주파수의 감소를 초래하여 가속도센서의 유용 주파수 한계를 심하게 제한한다.

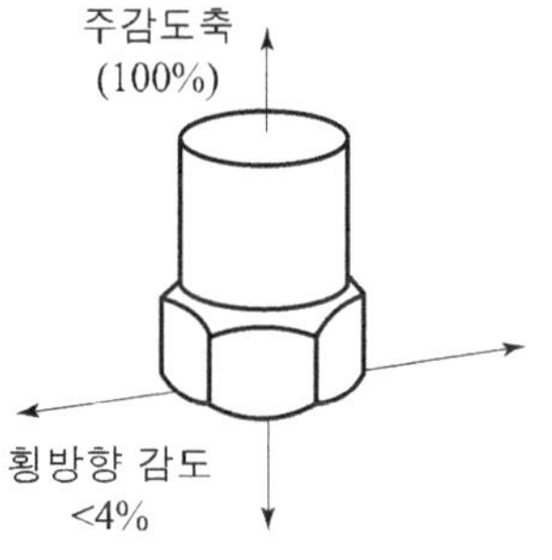

그림 V-20. 가속도계의 감도축

(1) 볼트 고정

가장 이상적인 고정방법으로 평탄하고 광이 나는 표면에 나사못을 사용하여 고정하는 것이다. 이 경우 공진주파수는 약 31 kHz로 사용 주파수의 영역이 넓고 주위 환경(먼지, 온도, 습도 등)의 영향이 적으나, 고정시 구조물에 탭 작업이 필요하다.

(2) 에폭시 시멘트 고정

영구적으로 가속도센서를 기계에 설치할 경우, 드릴이나 탭을 사용하여 구멍을 뚫을 수 없는 경우에 사용한다. 이 방식은 빠른 고정을 할 수 있고 사용 주파수의 범위가 넓으며 정확도와 장기적 안정성이 좋다.

(3) 밀랍 고정

밀랍(beewax)의 얇은 막을 사용하여 고정면에 가속도계를 고정시키는 방법을 사용한다. 이

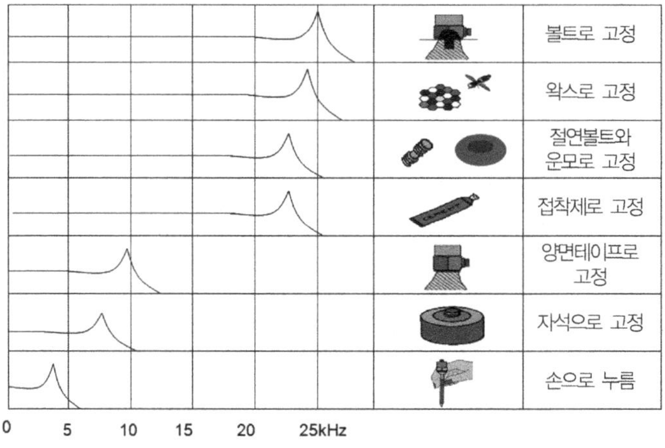

그림 V-21. 센서 설치와 주파수 범위

경우 공진주파수는 약 29 kHz로 나사를 사용한 경우보다 약간 감소한다. 밀랍은 온도가 높아지면 부드러워지므로 그 사용범위를 40°C까지로 제한한다. 이 방법은 가속도센서의 고정 및 이동이 용이하고 적당한 사용 주파수 영역을 갖지만, 장기적인 안정성은 좋지 않다.

(4) 절연 고정

운모 와셔나 나사못은 가속도센서의 몸체가 측정물로부터 전기적으로 절연되어야 하는 곳에 설치된다. 이것은 접지 루프를 방지하는 역할을 하며 주위의 영향을 받는 곳에서는 더욱 필요로 한다. 두꺼운 운모 와셔로부터 얇은 막을 벗겨내어 사용한다.

(5) 손 고정

꼭대기에 가속도계가 고정된 막대 탐침자(head held probe)는 빠른 조사에 편리하나, 손의 영향으로 전체적인 측정 에러가 생길 수 있어 되풀이 되는 결과는 기대할 수 없다. 가속도센서의 이동이 용이하나, 사용 주파수 영역이 2 kHz 이내로 매우 좁고, 일정한 하중을 가하기가 힘들기 때문에 측정오차가 크다.

[5] 진동센서의 부착 위치

진동측정센서는 기계의 상태를 가장 잘 반응하는 위치에 부착해야 한다. 상태 감시를 목적으로 한 센서의 위치는 각각의 기계와 그 특유의 측정 파라미터에 의존한다. 위치를 결정하기 전에 다음 중 어느 파라미터가 감시되고 있는지 확인하는 것이 필요하다.

① 기계 하우징의 절대 진동

② 하우징에 대한 회전체의 진동

③ 기계 작동 중의 하우징에 대한 축의 위치

④ 축의 절대 진동

일반적으로 베어링 부위나 부근에 설치하나 특정 유형의 경우 베어링 위치보다 진동의 최대값을 가장 잘 제공할 수 있는 위치에 설치되는 것이 유용할 경우가 있다.

진동센서를 이용하여 기계설비의 진동을 측정하는 경우 그림 V-22와 같이 수평 방향(X), 수직 방향(Y), 축 방향(Z)의 3방향의 값을 측정한다. 진동계측에 의해 기계설비를 경향관리법에 의하여 열화를 관리하는 경우에는 1개의 측정점에 대한 한 방향의 값을 감시해도 충분할 경우가 있다. 이것은 점검 작업이나 기록 관리의 효율화를 위해서도 유리하다.

그림 V-22는 비회전구조물 위에서 데이터 취득을 위한 최적의 측정점을 나타내고 있다.

베어링 하우징이나 기계의 케이싱에 대한 회전축의 진동을 측정하기 위해서 측정점은 각 베어링 또는 그 인근 축, 측정방향은 반지름방향의 두 직교축을 대상으로 하고, 와전류 변위센서를 이용하여 진동변위를 측정한다.

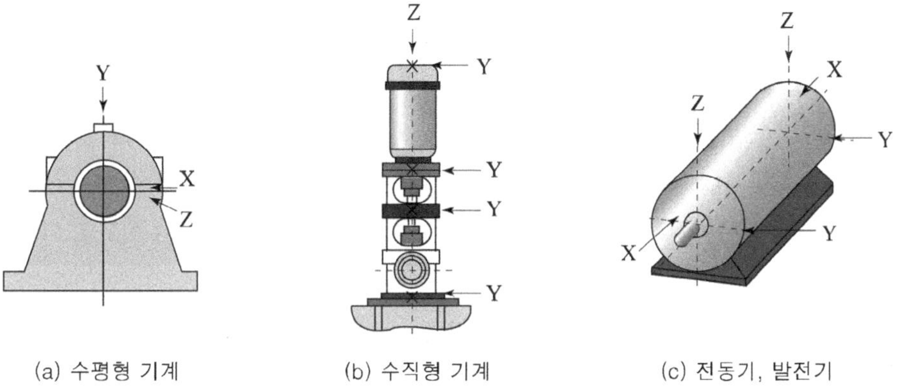

그림 V-22. 진동센서의 측정 방향

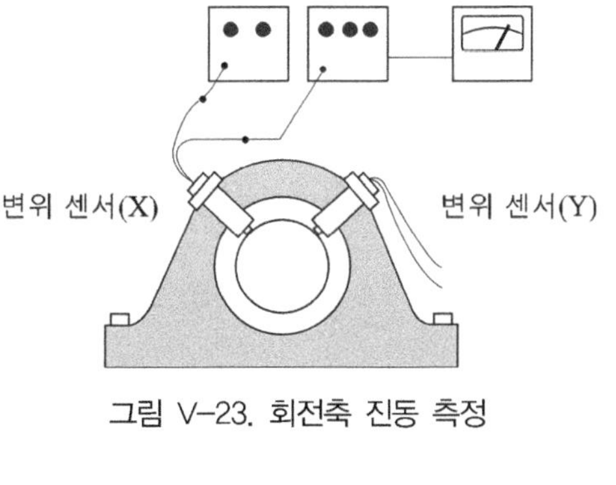

그림 V-23. 회전축 진동 측정

1.4 신호처리 및 분석

[1] 진동신호처리

주기적으로 혹은 랜덤하게 진동하는 물리적인 현상을 전기신호로 변환하고 오실로스코프(oscilloscope) 등을 이용하여 눈에 보이는 형태로 파형을 관측할 수 있다. 이러한 파형을 신호라고 하고, 원하는 정보를 추출하여 전달하거나 혹은 시스템을 관측 제어할 수 있도록 신호에 어떠한 가공을 하는 것을 신호처리(signal processing)라 한다. 이러한 신호처리를 컴퓨터나 전용 하드웨어를 이용하여 디지털 형식으로 처리하는 기술을 디지털 신호처리(DSP : digital signal processing)라 한다.

기계 상태를 판단하기 위한 각종 신호를 판독할 수 있는 신호로 바꾸어 주기 위해 신호처리가 필요하며, 시간 대역과 주파수 대역의 해석을 통해 필요한 신호를 분석할 수 있다. 시간영역의 진동 현상은 오실로스코프를 사용하여 신호의 진폭이 시간에 따라 어떻게 변화하는가를 나타내는 표시 방법이다. 그러나 이러한 시간 분석에서는 많은 주파수 성분이 포함되어 있는 대부분의 진동신호를 정량적으로 파악할 수 없다. 따라서 시간영역의 신호데이터를 푸리에 변환(fourier transform)을 통해 주파수 영역으로 표현하여 분석해야 한다. 시간 영역의 신호를 주파수 영역의 신호로 변환하는 것을 주파수 변환이라고 한다. 센서로부터 취득된 신호를 분석할 때에 시간영역, 주파수영역, 진폭영역의 세 가지 표현 방법을 사용할 수 있다.

신호처리를 위한 시스템은 진동신호 검출부, 변환부 및 신호처리부로 구성된다. 신호 검출부를 통해 추출된 신호는 증폭기를 통해 증폭되는데, 이 신호는 아날로그 신호이므로 디지털 신호로 변환하여 FFT 분석기를 거치게 된다.

FFT(fast fourier transformation)는 시간영역의 신호를 주파수영역으로 변환시키는 알고리즘이다. FFT 알고리즘은 FFT 분석기의 하드웨어 회로를 이용하여 복잡한 시간 대역의 신호를 매우 빠르게 주파수 대역의 신호로 변환시킨다.

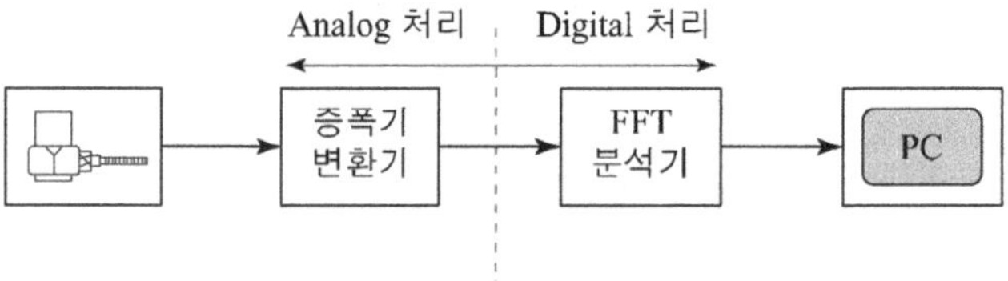

그림 V-24. 신호처리시스템 구성

[2] 디지털 신호처리

(1) 샘플링

FFT 신호분석기는 아날로그 신호를 이산화하여 디지털 신호로 변환한다. 먼저 신호를 똑같은 시간 간격으로 샘플하여 일련의 숫자로 기록하고, 이것을 샘플링(sampling)이라 한다.

이런 과정은 A/D 변환기에 의하여 연속적인 신호를 이산적인 신호로 바꾸어야 한다. 신호처리시 발생하는 문제점을 해결하기 위해 샘플링 시간, 샘플링 개수, 주파수의 특성 등을 고려하여야 한다.

디지털 푸리에 변환을 할 때에는 샘플링 시간 사이의 시간을 선택하는데 주의해야 한다. 샘플링 시간을 잘못 선택하면 잘못된 A/D 변환에 의하여 원래의 아날로그 신호가 왜곡되어 디지털 신호로 바뀌는 현상이 발생하며 이때 발생하는 오차를 엘리어싱(aliasing)이라 한다. 이 오차는 샘플링 주기가 너무 긴 경우에 아날로그 신호의 고 진동수 성분의 진동을 제대로 샘플링하지 못하여 디지털 신호에서 고 진동수 신호가 저 진동수 신호로 왜곡되어 발생한다.

이와 같은 엘리어싱 현상을 방지하기 위해서 샘플 주기 Δt는 가장 높은 진동수 신호 $f_{\max}$를 두 번 이상 샘플할 정도로 작게 선택하여야 한다. 즉, 샘플링한 디지털 값으로부터 원래의 아날로그 신호를 그대로 살리기 위해서는 그 신호의 가장 큰 진동수보다 최소 2배 이상 빠른 속도로 샘플하여야 한다. 샘플링 주파수를 f_s라고 할 때 샘플링 시간 Δt는 다음과 같다.

$$\Delta t = \frac{1}{f_s} \leq \frac{1}{2f_{\max}} \tag{5.27}$$

샘플링 개수는 많을수록 좋으나 메모리 용량과 처리시간이 증가하므로 어느 정도 제한을 두어야 한다. 샘플링 개수는 시호를 수집하는 대상, 즉 시스템의 대역폭에 달려있으며, 다음과 같이 표시된다.

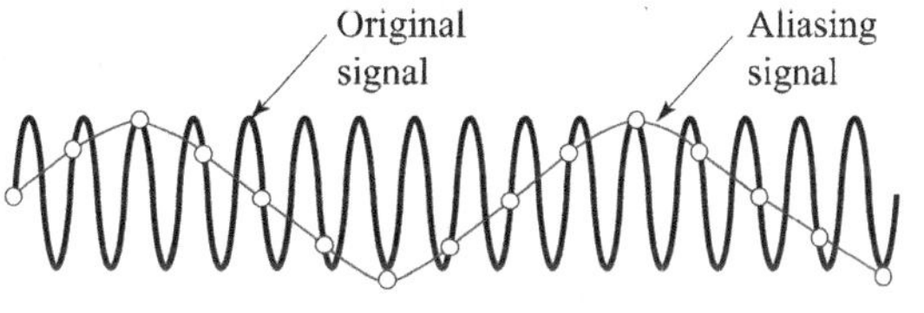

그림 V-25. 엘리어싱

$$N = \frac{T}{\Delta t} = \frac{2f_{\max}}{\Delta f} = \frac{f_s}{\Delta f} \tag{5.28}$$

엘리어싱 현상은 입력되는 신호에 여러 진동수의 신호가 혼재되어 있는 경우에 엘리어싱 방지 필터(antialiasing filter)를 통하여 피할 수 있다. 엘리어싱 방지 필터는 낮은 진동수 신호만 통과시키는 저주파 통과 필터(low-pass cut-off filter)이다. 이 필터는 샘플 진동수의 반 이상의 진동수를 효과적으로 여과하며 대부분의 디지털 신호 분석기에 이 엘리어싱 방지 필터가 내장되어 있다.

(2) 누설과 시간 창 함수

디지털 신호 해석을 위해서는 주기적 신호를 일정한 시간에 걸쳐 샘플링하여야 한다. 이때 누설(leakage)이라는 문제가 발생한다. 여러 진동수 성분을 포함하는 신호의 경우에는 신호주기의 정수배 시간에 정확하게 신호를 샘플링할 수 없으므로, 적절한 조치를 취하지 않으면 신호 주기의 중간에 잘릴 수도 있다. 이때 실제 신호에는 없는 진동수 성분이 디지털 값에 포함된다. 왜냐하면 유한시간 신호의 디지털 푸리에 변환은 신호가 샘플 기록 길이 내에서 주기적이라고 가정하기 때문이다. 따라서 실제 진동수가 가상적인 많은 다른 진동수로 누설되는 셈이다. 그림 V-26 (b)의 경우 누설에 의하여 디지털 신호가 변형되는 예를 보여주고 있다.

누설 현상은 창 함수(window function)를 사용하여 어느 정도 피할 수 있다. 윈도우 과정(windowing)은 샘플을 취하는 시간 이외에는 가중함수(weighting function)를 원래의 신호에 곱하는 것을 말한다.

대부분의 FFT 분석기에서는 그림 V-27과 같은 플랫톱 창(flat top window), 해닝 창(hanning window), 직사각형 창(rectangular window) 등이 있다.

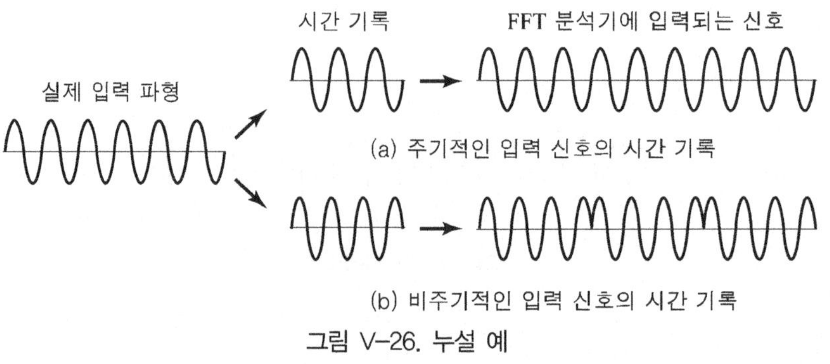

그림 V-26. 누설 예

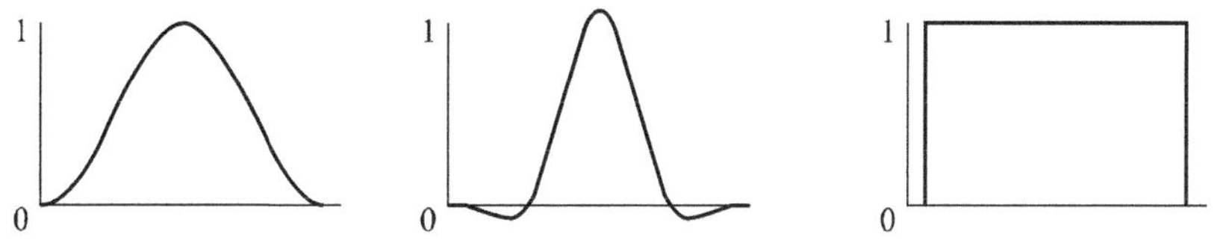

(a) 플랫톱 (b) 해닝 (c) 직사각형

그림 V-27. 창 함수

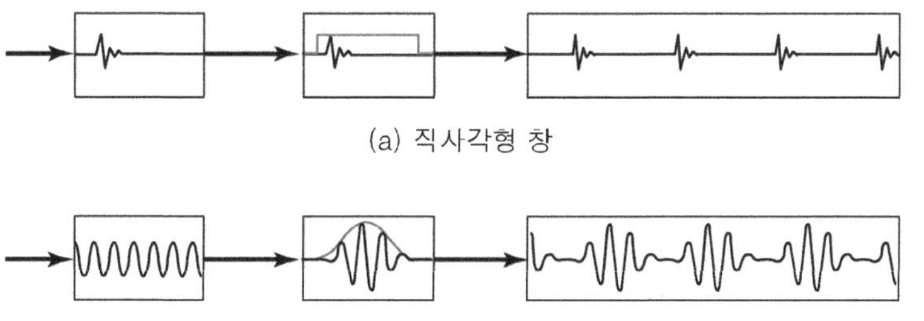

(a) 직사각형 창

(b) 해닝 창

그림 V-28. 창 함수 적용 예

주기신호에는 플랫톱 창, 랜덤신호에는 해닝 창, 과도신호에는 직사각형 창이 일반적으로 이용된다. 그림 V-28은 직사각형 창과 해닝 창 함수의 사용 예로 창 함수를 적절히 사용함으로써 진동수 누설 현상을 감소시킬 수 있다.

(3) 필터링

기계설비에서 발생하는 진동신호는 외부로부터의 진단에 필요 없는 잡음(noise)이 포함되어 있으므로, 필요한 신호만 추출하기 위해 전체 신호로부터 어떤 특정 주파수 범위만의 신호를 추출하는 것을 필터링(filtering)이라 한다. 필터는 어느 주파수 성분을 통과시키느냐에 따라 여러 용도로 사용되며 다음과 같이 구분된다.

① 저주파 통과 필터(LPF : low frequency filter)
설정된 4 kHz 이하의 주파수 성분만 통과

② 고주파 통과 필터(HPF : high frequency filter)
설정된 1 kHz 이상의 주파수 성분만 통과

③ 대역 통과 필터(BPF : band pass filter)
설정된 1～4 kHz 대역의 주파수 성분만 통과

④ 대역 소거 필터(band stop filter)
설정된 1～4 kHz 대역 이외의 주파수 성분만 통과

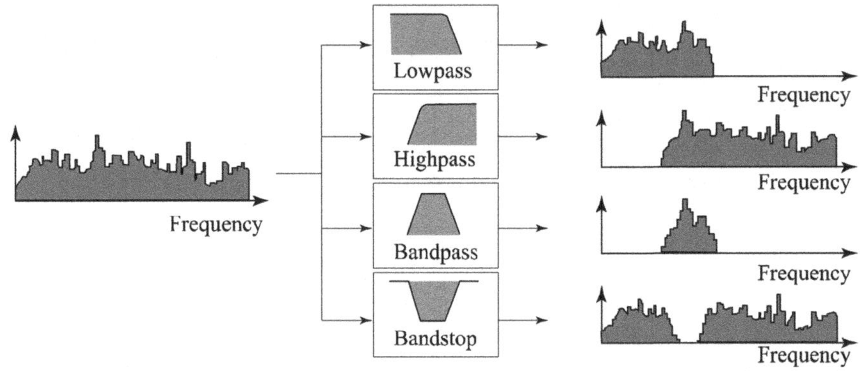

그림 V-29. 디지털 필터의 종류

(4) 평균화

진동데이터는 항상 변화하고 오차가 상당히 포함되어 있으므로 정확성을 기하기 위해 평균화(averaging) 기법을 사용한다. 평균화에는 시간영역과 주파수영역의 평균화가 있다. 일반적으로 기계의 운동 상태 감시나 분석에는 주파수영역 평균화 기법이 널리 사용되고 있다.

동기 시간 평균화는 트리거 신호에서 입력 신호를 시간 블록으로 나누고, 이들을 차례로 더해 감으로써 불규칙 성분이나 다른 주기 성분은 점차 감소된다. 동기 시간 평균화를 위해서 기준 트리거 신호가 필요하고, 많은 평균화 회수가 필요하다. 그림 V-30 (a)는 1초와 10초 동안의 시간 평균화 신호, (b)는 100번의 신호 평균화를 거친 주파수 평균화 신호를 나타내고 있다. 이와 같은 평균화를 통한 이점은 분석 대상과 관련 없는 주변의 기계로부터 노이즈 영향을 제거할 수 있다.

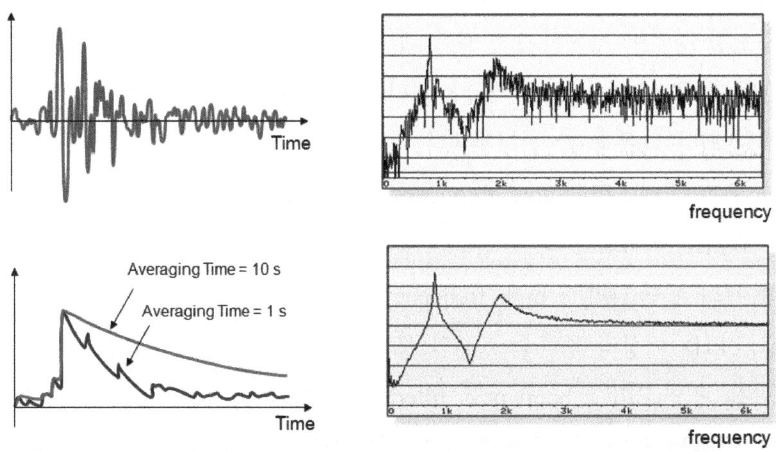

(a) 시간 평균화　　(b) 주파수 평균화

그림 V-30. 평균화

[3] 시간영역 신호분석

FFT에서 진동 신호를 분석하는 방법은 시간영역과 주파수영역의 분석법이 있으며, 시간영역 분석에서 많이 사용되는 것은 동기 시간 평균화, 확률 밀도 함수, 상관 함수 등이 있다.

(1) 통계량

진동신호를 해석할 때 대부분 진폭으로 해석하는 경우가 많다. 설비 진단에 이용하는 기본적인 통계량은 다음과 같다.

① 평균값(mean value)

평균값 처리는 관측 시간 T에 대해 충분히 긴 주기(낮은 주파수)의 성분을 대상으로 구하는 것이다. 평균은 시간 신호의 전체를 대표하는 값이다.

② 실효값(root mean square)

실효값은 평균값의 정보와 산포 정도의 정보가 포함되어 있고, 신호가 가지는 에너지의 평균을 의미한다. 따라서 신호의 진폭 크기를 직접 나타내는 값으로 가장 많이 사용된다.

③ 첨도(kurtosis)

시계열 신호의 첨예의 정도를 나타내는 것으로 평균, 표준편차가 모두 같다 하더라도 데이터의 분포 형태가 다른 경우가 있을 수 있다. 데이터의 양적 구조를 나타내기 위해 관측값들이 중심에 집중되는 정도를 나타내는 값이다. 이는 진동 파형이 얼마나 충격적인가, 즉 파형이 얼마나 예리한가를 나타내는 값이다. 이 값은 구름베어링이나 기어의 이상 진단에 널리 사용되고 있다.

④ 파고율(CF : crest factor)

파고율은 시계열 신호의 피크값과 실효값의 비로, 파형이 가지는 특징을 나타낸다. 기어의 결함을 식별하는데 주로 사용한다. 베어링 결함 부위를 통과할 때 발생되는 충격 진동에 의해 첨도값이 크게 증가한다.

(2) 상관 해석

상관 함수는 시간영역에서 두 신호 사이의 상호 연관성을 나타내는 함수이다. 상관 함수에는 저기 상관 함수(auto correlation function)와 상호 상관 함수(cross correlation function)가 있다. 이들의 계산은 FFT 분석기에서 실행할 수 있으며, 자기 상관 함수는 1채널 분석기로 가능하고, 상호 상관 함수는 2채널 분석기가 필요하다.

자기 상관 함수는 자기 자신의 신호가 어느 시간이 경과했을 때 얼마만큼 자기 신호와 비슷한가를 나타내는 함수이다. 자기 상환 함수의 푸리에 변환(fourier transformation)을 하면 파워 스펙트럼(power spectrum)으로 나타낼 수 있다.

상호 상관 함수는 이에 비해 2개 이상의 신호에 대해 상호 관련성을 분석하는 기법이다. 시간 지연을 검출하는 알고리즘으로 상호 상관 함수를 사용한다. 이 함수에서 피크값의 위치를 검출함으로써 시간 지연값을 추정할 수 있다. 상호 상관 함수도 역 FFT로서 2채널 FFT 분석기로 쉽게 계산된다. 즉, 상호 상관 함수의 푸리에 변환을 상호 스펙트럼(cross spectrum)이라 한다.

상호 상관 분석시 신호측정은 가속도센서를 각각 직각 방향으로 설치한다. 즉, 1개의 신호에 대해서는 자기 상관 분석을 하며, 2개 이상의 신호에 대해서는 상호 상관 분석을 할 수 있다. 상관 함수는 시간 신호에 숨어서 밖으로 나타나지 않는 주기 신호나 특정 주파수의 존재를 확인하는데 사용되며, 상호 상관 함수의 분석은 진동원 탐지에 많이 사용된다.

[4] 주파수 영역 신호 분석

(1) 파워 스펙트럼

FFT 분석기로부터 각 주파수 성분들의 분포를 나타내는 것을 파워 스펙트럼(power spectrum)이라고 한다. 파워 스펙트럼은 자기 상관 함수를 푸리에 변환하여 얻어지는 것으로, 각 주파수 성분이 가지는 파워를 나타내며, 신호 스펙트럼의 진폭을 제곱하여 평균한 것이다. 파워 스펙트럼의 단위는 g^2, 진동 속도는 mm/s^2이다. 대부분의 분석에서는 제곱 단위를 사용하는 것이 불편하므로 실효값인 RMS 스펙트럼을 이용한다. 파워 스펙트럼은 대수 진폭(log magnitude)을 사용하여 나타내기도 한다.

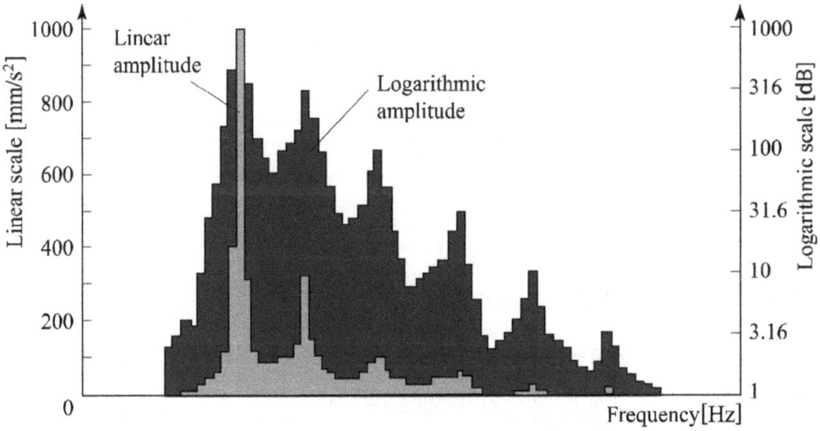

그림 V-31. 선형 및 대수 눈금으로 나타낸 파워 스펙트럼

(2) 전달 함수

전달 함수(transfer function)는 동적 시스템의 전달 특성을 입력 신호와 출력 신호의 관계로 대수적으로 표현한 것이다. 임의의 시스템에서 입력 신호 $x(t)$와 출력 신호 $y(t)$에 대해 푸리에로 변환한 함수 $X(f)$와 $Y(f)$의 비를 전달 함수 $G(s)$라고 한다.

$$G(s) = \frac{Y(f)}{X(f)} \tag{5.29}$$

(3) 기여도 함수

기여도 함수(coherence function)에서 기여도란 관계의 긴밀함을 의미하는 것이다. 기여도 함수는 측정된 두 신호 사이의 유사성을 나타내는 지표로서 주파수의 함수이며 다음과 같이 표시된다.

$$r^2(f) = \frac{|S_{xy}(f)|}{S_{xx}(f)S_{yy}(f)} \le 1 \tag{5.30}$$

$S_{xx}(f)$, $S_{yy}(f)$는 각각 $x(t)$, $y(t)$의 자기 스펙트럼(auto spectrum)이며, $S_{xy}(f)$는 상호 스펙트럼(cross spectrum)이다.

기여도 함수는 측정의 불확실성에 따라 (0～1) 범위의 값을 가진다. 기여도 함수의 값이 작은 경우 필요한 신호 크기에 비해 잡음 신호가 매우 크거나, 시스템의 진동 특성이 선형적이 아님을 나타낸다. 정확한 고장원인을 판정하기 위해 기여도 함수가 사용되고, 상태 감시 및 진단을 위한 진동원을 조사하는 경우에도 기여도 함수를 사용한다.

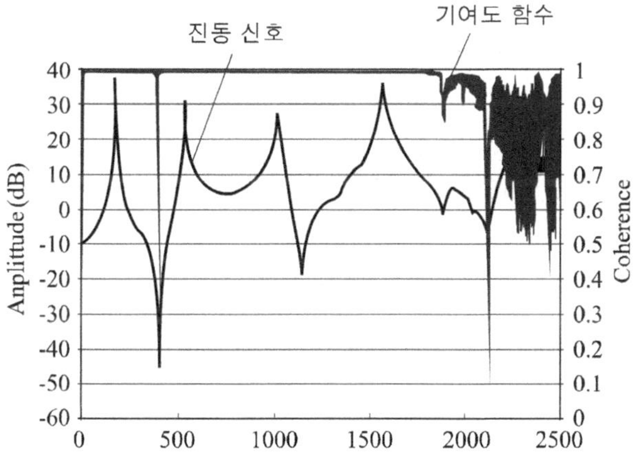

그림 V-32. 진동 신호와 기여도 함수

(4) 캡스트럼 분석

주파수 영역에서 신호가 주기적으로 나타나는 경우가 많은데 이 반복 신호는 진동원 탐지와 진동 구조의 이해에 중요한 정보를 제공한다. 간단한 경우에는 파워 스펙트럼을 통해 분석이 가능하나, 여러 성분이 혼합되어 있을 경우에는 판단이 어렵게 된다. 캡스트럼(cepstrum) 분석은 파워 스펙트럼의 반복 성분을 찾아내는 기법으로 스펙트럼 분석에 의해 시간 신호의 반복성 성분을 찾아내는데 사용된다. 캡스트럼은 수학적으로 대수 스펙트럼의 역 푸리에 변환으로 구해진다.

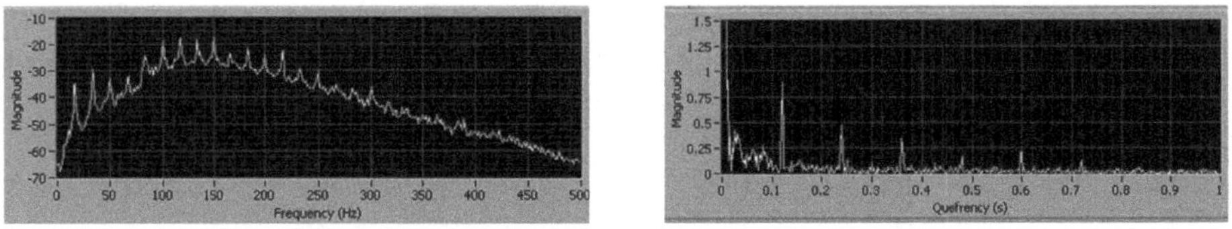

(a) 파워 스펙트럼　　　(b) 캡스트럼

그림 V-33. 파워 스펙트럼과 캡스트럼

(5) 배열 스펙트럼

배열 스펙트럼(array spectrum)은 시간의 변화에 따른 파워 스펙트럼의 변화를 3차원으로 배열하여 나타내는 기법이다. 기계설비의 속도나 운전 조건이 변화하게 되면 스펙트럼의 변화가 임의의 시간 간격으로 순차적으로 나타난다.

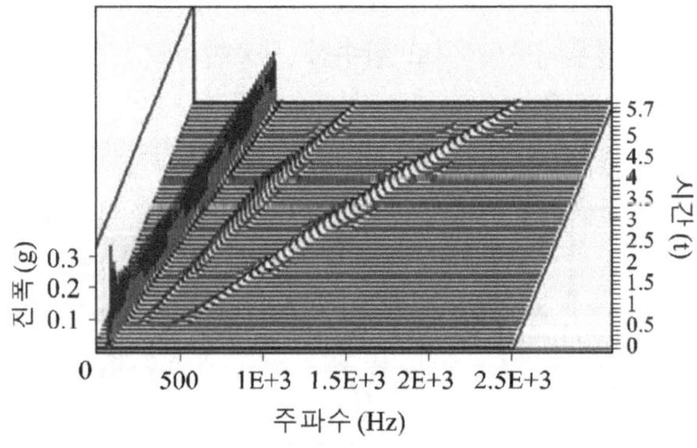

그림 V-34. 배열 스펙트럼

02 진동상태 감시

2.1 개요

설비의 상태 감시(condition monitoring)는 대상 설비가 얼마나 오래 운전할 수 있는가를 판단하기 위해 설비의 상태에 대한 유용한 정보를 제공할 수 있도록 하는 것이다. 진동상태 감시는 작동 중의 진동상태 정보를 이용하여 기계를 보호하고, 예지보전 및 결함 진단을 위한 유용한 정보를 제공하는 것이다. 결함 진단이나 승인 시험은 특정 진동에 대한 엄밀한 진동 시험이 요구되나, 상태 감시는 짧은 측정 시간에 유용한 정보를 취득하는 능력과 설비의 진동 시간 변화에 중점을 둔다.

진동신호를 이용한 상태 감시는 설비 보호의 강화, 안정성 향상, 정비 순서의 향상, 문제의 조기 발견, 설비 수명의 연장 등의 목적을 위한 유용한 정보를 제공할 수 있다. 진동상태 감시는 1970년대부터 시작하여 많은 산업 분야에서 예지 정비 프로그램의 중요한 부분으로 이용되고 있고, 간편한 데이터 수집 장치의 발달로 경제적이며, 효과적으로 수행하고 있다.

상태 감시 프로그램은 적정한 방법으로 데이터 처리를 수행하면서 기계의 상태 변화를 가장 민감하게 나타내는 측정방법을 결정하는 것이다. 이 장에서는 상태 감시 시스템 및 프로그램에 대해 간단히 설명한다.

2.2 기계의 고장

기계에 응력이 가해지면 손상이나 이상이 발생되고 성능 저하로 이어지며 기능 상실을 통해 고장(failure)에 이르게 된다. 부품이나 구성품이 최종 고장에 이르는 단계는 초기 고장, 초기 손상, 피로, 열화, 손상 및 최종 고장의 순으로 이어진다. 고장은 설비나 그 요소가 제 기능을 발휘하지 못하는 상태를 의미하며, 실제로 고장과 관련된 용어는 이상(abnormality), 결함(fault), 손상(defect), 기능 약화 등 여러 가지로 표현된다.

구분	초기고장	일상고장	노후고장
사고 형태	현착, 충돌, 부품파단	협착, 충돌	붕괴, 부품파손
원인	설계결함 제어계통 오류 취성 파괴	정비, 관리분량 운전자 기능미숙 교육훈련 부족	각 계통별 노후에러 피로파괴
대책	디버깅 기간 고려 설계적 관리집중	교육훈련 철저 정비, 관리, 검사 철저 운전자 숙련공 배치	비파괴점검, 이력관리 제어계통의 부품점검 사용연한 확인철저
주요 점검	설계, 재료, 성능, 점검, 자료확인	일상점검, 자체관리, 정비수리 일자 확인 등	

그림 V-35. 고장의 유형과 원인

고장의 유형에는 그림 V-35와 같이 초기고장, 우발고장, 마멸고장으로 구별할 수 있다. 초기고장은 조립 결함, 설치 오차, 불량 부품 등의 제작 및 설치 과정에서의 결함으로 운전 초기에 발생한다. 우발고장은 안정된 운전 기간을 거쳐 외부의 부하로 인해 발생되는 중년기 고장으로 주로 우발적으로 발생된다. 마멸고장은 기계적 마멸, 피로, 부식 등으로 부품이 쇠약해져 열화로 인한 고장이 많이 발생된다.

고장의 상태를 의미하는 고장모드는 변형, 균열, 파손, 마멸, 부식, 느슨함, 고착, 소손, 이물질, 오염, 누설, 잡음 등이 있다. 이들 고장모드와 그 발생원인의 규명은 고장 해석과 진단에 중요한 문제이다.

고장 원인 분석의 목적은 향후 고장 사고를 방지하고, 기계의 수명 기간 중 안전성과 신뢰성 확보이다. 기계의 수명 동안에 발생할 수 있는 고장 원인으로는 설계 결함, 재료 결함, 생산 결함, 운전 불량, 정비 결함 등이다.

2.3 상태 감시

[1] 상태 감시 파라미터 설정

각종 자동화 설비의 기계부품의 상태 감시에 사용되는 측정 파라미터를 표에 나타내었다. 표

표 V-8. 상태 감시 파라미터

	전동기	펌프	압축기	엔진	팬
온도	◎	◎	◎	◎	◎
압력		◎	◎	◎	◎
압력비			◎		
공기 유동			◎	◎	◎
전류, 전압, 저항	◎				
소음	◎	◎	◎	◎	◎
진동	◎	◎	◎	◎	◎
윤활	◎	◎	◎	◎	◎
토크	◎		◎	◎	
속력	◎	◎	◎	◎	◎
효율		◎	◎	◎	

V-8에서 ◎ 표시는 상태 감시에 적용 가능한 파라미터이다.

상태 감시 중 증상이 나타나면 다음과 같은 용어를 이용하여 구체적이며 체계적으로 증상을 표현할 수 있어야 한다.

- 결함 직전의 변화 사항(형태와 크기)
- 사용되는 특정 인자의 설명
- 측정 위치
- 증상이 나타나는 운전 조건

기계의 부품이나 조립품의 상태가 열화 또는 비정상적인 거동을 보일 때 발생되는 결함을 표시하기 위하여 다음과 같은 용어를 사용한다.

- 기계의 이름이나 인식 표시
- 결함이 발생한 기계 구성품의 명칭
- 구성품의 성능 저하를 나타내는 고장모드
- 열화 또는 고장모드의 크기를 나타내는 심각도

기계의 상태 감시 및 진단시스템을 위한 요구사항의 사전 검토 사항은 ISO 13379에 규정하고 있다.

[2] 상태 감시 과정

ISO 13374에서는 기계 상태 평가에 관한 전 과정을 다음과 같이 5개의 단계로 구성하고 있다.

① 문제 탐지 및 데이터 취득

첫 단계로 정상상태로부터의 이탈 여부가 판단되면, 진동 신호에 대한 신호 처리와 데이터 분석을 위한 데이터 취득이 필요하다. 경우에 따라 진동 신호 이외에 온도, 윤활, 초음파 분석, 전류 감시 등의 부가적인 기술이 포함될 수 있다. 데이터 수집을 위한 일반적인 절차는 측정점에서 진동을 측정하고, 유사한 기계에 대한 이력과 기준선 데이터를 비교하는 것이다. 데이터 수집은 정기 또는 수시 측정으로 이루어진다.

② 결함과 결함 원인의 진단(diagnosis)

경계 또는 경보 기준과 측정 데이터를 비교하여 기준을 초과할 경우 상태 진단이 실시된다. 진단 과정은 비정상적인 이상 상태의 검출에 의해 시작된다. 이상이 발생된 경우 결함의 종류 및 원인을 진단하고 고장모드를 분석한다. 진단은 문제에 대한 근본 원인과 심각도를 파악하는 과정으로 ISO 13379 규격에 따라 결함 증상 진단 방법과 원인 진단 방법을 사용하여, 진단 보고서를 작성한다.

③ 향후 결함의 진행에 대한 예지(prognostics)

상태 감시 과정의 결함에 예상되는 진전을 예지라고 하며, 결함의 예지 과정은 ISO 13381 규격에 의해 수행되어야 한다. 예지는 현재의 건강상태에 기초하여 장비에서의 유용 하중을 계획하고, 장래의 건강상태와 고장모드를 결정한다.

④ 문제의 해결과 대책을 위한 조치(action)

중요도가 낮은 기계의 경우 즉각적인 조치를 취하지 않고, 통상의 감시 간격으로 감시를 계속하는 것이다. 만약 심각한 결함의 경우 즉각적인 정지나 기계 부하 작업 처리량을 줄일 필요가 있다. 정비 조치가 완료될 경우 장래의 진단과 예지에 도움을 줄 수 있도록 이력 기록의 형태로 남겨두어야 한다. 권장 조치는 공정 또는 장비의 수명을 최적화하기 위해 요구되는 정비 방법과 운전 조건의 변화 등 관련 정보를 제공한다.

⑤ 사후 분석(postmortems)

[3] 진동 상태 감시 시스템의 종류

상태 감시 시스템은 설치 형태에 따라 영구 설치 시스템, 반영구 설치 시스템, 휴대용 감시 시스템으로 구분된다. 영구 설치 시스템은 진동 측정 장비가 영구적으로 설치되어 연속적이거나 주기적으로 데이터를 수집하는 것으로 고가의 중요 기계에 한정되어 사용되고 있다. 휴대용

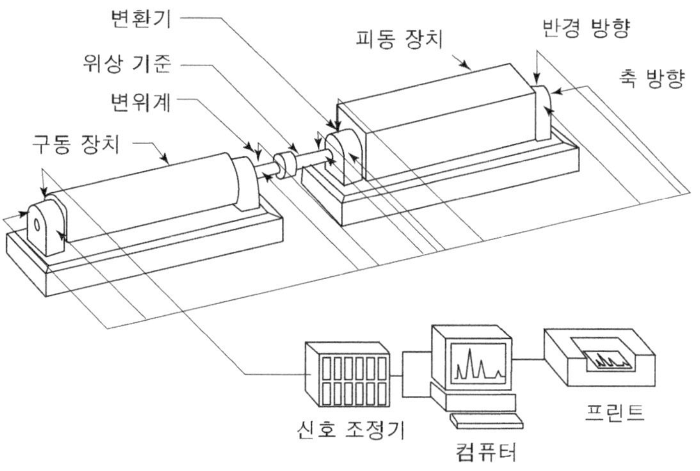

그림 V-36. 영구 설치 상태 감시 시스템

감시 시스템은 휴대용 데이터 수집기를 사용하여 자동 혹은 수동으로 데이터를 수집하는 것으로 온라인 시스템과 유사한 기능을 수행한다. 비교적 덜 정교하나, 저렴한 비용으로 제작할 수 있다. 반영구 시스템은 영구 시스템과 휴대용 시스템의 중간 시스템이다. 변환기는 일반적으로 영구 설치한다.

상태 감시 시스템은 데이터 취득 방법에 따라 연속 데이터 수집, 주기적 데이터 수집으로 분류한다. 주기적 데이터 수집은 고장의 발생 가능성, 발생 확률이나 비용적인 측면에서 연속 감시 시스템을 채택할 수 없는 범용 기계에서의 상태 감시이며, 계획 정비 및 보수를 위한 투자비용 대비 효과가 가장 양호한 방법이다.

[4] 경향관리

경향관리(trending)는 기계의 운전 상태의 시간 변화에 따른 데이터베이스의 상대적인 상태를 의미한다. 경향관리는 기계의 열화가 일어나고 있음을 지시하는 진동 파라미터를 설정하고, 이를 정기적인 시간 간격마다 측정 분석하여 설정된 기준선 데이터를 초과하는 것을 감지한다. 문제가 있으면 초기 고장에 접근하고 있음을 경고하여 보수를 위한 조치를 할 수 있다. 기계의 경향 감시를 통하여 기계진동의 시간적인 변화를 비교함으로써 대부분의 고장을 예방할 수 있다.

경향관리는 기계에 문제가 있다는 것을 나타내는 단순한 수단을 제공하지만, 기계를 열화시키는 결함 원인이나 고장모드를 확인할 수 없다는 단점이 있다.

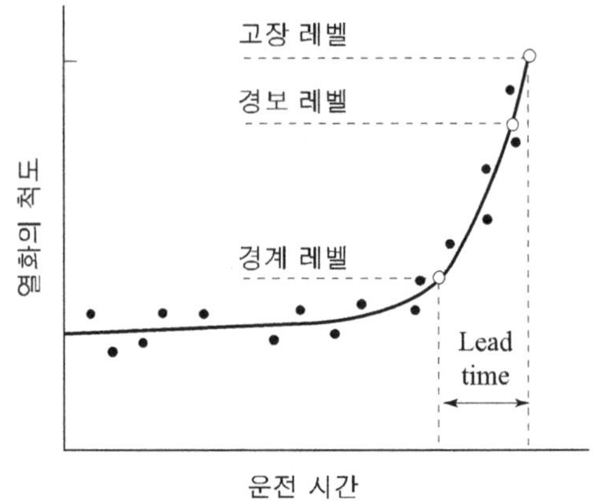

그림 V-37. 경향 감시 곡선

진동 경향 감시의 방법으로는 넓은 주파수 대역에 걸쳐 기계의 작동 상태의 전체적인 지시를 실효값을 이용하여 제공하는 광대역 진동 경향 감시, 좁은 주파수 대역에 대한 진동 실효값을 이용한 협대역 진동 경향 감시, 특정한 제한 대역별로 분류하여 관리하는 제한 대역 경향 감시, 주파수 스펙트럼의 진동 경향 감시, 기동 및 정지시의 과도 진동 경향 감시 등이 있다.

03 회전기계의 진단 및 결함 분석

3.1 개요

기계설비의 결함 진단을 위해서는 기계 상태에 대한 다양한 운전 파라미터에 대하여 체계적이고 정확한 분석과 평가를 해야 한다. 진동신호는 기계의 각종 결함에 대한 특성과 발생되는 결함에 대한 조기 감지의 지표를 제공하므로, 특정 결함이나 열화된 구성요소를 파악하기 위해서는 측정된 진동신호를 이용한 각종 결함 분석과 진동 특성을 이해할 수 있는 지식과 경험이 중요하다.

회전기계에서 발생하는 진동 성분은 광범위한 주파수 성분을 가지고 있어서 진단 및 결함 분석시 넓은 주파수 영역에서 진동을 관측할 필요가 있다. 그림 V-38은 기계 고장을 일으키는 이상 현상의 주요 원인을 나타내고 있다. 회전기계에서 발생하고 있는 이상 현상의 대부분은 질량 불평형, 정렬 불량 등의 저주파 진동이 많으나, 고주파 진동의 이상도 볼 수 있으므로 넓은 주파수 영역을 관리하는 것이 필요하다. 표 V-9에는 회전축 계에서 발생하는 이상 현상을 주파수 영역별로 구별하여 나타내었다.

설비의 진동을 측정하고 이상에 관하여 진단하는 방법으로는 그 목적에 따라 크게 다음의 두 가지로 분류할 수 있다.

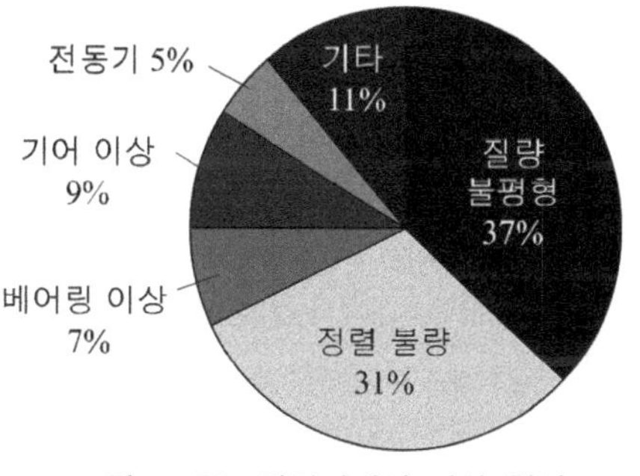

그림 V-38. 회전기계의 이상 현상

(1) 간이 진단

기계설비가 정상인지 이상인지의 상태 진단을 목적으로 하며, 진단 기법으로서는 휴대용 진동계 등과 같은 간이 진단기기를 이용하여 설비에 정한 기준값과 평가 기준을 비교하는 방법이다. 따라서 설비의 상태를 현장에서 최소한의 자료로 평가할 수 있다.

(2) 정밀 진단

간이 진단으로부터 도출된 기계설비의 이상 부위, 이상 내용에 대하여 정밀 진단용 기기를 이용하는 방법이다. 정밀 진단을 함으로써 원인 불명의 상태 그대로 설비를 분해 점검하여 원인 추구를 하지 않아도 사전에 진동 원인이나 위치를 추정할 수 있으므로 분해 점검시 시간 단축, 대체 또는 필요한 교환 부품을 점검 전에 발주할 수 있다.

정밀 진단 방법으로는 주로 주파수 분석을 할 수 있는 장비를 이용하여 설비의 고장 검출의 초기 단계에서 진단과 고장 발생 예측을 동시에 할 수 있다. 이를 통하여 결함 원인을 분석하고 대책 수립을 수행한다. 이와 같은 정밀 진단은 전문화된 기술을 요구하며 기계 설비의 손상 정도나 설비 수명은 정밀 진단으로는 판정할 수 없다.

표 V-9. 회전기계에서 발생하는 이상 현상의 특징

발생 주파수	이상 현상	진동 현상의 특징
저주파	질량 불평형 (unbalance)	로터의 축심 회전 질량 분포의 부적정에 의한 것으로 회전 주파수(1f)가 발생
	정렬 불량 (misalignment)	커플링으로 연결되어 있는 2개의 회전축의 중심선이 엇갈려 있는 경우로, 회전 주파수의 (2f) 성분 또는 고주파가 발생
	풀림 (looseness)	기초 볼트 풀림이나 베어링 마모 등에 의하여 발생하는 것으로 회전 주파수의 고차 성분이 발생
	오일 휩 (oil whip)	강제 급유되는 미끄럼 베어링을 갖는 로터에 발생하며 베어링 역학적 특성에 기인하는 진동으로서 축의 고유 진동수가 발생
중간 주파	압력 맥동	펌프의 압력 발생 기구에서 임펠러가 벌루트 케이싱부를 통과할 때 발생하는 유체 압력 변동, 압력 발생 기구에 이상이 생기면 압력 맥동에 변화가 생김
	러너 날개 통과 진동	압축기, 터빈의 운전 중에 동정익(動靜翼)간의 간섭, 임펠러와 확산(difuser)의 간섭, 노즐과 임펠러의 간섭에 의하여 발생하는 진동
고주파	공동 (cavitation)	유체기계에서 국부적 압력 저하에 의하여 기포가 생기며 고압부에 도달하면 파괴하여 일반적으로 불규칙한 고주파 진동 음향이 발생
	유체음, 진동	유체기계에서 압력 발생 기구의 이상, 실기구의 이상 등에 의하여 발생하는 와류의 일종으로 불규칙성의 고주파 진동 음향이 발생

3.2 회전기계의 진단

(1) 간이 진단

기계설비의 간이 진단을 위해서는 그림 V-39와 같은 절차를 거치게 된다.

대상 설비의 선정 ⇨ 설비의 특징 파악 ⇨ 측정 방법 선정
⇨ 측정 파라미터 선정 ⇨ 측정 주기 선정 ⇨ 비교, 판정

그림 V-39. 간이 진단 절차

1) 대상 설비의 선정

전체 설비에 대하여 일률적으로 간이 진단을 하는 것은 어려우므로 진단 대상 설비의 적절한 선정이 필요하다. 대상 설비는 생산과 직접 관련된 설비, 부대설비인 경우라도 고장이 발생하면 큰 손해가 예측되는 설비, 고장발생시 2차 손실이 예측되는 설비, 정비비가 매우 높은 설비 등이 여기에 속한다. 자동화 설비에 사용되는 간이 진단의 대상 설비를 예로 들면 압축기, 펌프, 팬, 기어 감속기, 전동기, 공작기계 등이다.

2) 설비의 특징 파악

대상 설비가 선정되면 선정된 설비의 사양(전동기 용량, 회전수, 사용 유체, 압력 등), 구조, 설비 이력 및 수리 내용, 과거 측정 데이터의 경향 등과 같은 특징을 파악하고 휴대용 진동계나 머신체커 등 진단용 계측기를 준비한다. 대표적으로 이상이 발생되는 축 계통에서의 현상은 기계적 질량 불평형(unbalance), 정렬 불량(misalignment), 풀림(looseness), 축 굽힘(deflection), 오일 휩(oil whip)이므로 이 현상에 주안점을 두어 설비의 특징을 파악한다.

3) 측정점과 측정방향 선정

측정점의 위치와 측정방향의 파악은 초기 기계의 문제를 진단할 때 중요하다. 측정 위치는 결함 발견의 가능성이 가장 높은 부분을 선택하며, 측정점은 확실히 식별할 수 있는 점을 선택한다.

측정점은 일반적으로 베어링이나 베어링 부위에서 진동을 측정하는 경우가 많다. 어느 측정점이 선택되든 마모나 결함의 초기 표시를 가장 잘 제공하는 위치에 설치한다. 측정점은 항상 동일점에서 측정하여야 하며, 이를 위해 측정점을 페인트 등으로 표시해 둔다. 측정 위치 및 방향은 그림 V-40과 같이 축 중심의 높이에서 수평 방향, 축 방향의 진동을 측정한다.

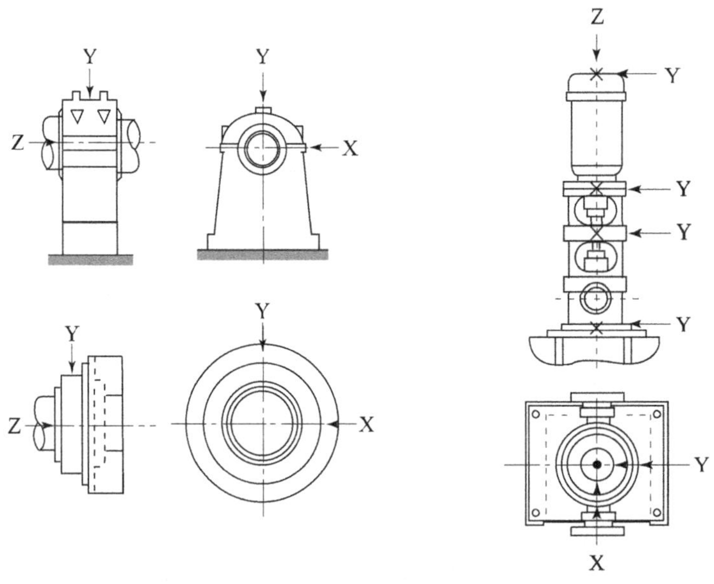

(a) 수평형 기계 (b) 수직형 기계

그림 V-40. 진동 측정 방향 및 위치

4) 측정 파라미터의 선정

회전기계 진동 측정에는 변위, 속도, 가속도의 세 가지 파라미터를 사용한다. 측정 파라미터는 낮은 주파수에서는 변위, 중간 주파수에서는 속도, 높은 주파수에서는 가속도를 선정하는 경우가 많다. 그 이유는 주파수가 낮을수록 변위의 검출 감도가 높아지며 주파수가 높아지면 가속도의 검출 감도가 높아지기 때문이다. 설비 이상 상태의 종류 및 주파수 대역별로 측정 파라미터를 생각하면 표 V-10과 같다.

표 V-10. 설비의 이상 상태에 따른 측정 파라미터

파라미터	주파수 대역	이상의 종류	사용 예
변 위	1,000 Hz 이하	변위량 또는 움직이는 크기가 문제로 되는 이상	공작 기계 떨림 회전축의 흔들림
속 도	10~1,000 Hz	진동 에너지나 피로도가 문제로 되는 이상	회전 기계 진동
가속도	500 Hz 이상	충격력 등과 같이 힘의 크기가 문제로 되는 이상	베어링 이상 진동 기어 이상 진동

5) 측정 주기의 결정

설비 고장이 발생되는 평균 시간, 고장으로 인한 손실 비용, 측정에 사용되는 비용 등은 측정 주기를 결정하는 주요 인자이다.

측정 주기를 결정함에 있어서는 고장 이상이 발생되는 속도에 대하여 충분히 검토해야 한다. 예를 들면 마모와 같이 서서히 성능 저하가 진행하는 것에 대해서는 측정 주기가 길어도 되겠지만, 고속 회전체와 같이 변화가 생긴 후 급격히 고장이 발생하는 설비에 대해서는 실시간 감시가 필요하다. 또 수동으로 측정할 경우에는 기계의 성능 저하 정도의 변화가 충분히 검토될 수 있을 정도의 측정 주기로 측정해야 한다. 표 V-11에 설비별 표준 측정 주기의 예를 표시하였다.

측정 주기의 결정은 다음 사항을 고려해야 한다.

① 측정 주기는 기계 고장이 발생되지 않을 정도로 짧게 선정하나, 필요 이상으로 짧은 주기로 측정하는 것은 비경제적이므로 적절한 측정 주기를 찾는다.

② 측정 주기는 공장 내의 대상 설비의 수, 점검 점의 수, 점검 점과의 거리 등을 충분히 고려하여 결정한다.

③ 측정 주기는 항상 일정할 필요는 없다. 예를 들어 측정값이 판정 기준에 비하여 안전 영역에 있을 때는 매주 측정하다가, 주의 영역에 들면 측정 주기를 매일로 변경한다.

표 V-11. 측정 데이터 수집 주기의 예

분 류	내 용	측정 주기
회전수	고속 회전 기계	매일
	일반 회전 기계	매주
중요도	핵심 설비	매일
	중요 설비	매주
	일반 설비	격주
	보조 설비	매월

6) 판정

대상 설비로부터 측정된 진동 데이터를 이용하여 설비가 정상인지 이상인지를 판정해야 한다. 판정 방법에는 절대 판정, 상대 판정, 상호 판정법이 있다. 현장에서는 주로 절대 판정법과 상대 판정법이 사용되므로 대상 설비마다 이러한 기준을 설정하여 놓을 필요가 있다.

표 V-12. 판정 기준의 종류

판정 기준	판 정 방 법
절대 판정	동일 위치에서 측정된 값을 판정 기준과 비교하여 양호, 주의, 불량으로 판정
상대 판정	동일 위치에서 정기적으로 측정하고, 정상인 경우의 값을 초기값으로 설정한 후, 이 값의 몇 배가 되었는가로 판정
상호 판정	동일 기준의 기계가 여러대 설치된 경우, 동일 조건에서 측정하고 상호 비교에 의해 판정

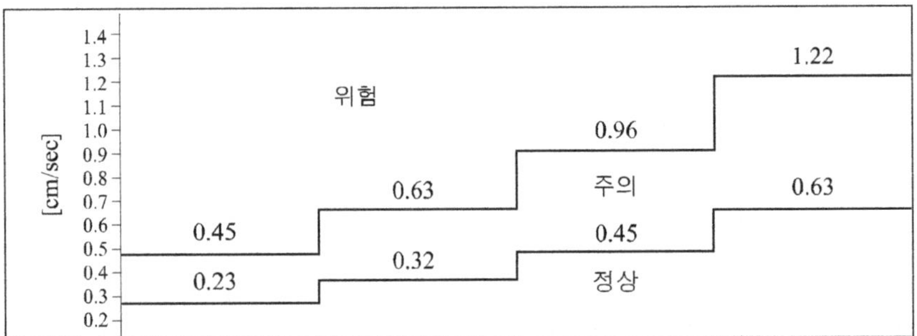

	Class I	Class II	Class III	Class IV
대상 기계의 예	소형 회전기계 0~15 kW의 모터	기초가 견고한 중형 회전 기계 1~75 kW의 모터 15~300 kW의 기타 회전기계	기초가 견고한 대형 회전 기계 75 kW이상의 모터 300 kW의 기타 회전기계	기초가 약한 대형 회전기계

Class I : 소형 기계(0~15 kW 이하의 전동기)
Class II : 중형 기계(15~17 kW의 전동기, 300 kW 이하의 기계)
Class III : 대형 기계(강한 기초에 설치된 기계)
Class IV : 대형 기계(연약한 기초 위에 설치된 기계)
회전 수: 600~12,000 rpm, 진동 측정 주파수: 100~1,000 Hz

그림 V-41. 속도 기준의 예

절대 판정은 그림 V-41과 같은 기계 용량에 따른 진동값을 참고로 하는 경우가 많다.

일반적으로 절대 판정 기준이 현장에서 이용하기 쉽지만 절대 판정 기준은 회전기계를 대상으로 하였으므로 다른 설비에 적용되는 보편적인 판정 기준이 되지 못한다. 따라서 설비가 설치되어 있는 상태와 위험도나 중요도 등을 고려하여 각각의 설비마다 적당한 기준을 결정하여 놓을 필요가 있다. 경우에 따라 절대 기준이 맞지 않은 설비는 상대 판정 기준이나 상호 판정 기준을 이용해야 한다.

상대 판정은 초기값을 기준으로 몇 배가 되었는지를 판단하는 방법이다. 저주파 영역에서 진동값이 4 dB 변화되어야 지각될 수 있으므로, 초기값의 1.5~2배 증가되었을 때 주의 영역, 약 4배가 되었을 때 이상값으로 기준을 정하는 경우가 많다. 고주파 영역에서는 초기값의 3배이면 주의, 6배 정도이면 이상 영역으로 설정하는 경우가 많다. 상호 판정은 동일 사양의 설비가 동일 조건에서 운전시 각 설비의 동일 부위를 측정하여 서로 비교함으로써 이상의 정도를 판정한다.

(2) 정밀 진단

정밀 진단은 간이 진단을 통해 설비에 이상이 있다고 판정되었을 경우에 그 원인을 찾아내기 위하여 진동 분석 등을 통해 정밀하게 진단하고 분석하는 기술이다. 회전기계의 정밀 진단 기술은 일반적으로 축이나 로터로부터 발생하는 이상 현상인 로터의 질량 불평형, 축의 정렬 불량, 굽힘, 풀림 및 자려진동 등 주로 저주파 영역의 진동 현상을 대상으로 하고 있다.

정밀 진단에서는 진동을 측정하여 분석하기 이전에 이상 현상이 급격히 발생하였는지 아니면 과거에 몇 번 발생한 이력이 있는지를 파악할 필요가 있고, 대상 설비의 설계 사양을 정확하게 확인해야 한다.

정밀 진단시 이상 진동 발생 원인의 정확한 분석을 위해서는 정상 운전 상태, 기동이나 정지시와 같은 과도 운전 상태에 따라 분석 방법이 달라진다. 정상 상태에서는 시간 파형 분석, 주파수 분석, 위상 분석, 진동 방향 및 형태 분석, 궤도 분석 등을 사용하고, 과도 운전 상태에서는 회전 속도와 주파수 파형을 동시에 분석하는 캠벨(campbell) 및 보드(bode) 선도, 차수(order), 캐스케이드(cascade), 캡스트럼(cepstrum) 분석 등을 종합적으로 실시하여야 한다. 이 절에서는 주요 진동 분석 방법에 대해 간단히 설명한다.

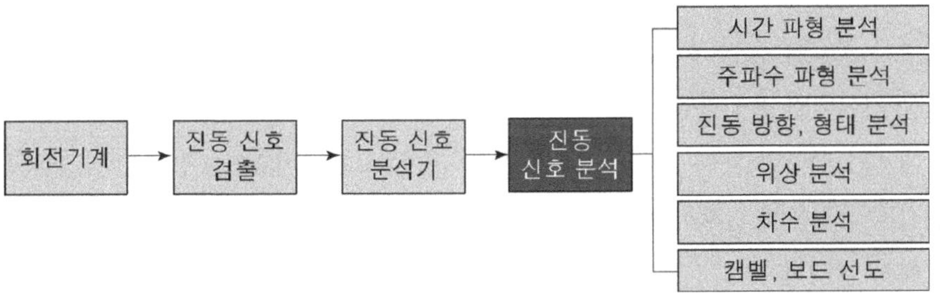

그림 V-42. 회전기계의 진동 분석 방법

1) 주파수 분석

일반적으로 기계에서 발생하는 진동은 단순한 조화진동이 발생하는 것이 아니라 몇 가지 원인의 진동(질량 불평형, 정렬 불량, 베어링 불량, 축 굽힘 등)이 복합되어 발생하는 복잡한 진동 현상이 된다. 이 진동 파형 중에서 어떤 성분이 가장 크게 발생하고 있는가는 주파수 분석을 통해 찾아낼 수 있다. 주파수 분석은 시간 축의 복합된 파형을 주파수 축으로 변환시켜 각각의 이상 주파수별로 분해한 후 이 중에서 가장 특징적인 주파수를 찾아내어 이 주파수에 해당하는 이상의 원인을 찾아내는 방법이다.

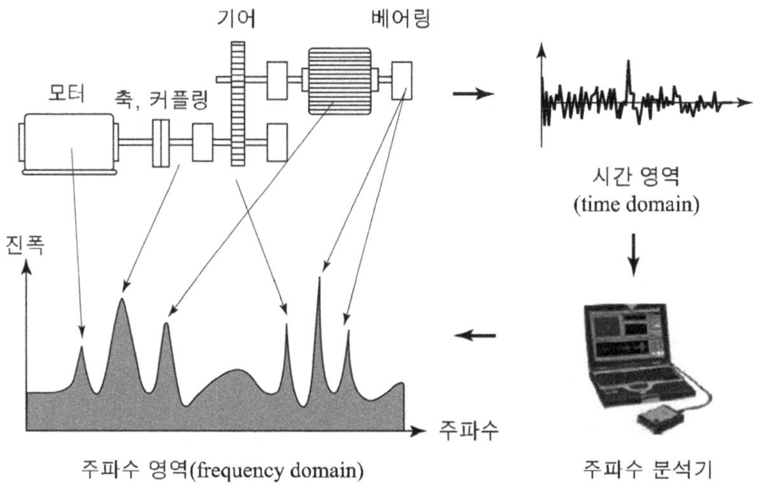

그림 V-43. 주파수 분석 방법

2) 위상 분석

위상 분석이란 각 베어링에 발생하는 위상의 형태를 보는 방법이다. 두 사건의 시간 차이를 각도로 표시한 것을 위상각이라 하며 회전기계의 진동에서는 진동의 각 성분별 방향 정보를 제공하는 중요한 단서가 된다. 진동의 감시라는 측면에서 보면 기계의 정상 상태 운전시 각 진동 성분별 크기와 방향이 시간에 따라 어떻게 변화하는가를 관찰하는 것이 가장 기본적인 감시방법이다. 이 경우 위상각 데이터가 이용가능하지 않고 매우 제한적인 상태에서 데이터 분석이 이루어지게 된다. 위상이 변하지 않는 경우를 동기라고 하며 강제진동의 경우에 발생하고, 위상이 변하는 경우를 비동기라고 하며 자려진동이나 기타 진동에서 발생한다.

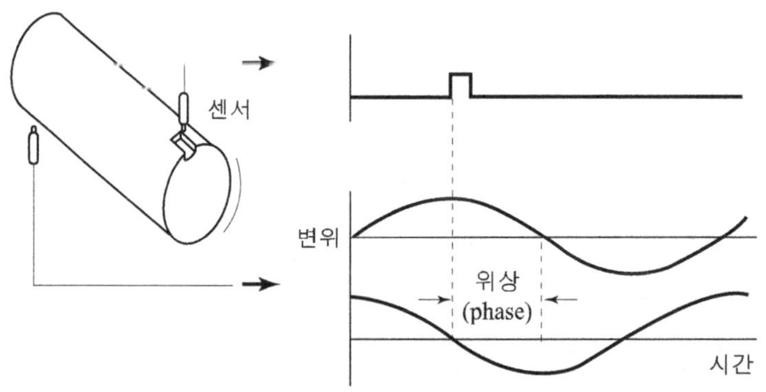

그림 V-44. 진동 위상 분석

3) 진동 방향, 형태 분석

진동 방향 분석은 진동의 이상 발생원인 중에서 어떤 경우에는 특징적인 방향으로 진동을 일으키므로 진동이 주로 발생하는 방향을 찾아내어 이상 원인을 밝혀내는 방법이다. 예를 들면 질량 불평형의 경우는 수평 방향(H), 풀림의 경우는 수직 방향(V), 정렬 불량의 경우는 축 방향(A)으로 특징적인 진동이 발생한다.

진동 형태 분석은 진동의 형태에 근거를 둔 분석 방법으로 이상 진동의 원인을 찾아내는 중요한 방법의 한 가지이다. 회전기계가 이상 진동을 수반하면서 회전을 하고 있을 경우 그 회전기계의 정지 과정에서 진폭이 감쇠되는 궤적으로부터 진동 형태를 판별할 수 있다. 진동 형태의 진단 순서도(flow chart)는 그림 V-45와 같다.

회전축의 이상 상태를 판별하는 분석방법 중에는 세차운동 방향 분석과 궤도(orbit) 분석이 있다. 세차운동이란 V-46 (a)와 같이 회전축이 베어링 중심에 대하여 회전축 중심이 흔들리면서 회전하는 운동을 말한다. 세차운동의 방향에는 회전축의 회전 방향에 대하여 같은 방향 혹은 반대 방향으로 공전하게 된다. 따라서 이 방향을 알아냄으로써 몇 가지 진동 원인을 파악할 수 있다. 궤도 분석은 베어링 내에서의 축 중심에 대한 실제적인 거동을 나타내는 선도로 그림 V-46 (b)에 나타내었다. 축 궤도의 형상을 파악함으로써 회전기계의 이상 원인을 파악할 수 있다. 세차운동의 방향과 궤도 측정을 위해서는 축의 변위를 측정할 수 있는 비접촉식 변위계를 사용하며, 궤도 측정을 위해서는 2개의 변위계를 90°로 분리하여 설치하여야 한다.

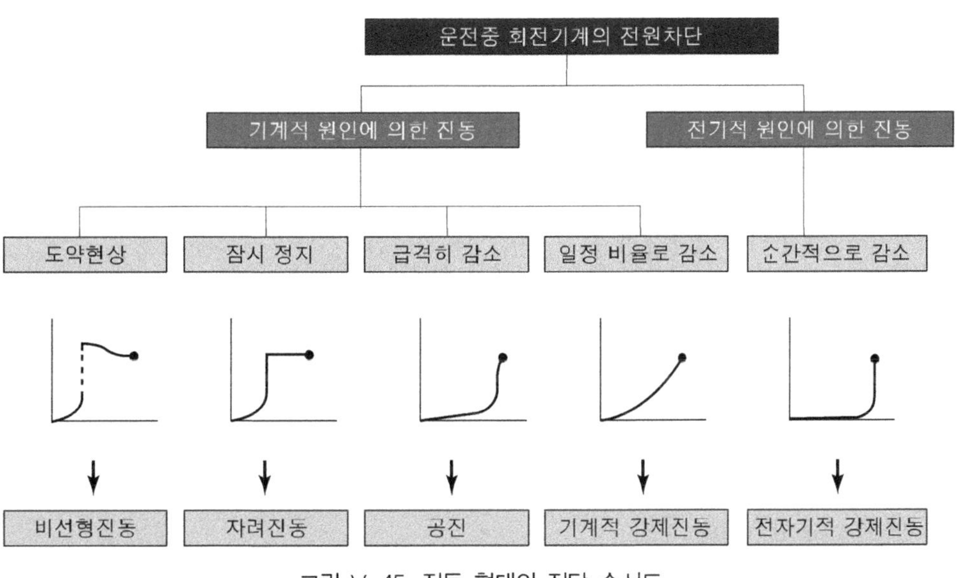

그림 V-45. 진동 형태의 진단 순서도

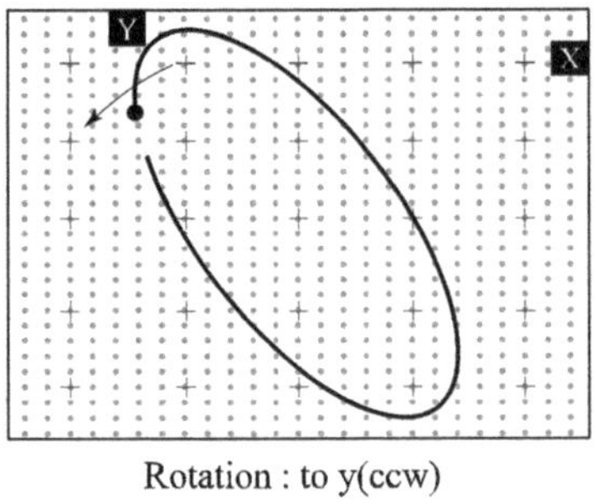

(a) (b)

그림 V-46. 축의 세차운동과 궤적

4) 차수 분석

주파수 분석으로는 진동의 원인을 찾고 문제점을 해결하는데 한계가 있다. 회전수가 수시로 바뀌어 진동주파수가 변하는 진동시스템에서 주파수가 변하는 원인이 되는 입력 회전수(1차)로 회전수와 연동된 진동 성분들을 무차원화 시키는 개념인 차수 분석(order analysis) 방법을 사용하게 된다. 차수 분석은 입력 회전수를 측정하여 입력 회전수는 1차수로, 입력 회전수와 연동된 진동을 차수 성분으로 표시하게 되면 입력 회전수에 상관없이 입력 회전수와 연동된 성분은 항상 일정한 차수 성분으로 나타낼 수 있게 된다(예를 들어 불 평형 진동은 항시 1차 성분으로 표현). 이러한 차수 성분으로 수시로 회전수가 변하는 진동시스템에서도 기어 진동, 베어링 진동 등의 원인을 분석할 수 있게 된다.

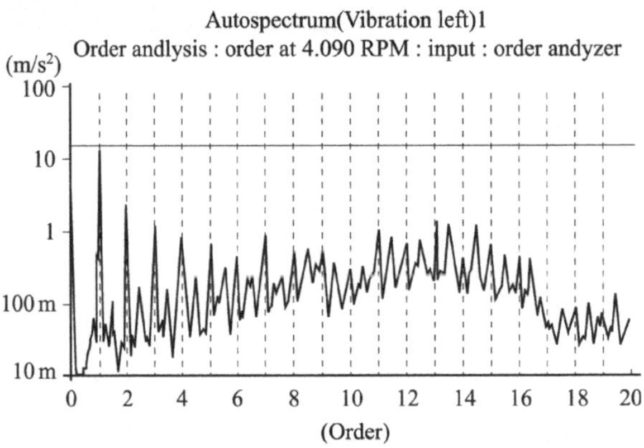

그림 V-47. 차수 분석

5) 정밀 진단 체크시트

표 V-13에는 각종 분석 결과에 대하여 이상을 추정할 수 있는 체크시트의 예를 나타내고 있다.

표 V-13. 회전기계의 정밀 진단 체크시트(예)

이상 형태	특징 주파수	주진동 방향	세차운동 방향	위상차
질량 불평형	f°	반지름 방향	(+)	180 ° (동적 불균형)
편심	f° ,2f° ,3f°	축 방향	(+)	0 ° or 180 °
축의 굽힘	f° ,2f° ,3f°	축 방향	(+)	0
기초의 공진	1/2 f°	반지름 방향	(+)	0

f° : 회전주파수

3.3 이상 상태 분석

(1) 질량 불평형

회전기계에서는 회전시 회전체의 축 중심과 무게 중심이 일치하지 않을 경우 질량 불평형(unbalance)이 발생한다. 이 상태에서 계속 회전할 경우 원심력이 발생하여 축의 회전 중심에서 벗어나 휘돌림 운동(whirling motion)이 발생하여 진동과 소음이 커지게 된다. 질량 불평형은 진동의 가장 일반적인 원인으로서 대다수의 기계에 조금씩 존재한다.

질량 불평형에 의한 진동 특성은 다음과 같다.

① 회전 주파수의 1x(1차) 주파수 성분의 진동 레벨이 높게 나타난다.

② 질량 불평형량과 회전수가 증가할수록 1x 진동 레벨이 높아진다.

③ 회전 주파수의 하모닉 성분이 나타나지만 만약 하모닉 성분의 레벨이 1x의 하모닉 신호보다 높으면 질량 불평형이 아니다.

④ 수평·수직 방향에 최대의 진폭이 발생한다.

⑤ 시간 파형은 강한 사인파 형태를 보인다.

그림 V-48은 회전기계의 질량 불평형의 주파수 및 시간상의 특성을 나타내고 있다.

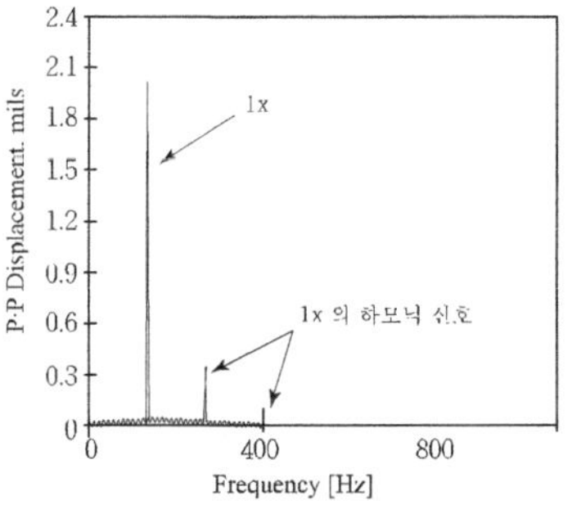

(a) 주파수

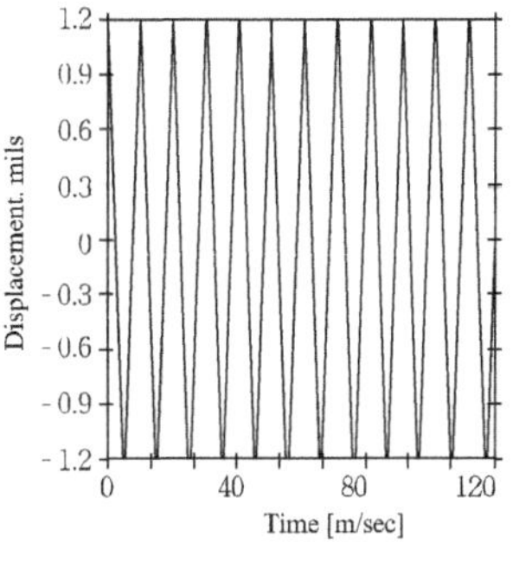

(b) 시간

그림 V-48. 질량 불평형 신호 특성

질량 불평형은 다음의 세 가지 형태로 구별될 수 있다.

① 정적 불평형(static unbalance)

정적 불평형은 회전 중심으로부터 임의의 반경에 있는 작은 질량에 의해 발생되는 무게 중심의 편심으로 정의된다(그림 V-49 (a)). 무게중심을 회전 중심에 일치시키기 위해서는 불균형 질량과 같은 크기의 질량을 반대 방향, 같은 반경의 위치에 부착하여야 한다. 이것은 정적 불균형이 회전체를 회전시키지 않고 한 평면 내에서 보정시킬 수 있음을 의미한다. 이것을 한 면 평형 잡기(1－plan balancing)라고 부른다.

② 모멘트 불평형(moment unbalance)

실린더 형태의 회전체인 경우 실린더의 무게 중심에 대해서 대칭적으로 2개의 같은 질량을 각각 180°의 위치에 대칭적으로 부착할 수 있다. 그림 V-49 (b)에서와 같이 배치되어 있는 실린더의 경우, 로터는 무게 중심의 편심이 없으므로 정적으로는 평형 상태이다. 그러나 로터가 회전할 때에는 2개의 질량은 관성 중심축으로부터 떨어져 있기 때문에 원심력의 발생과 더불어 로터의 강력한 진동을 야기시킨다. 이러한 모든 현상을 모멘트 불평형이라고 부른다. 로터가 회전하는 동안 진동을 측정하고 두 평면에서 보정을 해줌으로써 불균형이 보정될 수 있다. 이러한 경우의 밸런싱은 양면에 대하여 각각 측정하여 밸런싱 작업을 하기 때문에 양면 평형 잡기(2-plan balancing)라고 한다.

③ 동적 불평형(dynamic unbalance)

일반적으로 회전하는 회전체의 불균형은 정적 불균형과 모멘트 불균형이 서로 조합된 형태로 나타나며 이것을 동적 불평형(dynamic unbalance)이라 한다. 그림 V-49 (c)는 동적 불평형을 나타내는 그림으로 양면에 대하여 각각 밸런싱 작업을 하는 양면 평형 잡기를 하여야 한다.

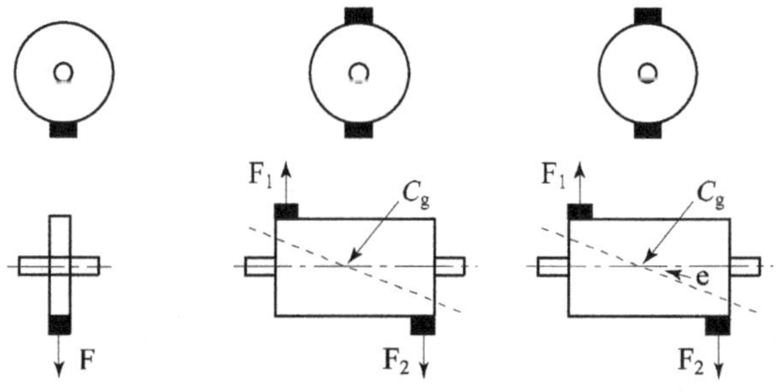

(a) 정적 불평형　　(b) 동적 불평형　　(c) 모멘트 불평형

그림 V-49. 회전하는 회전체의 불평형

표 V-14. 정렬 불량에 의한 진동 특성

분 류		진동 신호	신호 특징
정적 불평형	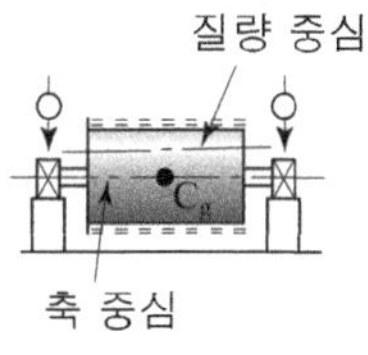	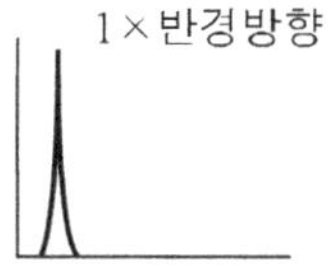	- 1x 성분, 반경 방향 진동 - 위상차 없음
모멘트 불평형	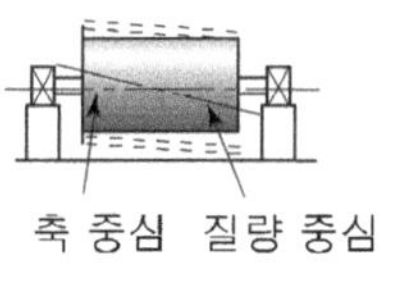	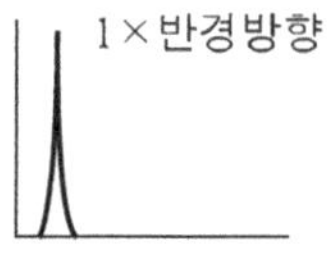	- 1x 성분, 반경 방향 진동 - 180° 위상차
동적 불평형	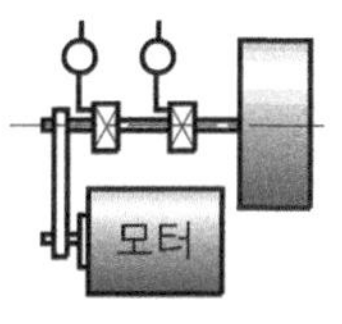	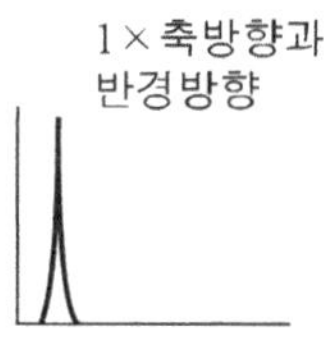	- 1x 성분, 축, 반경 방향 진동 - 180° 위상차(반경 방향)

(2) 정렬 불량

정렬 불량(misalignment)은 커플링 등에서 서로의 회전 중심선(축심)이 어긋난 상태로, 일반적으로는 정비 후에 발생하는 경우가 많다. 정렬 불량의 주요 발생 원인은 부적절한 조립과 설치가 대부분이다.

① 휨 축이거나 베어링의 설치가 잘못되었을 경우

② 축 중심이 기계의 중심선에서 어긋났을 경우

정렬 불량에는 그림 V-50과 같이 두 축의 중심선의 편심 편차에 의한 편심 정렬 불량(parallel misalignment), 두 축이 일정한 각도를 이루는 편각 정렬 불량(angular misalignment), 편심 및 각 정렬 불량이 혼합된 복합 정렬 불량(combines misalignment)으로 나눌 수 있다.

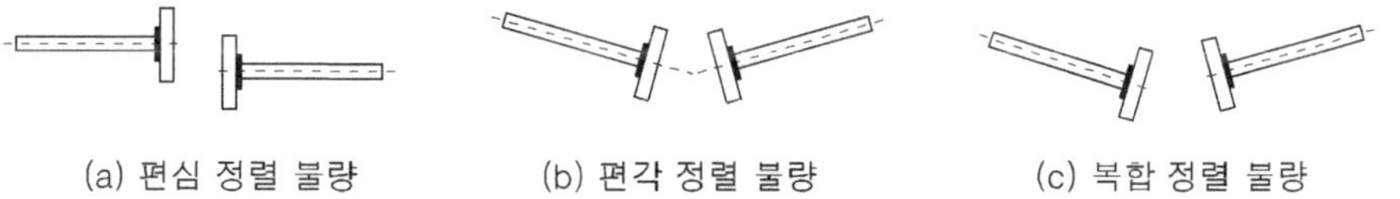

(a) 편심 정렬 불량　　(b) 편각 정렬 불량　　(c) 복합 정렬 불량

그림 V-50. 정렬 불량의 유형

정렬 불량에 의한 진동 특성은 다음과 같다.

① 회전당 1, 2, 3, 4개의 선명한 피크를 갖는 반복적이고 주기적인 시간 파형을 가진다.

② 반경 방향의 진동 주파수는 1x, 2x 성분을 가지며, 2x 성분이 크게 나타난다. 축 방향의 진동 주파수는 1x 성분이 크게 나타난다.

③ 축과 반경 방향은 180 ° 의 위상차를 보인다.

④ 진동 신호의 시간 파형은 조화 파형이다.

정렬 불량의 유형에 따른 진동 특성은 표 V-15와 같다.

표 V-15. 정렬 불량에 의한 진동 특성

<table>
<tr><th colspan="2">분 류</th><th>진동 신호</th><th>신호 특징</th></tr>
<tr><td>편심 정렬 불량</td><td>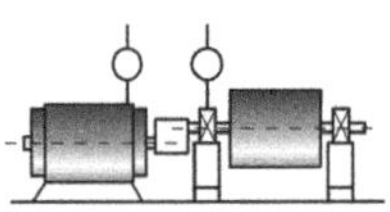</td><td>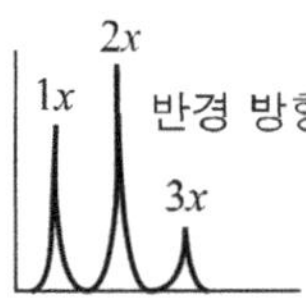
</td><td>- 반경 방향의 높은 진동
- 반경 방향 진동과 180° 위상각
- 2x 성분이 상대적으로 큼</td></tr>
<tr><td>편각 정렬 불량</td><td>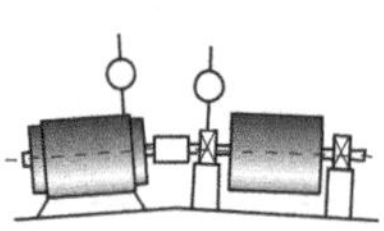</td><td>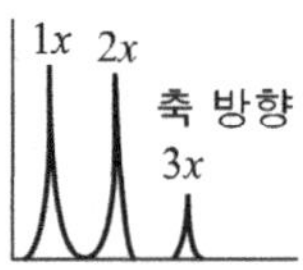
</td><td>- 축 방향의 높은 진동
- 1x, 2x 혹은 3x 모두에서 높은 축방향 진동
- 위상은 축 방향 진동과 180°</td></tr>
</table>

(3) 기계적 헐거움

기계적 헐거움(looseness) 혹은 이완(느슨함)은 통상 상대 운동을 허용하는 구성 부품들 사이의 헐겁거나 부적절한 설치를 말한다. 부적절한 마운드나 베어링의 케이스에서 주로 발생된다.

표 V-16. 기계적 헐거움에 의한 진동 특성

<table>
<tr><th colspan="2">분 류</th><th>진동 신호</th><th>신호 특징</th></tr>
<tr><td>기초부 이완, 취약</td><td></td><td>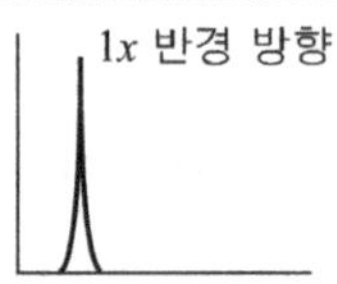
</td><td>- 1x 혹은 2x에서 높은 반경 방향 진동
- 수직 방향과 180° 위상차</td></tr>
<tr><td>축, 베어링의 이완</td><td>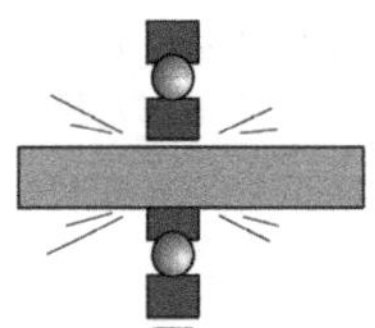</td><td>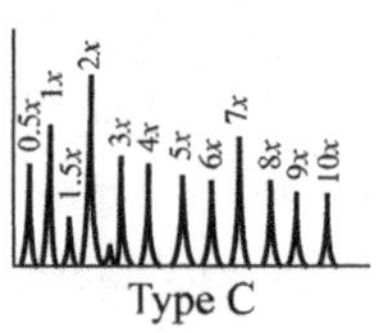
</td><td>- 1/2x, 1/3x들의
서브 하모닉스(sub-harmonics)가 발생</td></tr>
</table>

기계적 헐거움은 기초부 지지판 또는 기초 구조물의 이완 및 미약에 의해 발생하거나 축과 베어링의 헐거움, 베어링 캡의 라이너 이완 등으로 구분할 수 있다. 기계적 헐거움에 의해 회전주파수는 회전주파수 1x와 고주파 성분(2x, 3x, 4x …), 또는 분수 주파수 성분(1/2x, 1/3x, 1/4x …)이 나타난다.

(4) 베어링의 결함

베어링은 통상 구름베어링과 미끄럼(저널)베어링으로 분류한다. 자동화 기계에서 많이 사용하는 베어링은 구름베어링으로 전동체의 구조에 따라 볼베어링, 롤러베어링, 니들베어링 등으로 구분되고, 하중의 지지 방향에 따라 반경베어링과 스러스트베어링으로 구분된다. 일반적으로 많이 사용하는 볼베어링에 대해 결함 특성을 설명한다.

볼베어링에서 발생하는 진동은 베어링의 구조, 베어링의 비선형성, 다듬면의 굴곡, 베어링 손상의 4종류에 의해 발생한다. 대부분의 볼베어링의 진동은 작은 결함에 의해 발생한다. 결함이 발생될 경우 볼이 결함 부위를 통과함에 따라 주기적인 충격 진동이 발생하므로 충격 진동 주파수를 검출하여 결함 발생 유형을 추정할 수 있다. 베어링에서 발생하는 진동주파수에는 축의 회전주파수, 베어링의 결함으로 충격 진동 발생에 의한 통과(pass)주파수가 있다.

그림 V-52는 볼베어링에 결함이 진행될 경우 시간과 주파수 신호의 특징을 보여준다. (a)는 결함이 없을 경우이며 주파수는 균일한 양상을 나타낸다. (b)는 외륜 접촉면에 결함(crack, 깨짐)이 시작되는 경우이며, 결함에 의해 충격이 발생되므로 고 주파수(35 kHz 이상) 영역에서 진동 레벨이 상승한다. (c)는 결함이 진행되어 마모로 인해 결함 부위가 평평해 진 경우로 충격은 중 주파수(10～20 kHz) 이하로 감소하게 된다.

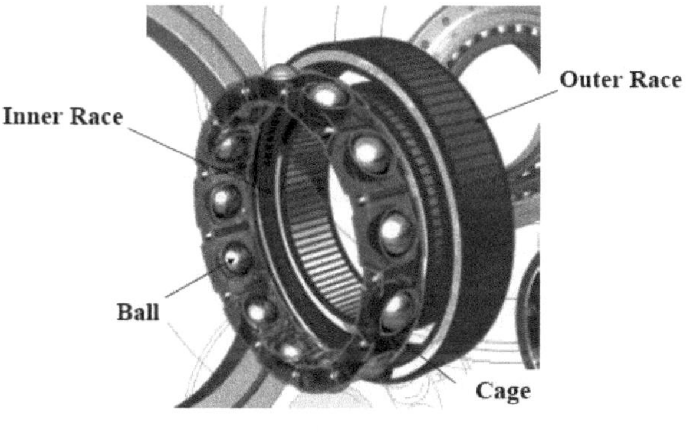

그림 V-51. 볼베어링의 구조

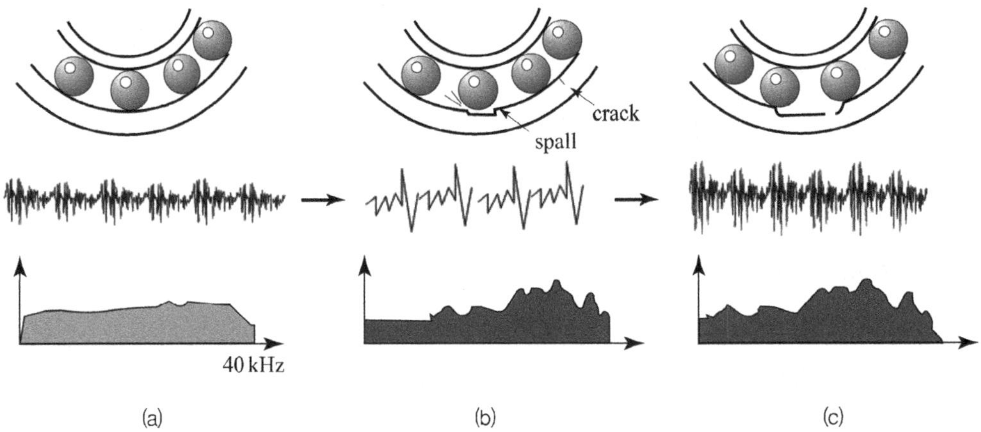

그림 V-52. 볼베어링의 결함 진행

구름베어링의 진동 특성은 다음과 같다.

① 반경 방향의 진동 특성

- 비동기성 하모닉 성분이 높게 나타나며 이는 베어링의 결함 주파수에서 발생된다.
- 항상 넓은 주파수 대역에서 나타나며, 변조를 한다.
- 시간 축 파형은 반복적인 충격파를 보인다.

② 축 방향 진동 특성

- 부하의 형태와 같은 진동으로 나타난다.
- 초기의 결함들이 발생하는 진동은 낮으므로 시간 축의 파형을 보면 쉽게 결함을 찾아낼 수 있다.

③ 시간 축 진동 신호 특성

- 반경 방향의 진동은 반복적인 충격파를 보여주나 레벨은 낮다.
- 축 방향 진동은 베어링의 축 방향 부하가 가해지면 반경 방향의 진동과 같은 형태로 나타난다.

④ 주파수 축 진동 신호 특성

- 반경 방향의 진동은 결함주파수와 이의 하모닉 성분들이 넓은 주파수 대역에서 비동기적으로 분포하고 있다.
- 축 방향 진동은 베어링의 축 방향 부하가 가해지면 반경 방향의 진동과 같은 형태로 나타난다.

베어링에 결함이 발생한 경우 주기적인 충격 진동이 발생하는데, 그 주기는 베어링의 결함

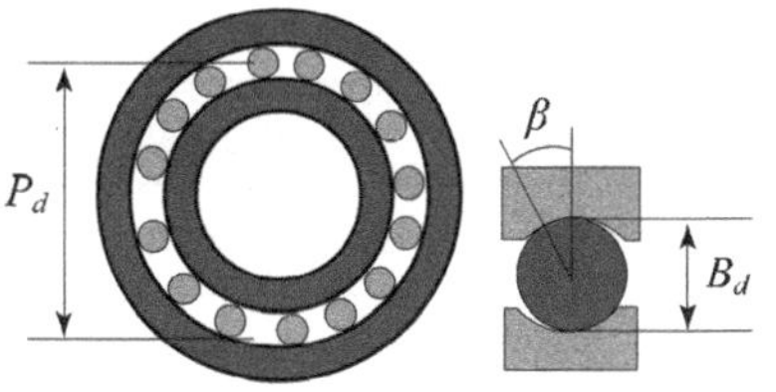

축 회전수 : N, 축 회전 주파수 : f(Hz), 볼의 수 : Z, 볼의 지름 : Bd(mm),
볼 피치원 지름 : Pd(mm), 볼 접촉각 : β(°)

그림 V-53. 볼 베어링 주파수 파라미터

발생 유형(내륜, 외륜, 볼, 케이지)에 따라 다르므로 결함에 의한 충격 진동 주파수를 검출하여 결함 발생 유형을 추정할 수 있다. 볼베어링에서 발생하는 결함에 대한 대표적인 특성 주파수는 다음과 같다.

① 내륜 결함 주파수(BPFI : ball pass frequency inner ring)

$$f_o = \frac{Z}{2} f \left(1 - \frac{B_d}{P_d} \cos\beta\right)$$

② 외륜 결함 주파수(BPFO : ball pass frequency outer ring)

$$f_t = \frac{Z}{2} f \left(1 + \frac{B_d}{P_d} \cos\beta\right)$$

③ 볼의 결함 주파수(BDF : ball defect frequency)

$$f_{bd} = f \frac{P_d}{B_d} \left[1 - \left(\frac{B_d}{P_d} \cos\beta\right)^2\right]$$

④ 내륜 회전시 케이지 결함 주파수(BTFI : fundamental train frequency inner ring)

$$f_{ct} = \frac{1}{2} f \left(1 - \frac{B_d}{P_d} \cos\beta\right)$$

베어링의 이상 진동의 종류와 원인, 발생 주파수를 정리하면 표 V-17과 같다.

표 V-17. 베어링의 이상 진동과 발생 주파수

진동 구분	이상 원인	발생 주파수	비 고
베어링의 구조에 기인	굽힘 축, 베어링의 설치 불량	$f\pm 2f_0$	외륜주파수의 2배 변조
	전동체의 지름이 일정하지 않음	f_0, $f\pm 2f_0$	외륜주파수 또는 회전주파수 변조
베어링의 비선형성	베어링 중심선 불일치, 하우징면 흠, 이물질, 베어링 지지부 풀림, 조립 불량	$\frac{1}{2}f$	공지 현상이 문제됨. 볼 베어링에서 주로 발생
	내륜과 내면 혹은 저널의 비진원성	$2f$	볼 베어링에서 발생
표면의 굴곡	내륜 굴곡	$f\pm nZf_i$	굴곡 산수가 $nZ\pm1$일 때
	외륜 굴곡	nZf_o	굴곡 산수가 $nZ\pm1$일 때
	전동체 굴곡	$2nf_{bd}\pm f_0$	굴곡 산수가 $2n$일 때
베어링 결함	내륜 결함 (마모, spot홈)	nf, nZf_i $nZf_i\pm f$, $nZf_i\pm f_o$	고유진동수, 고주파 발생
	외륜 결함(스폿홈)	nZf_0	고유진동수, 고주파 발생
	전동체 결함(스폿홈)	$nf_{bd}\pm f_o$ nf_{bd}	

(5) 기어의 결함

기어의 마모가 심할 경우나 두 축의 정렬이 불량한 경우 또는 기어의 손상이 발생하면 진동 소음이 크게 증가하여 수명 저감과 사고 위험이 발생된다. 따라서 기어의 안정성, 신뢰성 확보를 위해서는 기어에서 발생되는 진동 주파수를 분석하여 기어의 결함 원인을 파악해야 한다.

기어를 평가할 때 기어 맞물림 주파수(GMF : gear mesh frequency)와 측대파(sideband)를 사용한다. 기어 맞물림 주파수 f는 기어 잇수 Z와 회전 속도 N[rpm]을 곱한 값이다.

$$f=\frac{N}{60}Z\ [\mathrm{Hz}]$$

측대파는 GMF의 양 쪽 주파수로서 나타난다. 측대파 주파수 간격은 입력 혹은 출력축의 회전 속도와 같으며, 결함을 갖는 기어의 회전 속도로 나타난다. 측대파의 진폭이 GMF의 진폭만큼 커지면 기어의 결함이 심각한 상태이다. 기어의 상태를 평가할 때 관심이 되는 주요 주파수인 GMF는 베어링 결함 주파수와는 다르다는 것을 아는 것이 중요하다. 맞물려 돌아가는 기어는 어느 정도의 진폭을 가지는 GMF를 발생하며, 기어의 각각 회전 속도의 간격으로 다소의 진폭을 가지는 측대파를 가진다. 그러나 기어의 상태가 좋고, 축정렬이 잘 되어있으면 GMF와 그 고주파의 진폭이 낮을 뿐만 아니라 특히 측대파의 진폭도 낮다. 기어를 평가할 때는 GMF의 최소 3.25배까지의 주파수 범위를 사용해야 한다. 이것은 기어의 많은 문제가 항상 기본 GMF에서 일어나는 것이 아니고 2배나 3배의 GMF에서도 일어날 수 있다는데에 기인한다. 실제로 기어 이의 마멸이 가장 먼저 감지되는 가장 빈번한 주파수는 3x GMF이다.

1) 정상적인 스펙트럼(normal spectrum)

정상적인 스펙트럼은 회전주파수 1x, 2x 성분 및 GMF를 가진다. 일반적으로 GMF는 그 주위에 회전 속도의 측대역 주파수를 가진다. 모든 피크들은 낮은 진폭이고, 어떠한 기어의 고유 진동 주파수도 가진되지 않는다.

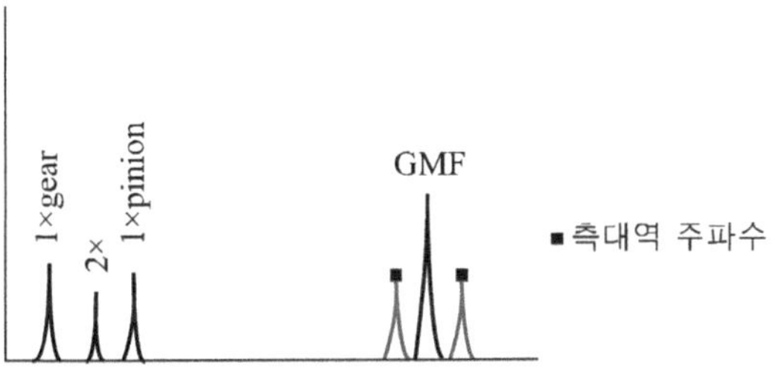

그림 V-54. 정상적인 스펙트럼

2) 기어 이 마모(tooth wear)

기어 이의 마모가 발생될 경우 기어의 고유 진동 주파수 뿐 아니라 상태가 좋지 않은 기어의 회전 속도 간격으로 있는 측대역 주파수가 발생된다. 비록 마모가 심각할 때는 통상 GMF 주위에 높은 진폭의 측대역 주파수가 발생하지만, GMF의 진폭은 변화하기도 하고 변화하지 않기도 한다. GMF 자체보다는 측대역 주파수가 마모의 정도를 아는 보다 좋은 척도이다.

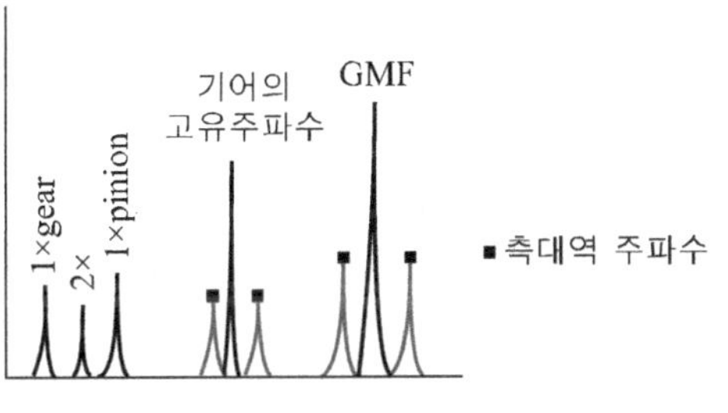

그림 V-55. 기어 이의 마모에 의한 스펙트럼

3) 이에 걸리는 과부하(tooth load)

GMF는 부하에 대단히 민감할 때가 있다. 특히 측대역 주파수 진폭이 낮고, 어떠한 기어 고유 진동 주파수들도 가진되지 않는다면 높은 GMF 진폭은 문제 삼을 필요가 없다. 분석은 최대 운전 부하에서 전체 시스템을 고려하여 수행되어야 한다.

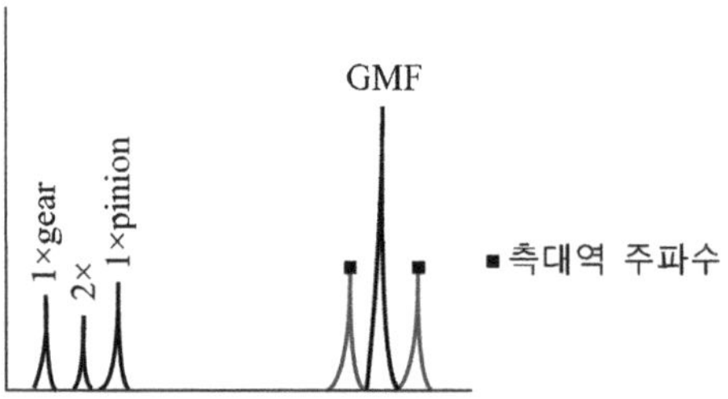

그림 V-56. 과부하 상태의 스펙트럼

4) 기어 편심과 백래시(gear eccentricity and backlash)

GMF 주위의 측대역 주파수 진폭이 높게 나타나면 한 기어의 회전이 다른 기어의 운전 속도를 변조시킬만한 기어의 편심, 백래시 또는 축 정렬의 불량이 있음을 나타낸다. 문제가 있는 기어는 측대역 주파수의 간격에 의해서도 나타난다. 부적절한 백래시는 GMF와 기어의 고유 진동 주파수를 가진시키고 이들은 1x rpm에서 측대역 주파수가 있다. 백래시가 문제인 경우는 GMF 진폭이 부하 증가와 더불어 감소하기도 한다.

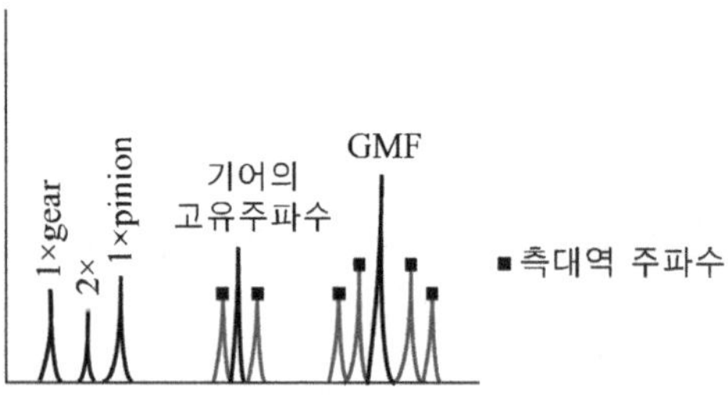

그림 V-57. 기어 편심과 백래시에 의한 스펙트럼

5) 기어 축 정렬 불량(gear misalignment)

기어 축 정렬 불량은 항상 2차 또는 회전 속도에서 측대역 주파수를 가지는 보다 높은 GMF 고주파를 가진한다. 때로는 1x rpm 진폭은 작고, 2x 또는 3x GMF 진폭이 더 높다.

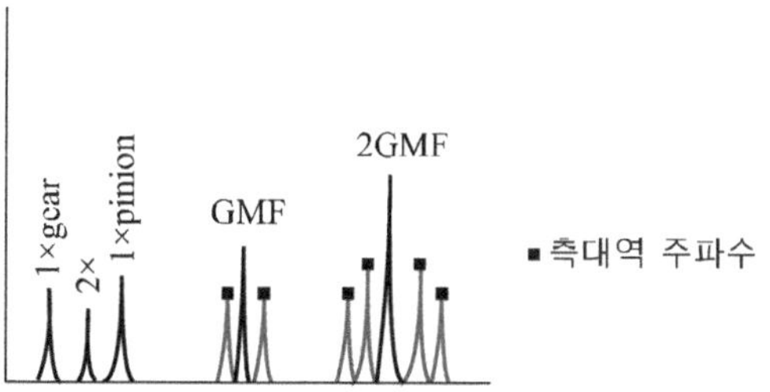

그림 V-58. 축 정렬 불량의 스펙트럼

6) 균열 또는 깨진 기어의 이(cracked/broken tooth)

균열이 발생한 이나 깨어진 기어의 이는 그 기어의 1x rpm에서 높은 진폭을 발생시키며, 회전 속도에서 측대역 주파수를 가지는 기어 고유 진동주파수를 가진시킨다. 또 이것의 시간 파형은 문제의 기어 이가 상대 기어의 이와 결합할 때마다 확실한 스파이크(spike)를 나타낸다. 충돌이 발생하는 시간(Δ)은 문제가 있는 기어의 1/회전 속도에 상당한다. 시간 파형에서 충돌 스파이크의 진폭은 FFT에서 기어의 회전주파수 1x 성분의 진폭보다 훨씬 높다.

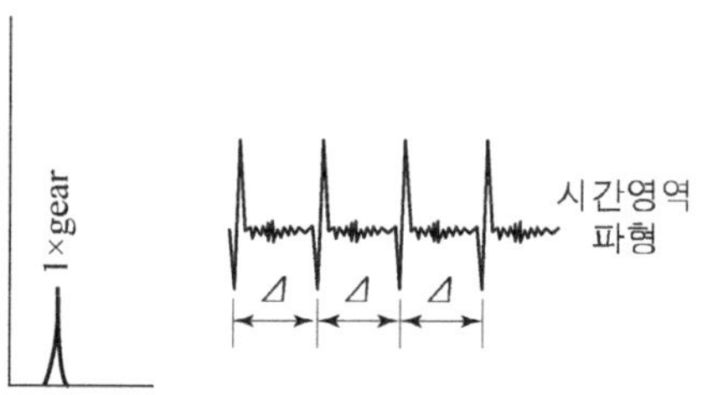

그림 V-59. 균열에 의한 스펙트럼

(6) 전동기의 결함

전동기에서 발생하는 각종 결함은 일반 회전기계에서 발생하는 기계적 결함과 함께 전기적 결함도 발생한다. 기계적, 전기적 결함에 의해 발생하는 진동, 소음의 특징은 매우 복잡하고, 넓은 주파수 대역의 성분을 가지고 있다.

전동기 고장의 원인은 설계, 제작 공차, 조립, 설치, 작동 환경, 부하 특성 등에 의해 발생한다. 부적절한 운전과 결함 부품에 의해 과대한 진동이 나타나고 지속적인 과부하에 의해 결함이 진전된다. 가장 빈번하게 나타나는 고장의 증상은 기계적인 파손과 과열이다.

전동기에서 발생하는 기계적 결함은 회전자에서의 공극(air gap)에 의한 편심, 정렬 불량, 베어링 결함, 마찰, 고정자의 정적 편심 등이다. 전기적인 결함은 공극의 불균형, 회전자 봉의 파손, 회전자 적측의 단락, 단락 링의 파손, 고정자 적층의 단락, 고정자 철심의 느슨함 등이 포함된다.

표 V-18. 전동기의 주요 주파수

구 분	기호	수 식	비 고
전원주파수	F_L		사용되는 전원의 주파수로 동기 주파수 (60 Hz = 3600 cpm)
슬립(slip)이 없는 동기 속도	N_s	$N_s = \frac{120 \cdot F_L}{P}$	P : 극(pole)의 수
슬립주파수 (slip frequency)	F_s	$F_s = N_s - rpm$	베어링의 마찰, 관성 등에 의한 영향에 의하여 나타남
극 통과주파수 (ploe pass frequency)	F_p	$F_p = P \cdot F_s$	전기적인 문제점들의 존재를 나타내는 중요한 측대역 주파수(sideband frequency)
로터 바 통과주파수 (rotor bar pass frequency)	$RBPF$	$RBPF = RB \cdot rpm$	RB : 로터 바의 수

많은 전기적인 문제는 동기주파수의 2배 주파수에서 정상보다 높은 진동 진폭을 나타낸다. 전기적인 문제에 공통으로 적용되는 주요 주파수 대하여 정리하면 표 V-18과 같다.

전동기의 주요 결함으로 나타나는 진동 특성은 표 V-19와 같다.

표 V-19 이외에 동기식 전동기에서 고정자 코일이 이완되면 코일 통과 주파수(CPF : coil pass frequency, CPF = 고정자 코일 수 × 회전수)에서 높은 진동이 발생한다. 여기서 고정자 코일은 하나의 극에 있는 코일 수에 극수를 구함으로써 구한다. CPF는 1x rpm의 측대역 주파수로 둘러싸여 있다.

DC 전동기에서 $6 \times F_L$((SCR : silicon controled rectifier) firing frequency)와 고조파의 진폭이 정상보다 높으면 DC전동기에 문제점이 있는 것으로 판단할 수 있다. 이런 문제점들에는 전단된 여자 권선(field winding), 불량한 SCR 및 접속부들이 있다. 이완 또는 절단된 퓨즈 및 단락된 제어 카드를 포함하는 다른 문제점들은 1x~5x 동기 주파수(60~300 Hz)에서 높은 진폭을 발생할 수 있다.

표 V-19. 전동기 진동의 특징과 원인

결함 종류 및 진동 원인	진동 신호	진동 신호 특징
고정자 결함 - 고정자 편심 - 권선 단락 - 고정자 지지대의 취약 및 이완에 의한 철심 이완	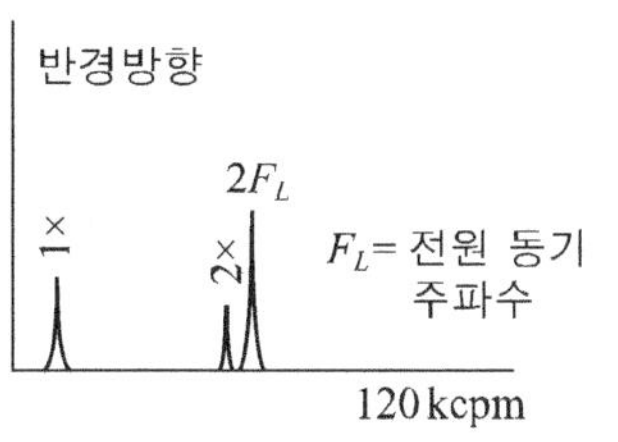	- 전원주파수의 2배수 진동(2F_L) - 철심이나 고정자가 이완할 경우 기본파(2F_L) 외에 이의 조화 성분도 발생
공극(air gap) 편심 - 고정자와 회전자의 축 중심 불일치	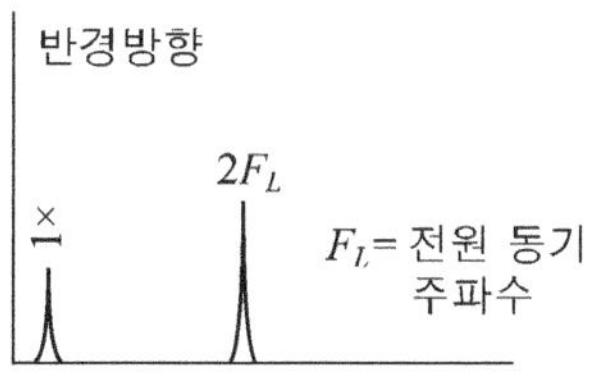	- 전원주파수의 2배수 진동(2F_L) - 고정자 결함과 같은 진동 - 공극 편심이 클수록 증가
회전자 결함 - 균열, 로터 바 손상 - 단락 환, 로터 바 사이의 연결 불량 - 로터 철심의 단락	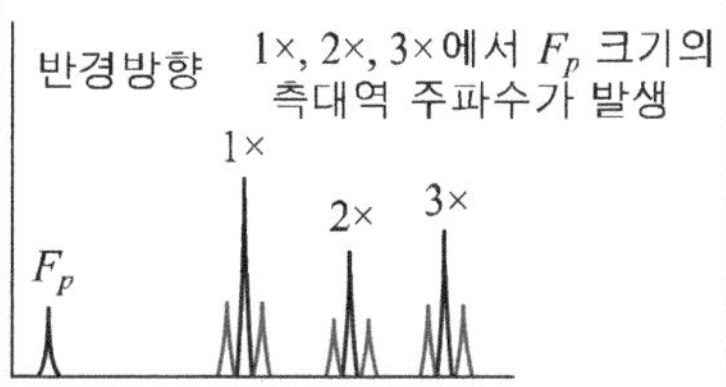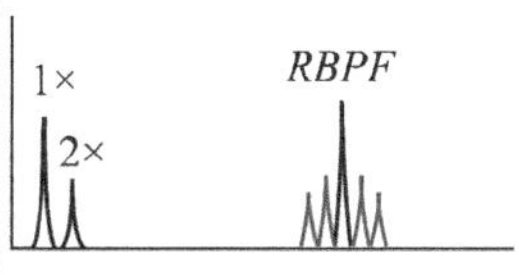	- 극 통과주파수 F_p를 가지는 높은 1x rpm 진동 - 균열된 로터 바는 3x, 4x 및 5x rpm의 높은 주파수 주위에 극 통과주파수인 F_p 정도의 크기를 갖는 측대역 주파수가 발생 - 로터 바의 이완은 로터 바 통과주파수(RBPF)와 2F_L의 측대역 주파수 발생(2x RBPF이 1x보다 진폭이 높음)
편심 로터	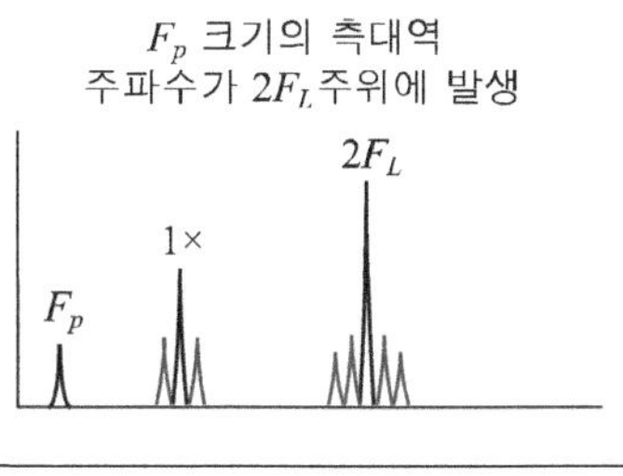	- 편심 로터는 F_p와 측대역 주파수에 둘러쌓인 2F_L을 발생 - F_p의 일반적인 값은 대략 0.3~2.0 Hz(20~120 cpm)
커넥터 이완 이완 또는 깨진 접속부에 의한 상 문제	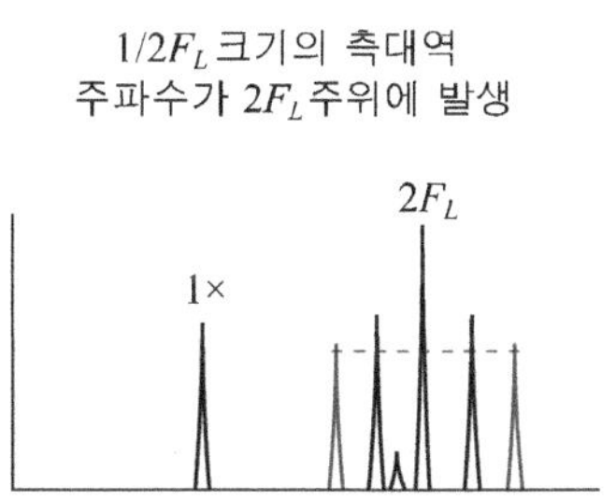	- 2F_L에서 과도한 진동을 일으키며 2F_L 주위에 1/3F_L의 측대역 주파수

전동기에서 발생하는 결함 유형에 따른 진동 특징 주파수는 표 V-20에 정리되어 있다. 표 V-20에서 $1x$는 회전자의 회전주파수[Hz], f_L은 전원주파수(Hz), f_P는 극주파수이다.

표 V-20. 전동기 결함 유형에 따른 진동주파수

구분	결함 유형	진동 결함 주파수 성분
기계적 결함	고정자 편심(고정 공극, 정적 편심)	$1X$, $2X$, $2f_L$
	고정자 철심 느슨함	$1X$, $2X$, $2f_L$
	편심 회전자(변동 공극, 동적 편심)	f_P, $1X$, $2f_L$, $2f_L \pm f_P$
	회전자 봉 느슨함	$1X$, $2X$, RBPF, $\pm 2f_L$
	정렬 불량(편각, 편심, 베어링)	$1X$, $2X$, $3X$
	질량 불평형	$1X$
	회전자 마찰(rub)	$0.5X$, $1X$, $1.5X$, $2X$, $2.5X$, $3X$, $3.5X$, $4X$, $4.5X$
전기적 결함	불평형 공급 전압	$1X$, f_L, $2f_L$, $3f_L$, $4f_L$
	single phasing, connector의 느슨함	$1X$, f_L, $2f_L$, $3f_L$, $4f_L$
	불평할 고정자 저항	$1X$, f_L, $2f_L$
	절연 결함	$1X$, f_L, $2f_L$
	고정자 적층 단락	$1X$, $2X$, $2f_L$
	고정자 철심 느슨함	$1X$, $2X$, $2f_L$
	회전자 봉 파손	$1X$, $\pm f_P$
	회전자 봉 크랙	$1X$, $\pm f_P$, $3f_P$, $4f_P$, $5f_P$
	회전자 단락 링 파손	$1X$, $\pm f_P$
	회전자 봉과 단락 링 사이 이음 불량	$1X$, $\pm f_P$
	회전자 적층 단락	$1X$, $\pm f_P$

■ 참고문헌

차흥식 외 2, 설비관리공학, 일진사, 2013

이근철 외 2, 설비진단기술, 기전연구사, 1988

김창균 외 1, 매커니컬 메인터넌스, 기전연구사, 2006

태성길 외 3, 공압시스템기술, 성안당, 2000

유켄공업 영업부, 유압제어기술, 유켄공업주식회사, 1989

최부희, 설비진단기술 일진사, 2013

양보석, 기계설비의 진동상태감시 및 진단, 인터비젼, 2006

기계정비시험연구회, 기계정비산업기사, 일진사, 2013

B&K, 소음 진동의 기초이론

B&K, 소음진동분석실무

김광식 외 3, 기계진동소음공학

KTM Engineering Inc., 회전기계 진단기술

Bosch Automation, Mechatronics, Theory and Application, 2004

Bosch Rexroth AG., Hydraulics, basic Principles and Components, 2007

▌찾아보기 ▌

자동화시스템 진단과 보전

초 판 인 쇄 | 2022년 3월 4일
초판2쇄발행 | 2024년 1월 19일

저 자 | 이진갑·김기주
발 행 인 | 이성범
발 행 처 | 문운당
주 소 | 서울시 종로구 혜화로5길 16 (명륜1가 45-3)
전 화 | (02)762-6010
팩 스 | 영업 (02)745-0265 / 편집 (02)762-8758
이 메 일 | 영업 munun2@chol.com
편집 mununndang@naver.com
홈페이지 | http://munundang.co.kr

ISBN 979-11-5692-615-3 93550

정가 22,000원